危险性较大工程安全监管制度与专项方案范例

（钢结构工程）

高乃社　高淑娴　周与诚　等编著

中国建筑工业出版社

图书在版编目（CIP）数据

危险性较大工程安全监管制度与专项方案范例（钢结构工程）/高乃社，高淑娴，周与诚等编著. —北京：中国建筑工业出版社，2017.3
ISBN 978-7-112-20407-6

Ⅰ. ①危… Ⅱ. ①高… ②高… ③周… Ⅲ. ①钢结构-建筑工程-安全管理-建筑方案 Ⅳ. ①TU714

中国版本图书馆 CIP 数据核字（2017）第 027459 号

为交流危险性较大工程监管经验，提高吊装及拆除工程专项方案编制水平，本书编委会编写了此书，本书分为上下两篇，上篇包括危大工程监管制度综述、北京市落实制度具体做法综述和专项方案编制要点，下篇给出了 8 个典型工程专项方案范例，其中包括单层厂房钢结构工程、连桥钢结构工程、单层网壳钢结构工程、大跨度网架整体提升工程、大跨度空间网格钢结构工程、大跨度桁架滑移钢结构工程、大跨度网架钢结构工程及大跨度网架整体顶升工程。书中范例均按新的评价标准要求进行编写，体现了北京地区所属工程类型的编制水平。

本书可供行政管理人员、技术人员及项目管理人员参考使用。

责任编辑：王　梅　范业庶　杨　允　杨　杰
责任设计：李志立
责任校对：王宇枢　党　蕾

危险性较大工程安全监管制度与专项方案范例
（钢结构工程）
高乃社　高淑娴　周与诚　等编著
*
中国建筑工业出版社出版、发行（北京海淀三里河路 9 号）
各地新华书店、建筑书店经销
霸州市顺浩图文科技发展有限公司制版
北京富生印刷厂印刷
*
开本：787×1092 毫米　1/16　印张：25½　字数：636 千字
2017 年 7 月第一版　　2017 年 7 月第一次印刷
定价：**79.00** 元
ISBN 978-7-112-20407-6
（29790）

《丛书》编委会

本书编写组

序1

安全生产事关人民群众切身利益，事关经济社会和谐稳定发展，事关全面建成小康社会战略的实现。建筑业是国民经济支柱产业，涉及面广，从业人员多，在深入贯彻落实新发展理念，大力推进行业转型升级和可持续发展的新形势下，必须守住安全生产的底线。近年来，我国建筑施工安全生产形势持续稳定好转，但生产安全事故尤其是较大以上事故仍时有发生，形势依然严峻。进一步加强建筑施工安全管理，增强重大安全风险防控能力，是一项十分紧迫的任务。

危险性较大的分部分项工程（以下简称危大工程）是建筑施工安全管理的重点和难点，具有数量多、分布广、掌控难、危害大等特征，一旦发生事故，容易导致人员群死群伤或者造成重大不良社会影响。为规范和加强危大工程安全管理，住房和城乡建设部先后印发了《危险性较大工程安全专项施工方案编制及专家论证审查办法》（建质［2004］213号）和《危险性较大的分部分项工程安全管理办法》（建质［2009］87号），有效促进了危大工程安全管理和技术水平的提高，对防范和遏制建筑施工生产安全事故的发生起到了重要作用。但是，各地贯彻执行中还存在一些薄弱环节，如危大工程专项方案编制质量不高，论证把关不严，不按方案施工等问题，带来了重大施工安全隐患，甚至造成群死群伤事故。

北京市在危大工程安全管理工作中积极思考、勇于探索，结合自身实际，制定了一系列危大工程安全监管的规章制度和政策措施，并在实践中不断总结提高，成效显著。在此基础上，北京市住房城乡建设委员会组织有关专家，对近几年在危大工程安全管理方面的经验和做法，以及部分典型工程实例进行了认真总结，精心编写了这套《危险性较大工程安全监管制度与专项方案范例》丛书。

该丛书详细介绍了北京市危大工程专家库管理、专家论证细则、动态管理等制度措施及具体做法，值得其他省市参考借鉴。该丛书分岩土工程、模架工程、吊装与拆卸工程和拆除与爆破工程四个专业，概括提出了危大工程专项方案编制要点，并编写了47个高水平的危大工程专项方案范例。这些范例均来源于工程实践，经过精心挑选、认真梳理，涵盖了危大工程主要类型，内容翔实，具有较强的专业性、指导性和实用性，可供参与危大工程专项方案编制、论证及安全管理的广大工程技术和管理人员学习参考。

相信该丛书的出版将对进一步提升我国危大工程安全管理水平，有效防控建筑施工过程中的重大安全风险，不断减少建筑施工生产安全事故起到积极的促进作用。

序 2

建筑施工安全一直是各级政府关注的重要工作，为防止发生建筑施工安全事故，各级政府都投入了大量的人力和物力。然而，由于建筑工程施工具有个性突出、技术复杂、量大面广、工期紧、人员素质偏低、管理粗放，以及制度不健全、监管不到位等原因，重大事故仍时有发生，造成重大生命财产损失，给全面建设小康社会带来不利影响。2009 年，住房和城乡建设部印发了《危险性较大的分部分项工程安全管理办法》（建质［2009］87 号），俗称 87 号文，为做好建筑施工安全管理工作提供了重要依据和抓手，对防范发生重大事故发挥了重要作用。

北京市住房城乡建设委为落实好 87 号文，本着改革创新、转变政府职能的原则，在制度建设、组织保障、安全管理信息化和充分调动社会力量等方面做了一些积极的探索，取得了一些成绩。截至目前，基于 87 号文，共制订了 6 个配套文件，建立了拥有 2000 多名专家的专家库，每年有 800 多名专家参与危险性较大工程施工安全专项方案的论证，建立了危险性较大工程动态管理平台，每年有约 120 位专家跟踪指导超过 1000 项危险性较大工程施工安全专项方案执行情况，初步实现了危险性较大工程安全管理信息化，基本遏制了危险性较大工程安全事故的发生。此外，还探索建立了政府向社会组织购买服务的模式，培养了一支组织严密、训练有素、具有较高水平的应急抢险专家团队。

当前，北京市住房城乡建设委正在贯彻北京市“十三五”建设规划和习近平总书记对北京城市建设的指示精神，推进落实首都城市战略定位、加快建设国际一流的和谐宜居之都。北京城市副中心、新机场、冬奥会、世园会、CBD 核心区、环球影城、城市轨道交通建设工程等重点工程相继开工建设，建设任务十分繁重，建筑施工安全工作更显重要。我们这些年在危险性较大工程管理方面建立的制度、取得的经验和组建的专家团队为做好施工安全工作打好了基础，也必将发挥重要作用。

该丛书是北京市对危险性较大工程安全管理工作的阶段性总结，也是业内 80 多位安全技术管理专家集体智慧的结晶。书中上篇中介绍了北京市住建委落实 87 号文的一些具体做法，这些监管制度是经过长期实践探索最终形成的，具有很强的可执行性，随后介绍了危险性较大工程施工安全专项方案的编制要点，按照岩土工程、模架工程、钢结构工程、吊装及拆卸工程、拆除与爆破工程等专业进行划分，最后重点列举了 47 个具有代表性的危险性较大工程施工安全专项方案范例，基本涵盖了危险性较大工程范围内的主要施工工艺和方法，有很强的针对性和可操作性。希望这些做法和范例能够为兄弟省市在危险性较大工程管理方面提供有价值的参考，能帮助建筑企业有效提高危险性较大工程安全专项方案的编制水平，为进一步加强全国建设行业危险性较大工程的管理有所帮助。

借此书出版发行之际，向多年来支持北京市住建委安全管理工作，并取得突出成绩的专家学者、社会组织表示诚挚的谢意。

丛书前言

建筑施工安全是各级政府、企业和从业人员的头等大事。为防范和遏制建筑施工安全事故的发生，建设部2004年印发了《危险性较大工程安全专项施工方案编制及专家论证审查办法》，在此基础上，经过修改完善，于2009年发布《危险性较大的分部分项工程安全管理办法》，将基坑支护、模板脚手架、起重吊装、拆除爆破等七项可能导致作业人员群死群伤的分部分项工程定义为危险性较大的分部分项工程（简称危大工程）。该办法规定危大工程施工前必须编制专项方案，超过一定规模的还应当组织专家论证。从此，编制危大工程专项方案并组织专家论证成为我国建筑业的一项制度性要求和安全管理措施，以把住专项方案质量关，确保方案阶段的安全隐患不带入施工环节。

但要编制和识别一个合格的专项方案并非易事。目前，专项方案编制及专家论证制度已实施12年，对于专项方案如何编制、专家按什么标准论证、论证结论如何确定等问题仍没有统一答案，不利于把住专项方案质量关。北京市住建委在规范专项方案编制和专家论证行为方面做了一些探索，除规定专家论证结论必须明确为“通过”“修改后通过”或“不通过”三选一之外，2014年又组织专家研究制订了“通过”“修改后通过”和“不通过”的判断标准。此外，北京市在专家库的建立、管理和使用，以及专项方案实施过程中的信息化管理等方面做了一些有益的探索，取得了一些成果。

为了提高施工技术人员编制专项方案的水平，帮助专家履行好专项方案论证职责，以及方便有关部门分享北京市危大工程管理经验，我们组织专家编制了该套丛书。

编制专项方案是施工技术人员的基本功。一位刚进入施工企业的大学生，接到的第一项挑战性的工作很可能是编写专项方案，这套丛书会帮助你摆脱“无处下手”的困境，“照猫画虎”快速上手。你只需要从中找到一个类似的范例，按照范例编写的主要内容及表述方式，结合拟建项目的具体情况，至少可以编写出一个“修改后通过”的专项方案。

快速识别一个专项方案的优劣是参与专项方案论证专家的基本功。专家论证专项方案并不是一件容易的事，受审阅方案时间、施工经验、施工方案复杂性等多重因素的影响，专家如何在有限的时间里快速识别专项方案的优劣、把住质量关是衡量专家水平高低的重要标志。这套丛书提供了优秀专项方案的标准，对于类似的工程，对照一下范例，审查方案中是否做到：该说的都说了、说了的都说清楚了、说清楚了的都说对了。把住了这三条，就把住了专项方案质量，论证的工作也变得容易了。

做好危大工程管理工作需要配套的规章制度。北京市自20世纪90年代开始研究危大工程管理，从技术规范和行政管理两方面入手，通过编制技术规范和制订规范性文件，规范相关主体行为，以提高专业技术水平和施工安全管理水平。至2016年，危大工程有了技术标准，此外，北京市在住建部发布的《危险性较大的分部分项工程安全管理办法》基础上，制订了六个配套的规范性文件和工作制度，使参与危大工程管理的各方主体都有章可循。

北京市将危大工程分为四个专业：岩土工程、模架工程、吊装与拆卸工程和拆除与爆破工程。本丛书包括上述四个专业共五册，47个范例，80余位专家参与编写。每册分上、下两篇，上篇含危大工程监管制度综述、北京市落实制度具体做法综述和专项方案编制要点，下篇为范例。其中：《岩土工程》由周与诚、刘军等22人编写，含放坡开挖工程、土钉墙（复合土钉墙）支护工程、桩锚支护工程、内支撑支护工程、人工挖孔桩工程、竖井开挖工程、矿山法区间工程、顶管工程和盾构工程等9个范例；《模架工程》由高淑娴、魏铁山等25人编写，含落地式脚手架工程、悬挑式脚手架工程、附着式升降脚手架工程、房屋建筑模板支撑架工程、桥梁建筑模板支撑架工程、地铁明挖车站模架工程、液压爬升模板工程、液压升降卸料平台工程等9个范例；《钢结构工程》由高乃社、高淑娴等28人编写，含单层厂房钢结构工程、连桥钢结构工程、单层网壳钢结构工程、大跨度网架整体提升工程、大跨度空间网格钢结构工程、大跨度桁架滑移钢结构工程、大跨度网架钢结构工程、大跨度网架整体顶升工程等8个范例；《吊装与拆卸工程》由孙曰增、李红宇、王凯晖、董海亮等18人编写，含箱型梁吊装工程、特殊结构施工吊篮安装工程、架桥机安装工程、门式起重机安装工程、门式起重机拆卸工程、地连墙钢筋笼吊装工程、钢结构桁架滑移工程、钢结构网架提升工程、倒装法水罐安装工程、盾构机出井吊装工程、盾构机下井吊装工程、塔式起重机安装工程、塔式起重机拆卸工程等13个范例；《拆除与爆破工程》由李建设、杨年华等16人编写，含建筑物逐层拆除工程、建筑物超长臂液压剪拆除工程、高耸构筑物破碎拆除工程、高耸构筑物机械破碎定向倾倒拆除工程、桥梁机械拆除工程、建筑物整体切割拆除工程、地铁隧道爆破工程、路基石方开挖爆破工程等8个范例。

本丛书在编写过程中得到了住建部王天祥处长、北京市住建委陈卫东副主任、魏吉祥站长等领导的支持及中国建筑工业出版社的悉心指导和帮助，陈大伟教授和魏吉祥站长对上篇进行修改和审核，住建部工程质量安全监管司王英姿副司长和北京市住建委王承军副主任为本丛书作序，在此深表感谢。

由于编者水平有限及时间仓促等原因，书中难免存在不妥之处，欢迎读者指正，以便再版时纠正。联系邮箱：weidacongshu@qq.com，电话：010-63964563，010-63989081转815

《丛书》编写委员会

2017年6月

本书前言

本书中的钢结构工程是对《危险性较大的分部分项工程安全管理办法》中“超过一定规模的危险性较大的”与钢结构安装相关的分部分项工程的统称，包括房屋建筑、桥梁建筑钢结构工程与临时支撑体系、钢结构施工安装工程等。本书钢结构工程按结构形式包括厂房、钢连桥、网壳、空间网格、桁架、网架工程等，按施工方法与施工工艺包括高空散装施工方法、分块吊装施工方法、整体提升施工方法、累积滑移与整体滑移施工方法、整体顶升施工方法等分部分项工程。

本书分上篇和下篇。上篇含3章：第1章绪论，由周与诚编写，第2章《危大工程管理办法》解读，由周与诚、陈大伟编写，第3章北京市危大工程监管情况介绍，由周与诚、郭跃龙、张德萍、牛大伟编写。下篇含钢结构工程专项方案编写要点和8个范例，其中：钢结构工程专项方案编写要点由高乃社、高淑娴、周与诚编写；范例1单层厂房钢结构工程，由荣军成、陈峰、陈伟编写；范例2连桥钢结构工程，由李浓云、高蕊、王芳编写；范例3单层网壳钢结构工程，由李浓云、何勇、阮鹤编写；范例4大跨度网架整体提升工程，由乔聚甫、刘斌、孙卫民编写；范例5大跨度空间网格钢结构工程，由高树栋、刘培祥、贾风苏编写；范例6大跨度桁架滑移钢结构工程，由阮新伟、荆奎、金辉编写；范例7大跨度网架钢结构工程，由阮新伟、郭中华编写；范例8大跨度网架整体顶升工程，由林胜辉、周文德、陈少鹏编写。

本书中8个范例均基于但又高于实际工程专项方案。为了保留范例的真实性和可复制性，所有范例从形式到内容均完整保留。但由于实际工程的局限性，或太简单，或过于复杂，致使其代表性不足，且由于缺乏专项方案的评价标准（北京2015年6月才实施专项方案评价标准），编制水平普遍不高，因而，在编写范例时原方案中的所有内容均按照新的评价标准要求进行修编。因此，本书中所列8个范例均代表了目前北京地区所属工程类型的较高编制水平，值得学习借鉴。

本丛书在编写过程中采用了北京市住建委的文件和研究成果，借鉴了一些单位的专项方案资料，在此深表感谢。

由于编者水平有限及时间仓促等原因，书中难免存在不妥之处，欢迎读者指正，以便再版时纠正。

本书编写组
2017年6月

目　录

上篇　危大工程监管制度

下篇 钢结构工程专项方案编制要点及范例

上篇

危大工程监管制度

第 1 章　绪　　论

周与诚　编写

1.1　危大工程安全监管制度的设立

建筑业是我国的支柱产业，但生产安全事故也占了较大比例。据国家安监总局《2015 年建筑行业领域安全生产形势综合分析》，2015 事故起数和死亡人数分别占全国工矿事故总数的 32.3%和 31.6%，如图 1.1-1 所述。其中较大以上事故起数及死亡人数占总数的 60%左右，图 1.1-2 为 2015 年建筑业较大事故所占比例，其中塌方、起重伤害之和达到 61%。

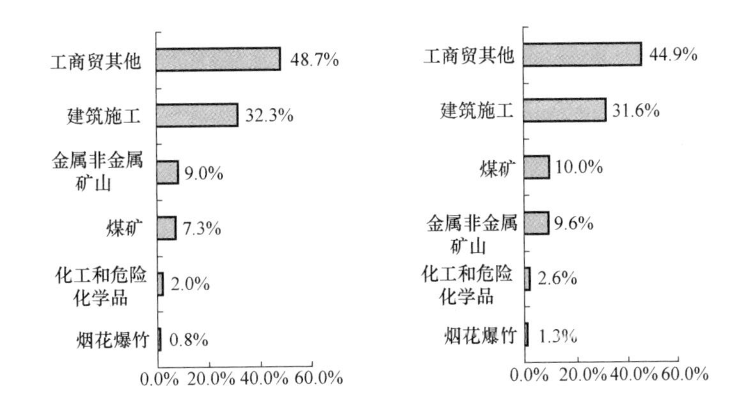

图 1.1-1　2015 年全国工矿事故起数和死亡人数比例

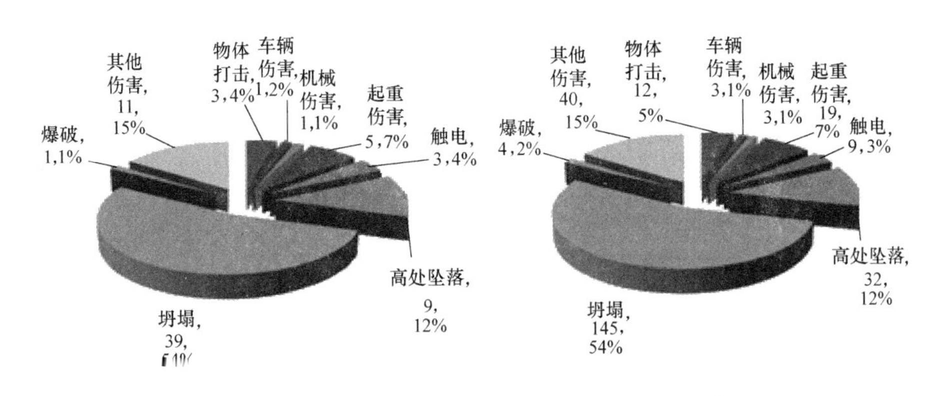

图 1.1-2　2015 年建筑业较大事故起数及死亡人数

在全国造成较大影响的建筑施工重大安全事故中，几乎都是由危大工程引起的，说明对危大工程的安全管理仍存在一定的问题和差距。如图 1.1-3 所示江西丰城电厂滑模垮塌

周与诚　北京城建科技促进会理事长，北京岩土工程协会秘书长，教授级高级工程师，注册土木工程师（岩土），从事岩土工程设计，施工、咨询、管理等工作近 30 年。

事故，图 1.1-4 所示杭州地铁基坑坍塌事故，图 1.1-5 所示北京地铁基坑坍塌事故，图 1.1-6 所示广州建筑基坑坍塌事故，图 1.1-7 所示北京模架垮塌事故。

图 1.1-3　江西丰城电厂滑模垮塌事故

图 1.1-4　杭州地铁基坑坍塌事故

图 1.1-5　北京地铁基坑坍塌事故

图 1.1-6　广州建筑基坑坍塌事故

图 1.1-7　北京模架垮塌事故

每一起重大事故背后都是重大的生命和财产损失，严重影响行业发展、行业形象和和谐社会建设。作为一个以人为本、为人民服务的政府，必然要采取措施，强化监管，以防范发生这类事故。于是，“危险性较大的分部分项工程”（简称“危大工程”）监管制度就应运而生了。该制度将建筑工程中容易造成群死群伤的分部分项工程统称为“危险性较大的分部分项工程”，通过规范危大工程的识别、专项方案编制及实施，达到减少、防止发生建筑工程安全事故的目的。

危大工程监管作为一项制度始于 2004 年，当年建设部发布了《关于印发〈建筑施工企业安全生产管理机构设置及专职安全生产管理人员配备办法〉和〈危险性较大工程安全专项施工方案编制及专家论证审查办法〉的通知》（建质［2004］213 号，下称 213 号文，详见附录 1），其中的《危险性较大工程安全专项施工方案编制及专家论证审查办法》部分对危大工程的分类、专项方案编制、专家论证等做了规定。但该文件过于简单，对专项方案编制、方案内容、方案实施、专家条件、专家组构成、专家管理等方面未做明确规定，可操作性不强。建设部于 2006 年启动了修订 213 号文的调研工作，2009 年住建部印发了《危险性较大的分部分项工程安全管理办法》的通知（建质［2009］87 号，下称《危大工程管理办法》，详见附录2），替代了213号文的《危险性较大工程安全专项施工方案编制及专家论证审查办法》。《危大工程管理办法》奠定了危大工程监管制度的基础。

实行危大工程监管制度既是现实的需要，也是法律法规的要求。《危大工程管理办法》的直接依据是2004年2月施行的《建设工程安全生产管理条例》，该《条例》第二十六条规定，施工单位应当在施工组织设计中编制安全技术措施，对于基坑支护与降水工程、土方开挖工程、模板工程、起重吊装工程、脚手架工程、拆除与爆破工程等达到一定规模的危险性较大的分部分项工程，要求编制专项施工方案；对涉及深基坑、地下暗挖工程、高大模板工程的专项施工方案，施工单位还应当组织专家进行论证、审查。《条例》的依据是《建筑法》。《建筑法》第三十八条规定，建筑施工企业在编制施工组织设计时，应当根据建筑工程的特点制定相应的安全技术措施；对专业性较强的工程项目，应当编制专项安全施工组织设计，并采取安全技术措施。

1.2　危大工程安全监管制度实施的成效

（1）提高施工单位的技术管理水平。危大工程监管制度一方面要求施工单位主动作为，建立危大工程监管制度，从危大工程识别、编制方案、组织专家论证、修改完善方案、监督实施方案，到检查验收，不断地完善制度，培训锻炼人才；另一方面，通过制度化安排，让社会专家有序地参与施工单位危大工程专项方案制定环节之中，帮助施工单位提高和把控专项方案质量，与此同时，通过专家论证会，让施工单位相关岗位的人员旁听专家点评、答疑，熟悉、掌握专项方案要点，提高监督工作的针对性和效率。事实上，相当多的施工单位项目部已经把专项方案专家论证作为针对性极强的技术交流培训会。施工单位的技术管理水平也得到了提升。

（2）提高专家的技术水平。建筑施工是一个实践性特别强的行业，仅有理论知识几乎寸步难行。而经验的积累又受到建筑工程工期长、个性突出、施工环境相对封闭等特点的局限，施工技术、经验常常形成单位化、区域化的信息孤岛，交流不畅，导致单位间、区域间施工技术水平相差太大。危大工程监管制度给了专家快速开阔眼界、交流积累技术经验的机会。有的专家每年能参与几十个专项方案的论证，类似于积累几十个工程经验！这在制度施行之前是不可想象的，只有大型企业的技术负责人才有可能得到。现如今，专家们不再仅仅服务于所属企业，而是服务于所在地区，有的甚至服务于全国，在不断学习和传递经验的过程中，技术水平得到快速明显的提升。

（3）专项方案编制工作得到规范。按照《危大工程管理办法》的规定，凡是危大工程，施工前必须编制专项方案，超过一定规模的，施工单位还应组织专家论证。专家论证其实就是请五位以上的专家“挑方案毛病”，专家“挑毛病”的过程也是传授经验的过程。由于专家们大多数是行业内企业的技术负责人或技术骨干，在相互学习借鉴中不断改进本单位的专项方案编制内容、方法及表述方式等。这样，经过十多年的不断改进，现在全国施工单位的专项方案编制水平已今非昔比，明显提高。

（4）提高了工程项目施工决策水平和地方政府应急管理水平。项目经理是项目施工的最高决策者，不仅在施工、经营管理方面常常一人说了算，在技术管理方面有时也擅自做主，瞎指挥，蛮干。危大工程监管制度让第三方的社会专家参与项目重大技术方案的论证，优化了项目技术决策程序，提高了项目决策水平。另外，按照危大工程监管制度，各省市建设行政主管部门都建立了专家库，这个在专项方案论证和方案实施中不断打磨的专家群体，成为各地完善应急管理制度、提高应急处置水平的基础。

（5）安全事故得到有效遏制。图 1.2 为 2010 年至 2016 年全国建筑业较大及以上事故统计图，事故起数和死亡人数十年来稳中有降。这份成绩与危大工程监管制度密不可分。可以预见，随着我国建筑向高、大、深、新方向发展，以及全行业对危大工程监管制度重要性的认识逐步加深和管理经验的不断积累，这项制度对防范发生安全事故的作用将更加突出。

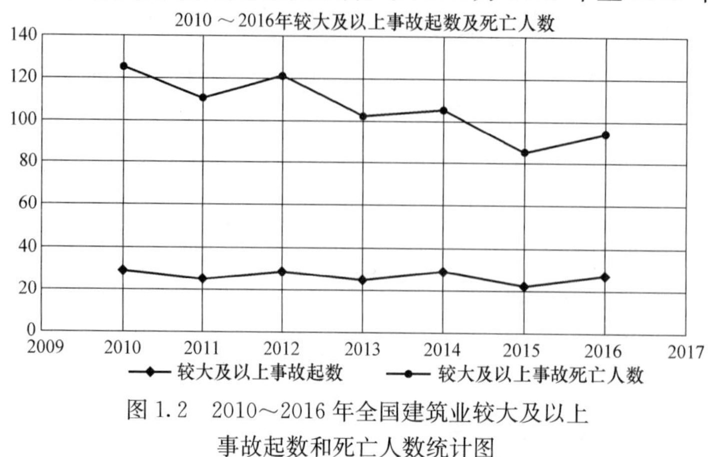

图 1.2 2010～2016 年全国建筑业较大及以上事故起数和死亡人数统计图

1.3 危大工程安全监管制度取得的经验、存在的问题和发展方向

危大工程监管制度的目的是防止发生群死群伤事故，其核心内容是编制合格的危大工程专项方案并确保其得以执行。和其他制度一样，其建立和完善也需要一个不断总结、修订和提高的过程。

2004 年建设部印发《危险性较大工程安全专项施工方案编制及专家论证审查办法》，全文共八条，主要明确了应当编制专项方案的危大工程和应当组织专家论证审查的危大工程范围；规定了专项方案的编制、审核和签字；规定了专家论证人数、完善方案和严格执行方案。该办法对于危大工程清单管理、专项方案内容、专家论证内容、组织专家论证、专家条件、专家管理、专项方案执行、违规责任等未做规定，其可操作性不强。

2009 年在调研基础上，住建部印发《危险性较大的分部分项工程安全管理办法》，全文共二十五条另加两个附件，围绕专项方案的编制和执行，对参建各方主体（建设单位、施工单位、监理单位、评审专家、工程建设主管部门）明确了工作要求，《办法》的系统性、针对性和可操作性大大增强。

从 2009 年至今，该办法已实施八年，全国各地建设行政主管部门为贯彻落实该项制度进行了探索，取得了一些成绩和经验，同时也暴露出一些问题。一条最基本的经验是：地方建设行政主管部门应当严格执行《办法》的规定，并依据本地区实际情况制定配套制度。严格执行《办法》是指：危大工程施工前必须编制专项方案，超过一定规模的必须经过专家论证；制定《办法》实施细则、专家库工作制度；建立专家库和专家诚信档案，专家库面向社会公开。配套制度是指：规范专家行为、提升专项方案论证水平和危大工程信息化管理的相关制度。存在的主要问题表现为：部分地区没有严格执行《办法》规定，在专项方案论证组织形式、专家库的建立及专家管理等方面跑偏；专项方案编制及专家论证缺乏标准；以及《办法》法律地位较低，约束力不足等。因此，适时对该办法进行修改和完善，并提升其法律地位，加大《办法》对相关各方的约束力是十分必要的。另外，政府组织引导专业技术力量制定专项方案编制技术指南或标准，并加强技术交流和培训，对于提高危大工程专项方案的编制、论证、执行和监管水平，具有十分重要的作用。

第 2 章 《危大工程管理办法》解读

周与诚 陈大伟 编写

2.1 目的及适用范围

为进一步规范和加强对危险性较大的分部分项工程安全管理，积极防范和遏制建筑施工生产安全事故的发生，住房和城乡建设部于 2009 年 5 月 13 日颁布《危险性较大的分部分项工程安全管理办法》（下称《危大工程管理办法》）。该办法内容丰富，重点解读如下。

2.1.1 对象

对象包括主体和客体。主体包括建设单位、施工单位、监理单位、评审专家、工程建设主管部门和上述单位或部门的相关人员；客体就是危大工程专项方案（识别、编制、实施）。

2.1.2 目的

为加强对危险性较大的分部分项工程安全管理，明确安全专项施工方案编制内容，规范专家论证程序，确保安全专项施工方案实施，积极防范和遏制建筑施工生产安全事故的发生。

2.1.3 范围

房屋建筑和市政基础设施工程（以下简称“建筑工程”）的新建、改建、扩建、装修和拆除等建筑安全生产活动及安全管理。

2.2 危大工程的定义及范围

2.2.1 定义

危大工程是“危险性较大的分部分项工程”的简称，危险性较大分部分项工程是指建筑工程在施工过程中存在的、可能导致作业人员群死群伤或造成重大不良社会影响的分部分项工程。

2.2.2 范围

序号	危险性较大的分部分项工程范围		超过一定规模的危险性较大的分部分项工程范围
一	基坑支护、降水工程	开挖深度超过 3m(含 3m)或虽未超过 3m 但地质条件和周边环境复杂的基坑(槽)支护、降水工程	(一)深基坑工程中开挖深度超过 5m(含 5m)的基坑(槽)的土方支护、降水工程。 (二)深基坑工程中开挖深度虽未超过 5m,但地质条件、周围环境和地下管线复杂,或影响毗邻建筑(构筑)物安全的基坑(槽)的土方支护、降水工程

陈大伟 工学博士，现任首都经济贸易大学建设安全研究中心主任，研究方向工程建设安全与风险管理。兼任：国务院安委会专家咨询委员建筑施工专业委员会专家、国家安全生产专家组建筑施工专业组副组长。

续表

序号	危险性较大的分部分项工程范围		超过一定规模的危险性较大的分部分项工程范围
二	土方开挖工程	开挖深度超过3m(含3m)的基坑(槽)的土方开挖工程	(一)深基坑工程中开挖深度超过5m(含5m)的基坑(槽)的土方开挖工程。 (二)深基坑工程中开挖深度虽未超过5m,但地质条件、周围环境和地下管线复杂,或影响毗邻建筑(构筑)物安全的基坑(槽)的土方开挖工程
三	模板工程及支撑体系	(一)各类工具式模板工程:包括大模板、滑模、爬模、飞模等工程	(一)工具式模板工程:包括滑模、爬模、飞模工程
		(二)混凝土模板支撑工程:	(二)混凝土模板支撑工程:
		1. 搭设高度5m及以上	1. 搭设高度8m及以上
		2. 搭设跨度10m及以上	2. 搭设跨度18m及以上
		3. 施工总荷载$10kN/m^2$及以上	3. 施工总荷载$15kN/m^2$及以上
		4. 集中线荷载15kN/m及以上	4. 集中线荷载20kN/m及以上
		5. 高度大于支撑水平投影宽度且相对独立无联系构件的混凝土模板支撑工程	
		(三)承重支撑体系:用于钢结构安装等满堂支撑体系	(三)承重支撑体系:用于钢结构安装等满堂支撑体系,承受单点集中荷载700kg及以上
四	起重吊装及安装拆卸工程	(一)采用非常规起重设备、方法,且单件起吊重量在10kN及以上的起重吊装工程 (二)采用起重机械进行安装的工程 (三)起重机械设备自身的安装、拆卸	(一)采用非常规起重设备、方法,且单件起吊重量在100kN及以上的起重吊装工程。 (二)起重量300kN及以上的起重设备安装工程;高度200m及以上内爬起重设备的拆除工程
五	脚手架工程	(一)搭设高度24m及以上的落地式钢管脚手架工程	(一)搭设高度50m及以上落地式钢管脚手架工程
		(二)附着式整体和分片提升脚手架工程	(二)提升高度150m及以上附着式整体和分片提升脚手架工程
		(三)悬挑式脚手架工程	(三)架体高度20m及以上悬挑式脚手架工程
		(四)吊篮脚手架工程	
		(五)自制卸料平台、移动操作平台工程	
		(六)新型及异型脚手架工程	
六	拆除、爆破工程	(一)建筑物、构筑物拆除工程 (二)采用爆破拆除的工程	(一)采用爆破拆除的工程。(二)码头、桥梁、高架、烟囱、水塔或拆除中容易引起有毒有害气(液)体或粉尘扩散、易燃易爆事故发生的特殊建、构筑物的拆除工程。(三)可能影响行人、交通、电力设施、通讯设施或其他建、构筑物安全的拆除工程。(四)文物保护建筑、优秀历史建筑或历史文化风貌区控制范围的拆除工程
七	其他	(一)建筑幕墙安装工程	(一)施工高度50m及以上的建筑幕墙安装工程
		(二)钢结构、网架和索膜结构安装工程	(二)跨度大于36m及以上的钢结构安装工程;跨度大于60m及以上的网架和索膜结构安装工程
		(三)人工挖扩孔桩工程	(三)开挖深度超过16m的人工挖孔桩工程

续表

序号	危险性较大的分部分项工程范围		超过一定规模的危险性较大的分部分项工程范围
七	其他	(四)地下暗挖、顶管及水下作业工程	(四)地下暗挖工程、顶管工程、水下作业工程
		(五)预应力工程	
		(六)采用新技术、新工艺、新材料、新设备及尚无相关技术标准的危险性较大的分部分项工程	(五)采用新技术、新工艺、新材料、新设备及尚无相关技术标准的危险性较大的分部分项工程

2.3 各方主体责任

1）建设单位工作要求

(1) 在申请领取施工许可证或办理安全监督手续时，提供危险性较大的分部分项工程清单和安全管理措施；

(2) 参加专家论证会；

(3) 项目负责人签字认可专项方案，参加检查验收；

(4) 责令施工单位停工整改，向建设主管部门报告。

2）施工单位工作要求

(1) 建立危险性较大的分部分项工程安全监管制度；

(2) 负责编制、审核、审批安全专项方案；

(3) 负责组织专家论证会并根据论证意见修改完善安全专项方案；

(4) 负责按专项方案组织施工，不得擅自修改、调整专项方案；

(5) 负责对现场管理人员和作业人员进行安全技术交底；

(6) 指定专人对专项方案实施情况进行现场监督和按规定进行监测；

(7) 技术负责人应当定期巡查专项方案实施情况；

(8) 组织有关人员进行验收；

(9) 负责对建设、监理和主管部门提出问题和隐患进行整改落实。

3）监理单位工作要求

(1) 建立危险性较大的分部分项工程安全监管制度；

(2) 项目总监理工程师审核专项方案并签字；

(3) 参加专家论证会；

(4) 将危险性较大工程列入监理规划和监理实施细则；

(5) 制定安全监理工作流程、方法和措施；

(6) 对安全专项方案的实施情况进行现场监理，对不按方案实施的，应当责令整改，对拒不整改的，应当及时向建设单位报告；

(7) 组织有关人员验收危大工程。

4）专家工作要求

专项方案经论证后，专家组应当提交论证报告，对论证的内容提出明确的意见，并在论证报告上签字。

5）建设行业主管部门工作要求

(1) 按专业类别建立专家库，并公示专家名单，及时更新专家库；

（2）制定专家资格审查办法和监管制度并建立专家诚信档案；

（3）依据有关法律法规处罚违规的建设单位、施工单位和监理单位；

（4）制定实施细则。

2.4　专项施工方案编制

施工单位应当在危险性较大的分部分项工程施工前编制专项方案；对于超过一定规模的危险性较大的分部分项工程，施工单位应当组织专家对专项方案进行论证。建筑工程实行施工总承包的，专项方案应当由施工总承包单位组织编制。其中，起重机械安装拆卸工程、深基坑工程、附着式升降脚手架等专业工程实行分包的，其专项方案可由专业承包单位组织编制。

专项方案编制应当包括以下内容：

（1）工程概况：危险性较大的分部分项工程概况、施工平面布置、施工要求和技术保证条件。

（2）编制依据：相关法律、法规、规范性文件、标准、规范及图纸（国标图集）、施工组织设计等。

（3）施工计划：包括施工进度计划、材料与设备计划。

（4）施工工艺技术：技术参数、工艺流程、施工方法、检查验收等。

（5）施工安全保证措施：组织保障、技术措施、应急预案、监测监控等。

（6）劳动力计划：专职安全生产管理人员、特种作业人员等。

（7）计算书及相关图纸。

专项方案应当由施工单位技术部门组织本单位施工技术、安全、质量等部门的专业技术人员进行审核。经审核合格的，由施工单位技术负责人签字。实行施工总承包的，专项方案应当由总承包单位技术负责人及相关专业承包单位技术负责人签字。不需专家论证的专项方案，经施工单位审核合格后报监理单位，由项目总监理工程师审核签字。危大工程专项方案编制审核审批流程如图 2.4 所示。

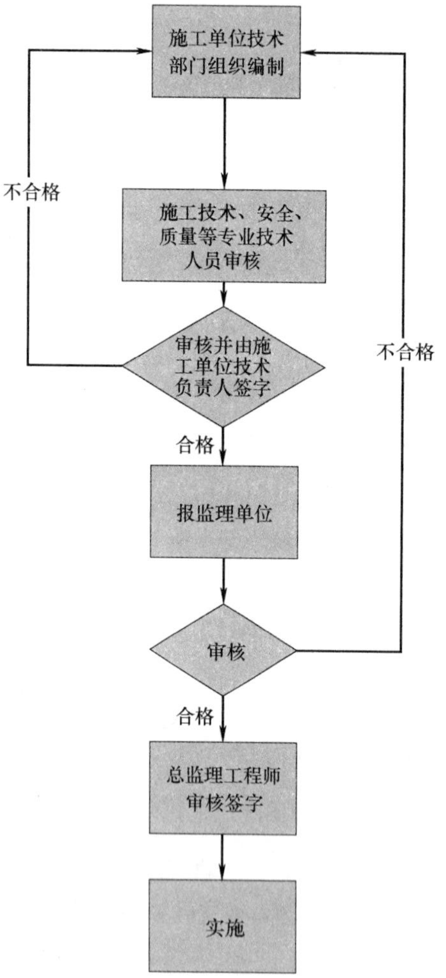

施工单位技术部门组织编制
施工技术、安全、质量等专业技术人员审核
审核并由施工单位技术负责人签字
不合格
合格
报监理单位
审核
不合格
合格
总监理工程师审核签字
实施

图 2.4　危大工程专项方案编制审核审批流程

2.5　专家论证

超过一定规模的危险性较大的分部分项工程专项方案应当由施工单位组织召开专家论

证会。实行施工总承包的，由施工总承包单位组织召开专家论证会。

下列人员应当参加专家论证会：

(1) 专家组成员；

(2) 建设单位项目负责人或技术负责人；

(3) 监理单位项目总监理工程师及相关人员；

(4) 施工单位分管安全的负责人、技术负责人、项目负责人、项目技术负责人、专项方案编制人员、项目专职安全生产管理人员；

(5) 勘察、设计单位项目技术负责人及相关人员。

专家组成员应当由5名及以上符合相关专业要求的专家组成。本项目参建各方的人员不得以专家身份参加专家论证会。

专家论证的主要内容：

(1) 专项方案内容是否完整、可行；

(2) 专项方案计算书和验算依据是否符合有关标准规范；

(3) 安全施工的基本条件是否满足现场实际情况。

专项方案经论证后，专家组应当提交论证报告，对论证的内容提出明确的意见，并在论证报告上签字。该报告作为专项方案修改完善的指导意见。超过一定规模的危大工程专项方案编制审核审批流程如图2.5所示。

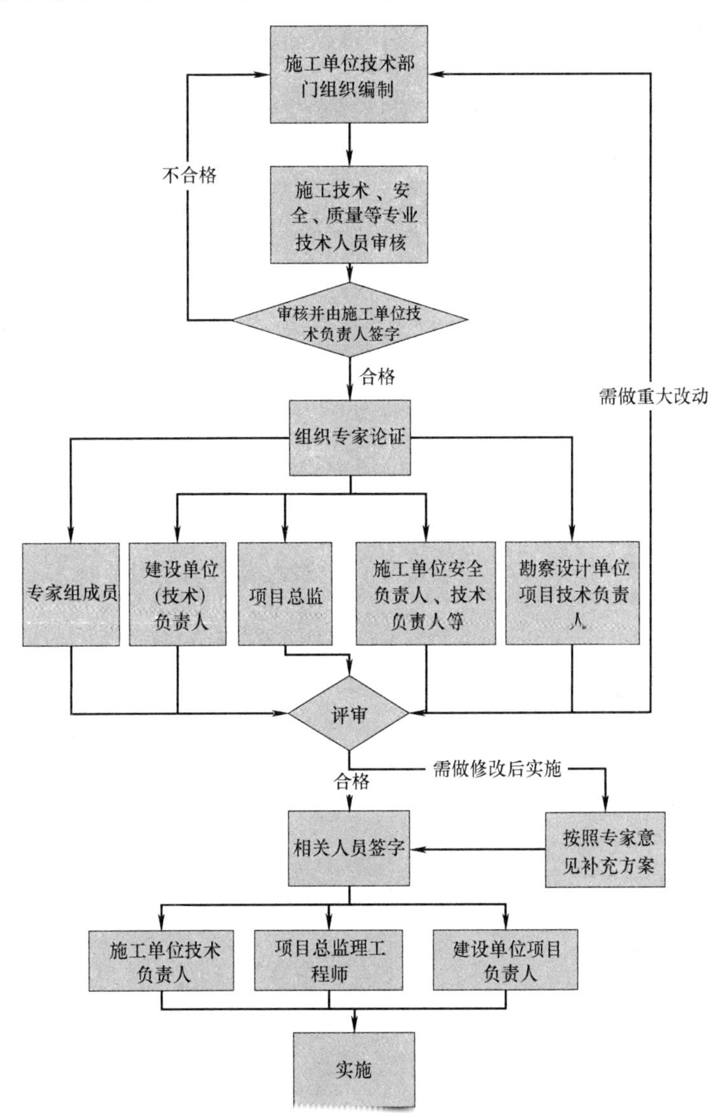

图2.5 超过一定规模的危大工程专项方案编制审核审批流程

2.6 方案实施

施工单位应当根据论证报告修改完善专项方案，并经施工单位技术负责人、项目总监理工程师、建设单位项目负责人签字后，方可组织实施。实行施工总承包的，应当由施工总承包单位、相关专业承包单位技术负责人签字。

专项方案实施前，编制人员或项目技术负责人应当向现场管理人员和作业人员进行安全技术交底。

施工单位应当指定专人对专项方案实施情况进行现场监督和按规定进行监测。发现不按照专项方案施工的，应当要求其立即整改；发现有危及人身安全紧急情况的，应当立即组织作业人员撤离危险区域。施工单位技术负责人应当定期巡查专项方案实施情况。

监理单位应当对专项方案实施情况进行现场监理；对不按专项方案实施的，应当责令整改，施工单位拒不整改的，应当及时向建设单位报告；建设单位接到监理单位报告后，应当立即责令施工单位停工整改；施工单位仍不停工整改的，建设单位应当及时向住房城乡建设主管部门报告。

2.7　其他规定

（1）各地住房城乡建设主管部门可结合本地区实际，依照本办法制定实施细则。

（2）各地住房城乡建设主管部门应当根据本地区实际情况，制定专家资格审查办法和管理制度并建立专家诚信档案，及时更新专家库。

（3）各地住房城乡建设主管部门应当按专业类别建立专家库。专家库的专业类别及专家数量应根据本地实际情况设置。专家名单应当予以公示。

（4）专家库的专家应当具备的基本条件：诚实守信、作风正派、学术严谨；从事专业工作 15 年以上或具有丰富的专业经验；具有高级专业技术职称。

第3章　北京市危大工程安全监管情况介绍

周与诚　郭跃龙　张德萍　牛大伟　编写

3.1　贯彻落实危大工程安全监管制度总体情况

北京市从1990年代开始，基坑坍塌问题日渐突出，建设行政主管部门及工程技术人员着手研究防止基坑事故的办法。1994年，上海市和天津市实施基坑支护方案专家评审制度，对防止基坑事故发挥了重要作用，北京市曾尝试学习借鉴上海天津的经验，但因多种原因未能实现。直到2003年地方标准《建筑工程施工技术管理规程》发布时，才在该规程第10章中列了一条，对基坑支护施工方案的管理进行了规范。2004年，建设部印发《关于印发〈建筑施工企业安全生产管理机构设置及专职安全生产管理人员配备办法〉和〈危险性较大工程安全专项施工方案编制及专家论证审查办法〉的通知》（建质［2004］213号，下称213号文），北京市计划制订实施细则，但随后建设部启动了修订213号文的调研工作，北京参与了2006年在上海召开的启动会，实施细则的研制发布工作被推迟。2009年，住建部印发《危险性较大的分部分项工程安全管理办法》（建质［2009］87号，下称《危大工程管理办法》），同年11月，北京市印发了实施细则《北京市实施〈危险性较大的分部分项工程安全管理办法〉规定》（京建施〔2009〕841号，下称《实施〈危大工程管理办法〉规定》，详见附录3）。

2010年，在《实施《危大工程管理办法》规定》基础上，北京市住建委成立了“北京市危险性较大的分部分项工程管理领导小组”和“北京市危险性较大的分部分项工程管理领导小组办公室”（下称“危大办”），建立了“北京市危险性较大分部分项工程专家库”（下称“危大专家库”）；“危大办”制订了《北京市危险性较大分部分项工程专家库工作制度》（下称《专家库工作制度》，详见附录4）和《北京市危险性较大分部分项工程安全专项施工方案专家论证细则》（下称《专家论证细则》）。2011年，北京市住建委印发《北京市轨道交通建设工程专家管理办法》（京建法〔2011〕23号，下称《轨道交通专家管理办法》，详见附录5）；“领导小组”发布《北京市危险性较大分部分项工程专家库专家的考评和诚信档案管理办法》（下称《专家考评与诚信档案管理办法》，详见附录6）。2012年北京市住建委印发《北京市危险性较大的分部分项工程安全动态管理办法》（京建法〔2012〕1号，下称《动态管理办法》，详见附录7），并建立了“危险性较大的分部分项工程安全动态管理平台”（下称“动态管理平台”）。2014年，北京市住建委组织专家开展专项方案论证标准和关键节点识别研究，并将研究成果应用于修订《专家论证细则》之中。2015年，实行《专家论证细则》（2015版），详见附录8，实现了专项方案编制及专家论证工作的标准化。

3.2　印发《实施〈危大工程管理办法〉规定》

北京市自20世纪90年代开始研究基坑安全管理措施，2006年参与了建设部修订213号文的调研工作。有了这些基础，北京的实施细则发布较快，2009年5月《危大工程管理办法》发布，北京的实施细则就开始征求意见，并于同年11月印发了《实施〈危大工程管理办法〉规定》。

《实施〈危大工程管理办法〉规定》主要内容除《危大工程管理办法》内容之外，设立了危大工程的管理机构、明确了专家库的建立和管理程序、细化了专家论证结论的形式和内容，使得《危大工程管理办法》更具可操作性。具体细化的内容包括：

1）第九条至第十一条设立了危大工程领导小组及办公室，明确了职责任务。

2）第十二条将危大工程分为岩土工程、模架工程、吊装及拆卸工程、爆破及拆除工程四个专业，并分别设立专家库。

3）第十三条至第十八条明确专家库建立方式、程序、任期，规定专家的权利义务和责任。

4）第十九条规定由领导小组办公室建立超过一定规模的危大工程专项方案档案，并跟踪其执行情况。

5）第二十条至第二十三条规定了专家组的构成、预审方案、论证报告的形式及要求、资料存档等。

3.3　规范专家论证行为

为规范专家行为，“危大办”制订了《专家库工作制度》和《专家论证细则》。《专家工作制度》明确了专家入、出库的程序，规定了专家的权利和义务。《专家论证细则》则是专家参与专项方案论证活动时的技术规则。

《专家工作制度》共十条，主要内容：依据、领导小组和办公室职责、专业分类、专家聘任方式和程序、专家任期、专家责权利、组长的权利和义务等。

《专家论证细则》分通用部分和专业技术部分，通用部分包含总则、程序和纪律，适用于专家库内的四个专业；专业技术部分包括岩土工程、模架工程、起重与吊装拆卸工程、拆除与爆破工程四个专业技术评审细则。各专业技术论证部分均包括符合性论证和实质性论证。

《专家论证细则》是做好专项方案编制及专家论证工作的基础，并具有较高的技术含量。自213号文实施后，北京市危大工程专项方案的编制及专家论证工作在探索中逐步开展。当时的情况是：一方面，各施工单位依据规范和经验编制的专项方案，内容不统一，编制深度不一致，水平参差不齐；另一方面，专家也是依据自己的经验论证方案，专家水平及把握尺度相差较大；专项方案编制及专家论证都不规范。2009年，北京市印发《实施〈危大工程管理办法〉规定》，为指导施工单位编制专项方案，规范专家论证内容，“危大办”组织四个专业的知名专家，在深入研究专业技术标准的基础上，结合北京地区的实际情况，编写出简明扼要的《专家论证细则》。

经过几年专项方案编制及专家论证实践活动，我们发现了更深层次的问题，需要设法解决。按照《实施〈危大工程管理办法〉规定》，专家论证结论统一为："通过"、"不通过"或"修改后通过"。应该说，这样的论证结论较此前的"基本可行"、"总体可行"、"在精心施工的前提下是安全的"等类的论证结论要明确得多。但问题是：在什么情况下论证结论为"不通过"？什么情况下论证结论为"修改后通过"？什么情况下论证结论为"通过"？有的方案编制质量很差，问题很多，专家提出了很多条修改意见，相当于要重新编制方案，但最后的论证结论可能是"修改后通过"，甚至可能是"通过"。由于"照顾面子"等多方面的原因，论证结论很少出现"不通过"的。也有一些专家，或水平不高看不出问题，或不认真查看，对存在明显缺陷的方案，论证结论为"通过"。针对这些问题，北京市住建委2014年建立课题，研究"不通过"、"修改后通过"和"通过"的判定标准。经过24位专家一年的研究，制订了基于四个专业共计29种施工方法的专项方案论证结论"不通过"、"修改后通过"、"通过"及关键节点的判定标准，形成了2015版的《专家论证细则》。

3.4　危大工程管理信息化

3.4.1　动态管理办法

《动态管理办法》与"动态管理平台"是北京市危大工程管理特色。为了将专家资源从服务于专项方案制订环节延伸至施工环节，以及实现危大工程管理信息化，更加有效地防止发生危大工程事故，北京市住建委印发了《动态管理办法》。主要内容包括：

（1）建立了"动态管理平台"。规定危大工程的认定、抽取专家、方案上传、专家预审方案、专家论证会、论证结论上传与确认、方案实施情况上传、专家跟踪及结论等均应通过"动态管理平台"进行。

（2）确立了视频论证会和专家电子签名的合规性。规定组织单位可以采用远程视频会议的方式召开专家论证会，专家论证报告可采用电子签名。

（3）规定了论证结论为"修改后通过"的处理方式。规定论证结论为"修改后通过"的，专家组长须对修改后的专项方案再次填写审查意见，该意见作为监理单位是否批准开工的参考依据。

（4）实行危大工程专项方案执行情况月报制度。要求施工单位每月1日至5日登录"动态管理平台"填写上月专项方案的实施情况，并应向专家提供能够判断工程安全状况的文字说明、相关数据和照片。

（5）实行专家跟踪专项方案执行情况制度。要求专家组长（或专家组长指定的专家）应当自专项方案实施之日起每月跟踪一次，在"动态管理平台"上填写信息跟踪报告。当工程项目施工至关键节点时，还应对专项方案的实施情况进行现场检查，指出存在的问题，并根据检查情况对工程安全状态做出判断，填写信息跟踪报告。

（6）设立专家免责条款。规定专家的论证工作和跟踪工作不替代施工单位日常质量安全管理工作职责。施工单位对危险性较大的分部分项工程专项方案的实施负安全和质量责任。

3.4.2　"动态管理平台"

"动态管理平台"是基于计算机和网络技术，服务于危大工程管理的信息平台。施工单位、专家和建设行政主管部门通过平台实现管理目标。施工单位通过该平台抽取专家、上传方案、上传论证结论、上传施工月报、组织视频专家论证会等，图3.4-1为施工单位操作界面截图；专家预审方案、提出预审意见、确认论证结论、上传跟踪及结论等，图 3.4-2 为专家跟踪专项方案执行情况操作界面截图；建设行政主管部门适时查看辖区内危大工程专项方案论证情况及执行情况，以便采取针对性监管措施等，图 3.4-3 为建设行政主管部门操作界面截图。“动态管理平台”信息化目标是：全面、及时、准确。

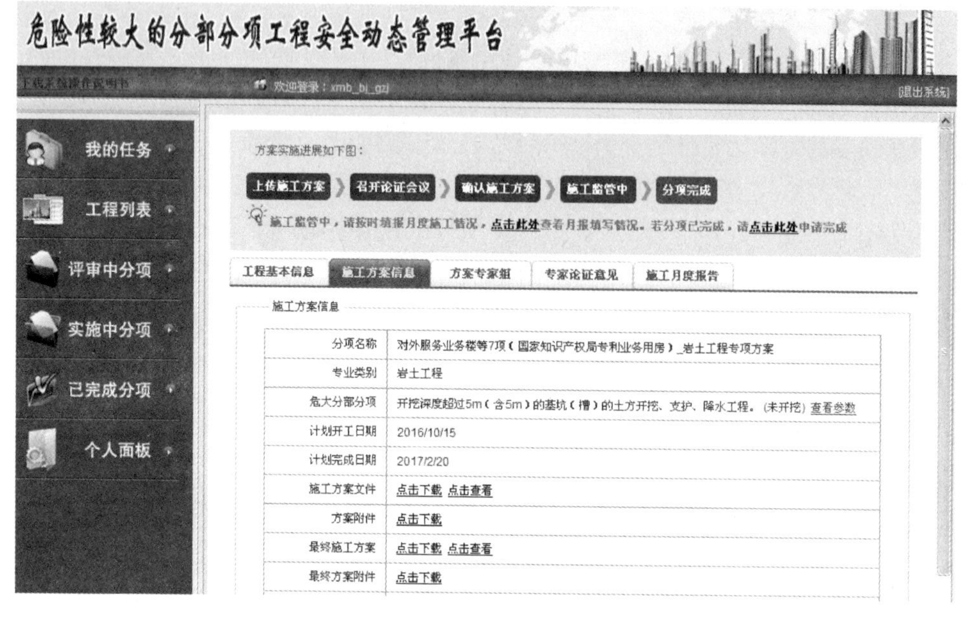

图 3.4-1　施工单位操作界面截图

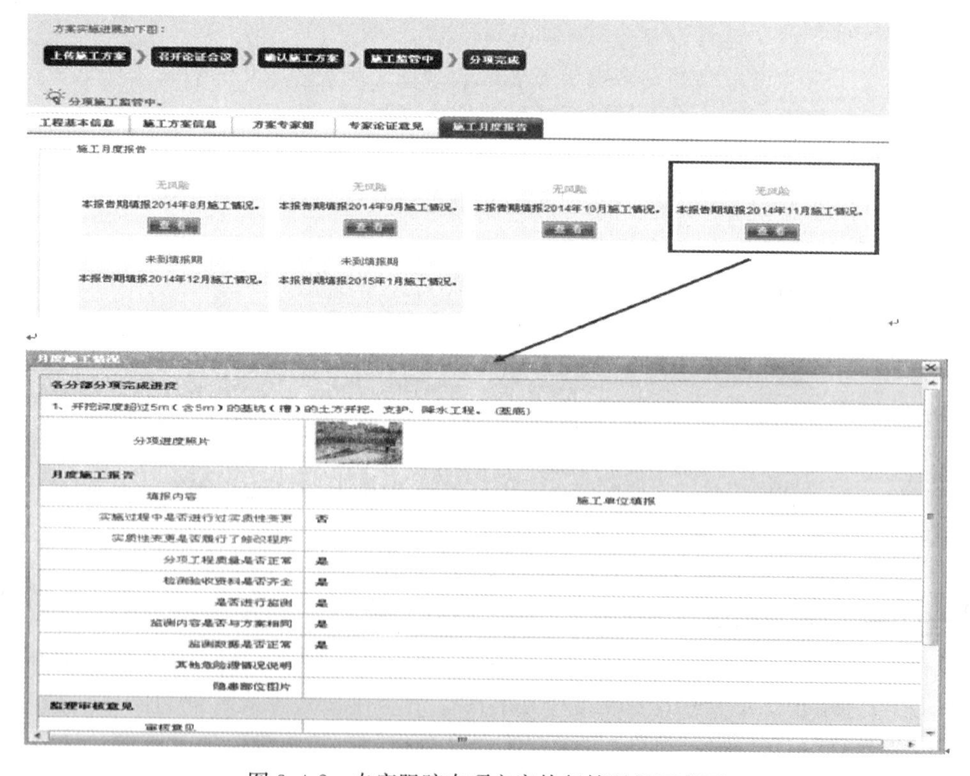

图 3.4-2　专家跟踪专项方案执行情况界面截图

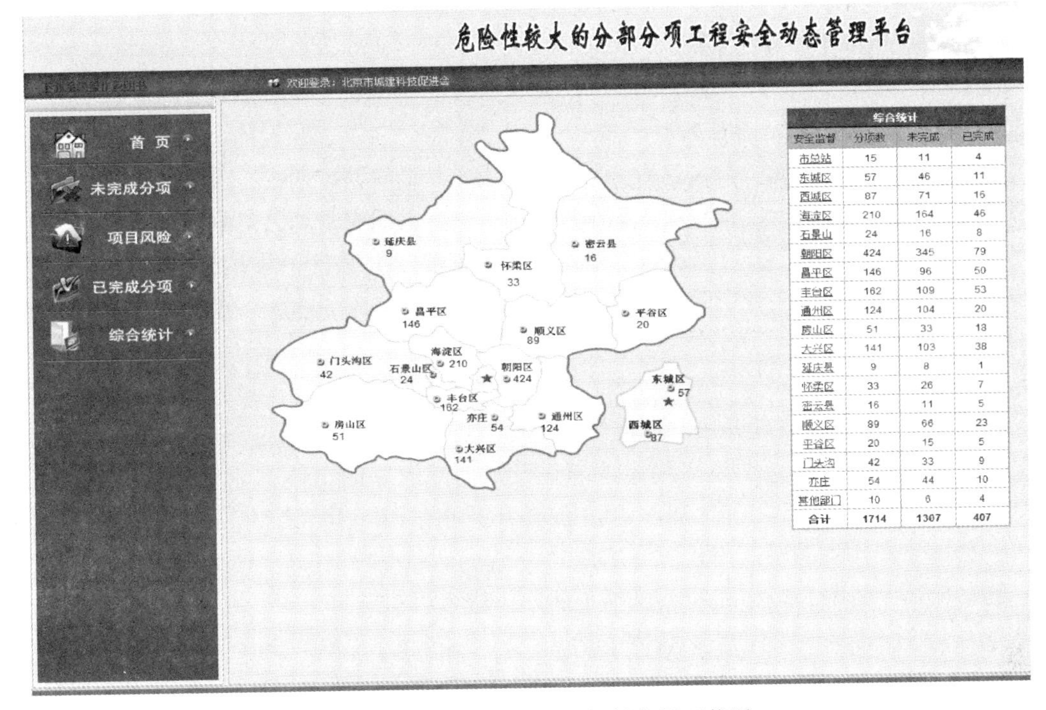

安全监督	分项数	未完成	已完成
市总站	15	11	4
东城区	57	46	11
西城区	87	71	16
海淀区	210	164	46
石景山	24	16	8
朝阳区	424	345	79
昌平区	146	96	50
丰台区	162	109	53
通州区	124	104	20
房山区	51	33	18
大兴区	141	103	38
延庆县	9	8	1
怀柔区	33	26	7
密云县	16	11	5
顺义区	89	66	23
平谷区	20	15	5
门头沟	42	33	9
亦庄	54	44	10
其他部门	10	6	4
合计	1714	1307	407

图 3.4-3　建设行政主管部门操作界面截图

3.4.3 “动态管理平台”运行状况

“动态管理平台”自 2012 年 8 月正式运行以来，基本达到了建立平台的目的，取得了较好的效果。主要表现在：

（1）方便了施工单位专项方案上传和专家跟踪，提高了方案上传率和专家跟踪质量。表 3.4 为 2013 年至 2016 年 9 月平台上专项方案数量、参与论证专家人数、被跟踪方案数量及跟踪专家人数。据 2015 和 2016 年基坑抽查结果显示，平台上传率分别达到 60.7%和 86%。专家通过跟踪及时发现安全隐患 2013、2014 和 2015 年分别为 14、11 和 3 处。

2013 年至 2016 年 9 月平台上方案及专家跟踪情况表　　**表 3.4**

序号	年度	论证方案(个)	论证专家(名)	施工单位(家)	跟踪工程(项)	跟踪专家(名)
1	2013 年	1526	767	281	836	118
2	2014 年	1539	785	290	927	133
3	2015 年	1461	766	318	818	108
4	2016 年 (截至 9 月底)	1021	629	255	1297 (含 15 年未完工)	112
总计		5547	2947	1144	2581	171

（2）有利于管理方及时掌握辖区内危大工程进展情况。

市（区）建委可随时了解本辖区内危大工程数量、各项工程的形象进度及其安全状态；亦可进一步查询项目的专项方案及专家论证、跟踪等信息；还可以做一些初步统计分析工作。监督机构开展专项检查之前查看平台项目情况，可提高监督工作的针对性和工作效率。

3.5　专家库和专家管理

3.5.1　专家库的管理

专家库是危大工程监管制度运行的基础。危大工程监管制度的核心内容就是以制度化的方式将专家资源纳入危大工程专项方案制订之中，把好方案编制关，避免安全隐患流入施工环节。《危大工程管理办法》明确地方建设行政主管部门主导建立专家库及专家诚信档案，并向社会公开。北京市在专家库管理方面的工作包括：专家库的建立、使用和换届，专家考评等。

3.5.2　专家库的建立

《实施〈危大工程管理办法〉规定》规定专家库专家可采取申请聘任和特邀聘任两种形式，但在具体实施上，主要采用申请聘任形式，专家库向全体专业技术人员开放，公开、公平、透明。专家库建立程序：发布公开征集通知（附件 7）——初选——资格评审——公示——颁发聘书（组长配专用章）。

至 2016 年 11 月，危大专家库已换了两届，进入第三届第一年。每届专家库专家情况见表 3.5-1 北京市危大工程专家库专家表。

北京市危大工程专家库专家表　　表 3.5-1

	岩土工程	模架工程	拆卸安装工程	拆除与爆破工程	合计
第一届	525	440	77	24	1066
第二届	703	404	65	26	1198
第三届	790	437	62	21	1310

3.5.3　专家库的使用

专家库在市住建委官网（http：//www.bjjs.gov.cn/publish/portal0/tab1777/）向社会公开，供相关单位和个人查询或抽取专家。

（1）查询。按上述网址（或市住建委官网首页→查询中心→其他查询→北京市危险性较大的分部分项工程专家库）进入专家库，可按专业类别、姓名或证书编号查询，其中专业类别从下拉菜单中点选，如图 3.5-1 所示。

北京市危险性较大的分部分项工程专家库

友情提示：

- 本数据库记录的是我市危险性较大的分部分项工程专家库的相关情况，该数据最后更新时间为2013年1月27日；
- 所选取的专家组成员中，必须至少有一位为专家组组长；
- 在查询过程中，您可根据"专业类别"、"姓名"、"证书编号"等关键字信息进行模糊查询，同时，您在浏览时还可点击"证书编号"、"姓名"等字段进行排序查看；
- 点击"查询"按钮后时弹出页面显示更为详细的专家库信息。

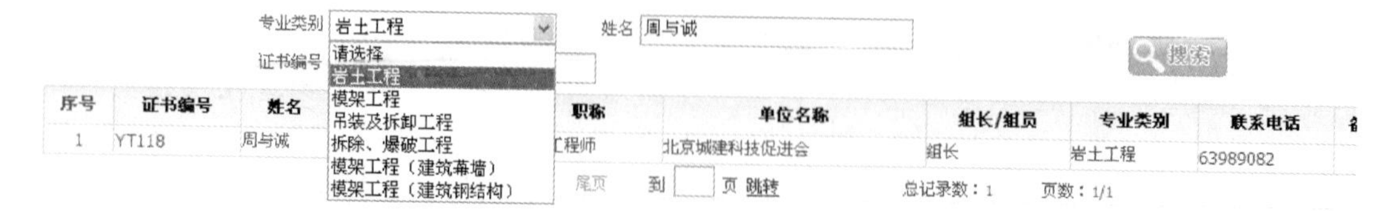

图 3.5-1　危大专家库查询图

（2）施工单位抽取专家。施工单位组织专项方案论证之前，须组建专家组，专家从专家库中抽取，专家库内查询不到的工程技术人员不得以专家身份参加专项方案论证会。

3.5.4 专家考评

专家考评依据《专家考评与诚信档案管理办法》。“危大办”每年对所有库内专家定量考评一次，由业绩、继续教育、加分和减分四项累积而成，其中业绩分包括方案论证和方案执行跟踪，满分为各40分；继续教育满分为20分；加分项包括危大工程现场检查、抢险、编制规范等三项，每项加4分～5分；减分项目包括违规参加专项方案论证、未跟踪专项方案执行、未审查出专项方案中安全隐患、论证后发生事故、受到处罚等五项，每项/次罚0.5分～50分。考评分数计入专家诚信档案，并作为换届时是否续聘的依据。

3.5.5 换届工作

换届是保持专家库活力、优化专家资源的重要措施。到目前为止，“危大专家库”和“轨道交通专家库”分别于2013年和2016年完成了两次换届。按照淘汰率不低于15%和末位淘汰原则，确定续聘和淘汰专家名单，并增选符合条件的专家入库。每届淘汰和增选一次，期间原则上不做增减。换届淘汰和增选情况见表3.5-2和表3.5-3。

危大专家库和轨道交通专家库2013年第一次换届情况表 表3.5-2

	第一届专家人数	淘汰人数	增补人数	第二届专家人数
危大库	1066	183	315	1198
轨道库	862	114	149	897
合计	1928	297	464	2095

危大专家库和轨道交通专家库2016年第二次换届情况表 表3.5-3

	第二届专家人数	淘汰人数	增补人数	第三届专家人数
危大库	1198	175	287	1310
轨道库	897	190	119	826
合计	2095	365	406	2136

3.6 取得的效果

北京市在危大工程管理方面的探索和实践取得了较好的效果。主要表现在以下几个方面：

（1）危大工程事故明显减少。北京市自2008年之后基本没有发生重大基坑塌方事故，而此前每年都有2、3起影响很大的事故，如东直门基坑塌方事故、熊猫环岛地铁基坑塌方事故、苏州街地铁暗挖塌方事故、京广桥地铁隧道塌方事故、空间中心车库基坑塌方事故等。2012年至2016年10月，基本没有出现重大基坑险情。模架工程、起重与吊装拆卸工程、拆除与爆破工程等危大工程事故也大幅减少。

（2）建立了一套较完善的制度。北京市在住建部《危大工程管理办法》基础上，围绕专项方案编制、专家论证、专项方案实施、专家库管理等先后印发了《实施〈危大工程管理办法〉规定》、《轨道交通专家管理办法》和《动态管理办法》三个文件；“危大办”和“领导小组”分别制订了《专家库工作制度》、《专家论证细则》和《专家考评与诚信档案管理办法》三项制度。使得危大工程监管制度的各参与方均有章可循，职责明确。

（3）探索出一种新的组织形式。北京市采取政府主导、社会力量广泛参与的方式开展危大工程监管工作。市住建委和市重大办负责制定规则，专家库面向社会征集，并委托社会团体——北京城建科技促进会组织实施。市住建委以政府购买服务方式，通过签订服务合同明确双方职责。自2010年以来，危大工程监管顺畅、成果丰硕的实践表明这种新的组织形式是成功的。

（4）组织和培训了一个全国最大的专家群体。北京市2010年建立“危大专家库”，2012年建立“轨道交通专家库”，两库专家总数约2100名，去除重叠部分后，专家人数约1600人。据2013年后“动态管理平台”统计数据表明：每年约800名专家参与了约1500项专项方案论证，约120名专家组长参与了专项方案实施情况跟踪。这个专家群体通过多年有序参与学习、交流、方案论证及指导实践活动，技术水平和指导能力有了很大提高，他们中的不少专家不仅服务于北京建设工程，也服务于全国各地建设工程。

（5）相关单位的技术和管理水平明显提高。按照住建部《危大工程管理办法》规定，专项方案论证会由施工单位组织，监理单位、勘察设计单位、建设单位参加。论证会上，专家组（不少于5位）与这些单位的技术人员、管理人员就某个具体危大工程的施工方案进行讨论、评议，指出方案中的不足之处，并提出改进措施。可以说，每一次认真的专项方案论证会都是一次针对性极强的技术交流会、培训会。事实上，业内技术人员普遍认为，通过参加专项方案专家论证会，开阔了眼界，丰富了经验，提升了能力，专项方案的编制水平及监督落实能力都有了很大提高。

附录1

关于印发《建筑施工企业安全生产管理机构设置及专职安全生产管理人员配备办法》和《危险性较大工程安全专项施工方案编制及专家论证审查办法》的通知

建质［2004］213号

各省、自治区建设厅、直辖市建委，江苏省、山东省建管局，新疆生产建设兵团建设局：

现将《建筑施工企业安全生产管理机构设置及专职安全生产管理人员配备办法》和《危险性较大工程安全专项施工方案编制及专家论证审查办法》印发给你们，请结合实际，贯彻执行。

中华人民共和国建设部

二〇〇四年十二月一日

建筑施工企业安全生产管理机构设置及专职安全生产管理人员配备办法

第一条　为规范建筑施工企业和建设工程项目安全生产管理机构的设置及专职安全生产管理人员的配置工作，根据《建设工程安全生产管理条例》，制定本办法。

第二条　本办法适用于土木工程、建筑工程、线路管道和设备安装工程及装修工程的新建、改建、扩建和拆除等活动。

第三条　安全生产管理机构是指建筑施工企业及其在建设工程项目中设置的负责安全生产管理工作的独立职能部门。

建筑施工企业所属的分公司、区域公司等较大的分支机构应当各自独立设置安全生产管理机构，负责本企业（分支机构）的安全生产管理工作。建筑施工企业及其所属分公司、区域公司等较大的分支机构必须在建设工程项目中设立安全生产管理机构。

安全生产管理机构的职责主要包括：落实国家有关安全生产法律法规和标准、编制并适时更新安全生产监管制度、组织开展全员安全教育培训及安全检查等活动。

第四条　专职安全生产管理人员是指经建设主管部门或者其他有关部门安全生产考核合格，并取得安全生产考核合格证书在企业从事安全生产管理工作的专职人员，包括企业安全生产管理机构的负责人及其工作人员和施工现场专职安全生产管理人员。

企业安全生产管理机构负责人依据企业安全生产实际，适时修订企业安全生产规章制度，调配各级安全生产管理人员，监督、指导并评价企业各部门或分支机构的安全生产管理工作，配合有关部门进行事故的调查处理等。

企业安全生产管理机构工作人员负责安全生产相关数据统计、安全防护和劳动保护用品配备及检查、施工现场安全督查等。

施工现场专职安全生产管理人员负责施工现场安全生产巡视督查，并做好记录。发现现场存在安全隐患时，应及时向企业安全生产管理机构和工程项目经理报告；对违章指挥、违章操作的，应立即制止。

第五条　建筑施工总承包企业安全生产管理机构内的专职安全生产管理人员应当按企业资质类别和等级足额配备，根据企业生产能力或施工规模，专职安全生产管理人员人数至少为：

（一）集团公司——1人/百万平方米·年（生产能力）或每十亿施工总产值·年，且不少于4人。

（二）工程公司（分公司、区域公司）——1人/十万平方米·年（生产能力）或每一亿施工总产值·年，且不少于3人。

（三）专业公司——1人/十万平方米·年（生产能力）或每一亿施工总产值·年，且不少于3人。

（四）劳务公司——1人/五十名施工人员，且不少于2人。

第六条　建设工程项目应当成立由项目经理负责的安全生产管理小组，小组成员应包括企业派驻到项目的专职安全生产管理人员，专职安全生产管理人员的配置为：

（一）建筑工程、装修工程按照建筑面积：

1. 1万平方米及以下的工程至少1人；

2. 1万～5万平方米的工程至少2人；

3. 5万平方米以上的工程至少3人，应当设置安全主管，按土建、机电设备等专业设置专职安全生产管理人员。

（二）土木工程、线路管道、设备按照安装总造价：

1. 5000万元以下的工程至少1人；

2. 5000万～1亿元的工程至少2人；

3. 1亿元以上的工程至少3人，应当设置安全主管，按土建、机电设备等专业设置专职安全生产管理人员。

第七条　工程项目采用新技术、新工艺、新材料或致害因素多、施工作业难度大的工程项目，施工现场专职安全生产管理人员的数量应当根据施工实际情况，在第六条规定的配置标准上增配。

第八条 劳务分包企业建设工程项目施工人员50人以下的，应当设置1名专职安全生产管理人员；50人～200人的，应设2名专职安全生产管理人员；200人以上的，应根据所承担的分部分项工程施工危险实际情况增配，并不少于企业总人数的5‰。

第九条 施工作业班组应设置兼职安全巡查员，对本班组的作业场所进行安全监督检查。

第十条 国务院铁路、交通、水利等有关部门和各地可依照本办法制定实施细则。有关部门已有规定的，从其规定。

第十一条 本办法由建设部负责解释。

危险性较大工程安全专项施工方案编制及专家论证审查办法

第一条 为加强建设工程项目的安全技术管理，防止建筑施工安全事故，保障人身和财产安全，依据《建设工程安全生产管理条例》，制定本办法。

第二条 本办法适用于土木工程、建筑工程、线路管道和设备安装工程及装修工程的新建、改建、扩建和拆除等活动。

第三条 危险性较大工程是指依据《建设工程安全生产管理条例》第二十六条所指的七项分部分项工程，并应当在施工前单独编制安全专项施工方案。

（一）基坑支护与降水工程

基坑支护工程是指开挖深度超过5m（含5m）的基坑（槽）并采用支护结构施工的工程；或基坑虽未超过5m，但地质条件和周围环境复杂、地下水位在坑底以上等工程。

（二）土方开挖工程

土方开挖工程是指开挖深度超过5m（含5m）的基坑、槽的土方开挖。

（三）模板工程

各类工具式模板工程，包括滑模、爬模、大模板等；水平混凝土构件模板支撑系统及特殊结构模板工程。

（四）起重吊装工程

（五）脚手架工程

1. 高度超过24m的落地式钢管脚手架；

2. 附着式升降脚手架，包括整体提升与分片式提升；

3. 悬挑式脚手架；

4. 门形脚手架；

5. 挂脚手架；

6. 吊篮脚手架；

7. 卸料平台。

（六）拆除、爆破工程

采用人工、机械拆除或爆破拆除的工程。

（七）其他危险性较大的工程

1. 建筑幕墙的安装施工；

2. 预应力结构张拉施工；

3. 隧道工程施工；

4. 桥梁工程施工（含架桥）；

5. 特种设备施工；

6. 网架和索膜结构施工；

7. 6m以上的边坡施工；

8. 大江、大河的导流、截流施工；

9. 港口工程、航道工程；

10. 采用新技术、新工艺、新材料，可能影响建设工程质量安全，已经行政许可，尚无技术标准的施工。

第四条 安全专项施工方案编制审核

建筑施工企业专业工程技术人员编制的安全专项施工方案，由施工企业技术部门的专业技术人员及监理单位专业监理工程师进行审核，审核合格，由施工企业技术负责人、监理单位总监理工程师签字。

第五条 建筑施工企业应当组织专家组进行论证审查的工程

（一）深基坑工程

开挖深度超过5m（含5m）或地下室三层以上（含三层），或深度虽未超过5m（含5m），但地质条件和周围环境及地下管线极其复杂的工程。

（二）地下暗挖工程

地下暗挖及遇有溶洞、暗河、瓦斯、岩爆、涌泥、断层等地质复杂的隧道工程。

（三）高大模板工程

水平混凝土构件模板支撑系统高度超过8m，或跨度超过18m，施工总荷载大于$10kN/m^2$，或集中线荷载大于15kN/m的模板支撑系统。

（四）30m及以上高空作业的工程

（五）大江、大河中深水作业的工程

（六）城市房屋拆除爆破和其他土石大爆破工程

第六条 专家论证审查

（一）建筑施工企业应当组织不少于5人的专家组，对已编制的安全专项施工方案进行论证审查。

（二）安全专项施工方案专家组必须提出书面论证审查报告，施工企业应根据论证审查报告进行完善，施工企业技术负责人、总监理工程师签字后，方可实施。

（三）专家组书面论证审查报告应作为安全专项施工方案的附件，在实施过程中，施工企业应严格按照安全专项方案组织施工。

第七条 国务院铁路、交通、水利等有关部门和各地可依照本办法制定实施细则。

第八条 本办法由建设部负责解释。

附录2

关于印发《危险性较大的分部分项工程安全管理办法》的通知

建质［2009］87号

各省、自治区住房和城乡建设厅，直辖市建委，江苏省、山东省建管局，新疆生产建设兵团建设局，中央管理的建筑企业：

为进一步规范和加强对危险性较大的分部分项工程安全管理，积极防范和遏制建筑施工生产安全事故的发生，我们组织修订了《危险性较大的分部分项工程安全管理办法》，现印发给你们，请遵照执行。

中华人民共和国住房和城乡建设部

二〇〇九年五月十三日

危险性较大的分部分项工程安全管理办法

第一条　为加强对危险性较大的分部分项工程安全管理，明确安全专项施工方案编制内容，规范专家论证程序，确保安全专项施工方案实施，积极防范和遏制建筑施工生产安全事故的发生，依据《建设工程安全生产管理条例》及相关安全生产法律法规制定本办法。

第二条　本办法适用于房屋建筑和市政基础设施工程（以下简称“建筑工程”）的新建、改建、扩建、装修和拆除等建筑安全生产活动及安全管理。

第三条　本办法所称危险性较大的分部分项工程是指建筑工程在施工过程中存在的、可能导致作业人员群死群伤或造成重大不良社会影响的分部分项工程。危险性较大的分部分项工程范围见附件一。

危险性较大的分部分项工程安全专项施工方案（以下简称“专项方案”），是指施工单位在编制施工组织（总）设计的基础上，针对危险性较大的分部分项工程单独编制的安全技术措施文件。

第四条　建设单位在申请领取施工许可证或办理安全监督手续时，应当提供危险性较大的分部分项工程清单和安全管理措施。施工单位、监理单位应当建立危险性较大的分部分项工程安全监管制度。

第五条　施工单位应当在危险性较大的分部分项工程施工前编制专项方案；对于超过一定规模的危险性较大的分部分项工程，施工单位应当组织专家对专项方案进行论证。超过一定规模的危险性较大的分部分项工程范围见附件二。

第六条　建筑工程实行施工总承包的，专项方案应当由施工总承包单位组织编制。其中，起重机械安装拆卸工程、深基坑工程、附着式升降脚手架等专业工程实行分包的，其专项方案可由专业承包单位组织编制。

第七条　专项方案编制应当包括以下内容：

（一）工程概况：危险性较大的分部分项工程概况、施工平面布置、施工要求和技术保证条件。

（二）编制依据：相关法律、法规、规范性文件、标准、规范及图纸（国标图集）、施工组织设计等。

（三）施工计划：包括施工进度计划、材料与设备计划。

（四）施工工艺技术：技术参数、工艺流程、施工方法、检查验收等。

（五）施工安全保证措施：组织保障、技术措施、应急预案、监测监控等。

（六）劳动力计划：专职安全生产管理人员、特种作业人员等。

（七）计算书及相关图纸。

第八条　专项方案应当由施工单位技术部门组织本单位施工技术、安全、质量等部门的专业技术人员进行审核。经审核合格的，由施工单位技术负责人签字。实行施工总承包的，专项方案应当由总承包单位技术负责人及相关专业承包单位技术负责人签字。

不需专家论证的专项方案，经施工单位审核合格后报监理单位，由项目总监理工程师审核签字。

第九条　超过一定规模的危险性较大的分部分项工程专项方案应当由施工单位组织召开专家论证会。实行施工总承包的，由施工总承包单位组织召开专家论证会。

下列人员应当参加专家论证会：

（一）专家组成员；

（二）建设单位项目负责人或技术负责人；

（三）监理单位项目总监理工程师及相关人员；

（四）施工单位分管安全的负责人、技术负责人、项目负责人、项目技术负责人、专项方案编制人员、项目专职安全生产管理人员；

（五）勘察、设计单位项目技术负责人及相关人员。

第十条　专家组成员应当由5名及以上符合相关专业要求的专家组成。

本项目参建各方的人员不得以专家身份参加专家论证会。

第十一条　专家论证的主要内容：

（一）专项方案内容是否完整、可行；

（二）专项方案计算书和验算依据是否符合有关标准规范；

（三）安全施工的基本条件是否满足现场实际情况。

专项方案经论证后，专家组应当提交论证报告，对论证的内容提出明确的意见，并在论证报告上签字。该报告作为专项方案修改完善的指导意见。

第十二条　施工单位应当根据论证报告修改完善专项方案，并经施工单位技术负责人、项目总监理工程师、建设单位项目负责人签字后，方可组织实施。

实行施工总承包的，应当由施工总承包单位、相关专业承包单位技术负责人签字。

第十三条　专项方案经论证后需做重大修改的，施工单位应当按照论证报告修改，并重新组织专家进行论证。

第十四条　施工单位应当严格按照专项方案组织施工，不得擅自修改、调整专项方案。

如因设计、结构、外部环境等因素发生变化确需修改的，修改后的专项方案应当按本办法第八条重新审核。对于超过一定规模的危险性较大工程的专项方案，施工单位应当重新组织专家进行论证。

第十五条　专项方案实施前，编制人员或项目技术负责人应当向现场管理人员和作业人员进行安全技术交底。

第十六条　施工单位应当指定专人对专项方案实施情况进行现场监督和按规定进行监测。发现不按照专项方案施工的，应当要求其立即整改；发现有危及人身安全紧急情况的，应当立即组织作业人员撤离危险区域。

施工单位技术负责人应当定期巡查专项方案实施情况。

第十七条　对于按规定需要验收的危险性较大的分部分项工程，施工单位、监理单位应当组织有关人员进行验收。验收合格的，经施工单位项目技术负责人及项目总监理工程师签字后，方可进入下一道工序。

第十八条　监理单位应当将危险性较大的分部分项工程列入监理规划和监理实施细则，应当针对工程特点、周边环境和施工工艺等，制定安全监理工作流程、方法和措施。

第十九条　监理单位应当对专项方案实施情况进行现场监理；对不按专项方案实施的，应当责令整改，施工单位拒不整改的，应当及时向建设单位报告；建设单位接到监理单位报告后，应当立即责令施工单位停工整改；施工单位仍不停工整改的，建设单位应当及时向住房城乡建设主管部门报告。

第二十条　各地住房城乡建设主管部门应当按专业类别建立专家库。专家库的专业类别及专家数量应根据本地实际情况设置。

专家名单应当予以公示。

第二十一条　专家库的专家应当具备以下基本条件：

（一）诚实守信、作风正派、学术严谨；

（二）从事专业工作15年以上或具有丰富的专业经验；

（三）具有高级专业技术职称。

第二十二条　各地住房城乡建设主管部门应当根据本地区实际情况，制定专家资格审查办法和监管制度并建立专家诚信档案，及时更新专家库。

第二十三条　建设单位未按规定提供危险性较大的分部分项工程清单和安全管理措施，未责令施工单位停工整改的，未向住房城乡建设主管部门报告的；施工单位未按规定编制、实施专项方案的；监理单位未按规定审核专项方案或未对危险性较大的分部分项工程实施监理的；住房城乡建设主管部门应当依据有关法律法规予以处罚。

第二十四条　各地住房城乡建设主管部门可结合本地区实际，依照本办法制定实施细则。

第二十五条　本办法自颁布之日起实施。原《关于印发〈建筑施工企业安全生产管理机构设置及专职安全生产管理人员配备办法〉和〈危险性较大工程安全专项施工方案编制及专家论证审查办法〉的通知》（建质［2004］213号）中的《危险性较大工程安全专项施工方案编制及专家论证审查办法》废止。

附件一：危险性较大的分部分项工程范围

附件二：超过一定规模的危险性较大的分部分项工程范围

附件一

危险性较大的分部分项工程范围

一、基坑支护、降水工程

开挖深度超过3m（含3m）或虽未超过3m但地质条件和周边环境复杂的基坑（槽）支护、降水工程。

二、土方开挖工程

开挖深度超过3m（含3m）的基坑（槽）的土方开挖工程。

三、模板工程及支撑体系

（一）各类工具式模板工程：包括大模板、滑模、爬模、飞模等工程。

（二）混凝土模板支撑工程：搭设高度5m及以上；搭设跨度10m及以上；施工总荷载10kN/m^{2}及以上；集中线荷载15kN/m^{2}及以上；高度大于支撑水平投影宽度且相对独

立无联系构件的混凝土模板支撑工程。

（三）承重支撑体系：用于钢结构安装等满堂支撑体系。

四、起重吊装及安装拆卸工程

（一）采用非常规起重设备、方法，且单件起吊重量在10kN及以上的起重吊装工程。

（二）采用起重机械进行安装的工程。

（三）起重机械设备自身的安装、拆卸。

五、脚手架工程

（一）搭设高度24m及以上的落地式钢管脚手架工程。

（二）附着式整体和分片提升脚手架工程。

（三）悬挑式脚手架工程。

（四）吊篮脚手架工程。

（五）自制卸料平台、移动操作平台工程。

（六）新型及异型脚手架工程。

六、拆除、爆破工程

（一）建筑物、构筑物拆除工程。

（二）采用爆破拆除的工程。

七、其他

（一）建筑幕墙安装工程。

（二）钢结构、网架和索膜结构安装工程。

（三）人工挖扩孔桩工程。

（四）地下暗挖、顶管及水下作业工程。

（五）预应力工程。

（六）采用新技术、新工艺、新材料、新设备及尚无相关技术标准的危险性较大的分部分项工程。

附件二

超过一定规模的危险性较大的分部分项工程范围

一、深基坑工程

（一）开挖深度超过5m（含5m）的基坑（槽）的土方开挖、支护、降水工程。

（二）开挖深度虽未超过5m，但地质条件、周围环境和地下管线复杂，或影响毗邻建筑（构筑）物安全的基坑（槽）的土方开挖、支护、降水工程。

二、模板工程及支撑体系

（一）工具式模板工程：包括滑模、爬模、飞模工程。

（二）混凝土模板支撑工程：搭设高度8m及以上；搭设跨度18m及以上，施工总荷载15kN/m^{2}及以上；集中线荷载20kN/m^{2}及以上。

（三）承重支撑体系：用于钢结构安装等满堂支撑体系，承受单点集中荷载700kg以上。

三、起重吊装及安装拆卸工程

（一）采用非常规起重设备、方法，且单件起吊重量在100kN及以上的起重吊装工程。

（二）起重量300kN及以上的起重设备安装工程；高度200m及以上内爬起重设备的拆除工程。

四、脚手架工程

（一）搭设高度50m及以上落地式钢管脚手架工程。

（二）提升高度150m及以上附着式整体和分片提升脚手架工程。

（三）架体高度20m及以上悬挑式脚手架工程。

五、拆除、爆破工程

（一）采用爆破拆除的工程。

（二）码头、桥梁、高架、烟囱、水塔或拆除中容易引起有毒有害气（液）体或粉尘扩散、易燃易爆事故发生的特殊建、构筑物的拆除工程。

（三）可能影响行人、交通、电力设施、通信设施或其他建、构筑物安全的拆除工程。

（四）文物保护建筑、优秀历史建筑或历史文化风貌区控制范围的拆除工程。

六、其他

（一）施工高度50m及以上的建筑幕墙安装工程。

（二）跨度大于36m及以上的钢结构安装工程；跨度大于60m及以上的网架和索膜结构安装工程。

（三）开挖深度超过16m的人工挖孔桩工程。

（四）地下暗挖工程、顶管工程、水下作业工程。

（五）采用新技术、新工艺、新材料、新设备及尚无相关技术标准的危险性较大的分部分项工程。

附录3

北京市实施《危险性较大的分部分项工程安全管理办法》规定

第一条　为加强危险性较大的分部分项工程安全管理，积极防范和遏制建筑施工生产安全事故的发生，根据住房和城乡建设部《危险性较大的分部分项工程安全管理办法》（建质〔2009〕87号），并结合我市实际情况，制定本实施规定。

第二条　本市行政区域内的房屋建筑工程和市政基础设施工程（以下简称“建设工程”）的新建、改建、扩建以及装修工程和拆除工程中的危险性较大的分部分项工程安全管理，适用本规定。

第三条　危险性较大的分部分项工程及超过一定规模的危险性较大的分部分项工程范围适用住房和城乡建设部《危险性较大的分部分项工程安全管理办法》（建质〔2009〕87号）相关规定。

第四条　北京市住房和城乡建设委员会（以下简称“市住房城乡建设委”）负责全市危险性较大的分部分项工程的安全监督管理工作，区（县）建设行政主管部门负责本辖区内危险性较大的分部分项工程的具体安全监督工作。

第五条　施工单位应当在危险性较大的分部分项工程施工前编制专项方案；对于超过一定规模的危险性较大的分部分项工程，施工单位应当组织专家对专项方案进行论证。

危险性较大的分部分项工程专项施工方案（以下简称“专项方案”），是指施工单位在编制施工组织（总）设计的基础上，针对危险性较大的分部分项工程单独编制的安全技术措施文件。

第六条 建筑工程实行施工总承包的，专项方案应当由施工总承包单位组织编制。其中，起重机械安装拆卸工程、深基坑工程、附着式升降脚手架等专业工程实行分包的，其专项方案可由专业承包单位组织编制。

第七条 专项方案应当由施工单位技术部门组织本单位施工技术、安全、质量等部门的专业技术人员进行审核，经审核合格的，由施工单位技术负责人签字。实行施工总承包的，专项方案应当由总承包单位技术负责人及相关专业承包单位技术负责人签字。

不需专家论证的专项方案，经施工单位审核合格后报监理单位，由项目总监理工程师审核签字。

第八条 超过一定规模的危险性较大的分部分项工程专项方案应当由施工单位组织召开专家论证会。实行施工总承包的，由施工总承包单位组织召开专家论证会。

第九条 市住房城乡建设委成立危险性较大的分部分项工程管理领导小组（以下简称“领导小组”），对超过一定规模的危险性较大的分部分项工程专项方案的专家论证进行管理。

领导小组组长由市住房和城乡建设委分管施工安全的主管主任担任，施工安全管理处、市建设工程安全质量监督总站、科技与村镇建设处、北京城建科技促进会为领导小组成员单位。领导小组下设办公室，办公室设在北京城建科技促进会。

第十条 领导小组的职责是组织制定专家资格审查办法和监管制度，建立专家诚信档案，审定专家的聘任或解聘，组建北京市危险性较大的分部分项工程专家库（下称“专家库”），协调处理专项方案专家论证中出现的重大争议。

第十一条 领导小组办公室应当及时完成领导小组交办的工作任务，起草专家管理工作制度，协助执法机构检查专项方案落实情况，对专家论证的专项方案实施进展情况进行跟踪管理。

第十二条 专家库分四个专业类别设置，各专业类别及对应的超过一定规模的危险性较大的分部分项工程、专家条件等见附件一。

第十三条 专家库专家采取申请聘任和特邀聘任两种形式，以申请聘任为主。申请聘任遵循下列程序：

（一）符合条件的申请人按要求填写并向领导小组办公室提交申请材料。

（二）领导小组办公室接受申请人的申请材料后，进行必要的核实，并进行初选和评审。办公室将初选通过的申请人名单在市住房城乡建设委网站上公示1周。

（三）领导小组办公室将通过评审和公示的申请人提请领导小组审定。

（四）领导小组向通过审定的专家颁发聘书。

第十四条 领导小组根据专家论证需要可直接邀请专业技术人员担任专家，并颁发聘书。

第十五条 专家库专家名单在市住房城乡建设委网上公布。专家聘用期限一般为3年，可连聘连任。

第十六条 专家享有下列权利：

（一）担任专项方案论证专家。

（二）对专项方案进行论证，提出论证意见，不受任何单位或者个人的干预。

（三）接受劳务咨询和专项检查报酬。

（四）根据论证需要调阅工程相关技术资料。

第十七条　专家负有下列义务：

（一）遵守专家论证规则和相关工作制度。

（二）客观公正、科学廉洁地进行论证。

（三）协助市和区（县）建设行政主管部门检查专项方案落实情况。

（四）参与论证的工程出现险情时，为抢险提供技术支持。

（五）对在论证过程中知悉的商业秘密，遵守保密规定。

第十八条　专家有下列情形之一，领导小组视情节轻重给予告诫、暂停或取消专家资格的处理，并予以公告：

（一）不履行专家义务。

（二）论证结论无法实施或不符合工程实际情况。

（三）论证结论无法保证工程安全。

第十九条　领导小组办公室应建立超过一定规模的危险性较大的分部分项工程的档案，并采取咨询、抽查等方式定期跟踪专项方案的实施进展情况，并向领导小组提交跟踪报告。

施工单位应如实、及时地向领导小组办公室反映情况。

第二十条　组织专家论证的施工单位应当在论证会召开前从专家库中随机抽取5名（或5名以上单数）符合相关专业要求的专家组成专家组，也可以委托领导小组办公室随机抽取专家组成专家组。

项目参建单位的人员不得作为论证专家。

第二十一条　组织专家论证的施工单位应当于论证会召开3天前，将需要论证的专项方案送达论证专家。专家应于论证会前预审方案。

第二十二条　专项方案经论证后，专家组应当提交“危险性较大的分部分项工程专家论证报告”（附件二），对论证的内容提出明确的意见，在论证报告上签字，并加盖论证专用章。

报告结论分三种：通过、修改后通过和不通过。报告结论为通过的，施工单位应当严格执行方案；报告结论为修改后通过的，修改意见应当明确并具有可操作性，施工单位应当按专家意见修改方案；报告结论为不通过的，施工单位应当重编方案，并重新组织专家论证。

第二十三条　论证工作结束后7日内，专家组组长应负责将通过论证的专项方案和专家论证报告各一份送交领导小组办公室存档。

第二十四条　市和区（县）建设行政主管部门在日常的监督抽查过程中，发现工程参建单位未按照《危险性较大的分部分项工程安全管理办法》（建质〔2009〕87号）和本规定实施的，应责令改正，并依法处罚。

第二十五条　建设单位对施工、工程监理等单位提出不符合安全生产法律、法规和强制性标准规定要求的，依据《建设工程安全生产管理条例》，责令限期改正，处20万元以上50万元以下的罚款。

建设单位接到监理单位报告后，未立即采取措施，责令施工单位停工整改或报告住房城乡建设主管部门的，对其进行通报批评，造成严重后果的依法处理。

第二十六条　工程监理单位有下列行为之一的，依据《建设工程安全生产管理条例》，责令限期改正；逾期未改正的，责令停业整顿，并处10万元以上30万元以下的罚款；情节严重的，降低资质等级，直至吊销资质证书；造成重大安全事故，构成犯罪的，对直接责任人员，依照刑法有关规定追究刑事责任；造成损失的，依法承担赔偿责任：

（一）未对专项方案进行审查的。

（二）发现安全事故隐患未及时要求施工单位整改或者暂时停止施工的。

（三）施工单位拒不整改或者不停止施工，未及时向有关主管部门报告的。

第二十七条　施工单位在危险性较大的分部分项工程施工前，未编制专项方案，依据《建设工程安全生产管理条例》，责令限期改正；逾期未改正的，责令停业整顿，并处10万元以上30万元以下的罚款；情节严重的，降低资质等级，直至吊销资质证书；造成重大安全事故，构成犯罪的，对直接责任人员，依照刑法有关规定追究刑事责任；造成损失的，依法承担赔偿责任。

第二十八条　本规定自2010年2月1日起执行。

附件一：专家库专业类别、范围和专家条件

附件二：危险性较大的分部分项工程专家论证报告

附件一

专家库专业类别、范围和专家条件

序号	专业类别	超过一定规模的危险性较大的分部分项工程	专家条件	备注
1	岩土工程	1. 开挖深度超过5m(含5m)的基坑(槽)的土方开挖、支护、降水工程。 2. 开挖深度虽未超过5m，但地质条件、周围环境和地下管线复杂，或影响毗邻建筑（构筑）物安全的基坑(槽)的土方开挖、支护、降水工程。 3. 开挖深度超过16m的人工挖孔桩工程。 4. 地下暗挖工程、顶管工程、水下作业工程。 5. 采用新技术、新工艺、新材料、新设备及尚无相关技术标准的危险性较大的分部分项工程	1. 诚实守信、作风正派、学术严谨； 2. 从事专业工作15年以上或具有丰富的专业经验； 3. 具有高级专业技术职称或注册岩土工程师资格； 4. 身体健康，能胜任专项方案论证工作	
2	模架工程	1. 工具式模板工程：包括滑模、爬模、飞模工程。 2. 混凝土模板支撑工程：支撑高度8m及以上；搭设跨度18m及以上，施工总荷载15kN/m² 及以上；集中线荷载20kN/m及以上。 3. 承重支撑体系：用于钢结构安装等满堂支撑体系，承受单点集中荷载700kg以上。 4. 搭设高度50m及以上落地式钢管脚手架工程。 5. 提升高度150m及以上附着式整体和分片提升脚手架工程。 6. 架体高度20m及以上悬挑脚手架工程。 7. 施工高度50m及以上的建筑幕墙安装工程。 8. 跨度大于36m及以上的钢结构安装工程；跨度大于60m及以上的网架和索膜结构安装工程。 9. 采用新技术、新工艺、新材料、新设备及尚无相关技术标准的危险性较大的分部分项工程	1. 诚实守信、作风正派、学术严谨； 2. 从事结构施工或模架专业技术工作15年以上，并主持过重大工程模架方案的编制； 3. 具有高级专业技术职称； 4. 身体健康，能胜任专项方案论证工作	

续表

序号	专业类别	超过一定规模的危险性较大的分部分项工程	专家条件	备注
3	吊装及拆卸工程	1. 采用非常规起重设备、方法，且单件起吊重量在100kN及以上的起重吊装工程。 2. 起重量300kN及以上的起重设备安装工程；高度200m及以上内爬起重设备的拆除工程。 3. 采用新技术、新工艺、新材料、新设备及尚无相关技术标准的危险性较大的分部分项工程	1. 诚实守信、作风正派、学术严谨； 2. 从事专业工作15年以上或具有丰富的专业经验； 3. 具有高级专业技术职称； 4. 身体健康，能胜任专项方案论证工作	
4	拆除、爆破工程	1. 采用爆破拆除的工程。 2. 码头、桥梁、高架、烟囱、水塔或拆除中容易引起有毒有害气(液)体或粉尘扩散、易燃易爆事故发生的特殊建、构筑物的拆除工程。 3. 可能影响行人、交通、电力设施、通信设施或其他建、构筑物安全的拆除工程。 4. 文物保护建筑、优秀历史建筑或历史文化风貌区控制范围的拆除工程。 5. 采用新技术、新工艺、新材料、新设备及尚无相关技术标准的危险性较大的分部分项工程	1. 诚实守信、作风正派、学术严谨； 2. 从事专业工作15年以上或具有丰富的专业经验； 3. 具有高级专业技术职称； 4. 身体健康，能胜任专项方案论证工作	

附件二

危险性较大的分部分项工程专家论证报告

<table>
<tr><td>工程名称</td><td colspan="6"></td></tr>
<tr><td>总承包单位</td><td colspan="2"></td><td colspan="2">项目负责人</td><td colspan="2"></td></tr>
<tr><td>分包单位</td><td colspan="2"></td><td colspan="2">项目负责人</td><td colspan="2"></td></tr>
<tr><td colspan="2">危险性较大的分部分项工程名称</td><td colspan="5"></td></tr>
<tr><td colspan="7">专家一览表</td></tr>
<tr><td>姓名</td><td>性别</td><td>年龄</td><td>工作单位</td><td>职务</td><td>职称</td><td>专业</td></tr>
<tr><td></td><td></td><td></td><td></td><td></td><td></td><td></td></tr>
<tr><td></td><td></td><td></td><td></td><td></td><td></td><td></td></tr>
<tr><td></td><td></td><td></td><td></td><td></td><td></td><td></td></tr>
<tr><td></td><td></td><td></td><td></td><td></td><td></td><td></td></tr>
<tr><td></td><td></td><td></td><td></td><td></td><td></td><td></td></tr>
<tr><td></td><td></td><td></td><td></td><td></td><td></td><td></td></tr>
<tr><td></td><td></td><td></td><td></td><td></td><td></td><td></td></tr>
<tr><td colspan="7">专家论证意见：

（加盖论证专用章）
年　月　日</td></tr>
<tr><td>专家签名</td><td colspan="6">组长：
专家：</td></tr>
</table>

总承包单位（盖章）：　　　　　　　　　　年　　月　　日

附录 4

北京市危险性较大分部分项工程专家库工作制度

第一条　为贯彻落实住房和城乡建设部《危险性较大的分部分项工程安全管理办法》（建质［2009］87 号）（下称《办法》），根据《北京市实施〈危险性较大的分部分项工程安全管理办法〉规定》（京建施〔2009〕841 号），组建北京市危险性较大分部分项工程专家库（下称“专家库”），制定本工作制度。

第二条　市住房城乡建设委危险性较大分部分项工程管理领导小组（下称领导小组）负责组建专家库，决定专家库专家的聘任或解聘。领导小组办公室负责专家库的组建、更新和管理等事务工作，负责建立和管理专家诚信档案及专家培训工作。

第三条　专家库分四个专业类别，各专业类别对应的危险性较大的分部分项工程、专家条件等见附件一。

第四条　专家库专家采取申请聘任和特邀聘任两种形式，以申请聘任为主。申请聘任遵循下列程序：

（一）符合条件的申请人按要求填写并向领导小组办公室提交申请材料。

（二）领导小组办公室接受申请人的申请材料后，进行必要的核实，并进行初选和评审。办公室将初选通过的申请人名单在市住房城乡建设委网站上公示一周。

（三）领导小组办公室提通过评审和公示的申请人提请领导小组审定。

（四）领导小组向通过审定的专家颁发聘书。

（五）领导小组从聘任专家中任命若干名组长，作为专项方案论证专家组组长人选，并配发专家论证专用章。

领导小组根据专家论证需要可直接邀请专业技术人员担任专家，并颁发聘书。

第五条　专家库专家名单及联系电话在市住房城乡建设委和北京城建科技促进会网站上公布。专家任期实行动态管理，一般为三年，可连聘连任。依据工作需要，不定期聘任符合条件的专家；不定期对犯有严重错误的专家进行除名；不定期接受由于健康、工作调动或工作性质变化等原因，不宜继续任职的专家辞职；也可根据实际情况，由领导小组予以解聘；或换届时，不再聘任。

第六条　专家享有下列权利：

（一）接受聘请，担任专项方案论证专家。

（二）对专项方案进行独立论证，提出论证意见，不受任何单位或者个人的干预。

（三）接受劳务咨询和专项检查报酬。

（四）根据论证需要调阅工程相关技术资料。

（五）法律、行政法规规定的其他权利。

第七条　专家负有下列义务：

（一）遵守专家论证规则和相关工作制度。

（二）客观公正、科学廉洁地进行论证。

（三）协助市和区（县）建设行政主管部门检查专项方案落实情况。

（四）参与论证的工程出现险情时，为抢险提供技术支持。

（五）对在论证过程中知悉的商业秘密，遵守保密规定。

（六）法律、行政法规规定的其他义务。

第八条　专家组长除上述第六条、第七条权利和义务外，尚有如下权利和义务：

（一）主持专家组方案论证工作，归纳统一专家意见。

（二）在论证报告上加盖“专项方案专家论证专用章”（由领导小组办公室统一配发）。

（三）应于论证工作结束后一周内，将专家论证报告和专项方案邮寄（送）达领导小组办公室。

（四）组织专家组对所论证项目的实施情况进行跟踪，了解方案落实情况。

第九条　专家有下列情形之一，领导小组视情节轻重给予告诫、暂停或取消专家资格的处理，并予以公告：

（一）不履行专家义务。

（二）论证结论无法实施或不符合工程实际情况。

（三）论证结论无法保证工程安全。

第十条　本工作制度经领导小组批准后实施，由办公室负责解释。

附录 5

北京市轨道交通建设工程专家管理办法

第一条　为加强轨道交通建设工程专家管理，规范专家论证咨询行为，积极发挥专家在轨道交通建设中的作用，推进本市轨道交通建设又好又快发展，特制定本办法。

第二条　市住房城乡建设委会同市重大项目建设指挥部办公室组建“轨道交通建设工程资深专家顾问团”（下称“轨道交通资深专家顾问团”）和“北京市轨道交通建设工程专家库”（下称“轨道交通专家库”），并对其进行管理，日常事务工作委托北京城建科技促进会负责。

第三条　轨道交通资深专家顾问团成员为 60 岁以上、身体健康且为北京轨道交通工程做出突出贡献的专家，由市住房城乡建设委和市重大项目建设指挥部办公室直接聘任。轨道交通资深专家顾问团主要职能：

（一）参与轨道交通线路走向决策咨询；

（二）参与重大风险工程设计、施工方案咨询；

（三）参与事故调查、应急抢险、技术交流等工作；

（四）参与城市轨道交通工程法规文件、标准规范编制和审查工作；

（五）参与城市轨道交通工程新技术、新工艺、新材料、新设备的鉴定和评估工作；

（六）其他重大技术咨询工作。

第四条　轨道交通专家库分岩土工程（含明挖、暗挖、降水、盾构、监测）、模架工程、吊装及拆卸工程（含塔吊、龙门吊等）、轨道工程、混凝土工程、防水工程、材料及材料检测和桥梁工程等八个专业，其中岩土工程、模架工程、吊装及拆卸工程等三个专业纳入市住房城乡建设委危险性较大的分部分项工程专家库（下称“危大工程专家库”）统一管理，其他五个专业参照前三个专业进行管理。

岩土工程、模架工程、吊装及拆卸工程等三个专业专家的管理除应遵守本办法外，还应遵守《危险性较大的分部分项工程安全管理办法》（建质〔2009〕87 号）和《北京市实施〈危险性较大的分部分项工程安全管理办法〉规定》（京建施〔2009〕841 号）等相关规定。

第五条　轨道交通专家库专家应具备以下条件：

（一）诚实守信、作风正派、学术严谨，具有良好的职业道德；

（二）具有相关专业高级及以上专业技术职称（有特殊业绩者可不受此条件限制）；

（三）熟悉相关的法律法规和技术标准，有丰富的城市轨道交通在京工程建设实践经验；

（四）曾参加城市轨道交通工程法规文件、标准规范编制，或曾参加重大风险工程设计审查、专项施工方案论证和应急抢险等工作；

（五）年龄在40岁（含）至60岁（含）之间，身体健康，能够胜任所从事的业务工作；

（六）年龄在40周岁（不含）以下，但工作业绩突出，经考核合格，可以不受本条第（二）款和第（五）款的限制。

第六条　轨道交通专家库中模架工程、吊装及拆卸工程按市住房城乡建设委危险性较大的分部分项工程专家证书编号，其他专业专家证书编号在各专业之前冠以“DT”，以示区别。

第七条　对本市轨道交通建设工程专项方案进行论证咨询活动时，应当从轨道交通专家库中选取专家。专家应当依据自己的专业及特长接受组织单位的聘请并参加论证会，不得跨专业参加专项方案论证会，也不得参加自己不擅长的专项方案论证会。

第八条　专项方案论证组织单位应根据所论证的方案涉及的专业聘请持相关专业证书的专家参加论证会。参与论证会各专家的专业组成应合理。明挖（暗挖、盾构）等专项方案论证应同时聘请监测、降水等专业的专家，以保证专家论证意见全面、客观、科学。

第九条　专家享有下列权利：

（一）接受聘请，担任专项方案论证专家；

（二）对专项方案进行独立论证，提出论证意见，不受任何单位或者个人的干预；

（三）接受劳务咨询和专项检查报酬；

（四）根据论证需要调阅工程相关技术资料；

（五）法律、法规规定的其他权利。

第十条　专家负有下列义务：

（一）遵守专家论证规则和相关规定。

（二）客观公正、科学严谨地参加专项方案论证活动。

（三）及时了解掌握本专业技术发展状况，提供相关的政策咨询及技术咨询，协助制定城市轨道交通工程的相关法规政策和技术标准。

（四）积极参加主管部门组织的活动，按时完成交办的监督检查、事故调查、应急抢险、技术交流等各项工作。

（五）未经主管部门同意不得以轨道交通专家库专家的名义组织任何活动，也不得以轨道交通专家库专家的名义从事商业咨询服务活动。

（六）对在论证过程中知悉的国家秘密、商业秘密和个人隐私，应当遵守相关法律法规的规定和保密约定。

（七）在进行论证活动时应廉洁自律，不得接受超出论证合理报酬之外的任何现金、有价证券、礼品等。

（八）不得以专家库专家的身份参加所在单位组织的专项方案论证活动。

（九）法律、法规规定的其他义务。

第十一条　在进行专项方案论证时，应经全体与会专家协商一致，投票选出专家组长。专家组长除上述第九条、第十条权利和义务外，尚有如下权利和义务：

（一）主持方案论证工作，综合归纳专家意见。

（二）于论证工作结束后一周内，将专家论证报告和专项方案报送北京城建科技促进会。

（三）依据有关规定，组织专家组成员对所论证专项方案的执行情况进行跟踪，了解方案落实情况。

第十二条　专家任期为三年，可连聘连任。

第十三条　主管部门按下列要求对专家进行动态管理：

（一）依据工作需要随时聘任符合条件的专家；

（二）接受由于健康、工作调动或工作性质变化等原因，不宜继续任职的专家辞职；

（三）对犯有严重错误的专家除名；

（四）任期届满前，由北京市危险性较大的分部分项工程管理领导小组办公室根据有关规定对轨道交通专家库中专家进行考评，决定续聘或不再聘任。

第十四条　专家有下列情形之一，主管部门视情节轻重给予告诫、暂停或取消专家资格的处理，并予以公告。

（一）不履行本办法第十条第（一）、（二）、（五）、（六）、（七）、（八）款专家义务的；

（二）论证结论无法实施或不符合工程实际情况的；

（三）论证结论无法保证工程安全的；

（四）工程按论证方案实施后发生事故，且事故的原因之一为经论证的方案存在明显缺陷的。

第十五条　本办法自2012年1月1日起执行。

附录6

北京市危险性较大分部分项工程专家库专家考评及诚信档案管理办法

第一条　为加强和完善北京市危险性较大分部分项工程专家库专家管理，提高专家库管理水平，依照《危险性较大的分部分项工程安全管理办法》（建质〔2009〕87号）等相关文件，并结合本市实际情况，制定本管理办法。

第二条　本办法适用于北京市危险性较大分部分项工程专家库专家的考评和诚信档案管理。

第三条　北京市危险性较大分部分项工程管理领导小组负责专家考评和专家诚信档案的管理。领导小组办公室负责具体事务工作。

第四条　领导小组办公室按北京市危险性较大分部分项工程专家考评项目及分值表（附件一），对库内专家进行考评打分，每年一次，并通过适当的方式公布考评结果。

第五条　专家任期届满前，依据专家三年考评得分之和（专家任期不满三年的，其得分数为任期内考评得分与任期月数之商乘36个月），从高到低排名，按专业前85%的专家获得续聘资格，其余15%的专家不再续聘。

第六条　通过考评拟续聘的专家名单在市住房和城乡建设委员会网站上公示一周。领导小组向通过公示和审定的专家颁发聘书。

第七条　领导小组办公室为专家库内每名专家建立诚信档案，档案记录的内容包括每年考评得分、加分项目和减分项目等。

第八条　本办法经领导小组批准后实施，由办公室负责解释。

附件一

北京市危险性较大分部分项工程专家考评项目及分值表

序号	项目名称	内　容	分　值	备　注
1	业绩	方案论证	每参与一项论证得2分，每年最多40分	以“危险性较大的分部分项工程安全动态管理平台”（下称“安全动态管理平台”）记录为依据
		方案执行跟踪	每项“安全动态管理平台”上跟踪一次得0.5分，现场跟踪一次得2分，每年最多40分	以“安全动态管理平台”记录和危大工程领导小组办公室记录为依据
2	继续教育	参加危大工程相关的法规培训、技术经验交流	每8学时4分，每年最多20分	以危大工程领导小组办公室记录备案的学时为依据
3	加分	参加市住建委组织的危大工程现场检查	每工日4分，每年最多20分	以危大工程领导小组办公室记录备案的工日为依据
		参加市住建委组织的抢险	每工日5分，每年最多20分	以危大工程领导小组办公室记录备案的工日为依据
		参加市住建委（住建部）组织的规范（危大工程）编制	每项5分，每年最多10分	以危大工程领导小组办公室记录备案的项目为依据
4	减分	参加未登录“安全动态管理平台”的专项方案论证	每项每人扣10分	以市（区/县）住建委和安全质量监督机构及危大工程领导小组办公室查证确认的项目为依据
		应跟踪未跟踪	每项（次）扣0.5分	以“安全动态管理平台”记录和危大工程领导小组办公室查证确认的项（次）为依据
		未审查出专项方案中安全隐患	每项每人扣10分	以市住建委和危大工程领导小组办公室查证确认的项目为依据
		发生事故，且与方案中安全隐患直接相关	重特大事故，每项每人－50分，一般事故－30分	以市住建委和危大工程领导小组办公室查证确认的项目为依据
		受到处罚	告诫－5分、警告－20分、暂停专家资格－30分、取消专家资格－50分	以市住建委和危大工程领导小组办公室查证确认的项目为依据。不重复扣分

附录 7

北京市危险性较大的分部分项工程安全动态管理办法

第一条 为进一步加强本市危险性较大的分部分项工程安全动态管理，进一步落实安全生产各方主体责任，提高建设工程施工安全管理水平，有效防范生产安全事故发生，依照《危险性较大的分部分项工程安全管理办法》（建质〔2009〕87 号）和《北京市实施〈危险性较大的分部分项工程安全管理办法〉规定》（京建施〔2009〕841 号）等相关文件，并结合本市实际，制定本办法。

第二条 本市行政区域内的房屋建筑和市政基础设施工程（以下简称“建设工程”）的新建、改建、扩建以及装修和拆除工程中的危险性较大的分部分项工程的安全动态管理，适用本办法。

第三条 北京市住房和城乡建设委员会（以下简称“市住房城乡建设委”）负责全市危险性较大的分部分项工程的施工安全监督管理工作。区（县）建设行政主管部门负责本辖区内危险性较大的分部分项工程的施工安全监督管理工作。

第四条 市住房城乡建设委建立“危险性较大的分部分项工程安全动态管理平台”（以下简称“危大工程安全动态管理平台”），本市危险性较大的分部分项工程的认定、抽取专家、方案上传、专家预审方案、专家论证会、论证结论上传与确认、方案实施情况上传、专家跟踪及结论等均应通过危大工程安全动态管理平台进行。

第五条 市住房城乡建设委危险性较大的分部分项工程管理领导小组办公室（办公室设在北京城建科技促进会）负责危大工程安全动态管理平台的管理和维护工作。

第六条 危大工程安全动态管理平台登录网址为：www. cjjch. net ，施工单位和监理单位凭北京市建设工程发包承包交易中心发的“企业智能 IC 卡”或“身份认证锁”登录，登录后给各工程项目分配用户名和密码。各工程项目凭分配的用户名和密码登录，具体操作方法见危大工程安全动态管理平台使用说明。

无“企业智能 IC 卡”或“身份认证锁”的单位凭单位名称和组织机构代码注册用户名和密码后进行登录。

专家凭用户名和密码登录，用户名为专家聘书编号，密码默认为 666666，专家登录系统后可自行修改密码。有“身份认证锁”的专家可以直接插锁登录。

市、区（县）建设行政主管部门凭授权的用户名和密码登录。

第七条 对于超过一定规模的危险性较大的分部分项工程，应当由施工单位组织专家对专项施工方案进行论证；实行施工总承包的，由施工总承包单位组织专家论证。组织单位应从危大工程安全动态管理平台专家库中抽取专家，专家人数和专业应符合相关规定。

第八条 组织单位应当于专家论证会召开三天前将专项施工方案上传至危大工程安全动态管理平台，并通知已聘请的专家下载专项施工方案。参加专家论证会的专家应下载专项施工方案并进行预审。

第九条 组织单位可以采用现场会议或远程视频会议的方式召开专家论证会。采用现场会议论证的，专家论证报告需手工签名。采用远程视频会议论证的，专家论证报告须采用电子签名。

第十条 专家组应当就每项论证出具论证报告。采用现场会议论证的，组织单位应当于专家论证会结束后 3 日内将论证报告的扫描件上传至危大工程安全动态管理平台。论证结论为“修改后通过”的，专家组长须对修改后的专项施工方案再次填写审查意见，该意见作为监理单位是否批准开工的参考依据。

第十一条　施工单位在危险性较大的分部分项工程施工期，应每月1日至5日（节假日顺延）登录危大工程安全动态管理平台填写上月专项施工方案的实施情况，并应向专家提供能够判断工程安全状况的文字说明、相关数据和照片。监理单位应负责督促落实。

第十二条　对于超过一定规模的危险性较大的分部分项工程，专家组长（或专家组长指定的专家）应当自专项方案实施之日起每月跟踪一次，在危大工程安全动态管理平台上填写信息跟踪报告。当工程项目施工至关键节点时，还应对专项施工方案的实施情况进行现场检查，指出存在的问题，并根据检查情况对工程安全状态做出判断，填写信息跟踪报告。

第十三条　施工单位对危险性较大的分部分项工程专项施工方案的实施负安全和质量责任。专家的论证工作和跟踪工作不替代施工单位日常质量安全管理工作职责。

第十四条　市住房城乡建设委危险性较大的分部分项工程管理领导小组办公室将制定专家考评及诚信档案相关管理办法，每年对专家考核一次，并将考核结果进行公布。

第十五条　各区（县）建设工程安全监督执法机构应对危险性较大的分部分项工程专项施工方案的编制、专家论证及实施情况进行检查。市建设工程安全监督执法机构应对危险性较大的分部分项工程专项施工方案的编制、专家论证及实施情况实施抽查。

第十六条　应急抢险工程中涉及危险性较大的分部分项工程的应急处置不适用本办法。

第十七条　本办法自2012年7月1日起开始施行。

附录8

北京市危险性较大分部分项工程安全专项施工方案专家论证细则（2015版）

通用部分内容

（1总则、2程序、3纪律）

1　总则

1.1　根据住房和城乡建设部《危险性较大的分部分项工程安全管理办法》（建质［2009］87号）、《北京市实施〈危险性较大的分部分项工程安全管理办法〉规定》（京建施［2009］841号）《北京市危险性较大的分部分项工程安全动态管理办法》（京建法［2012］1号）和北京市危险性较大分部分项工程专家库工作制度及相关规定，制订本细则。

1.2　《北京市危险性较大分部分项工程安全专项施工方案专家论证细则》（下称本细则）适用于参与专项方案论证活动的专家及相关工作人员。

1.3　专家应本着“安全第一、保护环境、技术先进、经济合理”的原则，客观公正、严肃认真地进行方案论证工作。

2　程序

2.1　抽取专家。论证组织单位从市住建委网上办事大厅登录“危险性较大的分部分项工程安全动态管理平台”，聘请专家组成专家组，专家组成员应得到组长同意。

2.2　方案预审。专家应于会前从市住建委网上办事大厅登录“危险性较大的分部分项工程安全动态管理平台”预审方案，为论证会做好准备。

2.3　论证会及论证报告。专家按确认的论证时间、地点聚齐后，由组长组织专家进行专项方案论证，通过现场勘察、质疑和答辩，专家组独立编写和签署专项方案专家论证报告（格式见附件1）。

2.4　宣读并提交论证报告、接受劳务咨询费。组长向与会各方宣读论证报告，并将报告（组长保留一份）提交给组织单位，按规定标准接受劳务咨询费。

论证流程图：

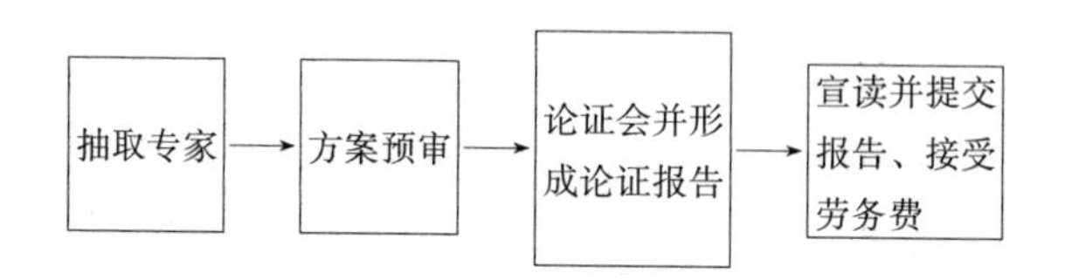

2.5　对于论证结论为“修改后通过”的专项方案，施工单位应按专家组意见对专项方案进行修改并将其上传至危大工程管理平台，专家组长或专家组委托的组员审核修改后的方案并上传审核意见，审核通过后，论证工作结束。钢结构安装工程、建筑幕墙安装工程专项方案论证时，专家组成中相应有钢结构、幕墙技术专家。

3　纪律

3.1　专家在应诺参加某项目论证活动后，应按约定时间准时参加，不得迟到、早退，不得擅自更改承诺。若遇特殊情况确实不能履行承诺，应在约定论证时间前24小时通知组织单位，并经确认后方可不参加论证活动。

3.2　专家不得参加本单位的论证活动。发现论证项目为本单位项目时，应主动回避。

3.3　专家应树立良好的职业道德，按照本细则及相关技术标准，客观公正、严肃认真地进行论证，不受任何单位或个人的干预，并在论证报告上签名，承担个人责任。

3.4　专家在论证过程中应当做到：

3.4.1　应充分发表自己意见，有权坚持个人意见并写入论证报告；

3.4.2　不得在未填写论证意见的空白表格和文件上签名；

3.4.3　不得中途退出论证；

3.4.4　在论证过程中，应服从有关部门的监督；

3.4.5　专家组对论证结论和修改意见负责，专家对个人坚持的意见负责。

3.5　专家应接受参加论证活动的劳务报酬，但不得接受超出论证合理报酬之外的任何现金、有价证券、礼品等。

3.6　专家有义务向领导小组办公室及时举报或反映论证过程中所出现的违纪违法行为或不正当现象。

3.7　专家应认真学习相关的法律、法规文件，积极参加相关规范规则的培训，不断提高业务能力。

3.8　专家对论证结论负责。专家未认真履行论证职责将受到如下处理：未审出专项方案中的重大缺陷导致工程事故的，取消专家资格；未审出专项方案中的重大缺陷但尚未导致工程事故的，暂停论证资格6个月；无故缺席论证会的，给予告诫。

4　论证技术标准

4.1　符合性论证

4.1.1　专项方案封面签章齐全（包括编制人、审核人、审批人签字和编制单位盖章）；

4.1.2　专项方案的主要内容基本完整。主要内容：（1）编制依据；（2）工程概况；（3）模架体系选择；（4）模架设计方案与施工工艺；（5）施工安全保证措施；（6）应急预案；（7）模架施工图；（8）计算书。

4.2　实质性论证

4.2.1　编制依据

4.2.1.1　国家、行业和地方相关规范规程；

4.2.1.2　企业标准；

4.2.1.3　相关设计图纸；

4.2.1.4　安全管理法规文件：《建设工程安全生产管理条例》（国务院第393号令）、《危险性较大的分部分项工程安全管理办法》（建质［2009］87号）、《北京市实施〈危险性较大的分部分项工程安全管理办法〉规定》（京建施［2009］841号）等；

4.2.1.5　新型模架产品标准及试验检测报告；

4.2.1.6　其他：施工组织设计、相关施工方案、地质勘察报告等。

4.2.2　工程概况

4.2.2.1　危险性较大的分部分项工程内容及周边结构情况；

4.2.2.2　施工平面布置图、相关结构平面、剖面图；

4.2.2.3　危险性较大的分部分项工程施工的工期安排；

4.2.2.4　模架工程施工的重点、难点、特点。

4.2.3　模架体系选择

4.2.3.1　确定模架选型原则，比较优选；

4.2.3.2　确定模架选型。

4.2.4　模架设计方案与施工工艺

4.2.4.1　技术参数。按照不同部位及特殊节点，对模架形式、尺寸和连接节点进行描述，重点为模架基础或预埋锚固的设计、模架设计、模架上部设计、构造拉结设计；安全防护设计，特殊部位的监测设计；

4.2.4.2　工艺流程。模架安装、拆除工艺流程；模架安装、使用和拆除中的技术安全要求；

4.2.4.3　模架材料、产品质量标准和检验控制措施，模架采用的所有材料和产品的质量标准，进场检验程序和控制措施；

4.2.4.4　模架安装质量标准及检查验收程序。

4.2.5　施工安全保证措施

4.2.5.1　特种作业人员和专职安全生产管理人员的配置要求；

4.2.5.2　模架安装、使用、拆除过程中，保证模架基础、模架上部、构造拉结等各部位质量、安全的技术措施；

4.2.5.3　季节性施工安全技术措施，雨、雪、风季、特殊气温等条件下的安全保证措施；

4.2.5.4　施工过程中的监测监控措施，主要内容：监测方法、监测周期、允许变形值及报警值；明确监测仪器设备的名称、型号和精度等级；中间监测结果的反馈和应用；绘制监测点平面布置图；监测监控管理规定。

4.2.6　应急预案

主要内容：应急小组成员的名单、职责、联系电话以及施工地点与最近的医院的路线示意图；重点防范部位的概况；施工过程中的风险；控制措施；施救措施；应急预案的启动条件。

4.2.7　模架施工图

4.2.7.1　模架施工图主要包括：模架布置平面图、立面图；典型剖面图；基础、预埋锚固等节点详图；对于支撑架工程应有上部自由端、构造拉结等节点详图；对于脚手架工程应有连墙件、悬挑、卸荷及剪刀撑等构造节点详图；

4.2.7.2　监测点布置平面图；

4.2.7.3　所有图纸应符合绘图规范要求，按图例、按比例、标尺寸，不应采用示意图。

4.2.8　计算书

4.2.8.1　计算依据、计算参数和控制指标；

4.2.8.2　荷载计算；

4.2.8.3　按照传力顺序依次计算各构件；

4.2.8.4　绘制计算简图。

4.3　论证结论判定标准

依据相关规定，专家论证结论为三种形式，即“通过”、“修改后通过”和“不通过”。专家组应依据模架工程类别按下列标准做出论证结论。

4.3.1　模板工程及支撑体系

4.3.1.1　模板工程及支撑体系专项方案中出现下列情况之一的应判定为：“不通过”。

1）未装订成册或签章不全。

2）方案设计与工程实际情况严重不符。

3）无模架设计图（包括架体平面布置图、典型剖面图、支撑节点详图等）。

4）无模架设计计算书或主要计算内容不全。

5）模架设计计算与模架设计图不符合导致无法判断计算结果的合理性。

6）主要承载杆件（立杆、立柱、大跨度桁架等）强度、刚度、稳定性、抗倾覆计算结果不通过或存在颠覆判定结果的重大错误。

7）支撑架基础存在沉陷、坍塌、滑移风险，可能造成安全事故但无有效措施的。

8）重型结构支撑架下的楼板结构承载力无验算或未经设计确认。

9）模架构造设计及搭设、混凝土浇筑、拆除等工序的技术措施存在重大缺陷或安全隐患。

10）其他直接涉及施工安全但又不能在论证会现场提出明确具体的改进措施的情形。

4.3.1.2　模板工程及支撑体系专项方案中出现下列情况之一的应判定为：“修改后通

过”。

1）模架设计图不完善，缺关键节点的设计图。

2）模架计算书计算内容有欠缺、计算方法不合理或计算参数取值有误，但不影响对计算结果安全性判断。

3）模架次要杆件计算结果不通过，但不影响模架整体的安全性。

4）模架构造设计有缺陷，存在一定安全隐患。

5）水平结构与竖向结构同时浇筑，无有针对性的安全构造措施。

6）模架拆除方法针对性不强，存在一定安全隐患。

7）模架重要承载构件无检验、验收标准。

8）模架整体无检验、验收标准。

9）对于有特殊基础要求的模架，无基础或架体预压方案。

10）对于基础较薄弱或主梁跨度较大、超重梁板、高宽比超规范的模架，无施工监测方案。

11）模架施工可能导致邻近重要建（构）筑物、地下管线变形，无防护措施或措施不到位。

12）模架跨越河道施工，无围堰或导流方案，防汛措施不到位。

13）模架跨越现况交通施工，安全防护措施不到位。

14）模架搭设、拆除以及混凝土浇筑等重要工序施工技术措施不完善或存在缺陷。

15）季节性施工措施、应急预案等内容不完善。

16）其他对施工安全有直接影响，但能够提出明确具体改进措施的情形。

4.3.1.3　模板工程及支撑体系专项方案中没有出现“不通过”和“修改后通过”情形的，可判定为：“通过”。

4.3.2　脚手架工程

4.3.2.1　脚手架工程专项方案中出现下列情况之一的应评定为：“不通过”。

1）未装订成册或签章不全。

2）无计算书或计算模型错误、计算参数错误导致无法判定计算结果合理性。

3）无脚手架设计图（平面布置图，立剖面布置图，预埋，连墙节点图）。

4）脚手架架体搭设的基础、地基未提出承载力要求或要求明显不能满足实际需要的。

5）对脚手架架体的杆件间距、主节点、剪刀撑、斜撑、连墙件、卸荷等关键构造未提出明确要求或要求违反规范的。

6）悬挑式脚手架未对钢梁以及预埋件等重要架体构件的规格、型号、敷设等明确要求的。

7）安全专项施工工方案未对荷载、调整、拆除等影响稳定的行为提出明确要求的。

8）其他直接涉及施工安全但又不能在论证会现场提出明确具体的改进措施的情形。

4.3.2.2 脚手架工程专项方案中出现下列情况之一的应评定为：“修改后通过”。

1）安全专项施工工方案部分计算不正确的。

2）脚手架设计图纸不完善，节点尺寸标注不全，连墙件遇结构无法实现。

3）对脚手架架体搭设的基础、地基提出明确的承载力要求，但缺乏可操作性。

4）对脚手架架体的杆件间距、主节点、剪刀撑、斜撑、连墙件、卸荷等关键构造等存在不明确的情形。

5）悬挑式脚手架悬挑次梁、阴阳角、阳台等特殊节点设计存在缺陷的。

6）季节性施工措施、应急预案等内容不完善。

7）安全专项施工工方案中监测监控以及预案措施不具体的。

8）其他对施工安全有直接影响，但能够提出明确具体改进措施的情形。

4.3.2.3　脚手架工程专项方案中没有出现“不通过”和“修改后通过”情形的，可判定为：“通过”。

4.3.3　附着升降脚手架工程

4.3.3.1　附着升降脚手架工程专项方案中出现下列情况之一的应判定为：“不通过”。

1）未装订成册或签章不全。

2）使用非标准构件，无设计及计算且结构设计不合理影响安全使用。

3）方案提供爬架标准计算书，但工程实际存在较大突破标准计算书的工况或计算条件（荷载、爬升高度、附着部位存在薄弱的结构构件等）的情况未专门复核验算导致无法判断计算结果的合理性。

4）不符合构造尺寸要求，且无具体措施及相关计算。

5）提升机位设置不合理，影响结构安全或架体安全使用。

6）物料平台与爬架相连接但没有测试报告或未经过省级以上行政主管部门组织的技术鉴定的。

7）无具体安全防护措施，不能满足施工防护要求。

8）无防倾覆、防坠落和同步升降控制装置或其设置不规范。

9）无架体安装、升降、使用、拆除具体方法及注意事项。

10）其他直接涉及施工安全但又不能在论证会现场提出明确具体的改进措施的情形。

11）方案与实际情况不符或未考虑工程的特殊要求。

12）架体有下降使用要求，无安全专项措施的。

4.3.3.2　附着升降脚手架工程专项方案中出现下列情况之一的应判定为：“修改后通过”。

1）提升机位设置不合理，但不影响安全使用。

2）计算参数取值不合理，但不影响对计算结果合理性判断。

3）安全防护措施不到位。

4）无季节性施工措施。

5）无架体特殊部位加强构造措施或特殊部位加强构造措施不完善。

6）无架体与外墙模板、物料平台等相互关系及注意事项。

7）塔吊、施工电梯、施工流水段等位置架体设计不合理，但不影响架体整体稳定性及安全防护。

8）无架体维护保养措施。

9）无安全装置使用说明及维护保养措施。

10）无应急预案或应急预案不完善。

11）其他对施工安全有直接影响，但能够提出明确具体改进措施的情形。

12）设计图不全或有缺陷。（平面布置图、立剖面布置图、预埋、连墙节点图）

4.3.3.3　专项方案中没有出现“不通过”和“修改后通过”情形的，可判定为：“通过”。

4.3.4　爬模工程

4.3.4.1　爬模工程专项方案中出现下列情况之一的应判定为：“不通过”。

1）未装订成册或签章不全。

2）无爬模设计计算书、计算参数取值不合理、计算模型错误、主要计算内容（荷载、承载螺栓承载力、混凝土冲切承载力、混凝土局部受压承载力、顶升力、导轨变形等）不全或计算工况不全，导致无法判断计算结果的合理性。

3）无爬模设计图。（包括爬模机位平面布置图、典型剖面图、节点详图等）

4）有爬模标准计算书，但工程存在较大突破标准计算书的工况或计算条件（荷载、单次浇筑高度或爬升高度、附着部位存在薄弱的结构构件等）不利的情况未专门复核验算导致无法判断计算结果的合理性。

5）附着支座设置数量不足、不合理。

6）没有按照墙体厚度设计预埋系统。

7）无遇洞口和钢骨架时预埋系统的处理措施和节点大样图。

8）架体水平、大阳角处或竖向悬挑长度超过规范要求；无具体措施及相关验算。

9）爬模与塔吊、布料机等施工机械布置相互关系不明确。

10）架体上各层平台施工荷载不明确；没有相应施工控制措施。

11）无防坠爬升器或设置不规范。

12）油缸选用的额定荷载小于工作荷载的二倍，且不可调整机位间距。

13）方案与实际情况不符或未考虑工程的特殊要求。

14）其他直接涉及施工安全但又不能现场提出明确具体的改进措施的情形。

4.3.4.2　爬模工程专项方案中出现下列情况之一的应判定为：“修改后通过”。

1）爬模设计计算参数取值不合理，但不影响对计算结果合理性判断。

2）爬模设计图不完善（如缺少非标层设计、无电气系统图、部分机位布置与结构构件有冲突、个别机位布置间距对规范有突破），缺部分关键节点的设计图（墙体有内缩时，无挂座节点措施等）。

3）未针对工程情况进行总体施工部署和设计。（如框-筒结构中，筒体与框架部分的进度协调，筒体竖向与水平结构的协调关系；水平结构滞后施工时，无施工安全技术措施或节点设计等）

4）机位等构造间距不符合规范要求。

5）无作业层防护、断片处防护或措施不到位。

6）无塔吊、布料机在架体部位的安全防护措施。

7）对于薄弱结构部位，无爬模架构造措施或结构加强措施。

8）无消防逃生通道设置。

9）无各阶段爬模检查验收标准。

10）无爬模拆除方案；或拆除方案针对性不强，存在安全隐患。

11）无风季、雨季（特别防雷）、冬季施工技术措施。

12）无应急预案或应急预案不完善。

13）无总分包安全管理职责和验收程序。

14）油缸选用的额定荷载小于工作荷载的二倍，可通过机位间距调整。

15）其他对施工安全有直接影响，但能够提出明确具体改进措施的情形。

4.3.4.3　专项方案中没有出现“不通过”和“修改后通过”情形的，可判定为：“通过”。

4.3.5　单层钢结构工程

4.3.5.1　单层钢结构工程专项方案中出现下列情况之一的应判定为：“不通过”。

1）未装订成册或签章不全。

2）方案中无吊装起重设备作业行驶路线图、吊装站位图（吊装平面布置图）、最不利吊装位置的吊装剖面（立面）图或不按比例绘制，无法证明所选吊机在所需起吊荷载下的工作半径、起吊高度以及跨越地面及空中障碍的能力满足施工安全要求。

3）用于吊装的钢丝绳、吊耳、吊装带、卸扣、吊钩等选用无相关设计计算或计算错误，无法判断选用的合理性。

4）采用抬吊方式吊装作业，起重设备的负荷分配不明确，且无吊装作业安全的相关验算和保证措施。

5）处于吊装状态易变形的构件或结构单元，未进行强度、稳定性和变形的相关验算，且无防止结构变形的相关保证措施。

6）由多个构件在地面组拼的重型组合构件吊装时，吊点位置和数量未经计算确定。

7）对于单层排架类结构，如门式钢架、型钢或钢管平面桁架结构时，施工方案中未考虑结构的拼装方案和安全措施：平拼（卧拼）时，构件的翻身起吊防失稳措施及验算；立拼时构件的稳定加固措施；构件拼装就位地点与吊机站位的关系（尤其针对采用汽车吊或抬吊的情况）。

8）缺少屋面梁或桁架吊装就位后的稳定（防平面外失稳）措施。

9）门式刚架结构在施工过程中纵向柱间稳定措施（尤其是柱脚为非插入式杯口节点的情况）不完善。

10）吊装施工现场（含构件堆放、拼装）内或近邻架空高压线而方案中无相关安全措施内容时。

11）钢结构安装过程中的各阶段结构的安装流水段或单元不能形成完整的稳定单元体系，且无可靠的施工技术措施使其可以承受结构自重及施工荷载、恶劣天气情况以及吊装施工中冲击荷载的作用。

12）支承移动式起重设备的地面和楼面，尤其是支承地面处于边坡或临近边坡时，未进行承载力、变形验算或边坡稳定验算。

13）其他直接涉及施工安全但又不能在论证会现场提出明确具体的改进措施的情形。

4.3.5.2　单层钢结构工程专项方案中出现下列情况之一的应判定为：“修改后通过”。

1）方案编制依据不准确。

2）选用非定型产品作为起重设备时，未编制专项方案。

3）钢结构安装顺序或焊接顺序不合理。

4）有预变形要求的，未考虑预变形措施。

5）安装的安全保障措施不完善。

6）未考虑到吊装起重范围内涉及的空中、地下障碍物，无相关防护措施或措施不到位。

7）主要的施工工艺、施工方法的质量安全保证措施不完善。

8）无针对工程特点的冬、雨季（防雷接地等）季节安全施工方案。

9）无应急预案或应急预案不完善。

4.3.5.3　单层钢结构工程专项方案中没有出现"不通过"和"修改后通过"情形的，可判定为："通过"。

4.3.6　多层、高层钢结构工程

4.3.6.1　多层、高层钢结构工程专项方案中出现下列情况之一的应判定为："不通过"。

1）未装订成册或签章不全。

2）钢结构吊装作业选用的起重设备无法满足施工需求。

3）用于吊装的钢丝绳、吊耳、吊装带、卸扣、吊钩等选用无相关设计计算或计算错误，无法判断选用的合理性。

4）采用抬吊方式吊装作业，起重设备的负荷分配错误，且无吊装作业安全的相关验算和保证措施。

5）处于吊装状态易变形的构件或结构单元，未进行强度、稳定性和变形的相关验算，且无防止结构变形的相关保证措施。

6）由多个构件在地面组拼的重型组合构件吊装时，吊点位置和数量未经计算确定。

7）钢结构安装过程中各阶段结构的安装流水段或单元不能形成完整的稳定单元体系，且无可靠的施工技术措施使其可以承受结构自重及施工荷载、恶劣天气情况以及吊装施工中冲击荷载的作用。

8）支承移动式起重设备的地面和楼面，尤其是支承地面处于边坡或临近边坡时，未进行承载力、变形验算或边坡稳定验算。

9）需进行施工阶段结构安全验算的工程，由于验算方法错误或计算参数取值不合理导致无法判断计算结果的合理性。

10）其他直接涉及施工安全但又不能在论证会现场提出明确具体的改进措施的情形。

4.3.6.2　多层、高层钢结构工程专项方案中出现下列情况之一的应判定为："修改后通过"。

1）方案编制依据不准确。

2）选用非定型产品作为起重设备时，未编制专项方案。

3）钢结构安装顺序或焊接顺序不合理。

4）流水段和柱节长度的划分不合理。

5）未考虑竖向压缩变形而采取预调安装标高或设置后连接件等相应措施。

6）有预变形要求的，未考虑预变形措施。

7）塔吊布置、安装、顶升、拆除作业以及施工中的群塔作业安全措施不完善。

8）高空施工的安全设施，如：人员交通通道、爬梯、操作平台、焊接风棚，焊机设备及工具平台不完善。

9）加强层桁架、支撑等大型结构构件的高空拼装安全措施不完善。

10）未考虑到吊装起重范围内涉及的空中、地下障碍物，无相关防护措施或措施不到位。

11）主要的施工工艺、施工方法的质量安全保证措施不尽完善。

12）无针对工程特点的冬、雨季（防雷接地等）季节安全施工方案。

13）无应急预案或应急预案不完善。

4.3.6.3　多层、高层钢结构工程专项方案中没有出现“不通过”和“修改后通过”情形的，可判定为：“通过”。

4.3.7　大跨度空间钢结构工程

4.3.7.1　大跨度空间钢结构工程专项方案中出现下列情况之一的应判定为：“不通过”。

1）未装订成册或签章不全。

2）钢结构吊装作业选用的起重设备无法满足施工需求。

3）用于吊装的钢丝绳、吊耳、吊装带、卸扣、吊钩等选用无相关设计计算或计算错误，无法判断选用的合理性。

4）采用抬吊方式吊装作业，起重设备的负荷分配错误，且无吊装作业安全的相关验算和保证措施。

5）处于吊装状态易变形的构件或结构单元，未进行强度、稳定性和变形的相关验算，且无防止结构变形的相关保证措施。

6）由多个构件在地面组拼的重型组合构件吊装时，吊点位置和数量未经计算确定。

7）施工阶段的临时支承结构和措施未按施工工况的荷载作用进行相关可靠性设计计算，当临时支撑结构和措施对结构产生较大影响时，未提交原设计单位进行确认。

8）采用下滑移法施工的网格结构，滑移脚手架（平台）无完整方案时。

9）采用悬挑法安装网架、网壳结构时，无可靠下挠累积偏差控制和消除措施、无可靠安全措施、无可靠完善螺栓紧固到位质量保证措施、无可靠防高坠措施。

10）支承移动式起重设备的地面和楼面，尤其是支承地面处于边坡或临近边坡时，未进行承载力、变形验算或边坡稳定验算。

11）对封闭结构的安装，未考虑设计与实际安装温差产生的温度应力，且无相关防范措施。

12）焊接工艺不符合钢结构焊接规范（GB 50661）的相关规定，易导致焊缝裂纹等缺陷，并有可能造成结构倒塌等安全事故的。

13）施工阶段的结构安全没有进行正确的相关仿真模拟分析计算，无法保证施工安全正常进行。

14）其他直接涉及施工安全但又不能在论证会现场提出明确具体的改进措施的情形。

4.3.7.2　大跨度空间钢结构工程专项方案中出现下列情况之一的应判定为：“修改后通过”。

1）方案编制依据不准确。

2）空间结构吊装单元的划分不合理或未能详细描述形成初始稳定体系的顺序与过程。

3）选用非定型产品作为起重设备时，未编制专项方案。

4）构件吊装顺序、合龙时间段选取、卸载方式不合理。

5）单榀桁架（屋架）在起板和吊运过程中没有采取防止构件变形的措施。

6）未考虑环境温度变化对大跨度空间钢结构的影响。

7）未与设计单位共同确定预起拱值。

8）工装胎架、承重、支撑设计方案节点构造不合理。

9）工况分析未能完全反映施工实况，应补充完善。

10）索（预应力）结构未编制专项方案。

11）施工监测方案的监测关键点布置不合理。

12）未考虑到吊装起重范围内涉及的空中、地下障碍物，无相关防护措施或措施不到位。

13）主要的施工工艺、施工方法的质量安全保证措施不尽完善。

14）无针对工程特点的冬、雨季（防雷接地等）季节安全施工方案。

15）无应急预案或应急预案不完善。

4.3.7.3　大跨度空间钢结构工程专项方案中没有出现“不通过”和“修改后通过”情形的，可判定为：“通过”。

4.3.8　高耸钢结构工程

4.3.8.1　高耸钢结构工程专项方案中出现下列情况之一的应判定为：“不通过”。

1）未装订成册或签章不全。

2）钢结构吊装作业选用的起重设备无法满足施工需求。

3）用于吊装的钢丝绳、吊耳、吊装带、卸扣、吊钩等选用无相关设计计算或计算错误，无法判断选用的合理性。

4）采用抬吊方式吊装作业，起重设备的负荷分配不明确，且无吊装作业安全的相关验算和保证措施。

5）处于吊装状态易变形的构件或结构单元，未进行强度、稳定性和变形的相关验算，且无防止结构变形的相关保证措施。

6）由多个构件在地面组拼的重型组合构件吊装时，吊点位置和数量未经计算确定。

7）支承移动式起重设备的地面和楼面，尤其是支承地面处于边坡或临近边坡时，未进行承载力、变形验算或边坡稳定验算。

8）采用整体起板法安装时，提升吊点的数量和位置以及起板过程中结构倾斜状态的结构安全未进行相关结构验算。

9）其他直接涉及施工安全但又不能在论证会现场提出明确具体的改进措施的情形。

4.3.8.2　高耸钢结构工程专项方案中出现下列情况之一的应判定为：“修改后通过”。

1）方案编制依据不准确。

2）选用非定型产品作为起重设备时，未编制专项方案。

3）未考虑施工过程中风荷载、环境温度和日照对结构变形的影响。

4）工装胎架、承重、支撑设计方案节点构造不合理。

5）工况分析未能完全反映施工实况，应补充完善。

6）施工监测方案的监测关键点布置不合理。

7）未考虑到吊装起重范围内涉及的空中、地下障碍物，无相关防护措施或措施不到位。

8）主要的施工工艺、施工方法的质量安全保证措施不尽完善。

9）无针对工程特点的冬、雨季（防雷接地等）季节安全施工方案。

10）无应急预案或应急预案不完善。

4.3.8.3　高耸钢结构工程专项方案中没有出现“不通过”和“修改后通过”情形的，

可判定为："通过"。

4.3.9　幕墙工程

4.3.9.1　幕墙工程专项方案中出现下列情况之一的应判定为："不通过"。

1）未装订成册或签章不全。

2）材料运输设备：

A. 材料运输设备（如吊轨、小吊车、炮车等）未明确各构件的规格、材料类型、连接螺栓、焊缝及连接板等；

B. 材料运输设备（如吊轨、小吊车、炮车等）无平面、立面及节点详图等；

C. 无相应设计计算（包括设备、楼板）；

D. 设计计算方法错误或计算方法不明确或计算参数取值不合理导致无法判断计算结果的合理性。

3）吊篮：

A. 无吊篮布置平面及立面图；

B. 未明确非标吊篮的各构件的规格、材料类型、连接螺栓、焊缝、连接板及相应的设计；支撑在女儿墙上的吊篮，未对女儿墙等结构进行设计；

C. 设计计算方法错误或计算方法不明确或计算参数取值不合理导致无法判断计算结果的合理性。

4）脚手架：

A. 无脚手架平面及立面图布置；

B. 脚手架无设计计算；

C. 设计计算方法错误或计算方法不明确或计算参数取值不合理导致无法判断计算结果的合理性。

5）交叉作业：

A. 幕墙安装与主体结构施工交叉作业时，无安全防护措施（JGJ 59—2011 第 3.10.4 条）

B. 无防护布置平立面图。

4.3.9.2　幕墙工程专项方案中出现下列情况之一的应判定为："修改后通过"。

1）设计计算参数取值不合理，但不影响对计算结果合理性判断。

2）未明确材料运输设备。

3）未明确如吊轨、小吊车、炮车及非标吊篮的验收标准。

4）未明确如吊轨、小吊车及非标吊篮的安全试运行标准。

5）设置在支撑架上的吊篮支架无相应的支撑架布置图、构造图和相应的计算，无支撑架基础是否安全可靠的验算。

6）无应急预案或应急预案不完善。

7）无防雷、防火、临电使用及季节性施工安全措施，或措施不能满足施工安全要求。

8）其他对施工安全有直接影响，但能够提出明确具体改进措施的情形。

4.3.9.3　幕墙工程专项方案中没有出现"不通过"和"修改后通过"情形的，可判定为："通过"。

4.3.10　应用新技术、新工艺、新材料、新设备的工程

4.3.10.1 应用新技术、新工艺、新材料、新设备专项方案中出现下列情况之一的应判定为："不通过"。

1）无企业营业执照或代理商营业执照（代理授权书）。

2）无企业标准；或企业标准未在相关政府部门备案。

3）无产品试验或检测报告。

4）安全专项施工方案参照相关模架工程判定为不通过的。

4.3.10.2 应用新技术、新工艺、新材料、新设备专项方案中出现下列情况之一的应判定为："修改后通过"。

1）具备企业营业执照或代理商营业执照（代理授权书），但论证现场没有相关资料，在一周以内可补齐。

2）具备企业标准，但论证现场没有相关资料，在一周以内可补齐。

3）具备产品检测报告、产品合格证，但论证现场没有相关资料，在一周以内可补齐。

4）安全专项施工方案参照相关模架工程判定为修改后通过的。

4.3.10.3 应用新技术、新工艺、新材料、新设备专项方案中没有出现"不通过"和"修改后通过"情形的，可判定为："通过"。

（注：新技术、新工艺、新材料、新设备指：没有国家、行业或地方技术标准的技术、工艺、材料和设备。）

4.4 关键节点识别标准

依据相关规定，当工程施工至关键节点时，负责跟踪专项方案执行情况的专家应进行现场检查，因此，专家组应当依据表4.4模架工程关键节点识别表识别该工程关键节点，并编写入论证报告之中。

模架工程关键节点识别表 **表4.4**

序号	模架工程名称	关键节点
1	模板工程及支撑体系	1.15m及以上高大模板支撑架搭设完毕后； 2.有预压要求的模架预压时
2	脚手架工程	1.脚手架基础、地基加固、悬挑脚手架钢梁敷设完成搭设脚手架前； 2.架体完成第一次卸荷
3	附着升降脚手架工程	1.搭设完毕爬升前； 2.爬架部分重新拆改时
4	爬模工程	1.爬模安装完毕爬升前； 2.施工过程中爬模架体调整拆改（平面结构变化拆除架体、罕见气候条件停工采取防护措施、故障设备调换）
5	单层钢结构工程	无
6	多层、高层钢结构工程	无
7	大跨度空间钢结构工程	1.钢结构施工用临时支承、支撑完成； 2.钢结构整体提升、滑移、整体吊装或预应力开始张拉； 3.钢结构合拢、卸载
8	高耸钢结构工程	提升开始或整体起板开始
9	幕墙工程	吊篮、吊轨、炮车及小吊车等安装完毕并进行试运行后
10	应用新技术、新工艺、新材料、新设备的工程	新技术、新工艺、新材料、新设备安装或搭设完毕、使用之前

下篇

钢结构工程专项方案编制要点及范例

第 4 章　钢结构工程安全专项方案编制要点

高乃社　高淑娴　周与诚　编写

4.1　本章与下篇范例的关系

本章是对范例的概括和原则要求，范例是基于本章内容具体应用。本章内容全面但相对原则，范例则相对单一且具体，如范例 4 为整体提升，范例 6 为钢结构的累积滑移案例，而在范例 7 中既有累积滑移又有分条分块高空散装方法，因此，范例 7 进行了取舍，只对涉及分块吊装和高空散装方法的部分进行选编。为保证范例的完整性及可复制性，下篇中的 8 个范例均为基于真实工程的完整的专项施工方案，因此，各范例中有一些重复的内容。

4.2　专项方案应满足符合性要求

符合性要求是指签章齐全、装订成册、内容完整。

（1）签章齐全指专项方案上应当有编写人、审核人和审批人签字，还应当有法人单位盖章。之所以提出这样的要求，是考虑不这样做会产生很多问题。一是未经相关人员和单位签章，无人无单位对方案负责，造成责任不清；二是签章不全的方案，往往只代表编制人水平，而不代表集体和单位水平，方案编制水平通常不高；三是签章不全往往意味着工程挂靠，挂靠单位通常人员不齐，找不齐签字的人，另外，被挂靠单位为逃避责任常常能不盖章就不盖。因此，一个合格的专项方案应当签章齐全。

（2）装订成册是指经过胶粘不易拆装单独成册的专项方案。之所以提出这样的要求，一是避免施工单位更换方案内容，造成实施的方案与论证的方案不是同一方案，责任不清；二是避免论证意见与方案内容不一致。专家论证会后，施工单位对方案进行修改，然后将专家论证意见与修改后的方案订在一起，如果原方案不是装订成册，而是可以直接替换的，则专家意见中指出的问题在方案中根本不存在，造成混乱。

（3）内容完整是指专项方案中该有的内容都有，不掉项。“危大工程管理办法”中要求的内容包括：工程概况、编制依据、施工计划、施工工艺技术、施工安全保证措施、劳动力计划、计算书及相关图纸。对于钢结构工程安全专项方案，其主要内容应包括：编制依据、工程概况、施工部署、钢结构施工方法与安装工艺、临时支撑（脚手架）体系选择、设计方案、施工工艺、测量与监测方案、施工安全保证措施、季节性施工保证措施、质量保证体系及措施、安全文明施工保证体系与措施、应急预案、附件（计算书）等。其中，编制依据、工程概况、施工部署、施工方法、季节性施工保证措施、主要风险及应急预案、附件（计算书）为专项方案必须有的内容，质量保证体系及措施、安全文明施工保证体系与措施可依据工程特点做适当取舍。由于钢结构专项施工方案需要大量的工况分析计算，因此，钢结构工程专项安全施工方案中要求必须附设计计算书。正确的工况分析计算是支撑方案可行的前提，因此，有关的计算分析的内容是必须要有的。

4.3　编制依据

编制依据包括：设计图纸、合同文件、法律法规及规范性文件、技术标准和管理体系。

（1）设计图纸：设计图纸包括工程建筑施工图、结构施工图以及专项钢结构施工图等。

（2）合同文件：工程施工合同、招标文件等。

（3）技术标准：《钢结构工程施工规范》GB 50755、《钢结构工程施工质量验收规范》GB 50205、《建筑结构荷载规范》GB 50009、《钢结构设计规范》GB 50017、《钢结构焊接规范》GB 50661《建筑工程施工质量验收统一标准》GB 50300、《气体保护电弧焊用碳钢、低合金钢焊丝》GB/T 8110、《碳素结构钢》GB/T 700、《焊缝无损检测　超声检测技术、检测等级和评定》GB/T 11345、《非合金钢及细晶粒钢焊条》GB/T 5117 或《热强钢焊条》GB/T 5118 等。仅列出一些与方案强相关的规范，突出重点。

（4）法律法规及规范性文件：《建设工程安全生产管理条例》（国务院第 393 号令）、《北京市建设工程施工现场管理办法》（政府令第 247 号）、《危险性较大的分部分项工程安全管理办法》（建质［2009］87 号）、《北京市实施〈危险性较大的分部分项工程安全管理办法〉规定》（京建施［2009］841 号）等。仅列出一些与方案强相关的法规及规范性文件。

（5）管理体系：依据管理体系制订的与施工相关的公司文件，如《＊＊钢结构工程有限责任公司管理体系文件》等。

4.4　工程概况

工程概况就是概要介绍本工程的基本情况，要让阅读者通过翻阅本章达到基本了解本工程的目的。本章主要内容包括工程简介、工程周边环境条件、设计概况等、工程的特点难点，可依据内容复杂程度单独成章，如设计内容复杂，则可将设计概况单独列为一章。

4.4.1　工程简介

应结合工程特点进行描述，如现场平面布置，钢结构工程的结构形式，与主结构的相互关系，钢结构工程的平、立、剖的图示，节点构造等。此外，还应明确工程名称、建设地点、工期要求、建设单位、总包单位等内容。

4.4.2　工程周边环境条件

工程周边环境主要是指钢结构工程施工阶段与施工安全相关的环境因素，既是制约工程设计施工的因素，又是工程实施过程中的保护对象，因而必须调查清楚。如吊车行走路线中地基（楼板）的承载是否满足要求，吊装起重设备作业行驶路线，站位地下和空中是否有电线管线等障碍，情况要与总包、业主、设计充分沟通协商，了解真实情况，为施工打好基础。如基坑周边的施工场地，临设、料场、道路、塔基等，这些施工活动所增加的荷载不能够超过设计允许值（通常为 20kPa），当确因工程需要超载时，必须与基坑设计人协商，必要时调整设计。

4.4.3　设计概况

如上所述，超过一定规模的钢结构工程通常都有专业设计单位提供的“施工图”，在专项方案中，既不能简单叙述如“设计情况详见□□施工图”，也没有必要将施工图中所有内容照搬过来。把设计情况基本介绍清楚即可。如范例中要求则尽可能的以三维图示的方式或结构的平、立、剖来反映工程设计情况。

4.4.4　工程特点难点

工程的特点难点是方案编写人员根据工程的概况，总结分析出钢结构工程现场安装过程所要重点解决的问题，为进一步制定翔实可行，具有针对性的施工方案提供思路。

4.5　施工部署

施工部署通常包括：工程施工目标、工程管理机构设置及职责、施工计划、施工平面布置、施工资源配置、施工准备等。

施工部署对于整个专项方案而言无疑是最重要的一章，涉及整个项目的资源配置和管理，是方案的“中枢神经”。要编写好这一章，编写人必须对该项目施工目标、场地条件、工料机及管理人员等情况有较全面的了解。如果本章编写目标明确、布置合理、资源配置恰当，则为安全顺利实施该项目打下了良好基础。

然而，由于该章的内容基本不直接涉及施工安全和质量，所以在专家论证专项方案时也不把该章内容作为重点。依据《北京市危险性较大的分部分项工程安全专项施工方案专家论证细则（2015版）》，专项方案“不通过”或“修改后通过”的条件中，基本不涉及本章的内容。

4.6　临时支承结构的设计

施工阶段设计是钢结构施工方案当中最重要的内容之一，结构分析和验算、结构预变形设计是保障结构安全的理论依据。施工阶段的临时支承结构和措施应按施工状况的荷载作用，对构件进行强度、稳定性和刚度验算，对连接节点应进行强度和稳定验算。当临时支承结构作为设备承载时，应进行专项设计；当临时支承结构或措施对结构产生较大影响时，应提交原设计单位认可。对于复杂的临时支承结构，应编制专项施工方案。由于该章内容直接涉及施工的安全与否，所以在专家论证时会把本章内容作为重点，依据《北京市危险性较大的分部分项工程安全专项施工方案专家论证细则（2015版）》，专项方案“不通过”或“修改后通过”的条件中，涉及本章的内容较多。

4.7　施工方法

本章是专项方案核心内容，是编写重点，也是专家论证的重点。确定空间钢结构安装方法要考虑结构的受力特点，使结构工程完成后产生的残余应力和变形最小，并满足原设计文件的要求。同时考虑现场技术条件，重点使方案确定时能够考虑到现场的各种环境因素，如与其他专业的交叉作业、临时措施的可行性、设备吊装的可行性等。空间钢结构吊装单元的划分应根据结构特点、运输方式、起重设备性能、安装场地条件等因素确定，本书列举的单层钢结构、大跨度空间钢结构的五种施工方法是目前危险性较大的钢结构工程常用的施工方法，范例的选定基本上是按照施工方法和结构型式的不同进行选定，具有一定的代表性，有的虽有重复，但是基于每项工程的特性，编写的侧重点也是不同的。实际施工中对于施工方法的选用并不是单一的，而是根据工程的具体情况，工程所处的环境特点综合考虑，合并采用。如范例7，既采用了分条、分块法又采用了滑移法进行安装施工。对于构件吊装中起重设备和吊具的选择以及施工方法的特点及适用性，现分述如下：

4.7.1　构件的吊装

通过对结构的经济技术分析进行合理的构件划分是钢结构编制方案最基本的工作，根据构件的吊重选用适宜的起重设备和吊具。起重设备应根据起重设备性能、结构特点、现场环境、作业效率等因素综合确定。应该注意的是钢结构吊装作业是否在起重设备的额定起重量范围内进行或用于吊装的钢丝绳、吊装带、卸扣、吊钩等吊具是否在其额定许用荷载范围内使用，依据《北京市危险性较大的分部分项工程安全专项施工方案专家论证细则（2015版）》，是判定专项方案是否通过的必要条件。

4.7.2　单层钢结构

单层钢结构安装过程中，采用临时稳定缆绳和柱间支撑对于保证施工阶段结构稳定非常重要。要求每一施工步骤完成时，结构均具有临时稳定的特征。单层钢结构厂房工程，工程案例较多，也较为常见，但由于结构简单，对于施工安全更易忽视，也容易出安全事故，因此，范例1作为单层厂房钢结构工程的危大专项方案，具有广泛的代表性和典型性。

4.7.3　大跨度空间钢结构高空散装法

高空散装法是利用高空平台，在已有的或搭设的高空平台上进行散件的组装、安装。把标准“小拼单元”直接吊装在设计位置进行安装的方法。高空散装过程中要求场地平整，并要将所有将要起吊的单体拼好，整齐排放，以备随时装配。高空散装法适用于全支架拼装的各种空间网格结构，也可根据结构特点选用少支架的悬挑拼装施工方法，如范例3采用的是全支架拼装的高空散装法，而范例5选用的是少支架的悬挑拼装施工方法。高空散装法考虑的重点是支撑架的设计，支撑架的搭设与拆除以及结构卸载等内容。通过分析计算确定拆撑顺序和步骤，目的是为了主体结构变形协调、荷载平稳转移、支承结构的受力不超出预定要求和结构成形相对平稳。实际工程施工时可采用等比或等距的卸载方案，经对比分析后选择最优方案。

4.7.4　分条、分块安装方法

分条、分块安装法是将分条、分块安装单元进行地面拼装，拼装完毕后采用吊机直接吊装就位。大跨度的钢梁、钢桁架、钢网架，由于周围环境、施工场地起重设备等条件的限制，无法实现整体吊装时，即采取分条、分块安装法。分条、分块法将跨度大、重量大的构件分成几段小吊装单元，多次吊装就位，高空拼接、合拢。此法适用于分割后结构的刚度和受力状况改变较小的空间网格结构，分条、分块的大小根据设备的起重能力确定，范例7采用的正是这种方法。分条分块法重点考虑分条、分块的经济性、结构受力的合理性以及合拢的相关安全措施。

4.7.5　滑移施工法

滑移法施工是利用液压顶推滑移系统进行施工，液压顶推滑移系统配置本着安全性、符合性和实用性的原则进行。滑移法施工适用于能设置平行滑轨的各种空间钢结构，尤其适用于跨越施工（待安装的屋盖结构下部因条件所限不允许搭设支架或行走起重机）或场地狭窄、起重运输不便等情况，当空间网格结构为大面积大柱网或狭长平面时，可采用滑移法施工。

滑移法施工考虑重点内容是：

1）拼装平台的布置：设置拼装平台时考虑平台的标高、平面面积、与滑移轨道的距离等。

2）滑移轨道的设计与安装：滑移轨道的设计需减少滑移过程中的阻碍、降低滑动摩擦系数。滑移过程中轨道起到承重、导向作用。

3）顶推点的布置：顶推点的总顶推力设计值，能够满足滑移施工的要求。

4）水平限位措施：滑移过程中，应严格防止出现“卡轨”和“啃轨”现象的发生，采取水平限位措施。

累积滑移是分多次将结构滑移到位，如范例6。

4.7.6 整体提升法

整体提升法是将结构在地面整体拼装完毕后提升至设计标高、就位，适用于平板空间网格结构。如范例4，整体提升考虑的重点内容有：

1）提升点的设置与计算

2）上、下提升架及其节点设计与计算

3）整体提升工况分析计算

4）整体提升设备的选择

5）整体提升设备的安装与调试

6）提升系统的检查、试提升

7）正式提升、就位、合拢

8）提升体系的卸载

4.7.7 整体顶升法

整体顶升法是将结构在地面整体拼装完毕后顶升至设计标高、就位，适用于支点较少的空间网格结构。顶升施工法，采用计算机控制液压同步顶升系统由顶升油缸集群（承重部件）、液压泵站（驱动部件）、传感检测及计算机控制（控制部件）和远程监视系统等几个部分组成。考虑的重点内容有：

1）顶升设备安装

2）顶升支架的安装

3）构件顶升单元的地面拼装

4）现场安装采用“地面分块拼装、累积顶升，高空合拢”的顺序。

5）试顶升：正式顶升前要先顶起100mm后稳定观察12小时，确认所有结构安全及系统运转正常，方可进入正式顶升的程序。

6）正式顶升

7）高空合拢

8）卸载

4.8 季节性施工保证措施

由于钢结构对温度变化较为敏感，因此，施工过程在结构尚未合拢前，应重点考虑温差对结构的影响。雨季冬季施工对于钢结构工程的质量和安全都有一定的影响，相对而言，冬季施工主要考虑温度对焊接质量的影响，而雨季施工主要考虑对焊接质量和施工安全的影响，因此，专项方案中列专章描述雨季冬季施工保证措施是必要的。

在编写本章时，切忌照搬照抄没有针对性、可行性的内容。比如，工期计划中，工程施工和使用都不在冬季，方案中却有冬季施工保证措施；或者，工程在雨季之前就完工了，方案中却有雨季施工保证措施。对于钢结构工程，多数施工工期较短，施工阶段不需要经历雨季和冬季，如小型钢结构工程，现场施工时间很短，有些大型工程如大跨度的体育场馆，高层钢结构工程，由于工期较长，基本要经历冬季或雨季施工，因此，要编制有针对性的保证措施或专项冬雨期施工专项方案。

4.9　施工监测

钢结构施工期间，可对钢结构变形、结构内力、环境量等内容进行过程监测。钢结构工程具体的监测内容及监测部位可根据不同的工程要求和施工工况选取。施工监测方法应根据工程监测对象、监测目的、监测频率、监测时长、监测精度要求等具体情况选定。

施工监测点布置应根据现场安装条件和施工交叉作业情况，采取可靠的保护措施。应力传感器应根据设计要求和工况需要布置于结构受力最不利部位或特征部位。变形传感器或测点宜布置于结构变形较大部位。温度传感器宜布置于结构特征断面，宜沿四面和高程均匀分布。

监测数据应及时采集和整理，并应按频次要求采集，对漏测、误测或异常数据应及时补测或复测、确认或更正。

应力应变监测周期，宜与变形监测周期同步，同时进行监测点的温度、风力等环境量监测。

4.10　施工安全防护措施

施工安全防护是钢结构专项方案不可或缺的内容，也是《北京市危险性较大的分部分项工程安全专项施工方案专家论证细则（2015 版）》专项方案论证的重要内容之一，钢结构施工属高空作业，作业人员安全防护非常重要，考虑的重点内容主要是登高作业、安全通道、平台措施、洞口和临边防护、施工机械和设备使用安全、吊装区的安全措施等。

4.11　主要风险识别及应急预案

（1）主要风险源的识别。风险识别是应急预案的基础。钢结构工程风险包括自身结构风险和环境风险及作业人员安全风险。主要风险应当是与施工密切相关的风险，如钢结构安装工程，其主要风险是：高处坠落、坍塌、物体打击、起重机械等。其他如食物中毒、触电、机械伤害等不应作为主要风险源。

（2）应急预案。应急预案通常包括应急管理体系、主要应急措施、应急物资准备、应急人员培训及演练和应急单位联系方式。工程简单、施工工期较短的钢结构工程，其专项方案中的应急预案可以简单一些，工程复杂、工期长、风险源多、风险大的工程，如大跨度钢结构工程、高层钢结构工程等应急预案中需要建立应急管理体系，包括应急组织机构、应急小组职责、应急小组分工、应急救援流程急救医院路线图。主要应急措施应当与前面识别的主要风险相对应，措施应具体可行。事故应急处置措施五条：①发现人员受伤，初步了解伤员情况及事故情况，并立即报告现场负责人或专职安全员；②现场负责人或专职安全员应第一时间赶到事故现场，组织抢救．及时采取措施防止事故扩大，并向项目应急救援领导小组报告，同时拨打急救电话；③事故现场周围应设警戒线，划出事故特定区域保护事故现场，非救援人员未经允许不得进入特定区域；④在急救人员未到达现场之前，应对受伤人员按《受伤人员现场急救措施》有针对性地进行急救，或送医院救治；⑤如确认人员已死亡，立即保护现场，配合相关部门做好事故调查和相关善后工作。

范例1　单层厂房钢结构工程

荣军成　陈　峰　陈　伟　编写

荣军成　中建二局安装工程有限公司　高级工程师从事钢结构施工、焊接工作22年
陈　峰　中建二局安装工程有限公司　工程师　从事钢结构施工设计工作7年
陈　伟　中建二局安装工程有限公司　高级工程师　从事钢结构施工23年

某厂房钢结构安全专项施工方案

编制：______________

审核：______________

审批：______________

施工单位：＊＊＊＊＊＊

编制时间：＊＊＊＊＊＊

目　　录

1　编制依据

1.1　国家、行业和地方规范

本方案根据现行的国家和行业规范进行编制，所采用的国家和行业规范进行编制如表1.1所示。

采用国家规范　　表1.1

序号	文件名称	备注
1	建筑结构荷载规范	GB 50009—2012
2	建筑抗震设计规范	GB 50011—2010
3	混凝土结构设计规范	GB 50010—2010
4	冷弯薄壁型钢结构技术规范	GB 50018—2002
5	建筑地基基础设计规范	GB 50007—2011
6	钢结构设计规范	GB 50017—2003
7	钢结构工程施工规范	GB 50755—2012
8	钢结构焊接规范	GB 50661—2011
9	钢结构工程施工质量验收规范	GB 50205—2001
10	低合金高强度结构钢	GB/T 1591—2008
11	碳素结构钢	GB/T 700—2006
12	一般用途钢丝绳	GB/T 20118—2006
13	重要用途钢丝绳	GB 8918—2006
14	建筑机械使用安全技术规程	JGJ 33—2012
15	施工现场临时用电安全技术规范	JGJ 46—2005
16	筑施工安全检查标准	JGJ 59—2011
17	建筑施工高处作业安全技术规范	JGJ 80—2016
18	建筑施工临时支撑结构技术规范	JGJ 300—2013
19	钢结构高强度螺栓连接技术规程	JGJ 82—2011
20	建筑地基处理技术规范	JCJ79—2012
21	门式刚架轻型房屋钢结构	G518 系列图集
22	北京市建筑工程施工安全操作规程	京建科教[2002]372

1.2　设计文件和施工组织设计

本工程采用的设计文件和施工组织设计，见表1.2。

设计文件和施工组织设计　　表1.2

序号	文件名称	备注
1	＊＊＊设计院设计的＊＊＊工程施工图纸	
2	＊＊＊公司＊＊＊工程的施工组织设计	

1.3　安全管理法律、法规及规范性文件

本方案根据现行的安全管理法律、法规及规范性文件进行编制，如表 1.3 所示。

安全管理法律、法规及规范性文件　　表 1.3

序号	法规名称
1	中华人民共和国国务院令第 393 号《建设工程安全生产管理条例》
2	《危险性较大的分部分项工程安全管理办法》建质[2009]87
3	《北京市危险性较大的分部分项工程安全动态管理办法》京建法[2012]1 号
4	《北京市实施(危险性较大的分部分项工程安全管理办法)规定》京建施[2009]841 号

2　工程概况

2.1　工程简介

本工程位于＊＊＊，为两连跨的单层厂房，屋面双坡，长 140m，宽 69m，高度 11m，檐口高 7.5m，占地总面积 9660m^2，总建筑面积 9660m^2。结构形式为门式刚架，基础为杯形基础。厂房钢结构效果图见图 2.1-1。

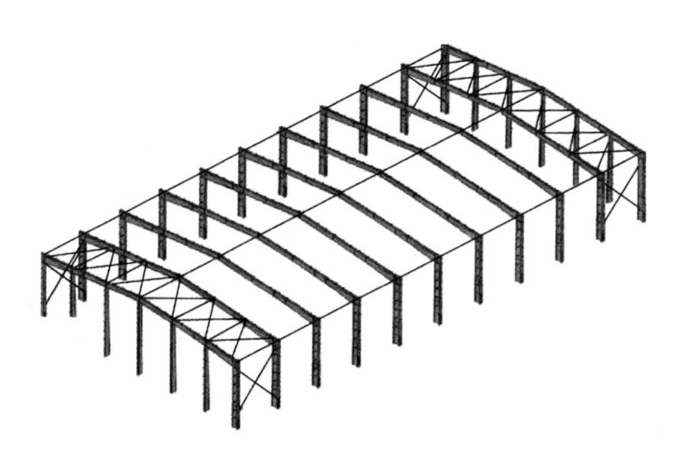

图 2.1-1　厂房主体结构轴侧图

2.2　结构平面、剖面图

2.2.1　钢柱平面布置图

本工程刚架柱共 22 件，分布在 A 轴和 G 轴上，1～11 轴，每个轴线两件，钢柱平面布置图如图 2.2-1 所示。

2.2.2　屋顶构件平面布置图

屋顶构件包括刚架梁、钢系杆、水平支撑等构件，如图 2.2-2 所示。

2.2.3　山墙结构立面图

山墙共有抗风柱 5 件，本工程山墙立面图，见图 2.2-3。

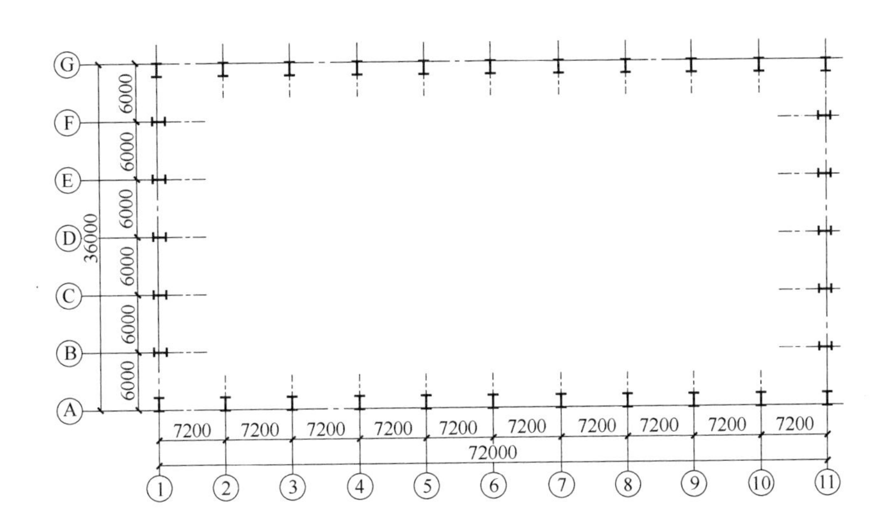

图 2.2-1　钢柱平面布置图

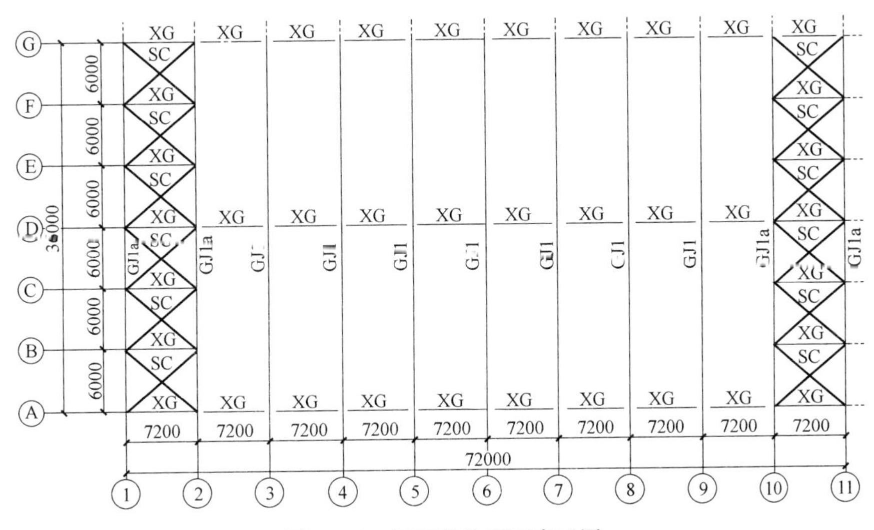

图 2.2-2　屋顶结构平面布置图

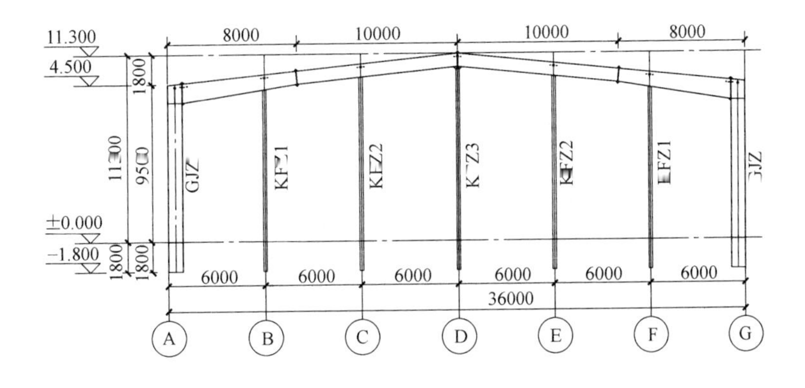

图 2.2-3　结构山墙立面图

2.2.4　②～⑩轴立面图

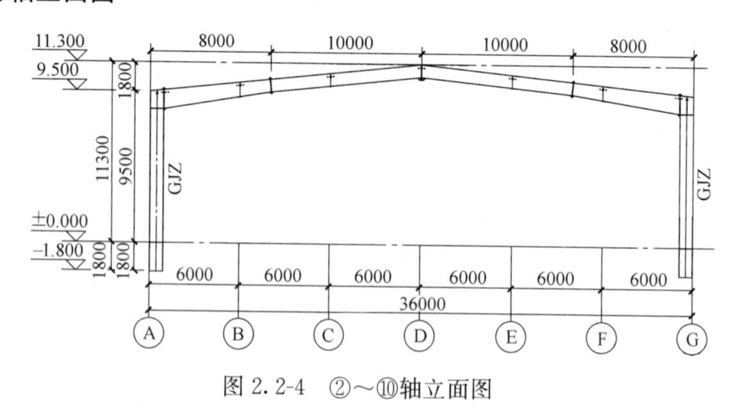

图 2.2-4　②～⑩轴立面图

2.3　主要构件断面和典型节点形式

2.3.1　主要构件断面

本工程主要构件断面形式及尺寸，见表 2.3。

主要构件断面形式及尺寸　　表 2.3

序号	构件名称	断面形式	断面尺寸(mm)	单重(kg)	材质
1	GJZ	H形	H900×400×8×16	1445	Q345B
2		H形	H900×300×8×14		Q345B
3	KFZ1	H形	H700×220×8×12	1087	Q345B
4		H形	H(700～400)×220×8×12		Q345B
5	KFZ2	H形	H700×220×8×12	1089	Q345B
6		H形	H(700～400)×220×8×12		Q345B
7	KFZ3	H形	H700×220×8×12	1121	Q345B
8		H形	H(700～400)×220×8×12		Q345B
9	GJL1 GJL1a	H形	H800×200×6×10	3130	Q345B
10		H形	H(1200～800)×200×8×10		Q345B
11	SC	圆形	ϕ25	36	Q235B
12	ZJZC	圆管形	ϕ168×8	210	Q235B
13	XG	圆管形	ϕ127×3	67	Q235B
14	WLT	Z	XZ180×70×20×2.5	/	Q235B
15	LT	圆形	ϕ12	/	Q235B
16	CG	圆管形	ϕ32×2.5	/	Q235B
17	YC	角钢	50×5	/	Q235B
18	QL	C	C160×60×20×2.5	/	Q235B

2.3.2　典型节点形式

1）柱脚节点形式，如图 2.3-1 所示。

2）刚架梁与刚架柱节点图，如图 2.3-2 所示。

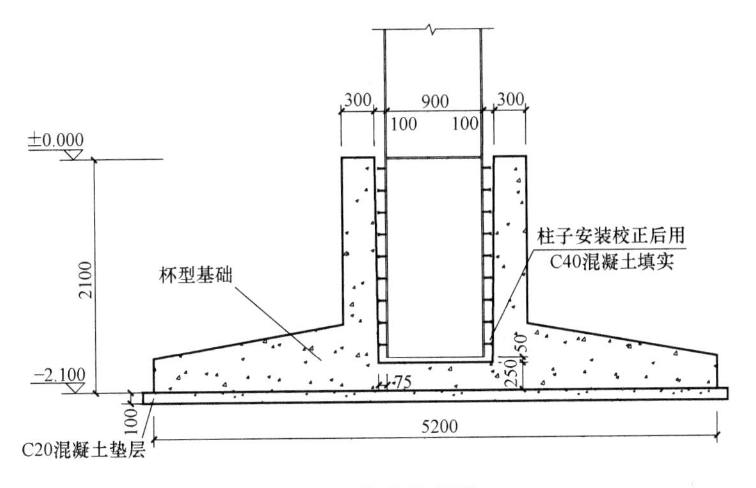

图 2.3-1　柱底节点图

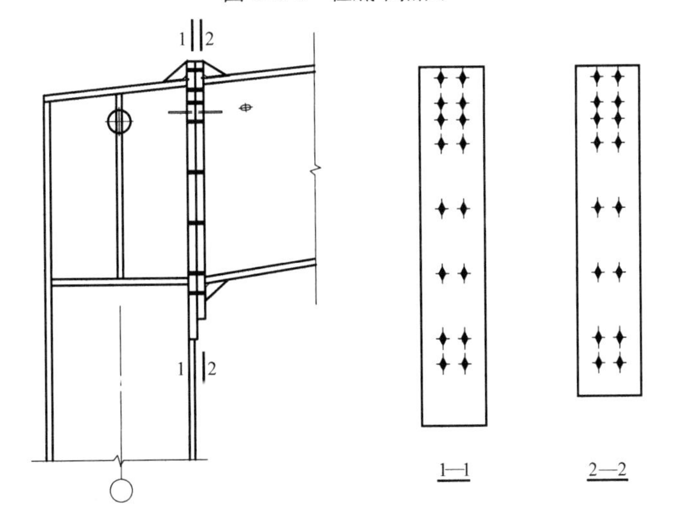

图 2.3-2　刚架梁与刚架柱节点图

3）刚架梁与刚架梁节点图，如图 2.3-3 所示。

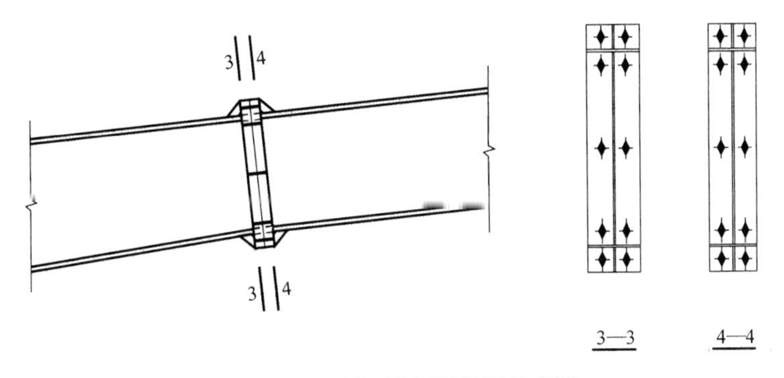

图 2.3-3　刚架梁与刚架梁节点图

4）垂直支撑节点及与刚架柱节点图，如图 2.3-4 所示。

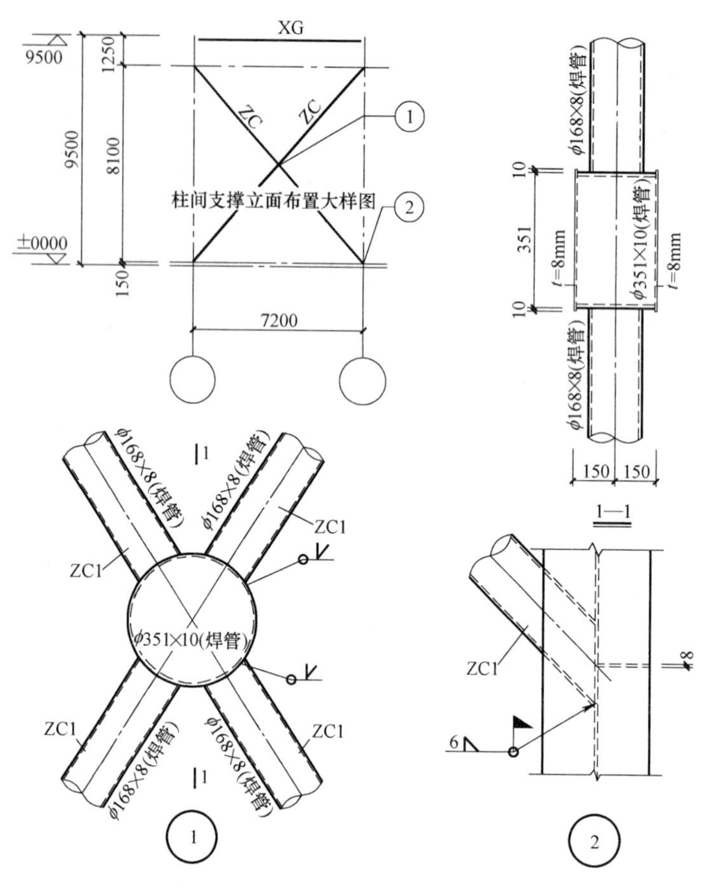

图 2.3-4　垂直支撑与刚架梁节点图

2.4　工程重点及难点

本工程屋面由刚架以及支撑系统和檩条系统组成，刚架共计 11 榀；A、G 轴（分别布置 11 根）共 22 根刚架柱，抗风柱 10 根，共计 32 根钢柱。整体布置方方正正，简洁规则。

本工程结构不大，但跨度大，要保证结构几何尺寸精准，施工重点是安装过程中整体结构的稳定性，以及测量、校正和构件尺寸的精度控制。施工难点是杯口基础的结构安装控制和大跨度刚架梁安装。

GJL1 与 GJL1a 重量相等为：3.13t，GJZ 重量 1.45t，GJL1 与 GJL1a 的吊装和杯口基础的钢柱安装是本工程的难点，GJL1 与 GJL1a 吊装工程也是本工程中危险性较大的分部分项工程。

3　施 工 部 署

3.1　施工目标

本工程质量标准为：合格；工期目标：本钢结构安装工程计划 * * 年 9 月 1 日开工，

＊＊年9月10日完成施工；安全目标：杜绝一切安全生产事故发生；文明施工目标：按＊＊省和本公司文明施工的规范要求，进行现场管理，确保文明施工达标。

3.2　施工管理组织机构

为优质、高效地完成本工程，我司将派遣一批高素质和施工过类似工程的施工技术、管理人员。以项目经理为首的管理层全权组织施工生产诸要素，运用科学的管理手段，采用拟定的一系列先进施工工艺，按“质量、安全、工期、文明、效益、服务”六个第一的要求建设好本工程钢结构工程项目。

本工程钢结构项目部共设管理岗位5个：钢结构项目经理、施工员、技术员、质量员、安全员、资料员各一名。

项目组织机构如图3.2所示。

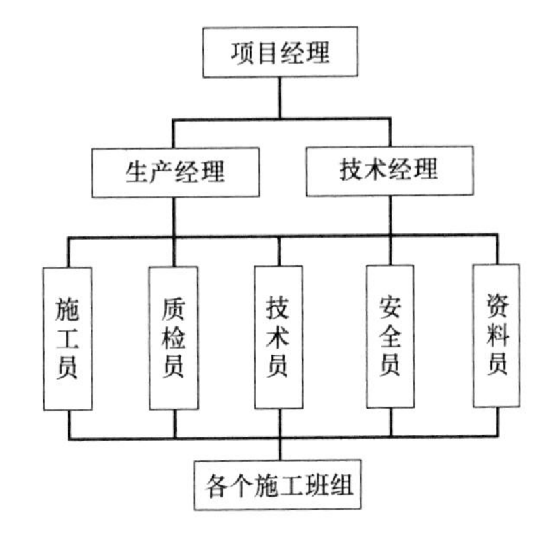

图3.2　组织机构图

3.3　主要吊装方法和吊装设备选型

3.3.1　吊装方法

考虑构件吊装起重性能需求和施工效率，采用一台汽车吊进行吊装施工。其中GJL1和GJL1a采取地面组装，采用单机整体吊装的方法进行吊装。吊装机械站位及行走路线图如图3.4-1所示。

3.3.2　吊装设备选型

本工程最重的构件为GJL1和GJL1a，重量3.13吨，长36m，安装高度11.3m；次重构件为GJZ，重量1.45吨，长11.5m。25吨汽车吊主臂30.5m、回转半径15m时，最大起重量为3.8吨，此满足刚架梁吊装性能要求；25吨汽车吊主臂30.5m、回转半径21m时，最大起重量为1.95吨，此满足刚架柱吊装性能要求。25t汽车吊吊装性能表如表3.3所示。

吊车性能表　　表3.3

主臂长度 / 作业半径(m)	9.5(m)	16.5(m)	23.5(m)	30.5(m)	主臂长度 / 作业半径(m)	16.5(m)	23.5(m)	30.5(m)
2.5	25.0	19.0	12.5	7.0	12.0	4.95	5.50	4.90
3.0	25.0	19.0	12.5	7.0	13.0	4.20	4.75	4.50
3.5	25.0	19.0	12.5	7.0	14.0	3.60	4.10	4.14
4.0	23.0	19.0	12.5	7.0	15.0		3.60	3.80
4.5	21.2	18.0	12.5	7.0	16.0		3.15	3.45
5.0	19.4	16.7	12.5	7.0	17.0		2.80	3.05
5.5	17.8	15.6	11.8	7.0	18.0		2.45	2.70
6.0	16.3	14.6	11.1	7.0	19.0		2.15	2.45

续表

主臂长度 / 作业半径(m)	9.5 (m)	16.5 (m)	23.5 (m)	30.5 (m)	主臂长度 / 作业半径(m)	16.5 (m)	23.5 (m)	30.5 (m)
6.5	15.1	13.8	10.5	7.0	20.0		1.90	2.20
7.0	13.7	13.0	10.0	7.0	21.0		1.70	1.95
8.0		10.9	9.0	7.0	22.0			1.75
9.0		8.7	8.2	6.3	24.0			1.40
10.0		7.1	7.3	5.8	26.0			1.15
11.0		5.9	6.4	5.3	28.0			0.95

3.4　施工平面布置

3.4.1　平面布置图（图3.4-1）

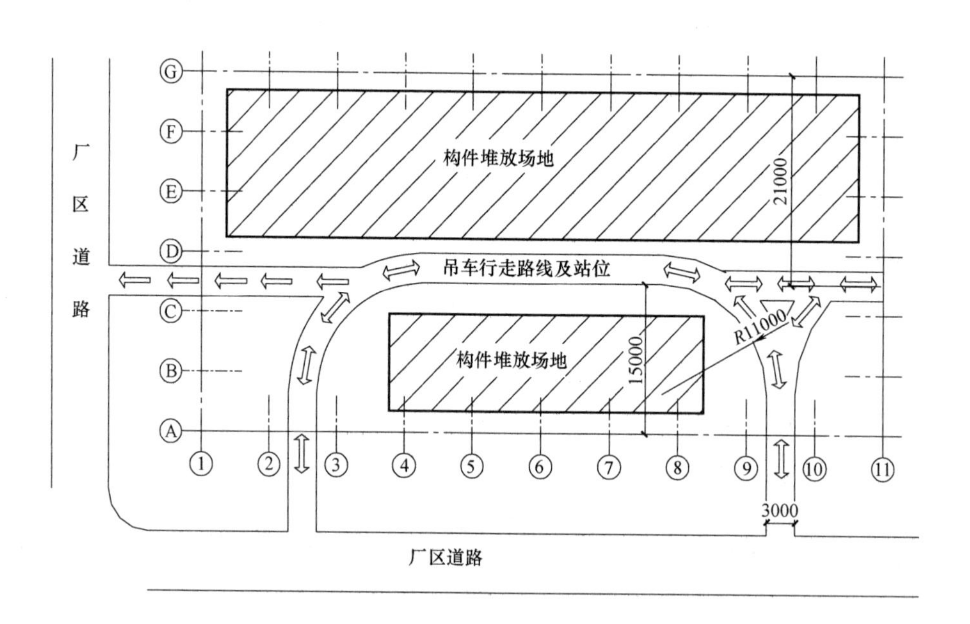

图3.4-1　平面布置图

3.4.2　吊车站位立面示意图3.4-2

3.5　施工顺序

3.5.1　立面施工顺序

立面施工顺序：刚架柱——柱间钢系杆——柱间支撑——刚架梁——梁间钢系杆——水平支撑——浇筑柱脚混凝土——屋面檩条——檩条拉杆。

3.5.2　平面施工顺序

平面施工顺序：从11轴到1轴。

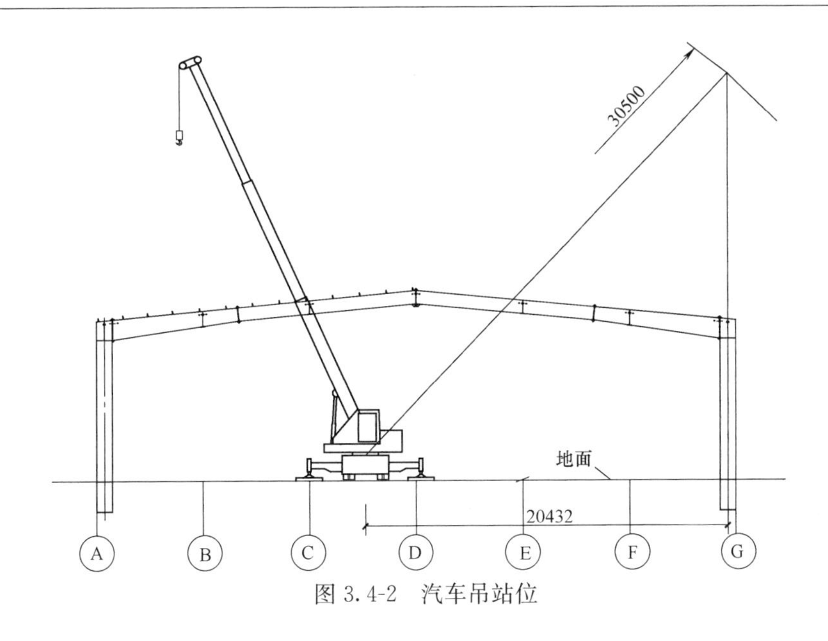

图 3.4-2　汽车吊站位

4　进度计划及资源配置计划

4.1　进度计划

根据项目施工进度计划及合同工期，为确保最终竣工工期，特编制项目钢结构总进度计划如表 4.1-1 所示。

进度计划表　　**表 4.1**

序号	施工项目 \ 工程日期	****年									
		9 月									
		1 日	2 日	3 日	4 日	5 日	6 日	7 日	8 日	9 日	10 日
1	测量放线										
2	构件进场										
3	10~12 轴 GJL 拼装及构件吊装										
4	10~12 轴校正焊接										
5	10~13 轴檩条安装										
6	7~10 轴 GJL 拼装及构件吊装										
7	7~10 轴校正焊接										
8	7~10 轴檩条安装										
9	4~7 轴 GJL 拼装及构件吊装										
10	4~7 轴校正焊接										
11	4~7 轴檩条安装										
12	1~4 轴 GJL 拼装及构件吊装										
13	1~4 轴校正焊接										
14	柱底浇筑混凝土										
15	1~4 轴及山墙檩条安装										
16	验收										

4.2　进度计划保证措施

进度计划保证措施　　表 4.2

项目	保证措施
机械保证	开工前编制详细的机械需用计划，并严格按照计划组织机械进场
组织保证	(1)实施项目经理责任制，对工程行使、组织、指挥、协调、实施、监督六项基本职能，确保指令畅通、令行禁止、重信誉、守合同。(2)与总包、监理等单位的合作与协调，对施工过程中出现的问题及时达成共识。(3)加强同其他专业分包商的施工协调与进度控制
技术保证	(1)编制针对性强的施工方案。(2)加强构件进场验收。(3)采用新技术、新工艺。在施工前，对工程技术难点组织攻关，包括杯型基础控制技术、钢结构测量技术、钢结构焊接技术
物资保证	物资及设备部根据施工进度计划，按施工进度计划要求进场
劳动力保证	施工前对劳务进行资格审查和能力考查，并确保其准时进场

4.3　资源配置计划

4.3.1　拟投入机械设备

拟投入机械设备主要有，见表 4.3-1。

拟投入机械设备一览表　　表 4.3-1

序号	名称	规格	数量	用途
1	汽车吊	25t	1	吊装
2	运输车	30t	1	构件运输
3	千斤顶	1t/5t/10t	1/1/1	校正
4	二氧化碳焊机	600UG	2台	焊接
5	U形卡		若干	吊装校正
6	导链	2t/3t/5t	4/2/2	校正
7	三级电箱		2个	施工
8	灭火器		若干	消防
9	防坠器		2个	人员垂直上下
10	自行式剪型高空作业车	CS3246	2台	油漆防火涂料

4.3.2　测量检测设备

拟投入测量及检测设备仪器如表 4.3 所示。

拟投入测量及检测设备仪器　　表 4.3-2

序号	仪器设备名称	型号规格	数量	用途	备注
1	经纬仪	DJD2A	2	测量定位	
2	水准仪	S3	1套	标高测量	
3	焊缝检测尺		1	测量	
4	干漆膜测厚仪	Elcometer345F	3	钢结构检测	
5	卷尺	5m	2	测量	

续表

序号	仪器设备名称	型号规格	数量	用途	备注
6	塔尺	5m	3	标高测量	
7	水平尺	800mm	5	钢结构测量	
8	盘尺	50m	3	钢结构测量	
9	弹簧秤	5kg	1	钢结构测量	
10	游标卡尺	150mm	1	钢结构测量	

4.3.3　拟投入劳动力计划

拟投入劳动力计划见表 4.3-3。

劳动力计划表　　表 4.3-3

序号	工种	＊＊年9月									
		1日	2日	3日	4日	5日	6日	7日	8日	9日	10日
1	测量工	2	2	2	2	2	2	2	1	1	
2	电工	1	1	1	1	1	1	1	1	1	1
3	信号工	5	5	5	5	5	5	5			
4	装配工	2	2	2	2	2	2	2	2		
5	电焊工	2	2	2	2	2	2	2			
6	气焊工	1	1	1	1	1	1	1			
7	油漆工	1	1	1	1	1	1	1	1	1	1
8	安装工	2	2	2	2	2	2	2	2	2	
9	杂工	2	2	2	2	2	2	2	2	2	
10	司机	1	1	1	1	1	1	1	1		
11	合计	19	19	19	19	19	19	19	10	7	3

5　施　工　工　艺

5.1　安装工艺流程

安装工艺流程图见图 5.1。

5.2　钢结构测量

5.2.1　测量总体思路

针对本工程的结构特点，钢结构测量分平面控制和标高控制两部分。主要分为高差检查、杯形基础尺寸复测、柱底对中、钢柱垂直度观测等工作。

5.2.2　测量前的准备工作

1）据本工程测量工作量，选派一名有经验的测量专业工程师全面负责现场所有测量协调工作，配合安装施工。

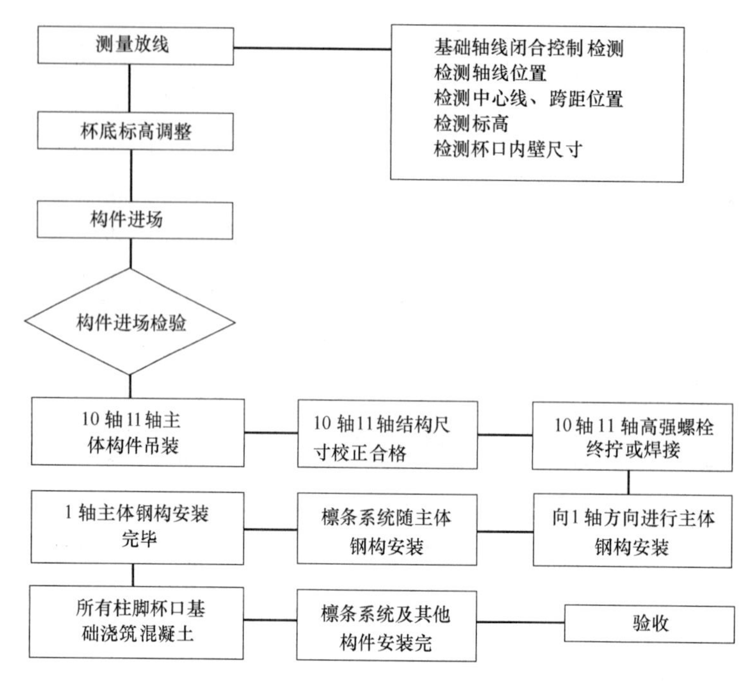

图5.1　钢结构安装工艺流程图

2）经纬仪、水准仪及钢卷尺等计量仪器、工具必须保证在计量鉴定的有效期内。

3）熟悉和核对设计图中各部尺寸关系，发现问题在图纸会审中及时提出并解决。

4）了解施工顺序安排，从施工流水的划分、钢结构安装次序、施工进度计划和临建设施的平面布置等方面考虑，确定测量放线的先后次序、时间要求，制定详细的各细部放线方案。

5）根据现场施工总平面布置和施工放线需要，选择合适的点位坐标，做到既便于大面积控制，周围视线通畅，又不易被机械碾压破坏，有利于长期保留应用，防止中途视线受阻和点位破坏受损，以保证满足场地平面控制网与标高控制网测量精度要求和长期使用要求。

6）整理内业资料，土建测设的施工轴线控制网、水准基点、测量记录办理现场移交，对标志点做好明显标记。

5.3　钢结构吊装

5.3.1　吊装施工顺序

本工程吊装，首先吊装10轴、11轴的四根钢柱，再吊装柱间支撑，而后吊刚架梁，再安装屋面撑杆和水平撑，校正后再完成两轴之间的其他构件，从而完成两榀刚架的吊装，再以该两榀刚架结构为模板，依次向1轴方向进行安装，直至完成整个厂房钢结构安装。模板吊装顺序如图5.3-1～图5.3-9所示。

5.4　高强度螺栓

本工程采用10.9S扭剪型高强度螺栓，设计要求高强度螺栓的型式与尺寸及技术条件

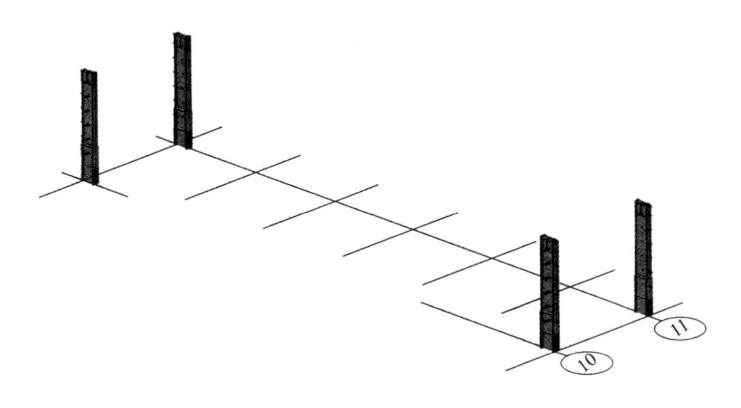

图 5.3-1 四根钢柱吊装（10 轴 11 轴）

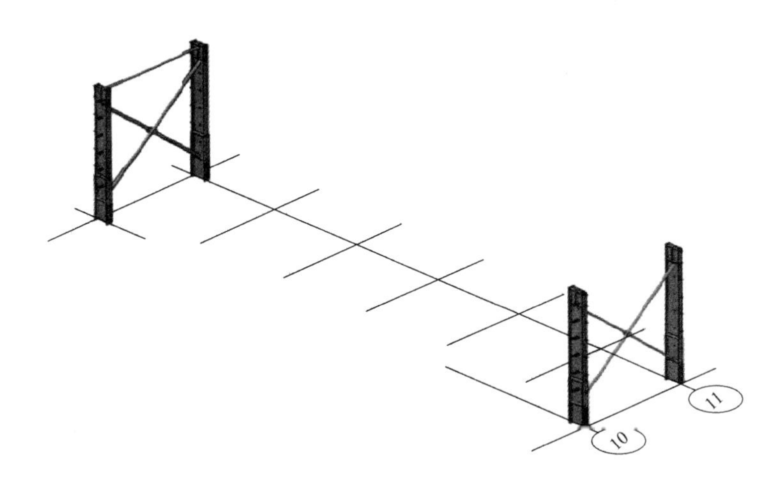

图 5.3-2 四根钢柱柱间支撑吊装

应符合规范要求。钢结构高强度螺栓连接施工应满足《钢结构高强度螺栓连接技术规程》JGJ 82—2011 的要求。

本工程高强螺栓安装主要为刚架梁与刚架柱、刚架梁与刚架梁的连接。本工程采用高强螺栓直径为 M22，分两次拧紧，第一次初拧到 300N·m，第二次终拧扭断尾部梅花头。

5.4.1 高强度螺栓安装方法

1）安装的准备

对梁的安装精度进行确认无误后，方可进入高强螺栓安装阶段。对进入现场的高强螺栓的数量、质量、规格等进行核查，并对每批高强螺栓进行抽样复试。

关于摩擦面的抗滑移系数抽验，每批构件（2000 吨为一批）应同时在工厂和工地进行，由制造厂按规范要求提供试件。

检查螺栓孔的质量，发现质量问题及加工毛刺等应予以修正。

检查和处理安装摩擦面上的铁屑、浮锈等污物。摩擦面上不允许存在钢材卷曲变形及凹陷变形等现象。

2）高强螺栓施工方法

安装临时螺栓，在每个节点上先用临时螺栓拼装，临时螺栓个数为接头螺栓总数的

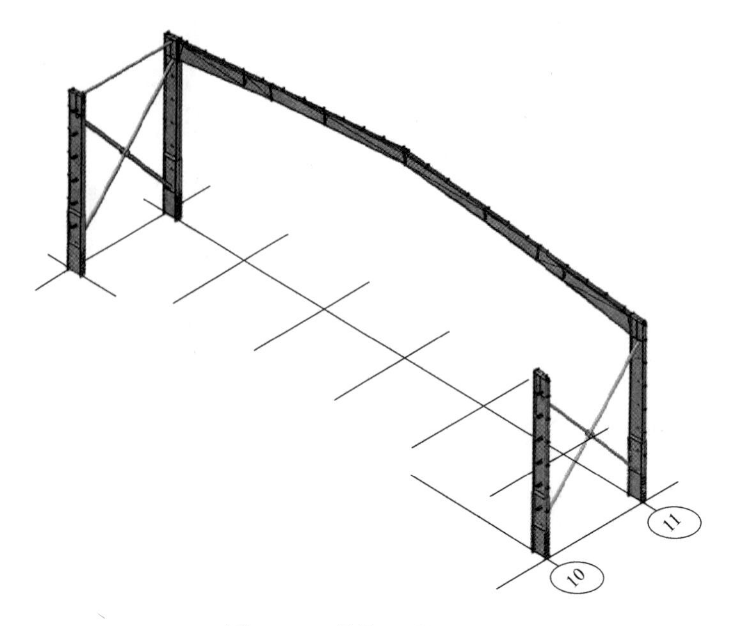

图 5.3-3　吊装 11 轴刚架梁

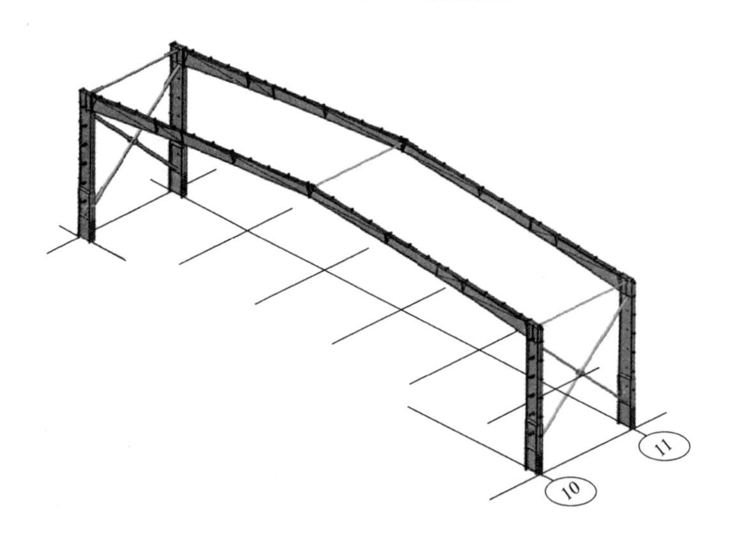

图 5.3-4　吊装 10 轴刚架梁同时安装撑杆

1/3 以上。组装时先用钢铳对准孔位，在适当位置插入临时螺栓，用扳手拧紧。不允许使用高强螺栓兼做临时螺栓，以防螺纹损伤。

高强度螺栓紧固顺序：从中心向四周依次紧固，高强度螺栓穿入方向应以便于施工操作为准，同一节点穿入方向应该一致。

5.4.2　质量控制

1）高强螺栓不能自由穿入螺栓孔位时，不得硬性敲入，用冲杆或铰刀修正扩孔后再插入，修扩后的螺栓孔最大直径应小于 1.5 倍螺栓公称直径，高强螺栓穿入方向按照工程施工图纸的规定；

2）雨、雪天不得进行高强螺栓安装，摩擦面上及螺栓上不得有水及其他污物。

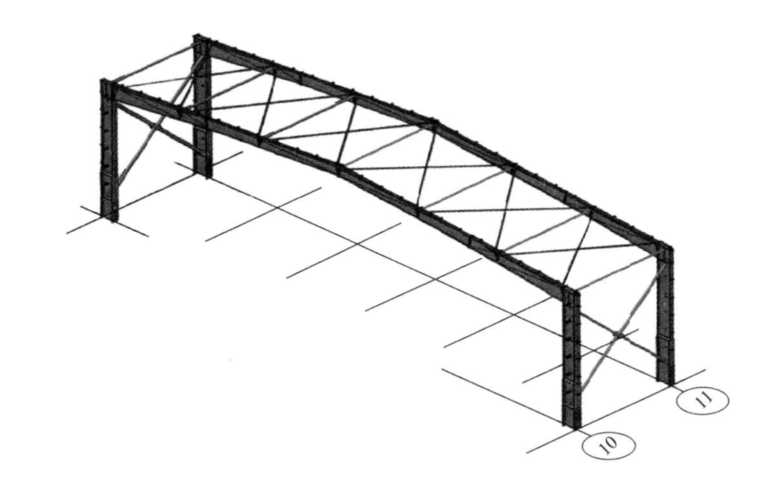

图 5.3-5　吊装钢系杆和水平支撑

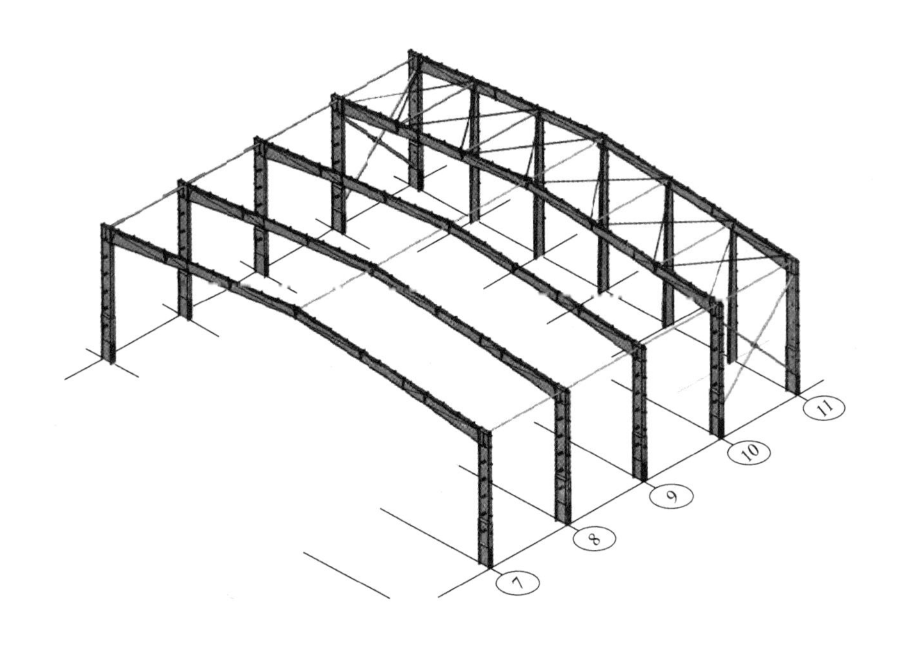

图 5.3-6　抗风柱吊装和向 1 轴方向推进吊装

3）高强度螺栓分初拧和终拧两次拧紧。

初拧：当构件吊装到位后，将螺栓穿入孔中（注意不要使杂物进入连接面），校正合格后，用手动扳手或电动扳手拧紧螺栓，使连接面接合紧密；

终拧：螺栓的终拧由电动剪力扳手完成，以拧断尾部梅花头为准，梅花头不能拧断的，采取手动扭矩扳手进行。高强螺栓终拧在初拧后结构复测合格后进行。

4）刚架梁与刚架梁的链接节点，在地面拼装时完成初拧和终拧，之后进行刚架梁吊装。

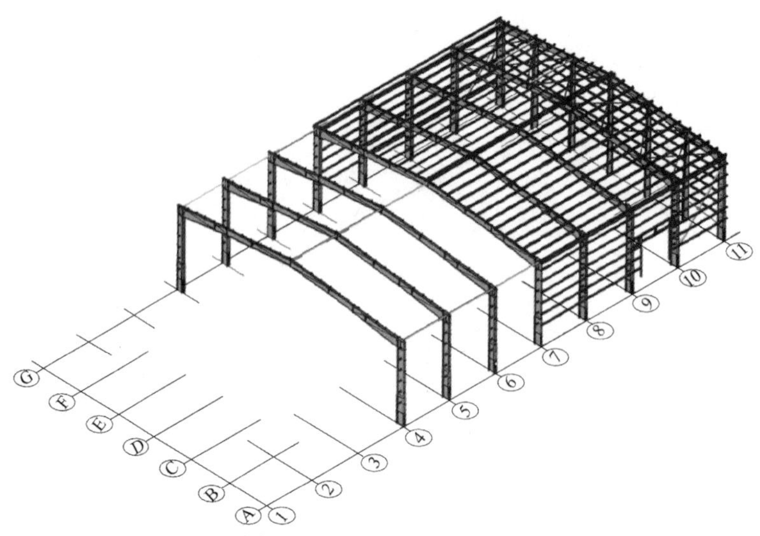

图 5.3-7　檩条及 4～7 吊装

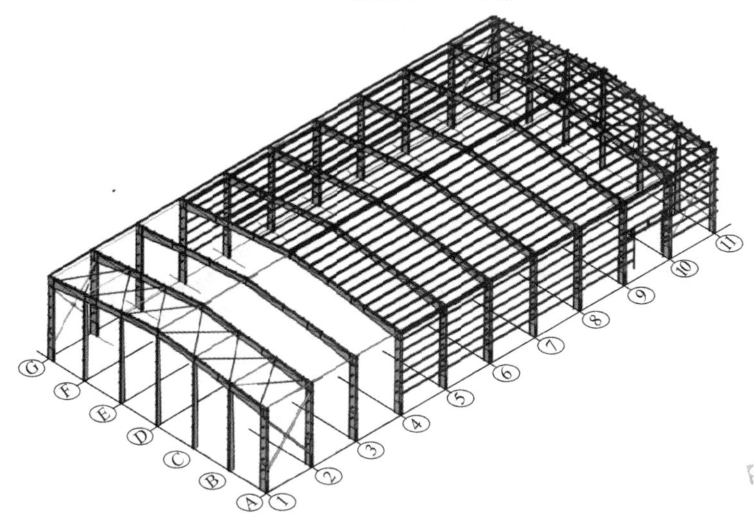

图 5.3-8　完成 1～4 结构

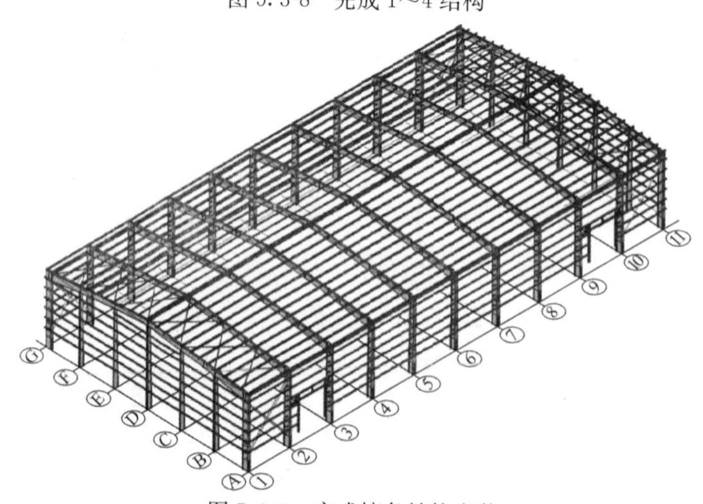

图 5.3-9　完成檩条结构安装

5.4.3 施工检验

要求专业质检员按照有关规范要求对整个高强螺栓安装工作完成情况进行检验，检验结果要有记录，并将检查记录报送到项目质量负责人审批。

5.5 典型构件安装

5.5.1 钢丝绳计算

本工程吊装选择 6×19 强度等级为 1400N/mm^2 的钢丝绳为吊索，最重的构件为 GJL1 和 GJL1a，重量 3.13t，长 34.2m，采取一台 25t 汽车吊两点绑扎的方式吊装，刚架梁绑扎位置和吊索尺寸如图 5.5-4 所示。经计算吊索规格采用 ϕ20mm，吊索长度为 15m，计算书见附件 9.1.1。

5.5.2 刚架柱安装

刚架柱吊装前先挂好爬梯，固定牢靠，且躲开刚架柱与其他构件的安装位置。刚架柱单件重 1.45 吨，柱顶高度 9.5m。吊装采取用卡环连接与 GXG 连接处螺栓孔的方式进行吊装。吊装就位前先将杯口基础底标高调整垫块设置好，刚架柱就位后将柱子轴线、垂直度一并调整合格后，用钢楔子把柱子底部和杯口处塞实、固定、打紧，而后把钢楔焊接点焊牢固如图 5.5-1 所示。

5.5.3 GJL1 和 GJL1a 吊装

GJL1 和 GJL1a 长度为 30.4m，先分两段在地面拼装，拼装时采用 200mm×200mm 两米长方木将每段刚架梁垫平、垫实（图 5.5-2），然后再利用钢支架靠近安装位置拼成整体（图 5.5-3），而后整体吊装。

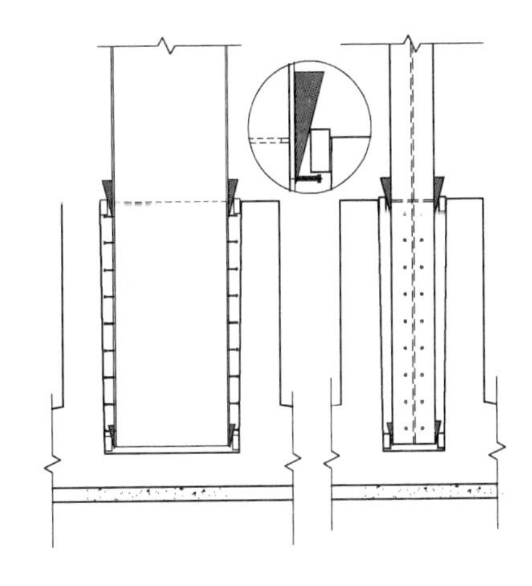

图 5.5-1 杯口柱底固定示意图

GJL 在地面拼装结束，并将高强螺栓终拧完成后，使用汽车吊采用两点绑扎，吊装就位，吊点设置如图 5.5-4 所示。GJL 吊装工况，经过计算，满足施工要求，计算书见附件 9.2。

GJL 吊装时，必须保证天气状况良好，不能有大风，且刚架柱的 GXG 已经安装完成。GJL 吊装就位后，立即进行 GJL 之间的 GXG 安装，已形成稳定结构。10 轴和 11 轴 GJL 安装前，必须完成柱间支撑的安装并焊接牢固。GJL 就位工况计算书见附件 9.3。

5.5.4 其他构件吊装

1）柱间支撑采用吊车吊装，待校正合格后点焊固定，之后再安装 GJL。

2）钢系杆采取吊车安装。

3）水平撑采取人工安装，水平支撑安装后，在主刚架校正后，将水平支撑张紧。

4）水平支撑张紧后，对结构复测，合格后进行檩条安装，檩条采取人工安装。

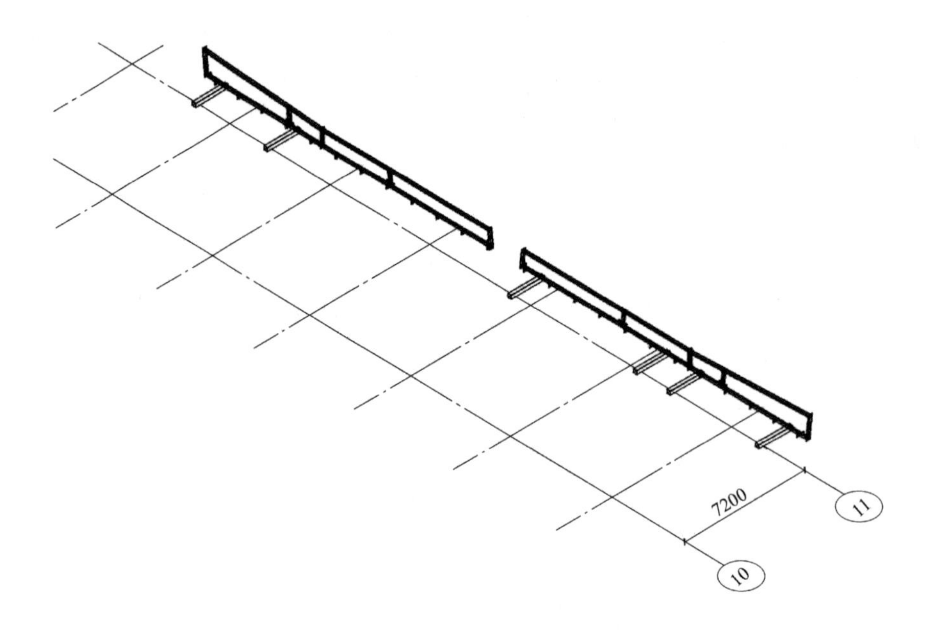

图 5.5-2 GL1 和 GJL1a 分两段拼装示意图

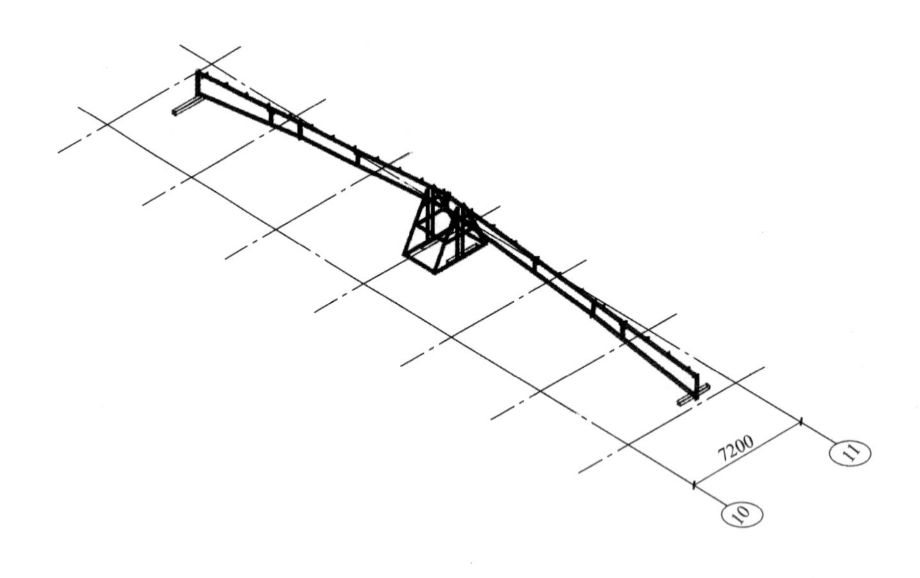

图 5.5-3 刚架梁两段拼成整体示意图

5.6 吊装设备地基承载力

经计算每个支腿使用 1.1m×1.1m 吊车专用路基箱板承重，满足地基承载力要求，计算书见附件 9.1.4。

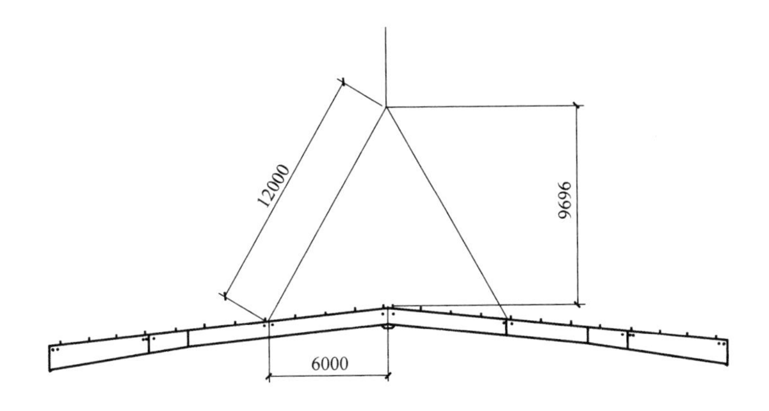

图5.5-4　GL1和GJL1a吊点位置及吊索长度示意图

5.7　油漆与防火涂料施工

5.7.1　防腐涂装施工

1）钢结构防腐涂装施工准备

（1）材料准备

① 本工程采用红丹醇酸防锈漆，防腐涂料、稀释剂的选用应符合设计要求以及国家有关技术指标的规定，有产品出厂合格证；

② 本工程现场补漆工程量较小，为方便现场保管，减少安全隐患，防腐涂料的进场应根据工程的需要，小批量进场；

③ 现场涂料周围不得有易燃易爆品，并严格进行防火工作，周围设灭火器组；

（2）机具准备

本工程现场补漆采用人工补漆的方法进行，需要机具为磨光机、电动钢丝轮、板刷、自行式剪型高空作业车（工作高度11.75m，平台高度9.75m，承载力318kg）。

（3）作业条件准备

① 油漆施工作业应有特殊工种作业操作证；

② 防腐涂装工程前钢结构已检查验收，并符合设计要求；

③ 防腐涂装作业场地应有安全防护措施，有防火和通风措施，防止火灾和人员中毒事故；

2）防腐涂料涂装施工

（1）油漆涂装部位

构件除锈后及时涂刷防腐底漆，厚度为60μm，涂刷醇酸面漆2遍，厚度为65μm。

钢结构构件因运输过程和现场安装原因，会造成构件涂层破损，所以，在钢构件安装前和安装后需对构件破损涂层进行现场防腐修补。

序号	破损部位	补涂内容
1	现场焊接焊缝（外包混凝土的钢构件可不涂装）	底漆、面漆
2	现场运输及安装过程中破损的部位	底漆、面漆
3	高强度螺栓连接节点	底漆、面漆

（2）油漆施工防火措施

序号	防火措施
1	施工的现场或车间无易燃易爆物品，并应远离易燃物品仓库
2	施工的现场或车间严禁烟火，并设置明显的禁止烟火的宣传标志
3	施工的现场或车间配备消防水源和消防器材
4	擦过溶剂和新涂料的棉纱、破布等存放在带盖的铁桶内，并定期处理掉
5	严禁向下水道倾倒涂料和溶剂

5.7.2　防火涂装施工

本工程标准厂房耐火等级为二级，耐火极限：柱≥2.5h，梁≥1.5h。所有防火材料均应有合格证和检测证书，且满足建筑专业外观设计的相关要求。

钢结构防火应符合《建筑设计防火规范》GB 50016 和《钢结构防火涂料应用技术规程》CECS24 的要求，钢柱采用外喷厚型防火涂料，其他外露钢构件喷涂薄型防火涂料，其厚度应按构件所处不同部位根据《钢结构防火涂料应用技术规程》CECS24 的要求涂复。

1）施工准备

① 进场材料检验

钢结构防火涂料出厂时，产品质量应符合有关标准的规定，并应附有涂料品种名称、技术性能、制作批号和使用说明。防火涂料进入现场后，由现场质检员陪同监理对进场的原材料进行质量、数量的验收，并现场进行复试抽样送检。材料进场复检验报告合格后方可进行现场施工。

② 材料保管

对运送至工地场地的防火涂料，在进入工地临时仓库前，必须对防火涂料的型号、品牌、生产日期、颜色、合格证、出厂检验报告、保证期等逐项进行检查。涂料的品配、型号、颜色必须与本工程要求使用的防火涂料完全相符才能使用；生产日期、合格证及出厂检验报告等必须与到场的材料相符，方可验收入库。

严格进场防火涂料的材料报审制作，每一批防火涂料进场，必须填写《建筑材料报审表》，经监理及相关单位验收合格同意使用后，方可使用。

防火涂料在现场必须用搅拌机搅拌均匀，故而需在临时仓库旁设置一搅拌区，以方便搅拌涂料。防火涂料在搅拌区搅拌好后，用胶桶分装，由运输班组用手推车或手提桶运至喷涂、刮涂及刷涂班组，再进行施工。

2）防火涂料施工安全保证措施

在喷涂防火涂料时，由于有机溶剂扩散，需要远离明火。操作环境要保持通风良好。施工现场配备充足灭火器材，认真做好安全技术交底，严格执行施工安全的有关规定，树立安全意识。

对喷涂机械实行专人管理，控制空压机表压在 6～8kg/m^2 左右，电源线采用高压绝缘导线与施工配电柜相接，配电柜设紧急按钮，以便在紧要是切断电源。

6　安全施工

本工程钢结构安全施工措施是在执行项目部总体的安全施工措施的情况下，根据专业特点增加并强调专业安全施工措施。

6.1　本工程施工可能发生的事故种类

序号	种类	说　明
1	火灾	存在易燃、可燃物品，钢结构焊接火花易导致火灾
2	触电	钢结构广泛使用电动工具，特别是手持式电动工具，防护和管理不力，就可能引发触电事故
3	物体打击	土建与钢结构、各工序之间立体交叉作业，易发生物体打击事故
4	机械伤害	使用机械设备，有可能发生机械伤害事故
5	高空坠落	钢结构安装是高危行业，大量高空作业，防护不力易发生高处坠落事故
6	吊车倾覆	车辆状况、驾驶水平、违章指挥和作业、地基承载力、恶劣天气等因素，都可能造成吊车倾覆
7	构件坍塌	构件堆放场地地基承载不足、构件随意堆放、大型构件拼装支撑，施工碰撞等可能导致构建坍塌
8	结构坍塌	杯型基础施工，整体结构柱子弱轴方向支撑没按要求施工等，有结构坍塌风险

6.2　安全管理工作内容

6.2.1　临时用电

电源线采用五芯橡胶铜芯软电缆，敷设时栓挂在专用挂钩上，钩体部分需采取绝缘措施（或采用 D32 钢管制作专用电源杆架，高度不得低于 2.5 米，钩体部分需采取绝缘措施）。

6.2.2　吊装方式

刚架梁构件吊装采用绑扎方式，绑扎时翼缘板边缘采用半圆钢管垫在钢丝绳与翼缘板之间，并采用 8 号铅丝将半圆钢管与钢丝绳连接牢靠，防止摘钩时掉落。

6.2.3　高空作业

登高作业过程中，制作上下爬梯，爬梯顶部设置防坠器。刚架梁顶部设置安全绳，刚架梁两端设置吊笼，刚架柱设置爬梯，如图 6.2-1 所示。

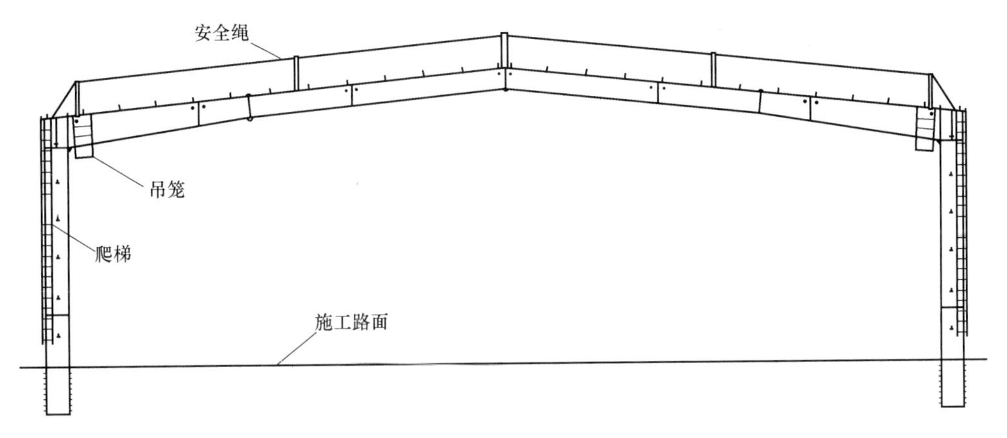

图 6.2-1　安全绳、爬梯和吊笼示意图

6.3 安全生产管理措施

6.3.1 现场安全技术措施

序号	现场安全技术措施
1	要在职工中牢牢树立“安全第一”的思想，认识到安全生产，文明施工的重要性，做到每天班前教育，班前总结，班前检查，严格执行安全生产三级教育
2	进入施工现场必须戴好安全帽，2m以上高空作业必须佩戴安全带
3	吊装前，起重指挥要仔细检查吊具是否符合规格要求，是否有损伤，所有起重指挥及操作人员必须持证上岗
4	高空作业人员应符合高空施工体质要求，开工前检查身体
5	高空作业人员应佩带工具袋，工具应放在工具袋中不得放在钢梁或易坠落的地方，所有手动工具（如手锤、扳手、撬棍），应有防坠落措施
6	钢结构是电的良导电体，四周应接地良好，施工用的电源线必须是橡胶电缆线，所有电动设备应安装漏电保护开关，严格遵守安全用电操作规程
7	高空作业人员严禁带病作业，施工现场禁止酒后作业，高温天气做好防暑降温工作
8	吊装时应架设风速仪，风力超过6级或雷雨浓雾天气时应禁止吊装，夜间吊装必须保证足够的照明，构件不得悬空过夜
9	氧气、乙炔、油漆等易爆、易燃物品，应妥善保管，分类堆放，严禁在明火附近作业，严禁吸烟，焊接操作平台上应作好防火措施，防止火花飞溅

6.3.2 防机械伤害措施

序号	防机械伤害措施
1	起重机行驶路面必须坚实平整，吊装时起重机必须水平
2	严格遵守起重吊装的操作规程，严禁超载吊装，超载有两种危害，一是断绳重物下坠，二是吊车倾覆
3	起重机吊索必须竖直，禁止斜拉硬拽，否则会造成超负荷及钢丝绳滑脱，甚至造成拉断绳索和翻车事故；或使物体在离开地面后发生快速摆动，造成事故
4	吊装时拉好溜绳，控制构件摆动
5	熟悉起重机纵横两个方向的性能，进行吊装工作
6	绑扎构件的吊索须经过计算，所有吊索具应定期进行检查，绑扎方法应正确牢靠，以防吊索断裂或从构件上滑脱，使起重机失稳而倾翻

6.3.3 防触电安全措施

序号	防触电安全措施
1	现场施工用电执行“一机一闸一漏”的“三级”保护措施。电箱设门、设锁、编号管理、注明责任人
2	机械设备必须执行工作接地和重复接地的保护措施
3	电箱内所配置的电闸、漏电、保护开头、熔丝荷载必须与设备额定电流相等。不使用偏大或偏小额定电流的电熔丝，严禁使用金属丝代替电熔丝

续表

序号	防触电安全措施
4	现场临时用电必须在开工前与工地管理部门办理好用电手续。按时排查电路上的不安全因素，及时解决问题
5	所有供电线路及设备的连接、安装及维修，必须由持有效证件的专业电工来完成
6	与电动工具连接的电源插座、插头，必须是合格产品，并经常保持完好无损；确保引出的电源线外绝缘层完好无损，不允许将导线直接插入插座
7	现场所用的开关或流动式开关箱，应装漏电保护器和防雨设施
8	安装时所有电动工具的电源线必须连接可靠，完好无损；雨天时，室外不得使用电动工具

6.3.4　高空作业防护措施

序号	高空作业防护措施
1	高空作业人员应在安全可靠的环境下实施作业，设置操作平台、安全网、防护栏和防坠器等安全设施
2	高空作业所用的索具、吊篮、吊笼等设备，均需经过验收合格后方可使用
3	拆卸安全绳、爬梯时的安全措施，在实施前进行交底。吊装刚架柱、梁前，应挂好所需的安全措施

6.3.5　防火安全措施

序号	防火安全措施
1	建立以保卫负责人为组长的安全防火消防组
2	施工现场明确划分用火作业区、易燃可燃材料堆场、仓库、易燃废品集中站
3	施工现场必须道路畅通，保证有灾情时消防车畅通无阻
4	施工现场应配备足够的消防器材，指定专人维护、管理、定期更新，保证完整好用
5	焊、割作业点与氧气瓶等危险品的距离不得小于10m，与易燃易爆物品不得小于30m；乙炔、氧气瓶的存放距离不得小于5m
6	氧气瓶、乙炔瓶等焊割设备上的安全附件应完整有效，否则不准使用
7	施工现场的焊、割作业必须符合防火要求，严格执行动火审批制度，动火作业人员持有效证件上岗，并要采取有效的安全监护和隔离措施
8	施工现场严禁吸烟

6.4　汽车吊使用安全措施

6.4.1　人员

汽车式起重机作业属于特种作业，作业人员必须经过培训，取得特种作业操作证，持证上岗。

作业人员必须遵守安全操作规程，并对设备进行日常维护保养。

6.4.2　汽车吊设备安全使用

起重机应在平坦坚实的地面上作业、行走和停放。在正常作业时，坡度不得大于3度，并应与沟渠、基坑保持安全距离。

起重机不得靠近架空输电线路作业。起重机的任何部位与架空输电导线的安全距离应符合规定。

起重机使用的钢丝绳，其结构形式、规格及强度应符合该型起重机使用说明书的要求。收放钢丝绳时应防止钢丝绳打环、扭结、弯折和乱绳，不得使用扭结、变形的钢丝绳。使用编结的钢丝绳，其编结部分在运行中不得通过卷筒和滑轮。

起重机的吊钩和吊环严禁补焊。当出现下列情况之一时应更换：表面有裂纹、破口；危险断面及钩颈有永久变形；挂绳处断面磨损超过高度10%；吊钩衬套磨损超过原厚度50%；心轴（销子）磨损超过其直径的3%～5%。

6.4.3　作业前注意事项

起重机启动前应将主离合器分离，各操纵杆放在空挡位置，并应按规定启动内燃机。

内燃机启动后，应检查各仪表指示值，待运转正常再接合主离合器，进行空载运转，顺序检查各工作机构及其制动器，确认正常后，进行空载运转，试验各工作机构正常后方可作业。

起重吊装指挥人员作业时应与操作人员密切配合，执行规定的指挥信号。操作人员应按照指挥人员的信号进行作业，当信号不清或错误时，操作人员可拒绝执行。

在正常指挥发生困难时，地面及作业层（高空）的指挥人员均应采用对讲机等有效的通信联络进行指挥。

6.4.4　作业中注意事项

有六级及以上大风或大雨、大雾等恶劣天气时，应停止起重吊装作业。雨后作业前，应先试吊，确认制动器灵敏可靠后方可进行作业。

操作人员进行起重机回转、变幅、行走和吊钩升降等动作前，应发出音响信号示意。

起重机作业时，起重臂和重物下方严禁有人停留、工作或通过。重物吊运时，严禁从人上方通过。严禁用起重机载运人员。

操作人员应严格遵守“十不吊”规定。按规定的起重性能作业，不得超载。

不得随意调整或拆除安全保护装置，严禁利用限制器和限位装置代替操纵机构。

严禁使用起重机进行斜拉、斜吊和起吊地下埋设或凝固在地面上的重物以及其他不明重量的物体。现场浇筑的混凝土构件或模板，必须全部松动后方可起吊。

起吊重物应绑扎平稳、牢固，不得在重物上再堆放或悬挂零星物件。易散落物件应使用吊笼栅栏固定后方可起吊。标有绑扎位置的物件，应按标记绑扎后起吊。吊索与物件的夹角宜采用45°～60°，且不得小于30°，吊索与物件尖锐棱角之间应加垫块。

起吊载荷达到起重机额定起重量的90%及以上时，应先将重物吊离地面200-500mm后，检查起重机的稳定性，制动器的可靠性，重物的平稳性，绑扎的牢固性，确认无误后方可继续起吊。对易晃动的重物应拴好拉绳。

重物起升和下降速度应平稳、均匀，不得突然制动。左右回转应平稳，当回转未停稳不得作反向动作。非重力下降式起重机，不得带载自由下降。

严禁起吊重物长时间悬挂在空中，作业中遇突发故障，应采取措施将重物降落到安全地方，并关闭发动机后进行检修。

起重机变幅应缓慢平稳，严禁在起重臂未停稳前变换挡位；起重机载荷达到额定起重量的90%及以上时，严禁下降起重臂。

在起吊载荷达到额定起重量的90%及以上时，升降动作应慢速进行，并严禁同时进行两种及以上动作。

起重机上下坡道时应无载行走，上坡时应将起重臂仰角适当放小，下坡时应将起重臂仰角适当放大。严禁下坡空挡滑行。

提升重物水平移动时，应高出其跨越的障碍物 0.5m 以上。

行驶时，严禁人员在底盘走台上站立或蹲坐，并不得堆放物件。

7　季节性施工保证措施

本工程钢结构施工阶段处于雨季，伴有雷雨大风天气，因此要做好防雷、防风、防雨、防火措施。

7.1　防雷措施

由于钢结构主体与混凝土基础设有防雷接地装置和等电位连接，且钢结构与混凝土结构的防雷接地装置连成整体，在钢结构施工时钢结构柱脚与混凝土结构接地装置相连，混凝土结构的接地装置直接通过基础与大地相连，故而钢结构的施工防雷工作应以结构防雷系统为基础，采取相应的措施。

1）严格规范现场防护用品和作业人员的防护用具、用品的管理，防护用品按要求进行采购。在雨季施工阶段一定要保证所有作业人员的绝缘鞋的发放使用。

2）接到雷电预警或预报时，项目部领导、工程、安全及技术管理人员应到现场进行巡查，发现问题立即纠正，同时提醒操作人员注意防雷，并停止作业，将施工人员撤离到安全区内。

3）雷雨时停止钢构件吊装作业，并应停止室外焊接工作。

4）雷雨时位于钢构架顶部的施工人员迅速撤离现场，严禁雷雨天气在钢结构屋顶表面行走。严禁外围其他地面人员进入施工现场。

5）雷雨前吊车不能离开现场的，汽车吊停止作业，收回或放平吊臂，并使用电缆将吊车与钢结构接地连接，吊钩及吊机本体应离开钢结构本体 3m 以外，保证良好接地及等电位连接。

6）雷雨天气，在室外不宜使用手机、对讲机等各种类通信工具；在室内不宜拨打或接听固定电话，尽量使用免提电话。

7）雷雨天气时，室内人员不要靠近自来水管、配电箱等金属体，不要停留在门窗附近。

8）各类临建设施宜安装直击防护装置，金属棚架宜做接地处理；一级配电箱内宜设置电涌保护器。

7.2　防风措施

1）及时收集气象信息，并随时了解大风来临信息，并及时向施工现场发出警示，做好防风准备。

2）大风到来之前，准备好相关器材、材料、设备、工具、食品、照明器材等，对结构和设施进行检查加固，安排专人值班巡查。

3）因为本工程采用杯型基础，且刚架柱和刚架梁迎风面积大，因此天气预报风力达到 5 级时，停止吊装作业。

4）10 轴和 11 轴吊装时，先吊装刚架柱和柱间支撑，并将柱间支撑安装完成，之后再安装刚架梁和水平支撑。10 轴和 11 轴两榀刚架梁和水平撑必须连续安装完成，并将水平支撑张紧。之后每榀刚架梁吊装时，必须连续吊装该榀刚架梁与已经完成刚架梁之间的钢系杆，以形成稳定结构。

5）施工人员做好防风安全教育，配备防风劳保用品。

6）焊接施工搭设防风棚。

7.3　防雨措施

工程技术及施工管理人员熟悉、审查工程图纸和有关资料，编制雨季施工方案，并做好技术交底等各项准备工作。解决好雨季焊接施工的预热、保温、防风、防雨等技术问题，做好雨季施工质量、安全、消防保证的技术措施。

雨季施工前，提前落实相关物资，为雨季施工做好准备，主要包括：焊接防风防雨设施用材料、高空焊接平台材料及下部脚手架材料。

7.3.1　雨季焊接

1）严禁雨天露天焊接，若要焊接必须搭设防雨棚，做好除湿、保温设施。

2）因降雨等原因使母材表面潮湿（相对湿度）80%或大风天气，不得进行露天焊接，但焊工及被焊接部分如果被充分保护且对母材采取适当处置（如预热、取潮等）时，可进行焊接。

3）钢结构的所有材料都严格按设计要求选用，特别是其焊接、冲击韧性必须保证低温合格（包括钢材、焊材、涂料等）。

4）现场焊接时做好防风防雨措施，以确保焊接质量。

7.3.2　雨季吊装

1）对施工现场的吊车其他一些机械设备必须检查避雷装置是否完好可靠，大风大雨时吊车停止使用，大风过后，对机械设备、平台、爬梯进行复查，有破损及时修复。

2）雨季来临之前组织有关人员对现场临时设施、机电设备、临时线路等进行检查，针对检查出的具体问题，立即制订整改方案，及时落实。

3）雨天搬运、吊装、组装措施等施工都必须穿雨衣、防滑雨鞋，做好安全措施，做好电源保护；做好防滑安全措施，如穿防滑鞋、铺麻布等。

4）所有杆件、构件堆放不落地、不污染，如有泥污等及时清除干净，确保构件、接缝干净、干燥。

7.3.3　雨季涂装

1）现场涂装尽量在晴好天气，湿度大于 85%时禁止现场油漆。

2）要计算油漆的固化时间，雨天来临前禁止涂刷。

7.3.4　雨季施工其他防范要点

1）雨季施工前，根据现场和工程进度情况制订雨季阶段性计划，并提交业主和监理工程师，审批后实施。

2）雨季施工时，现场排水系统由专人进行疏通，保证排水畅通，施工道路不积水；潮汛季节随时收听气象预报，配备足够的抽水设备及防台防汛的应急材料。

3）雨季期间安排施工计划，应集中人力、分段突出，本着当日进度当日完成的原则，不可在雨季贪进度、赶工期。

4）雨季来临之前，应掌握降雨趋势的中期预报，尤其是近期预报的降雨时间和雨量，以便安排施工。

7.4　防火措施

本工程施工周期短，且处于雨季，消防主要是施工易燃易爆物品的管理。

1）项目部定期进行消防安全工作检查，及时发现和消除隐患，堵塞漏洞，并填写施工现场检查评分记录表。日常对消防、要害部位和施工环节进行抽查，填写消防、安全工作检查记录。

2）每日对所管区域进行检查。重点、要害部位和关键施工环节应每巡查并填写记录。检查要点如下：

① 用火用电及其他重点部位的消防安全情况。如：电气焊作业场所、材料库、变配电室、电气设备、电源线路以及《用火证》的使用等。

② 现场平面布局，消防安全疏散情况。如：现场的消防道路和疏散通道、安全出入口、警告提示标志、临时设施的防火间距、易燃可燃物的堆放等。

③ 消防设施、设备、器材情况。如：消防水泵、水源、电源情况；消火栓配备的水枪、水带、消火栓接口情况；灭火器的数量、有效期和完好状况等。

④ 火险隐患整改情况。对历次检查发现的火险隐患的整改情况。

8　应急预案

8.1　应急管理体系

本应急管理体系包括公司总部生产安全事故应急预案、分公司生产安全事故应急预案和本工程项目部生产安全事故应急预案三级预案组成。

8.1.1　应急管理机构

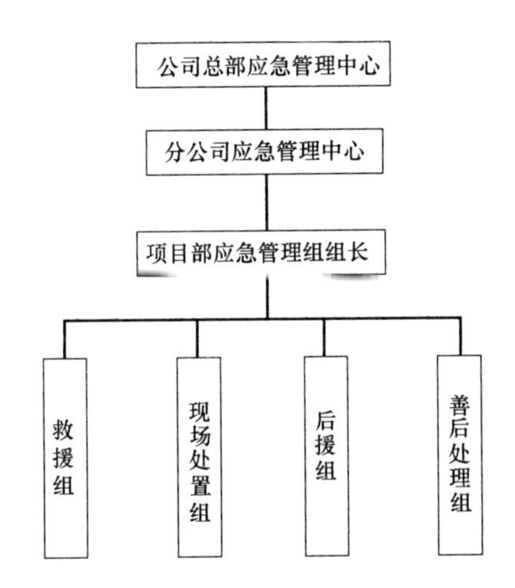

8.1.2　职责

1）救援组

组长：＊＊＊

联系电话：＊＊＊

职责：组织应急救援；组织制定应急救援技术方案或提供技术支持等。

2）现场处置组

组长：＊＊＊

联系电话：＊＊＊

职责：事故发生后或收到事故报告后，向应急救援指挥中心、上级单位主管部门或地方政府安全监督管理部门报告；组织对现场进行隔离保护；事故调查取证后，处理现场，组织恢复生产等。

3）后援组

组长：＊＊＊

联系电话：＊＊＊

职责：应急后勤支持和综合协调；应急救援和事故调查人员抽调；拨付应急费用、筹集应急资金；为事故善后及处理相关单位合同关系提供法律支持。

4）善后处理组

组长：＊＊＊

联系电话：＊＊＊

职责：向应公司安全生产委员会提出事故调查组组建方案；组织事故施工现场的调查取证；审计事故单位安全生产投入情况；形成事故调查报告并提出处理意见。

8.1.3　应急抢险制度

发生生产安全事故时，依据事故级别依次启动相应级别应急预案：发生C级一般及以上事故时，启动项目部生产安全事故应急预案；发生B级一般及以上事故时，启动公司、分公司生产安全事故应急预案。

8.1.4　生产安全应急报告程序

1）发生C级一般安全生产事故后，事故现场管理人员须立即报告给项目应急下组，项目应急小组宣布启动项目生产安全事故应急预案并发布应急响应指令。

2）发生B级一般安全事故及以上事故或可能为B级的事故后，项目应急小组在30分钟内向公司应急领导小组报告。公司应急领导小组接到事故报告后立即责令事故单位就近实施救援同时启动公司生产安全事故应急预案。

3）发生A级一般事故及以上事故或可能为A级的事故后，公司应急指挥中心必须在一小时内报告上级应急指挥中心。

4）特殊情况下，可越级报告。

5）报告内容

事故发生后各级应急领导小组第一时间以口头形式（电话）速报，之后补充书面（电子邮件或传真）报告；口头速报内容包括事故概要（事故时间、地点、后果、类别、简要经过等）、已采取的应急行动及拟采取的后续措施等，书面报告还应附事故现场照片；事故后果发生变化或应急有新进展时，及时补充报告。

8.1.5 现场应急抢救程序

根据可能发生的事故类别和现场情况，明确事故报告、各项应急措施启动、应急救护人员的引导、事故扩大及通上一级单位（总包单位和分公司）应急预案的衔接程序。

针对可能发生的不同类别的事故，从操作措施、工艺流程、现场处置、事故控制、人员救护、消防、现场恢复等方面制定明确的应急处置措施。

几种事故伤害的救护方法：

1）高处坠落

① 发现坠落伤员，首先看其是否清醒，能否自主活动。若能站起来或移动身体，则要让其躺下，用担架抬送到医院，或用车送往医院。因为某些内脏伤害，当时可能感觉不明显。

② 如果已经不能动，或不清醒，切不可乱抬，更不能背起来送医院，这样既容易拉脱伤者脊椎，造成永久性伤害。此时应进一步检查伤者是否骨折。若有骨折，应首先采用夹板固定。

③ 送医院时应先找一块能使伤者平躺下来的木板，然后在伤者一侧将小臂伸入伤者身下，并有人分别拖住头、肩、腰、胯、腿等部位，同时用力，将伤者平稳托起，在平稳放在木板上，抬着木板送往医院。

④ 如果坠落在地坑内，也要按照上述程序救护。若地坑内杂物太多，应由几个人小心抬抱，放在平抱上抬出。如果坠落地井中，无法让伤者平躺，则应小心将伤者抱入筐中吊上来。施救时应注意无论如何也不能让伤者脊椎、颈椎受力，避免人为加重伤情。

2）物体打击

① 抬运伤者，要多人同时缓缓用力平托，运送时，必须用木板或硬材料，不能用布担架，怀疑颈椎骨折的，不要轻举妄动。

② 对严重出血的伤者，可使用压迫带止血法现场止血。这种方法适用于头、颈、四肢动脉大血管出血的临时止血。即用手或手掌用力压住比伤口靠近心脏更近部位的动脉跳动处（止血点）。四肢大血管出血时，应采用止血带（或电线、橡皮管、布带、绳子等）止血。

③ 事故中伤者发生断肢（指）的，在急救的同时，要保存好断肢（指），具体方法是：将断肢（指）用清洁纱布包好，不要用水冲洗，也不要用其他溶液浸泡，若有条件，可将包好的断肢（指）置于冰块中，冰块不能直接接触断肢（指），将断肢（指）随同伤者一同送往医院进行修复。

④ 发现伤者有严重骨折时，一定要采取正确的骨折固定方法。固定骨折的材料可以用木棍、木板、硬纸板等，固定材料的长短要以能固定住骨折处上下两个关节或不使断骨错动为准。

⑤ 对于脊柱或颈部骨折，不能搬动伤者，应快速联系医生，等待携带医疗器材的医护人员来搬动。

3）触电伤害

① 触电急救必须分秒必争。早与医疗部门联系，争取医务人员尽快接替救治。

② 触电急救时，首先要使触电者迅速脱离电源。脱离电源就是要把触电者接触的那一部分带电设备的开关、刀闸或其他断路设备断开；或设法将触电者与带电设备脱离。救

助时，救护人员既要救人，也要注意保护自身安全，防止触电。触电者未脱离电源前，救护人员不得直接用手触及伤员，以免触电。

③ 触电者触及低压带电设备，救护人员应设法迅速切断电源，如拉开电源开关或刀闸，拔除电源插头等；或使用绝缘工具、干燥的木棒、木板、绳索等不导电物质解脱触电者；也可抓住触电者干燥而不贴身的衣服，将其拖开，但一定要避免碰到金属物体和触电者身体的裸露；也可戴绝缘手套或将手用干燥衣物等包起绝缘后解脱触电者；救护人员也可站在绝缘垫上或干木板上，绝缘自己进行救护。如果电流通过触电者入地，并且触电者紧握电线，可设法用干木板塞到触电者身下，使之与地面隔离；也可用干木把斧子或有绝缘柄的钳子等将电线剪断。

④ 触电者触及高压带电设备，救护人员应迅速切断电源或用适合该电压等级的绝缘工具解脱触电者。救护人员在抢救过程中应注意保持自身与周围带电部分必要的安全距离。

⑤ 如果触电者触及断落在地上的带电高压导线，且尚未证实线路无电，救护人员在未做好安全措施前，不能接近断线点（8～10m 范围），防止跨步电压伤人。触电者脱离带电导线后，应迅速移至 8～10m 以外，立即实施触电急救。

⑥ 触电人员脱离电源后，如神志清醒，应使其就地躺平，严密观察，暂时不要站立或走动。

⑦ 触电人员如神志不清，应就地仰面躺平，且确保呼吸道通畅，并用 5s 时间，呼叫伤员或轻拍其肩部，以判定伤员是否意识丧失。禁止摇动伤员头部呼叫伤员。

⑧ 如触电者意识丧失，应在 10s 内，用看、听、试的方法，判定伤员呼吸、心跳情况。看伤员的脑部、腹部有无起伏动作；用耳贴近伤员的口鼻处，听有无呼气声音；试测口鼻有无呼气的气流。再用两手指轻试一侧喉结旁凹陷处的颈动脉有无搏动。

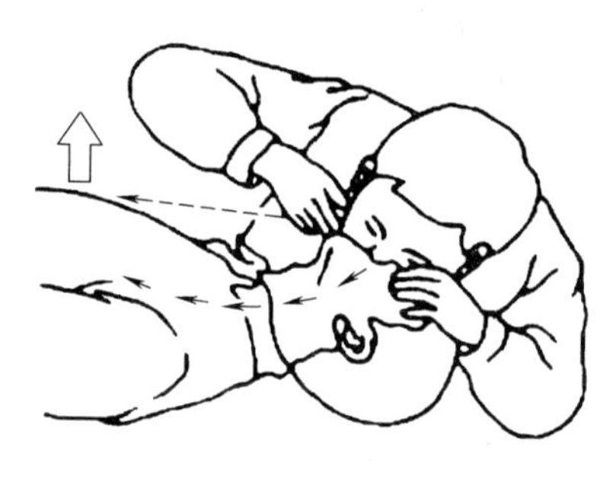

图 8.1-1　口对口（鼻）人工呼吸

⑨ 触电伤员呼吸和心跳均停止时，应立即按心肺复苏法就地抢救。所谓心肺复苏法，就是支持生命的三项基本措施，即：通畅气道；口对口（鼻）人工呼吸（图 8.1-1）；胸外挤压（人工循环）（图 8.1-2）。

⑩ 医务人员未接替抢救前，现场抢救人员不得放弃现场抢救。

人工呼吸的方法：

① 应将触电者移至空气流通的地方，使其仰卧，头部尽量后仰（最好放在平直的木板上）。将触电者的头侧向一边，掰开嘴，清除口腔中的杂物。解开衣领，松开上身的紧身衣服，使胸部可以自由扩张。如果舌根下陷应将其拉出，使呼吸道畅通。

② 抢救者应位于触电者的一侧，用一只手捏紧触电者的鼻孔，另一只手掰开口腔，深呼吸后，以口对口紧贴触电者的嘴唇吹气，使其胸部膨胀。

③ 放松触电者的口鼻，使其胸部自然回复，让其自动呼气，时间约为 3s。按照上述步骤反复循环进行，4～5s 吹气一次，每分钟约 12 次。如果触电者张口有困难，可用口对准其鼻孔吹气，其效果与上面方法相近。

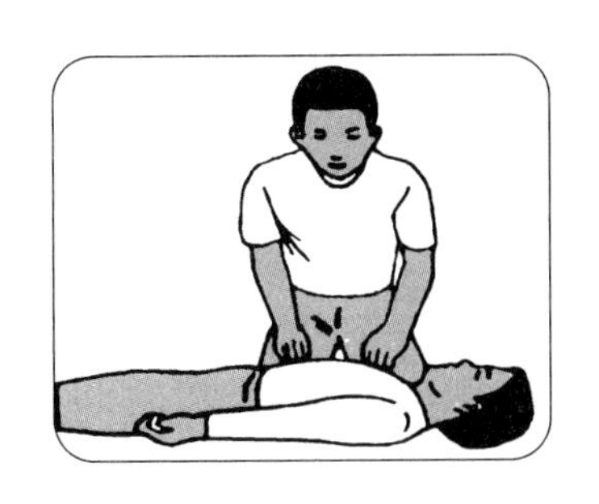

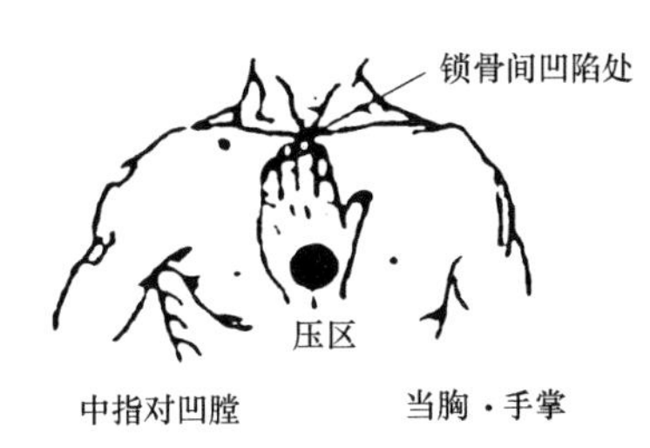

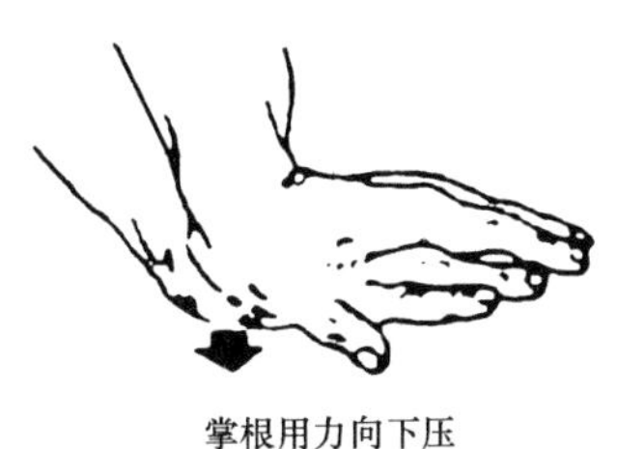

图 8.1-2 胸外挤压（人工循环）

胸外挤压的方法：

① 使触电者仰卧在床上或地上，背部垫上木板。解开触电者的衣领，在胸廓正中间有一块狭长的骨头，即胸骨，胸骨下正是心脏。

② 急救人员跨于触电者的腰两侧，两手上下重叠，手掌贴于胸骨下 1/3 交界处，以冲击动作将胸骨向下压迫，使其陷约 3～5cm。

③ 放松手掌（挤压时要慢，放松时要快），让胸部自行弹起，如此反复，有节奏地挤压，每分钟 60～80 次，到心跳恢复为止。

4）干粉灭火器的使用方法

① 灭火时，可手提或肩扛灭火器快速奔赴火场，在距燃烧处 5m 左右，放下灭火器．如在室外，应选择在上风方向喷射。操作者应先将开启把上的保险销拔下，然后握住喷射软管前端喷嘴根部，另一手将开启压把压下，打开灭火器进行喷射灭火。当干粉喷出后，迅速对准火焰的根部扫射。

② 干粉灭火器扑救可燃、易燃液体火灾时，应对准火焰根部扫射。如被扑救的液体火灾呈流淌燃烧时，对准火焰根部由近而远、并左右扫射，直至把火焰全部扑灭。

8.2 应急措施

8.2.1 通信与信息保障

1）公司应急指挥中心主要人员和公司安全部联系电话：

总指挥＊＊＊，电话；＊＊＊

公司安全部电话：＊＊＊

2）分公司应急指挥中心总指挥和分公司安全部联系电话：

总指挥＊＊，电话：＊＊＊

安全部电话：＊＊＊

8.2.2　应急队伍保障

项目部建立应急救援队伍。

8.2.3　应急物资装备保障

项目部应配备必要的应急设备、设施和药品。

8.2.4　应急资金保障

公司、分公司、项目部的资金管理部门应分别制定应急救援的资金保障措施。

8.2.5　培训与演练

预案批准生效后，通过办公平台发布，公司安委会成员和公司指挥中心成员阅览了解相关信息并打印书面存档，以便应急时查阅。公司安全部根据需要升版预案并组织桌面演练。

8.3　应急物资准备

8.4　伤员应急抢救路线图（略）

9　计　算　书

9.1　钢丝绳计算书

根据公式 $T=PC/K$ 可得：$P=TK/C$　　(9.1-1)

式中　T——许用荷载；

P——破断拉力总和；

C——不均匀系数（0.85）；

K——安全系数（绑扎取 8～10）。

吊索水平夹角 60°，因此吊索内力为：

$$T=(3.2\times 8.8\div 2)\div \sin 60°=17.71(\text{kN}) \quad (9.1\text{-}2)$$

$$P=TK/C=17.71\times 10\div 0.85=387765(\text{N})=208.4(\text{kN}) \quad (9.1\text{-}3)$$

查表得知：6×19 强度等级为 1400N/mm^2 的 ϕ20mm 的钢丝绳破断拉力总和为 211.5kN，因此吊装绳索选用 6×19 强度等级为 1400N/mm^2 的 ϕ20mm 的钢丝绳。

因为 GJL1 捆绑处的截面周长为 2m，因此绳长选用 15m。

9.2　CJL1 和 CJL1a 吊装工况计算书

以钢梁吊装过程为工况状态进行验算，两端竖向位移最大约为－45.4mm，吊点附近及内侧应力最大约为－42.6MPa，见图 9.1-1～图 9.1-3。

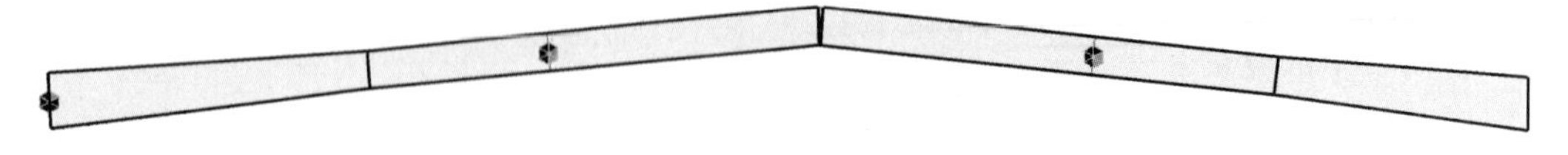

图 9.1-1　钢梁约束状态

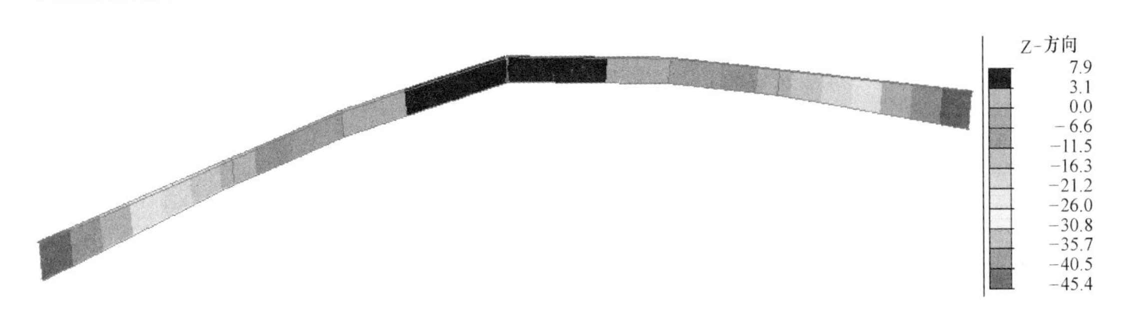

图 9.1-2　竖向位移云图

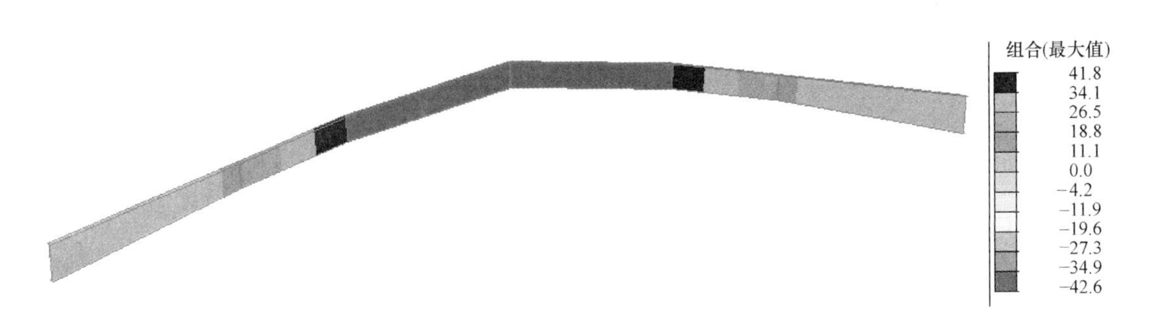

图 9.1-3　应力云图

9.3　GJL1 和 GJL1a 两端铰接工况计算书

以钢梁就位为工况状态进行验算，钢梁两端铰接约束，跨中竖向位移最大约为－6.8mm，截面变化处应力最大约为－20.2MPa，见图 9.1-4～图 9.1-6。

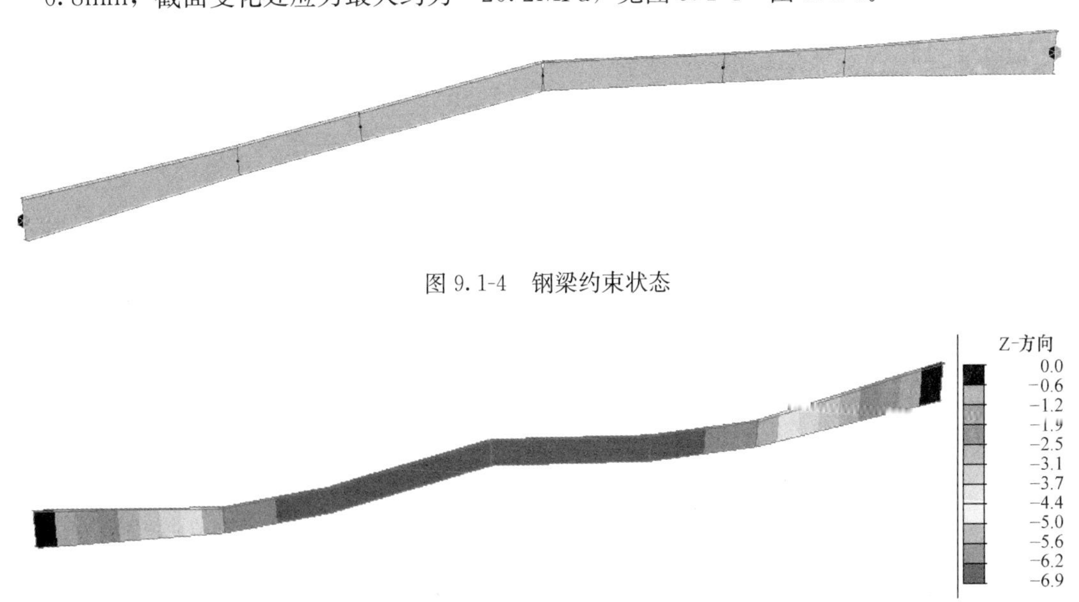

图 9.1-4　钢梁约束状态

图 9.1-5　竖向位移云图

图 9.1-6　应力云图

9.4　吊车地基承载力计算书

25t 汽车吊自重 G_1 = 288kN，最大支腿长度为 L = 6.3m，最大吊重为刚架梁重量加上吊索吊具重量 G_2 = 31.3+1.4×30+10=31.8（kN），吊车在最大吊重时最大回转半径为 R = 15m，因此，吊车支腿最大压力为：

$$N=(G_1+G_2)\div 4\times 1.5=159.9(\text{kN}) \tag{9.1.4-1}$$

总包提供的现场地基承载力为：σ_0 = 147kN/m^2

25t 汽车吊支腿垫板尺寸面积为：

$$s=N\div\sigma_0=159.9\div 147=1.1(\text{m}^2) \tag{9.1.4-2}$$

因此采用方木或钢板，将吊车支腿对地面接触面积扩大到 1.1m^2，即满足地基承载力要求。

范例2　连桥钢结构工程

高蕊　李浓云　王芳　编写

某连桥钢结构安全专项施工方案

编制：__________

审核：__________

审批：__________

施工单位：＊＊＊＊＊＊

编制时间：＊＊＊＊＊＊

目　　录

1　编制依据

1.1　国家、行业和地方规范

对于本工程的施工除按本工程设计说明要求外，尚应严格按照国家相应的有关标准、规范、规程、规定执行，具体如下表：

序号	名　　称	标　准　号
1	《钢结构设计规范》	GB 50017—2003
2	《钢结构工程施工规范》	GB 50755—2012
3	《钢结构焊接规范》	GB 50661—2011
4	《钢结构工程施工质量验收规范》	GB 50205—2001
5	《工程测量规范》	GB 50026—2007
6	《建筑结构荷载规范》	GB 50009—2012
7	《起重机械安全规程》	GB 6067—2010
8	《重要用途钢丝绳》	GB 8918—2006
9	《起重机钢丝绳保养、维护、检验和报废》	GB/T 5972—2016
10	《建筑结构用钢板》	GB/T 19879—2015
11	《低合金高强度结构钢》	GB/T 1591—2008
12	《涂覆涂料前钢材表面处理表面清洁度的目视评定》	GB/T 8923
13	《建筑施工起重吊装工程安全技术规范》	JGJ 276—2012
14	《建筑施工高处作业安全技术规范》	JGJ 80—2016
15	《施工现场临时用电安全技术规范》	JGJ 46—2005
16	《建设工程施工现场供电安全规范》	GB 50194—2014
17	《建筑机械使用安全技术规程》	JGJ 33—2012

1.2　设计图纸和施工组织设计

钢连桥设计施工图纸及施工组织设计：

序　　号	图　　名
1	连桥 LQ-01 施工图
2	连桥 LQ-02 施工图
3	连桥节点大样图
4	施工组织设计

1.3　安全管理法律、法规及规范性文件

序号	名　　称	标　准　号
1	《建设工程安全生产管理条例》	国务院第 393 号令
2	《北京市建设工程施工现场管理办法》	政府令第 72 号
3	《危险性较大的分部分项工程安全管理办法》	建质[2009]87 号
4	《北京市实施＜危险性较大的分部分项工程安全管理办法＞规定》	京建施[2009]841 号

2　工程概况

2.1　工程简介

工程规模：工程总建筑面积 197919.10m^2，共 5 栋独立的办公楼和一个报告厅，办公楼之间均有钢连桥连接。其中地上 126206.00m^2，地下 71713.1m^2，地上 7 层，地下 3 层，建筑高度 34m。

结构形式：办公楼主要为框架剪力墙结构，报告厅为钢网架结构，连桥为大跨度钢桁架结构。

本方案为 1 号、2 号楼之间 82.7m 跨度的钢连桥部分钢结构安装专项安全施工方案。

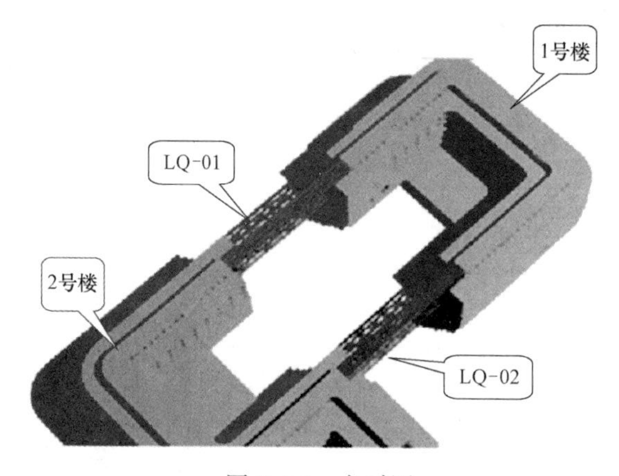

图 2.2-1　鸟瞰图

2.2　分部分项工程概况

1 号和 2 号楼与楼之间的连桥钢结构，鸟瞰图如图 2.2-1 所示。

钢连桥 LQ-01、LQ-02 两榀，结构形式、跨度、长度、宽度、高度均相同，位于 1 号楼和 2 号楼之间，每榀总长 82.7m，宽 6.3m，高 13.25m，单榀重约 750t；连桥结构形式为格构式钢桁架，每榀桁架均由立柱、上下弦杆、立面斜撑、平面钢梁、短柱构成。钢连桥主要由立柱、上下弦杆箱型截面构件、圆管斜撑及夹层箱型截面钢梁组成格构式钢桁架。立柱、上下弦杆构件箱型截面分别为□800×800×40×40、□800×800×35×35，短柱截面为□400×400×16×16，横梁箱型截面为□500×400×16×16、□500×300×16×16 及 H 型钢截面 HM390×300×10×16，圆管斜撑截面为 Φ800×16、Φ800×25。连桥楼层钢梁顶标高分别为 21.950m、26.150m、30.450m，屋面层钢梁顶标高 34.300m，三维模型如图 2.2-2 所示。

图 2.2-2　连桥三维模型示意图（LQ-01、LQ-02）

由于跨度较大，为提高连廊的安全性能和使用性能，采取措施削弱共振反应，即在桁架的下弦杆下方安装 TDM 系统。TMD 是由弹簧、质量块、阻尼器组成的振动系统，安装在结构的特定位置上，其固有频率与结构相近，当结构发生振动时，其惯性质量与结构受控振型谐振，来吸收结构受控振型的振动能量，从而达到抑制受控结构振动的效果。

整榀连桥钢桁坐落于型钢混凝土柱之上，通过抗震支座与柱连接。抗震支座如图 2.2-3 所示。

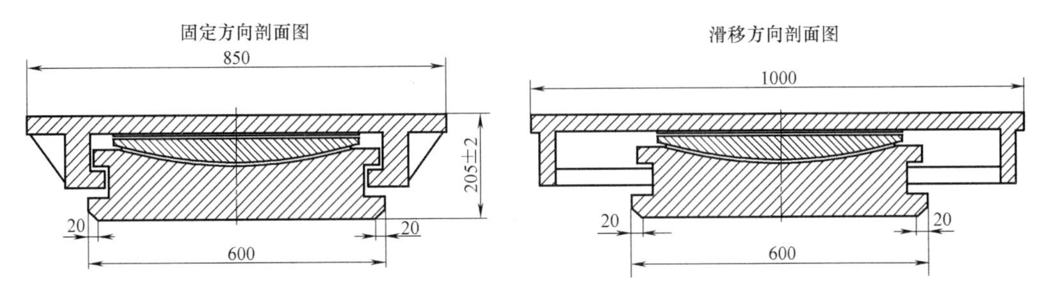

图 2.2-3　抗震支座示意图

2.3　结构平面、立面图 、剖面图

1）平面分布示意图如图 2.3-1 所示。

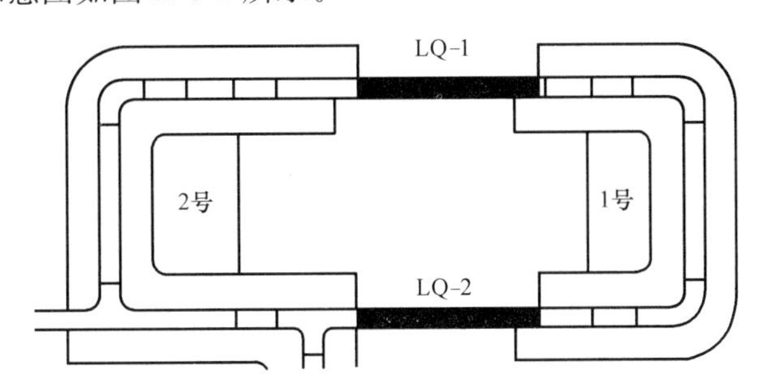

图 2.3-1　钢连桥 LQ-1 \ LQ-2 平面分布示意图

2）结构立面图如图 2.3-2 所示。

3）结构平面图如图 2.3-3～图 2.3-6 所示。

4）结构剖面图如图 2.3-7、图 2.3-8 所示。

2.4　工程特点及重点

1）连桥施工重点

（1）连桥跨度大（约 82.7m）、重量重（约 750t）、桁架高度（高 13m），安装高度（顶标高 34.3m），安装难度大。安装方法的选择，为本工程的重点及难点。

（2）连桥拼装大部分需要在高空进行，单根杆件重量重，单根构件最大重量约 20.9t，构件数量多，加工及进场的构件管理是本工程的重点，必须保证现场构件按施工顺序供应。

（3）本工程连桥为大跨度钢结构，存在大量的安装辅助措施，施工前的准备工作量大，必须作充分的施工准备工作。

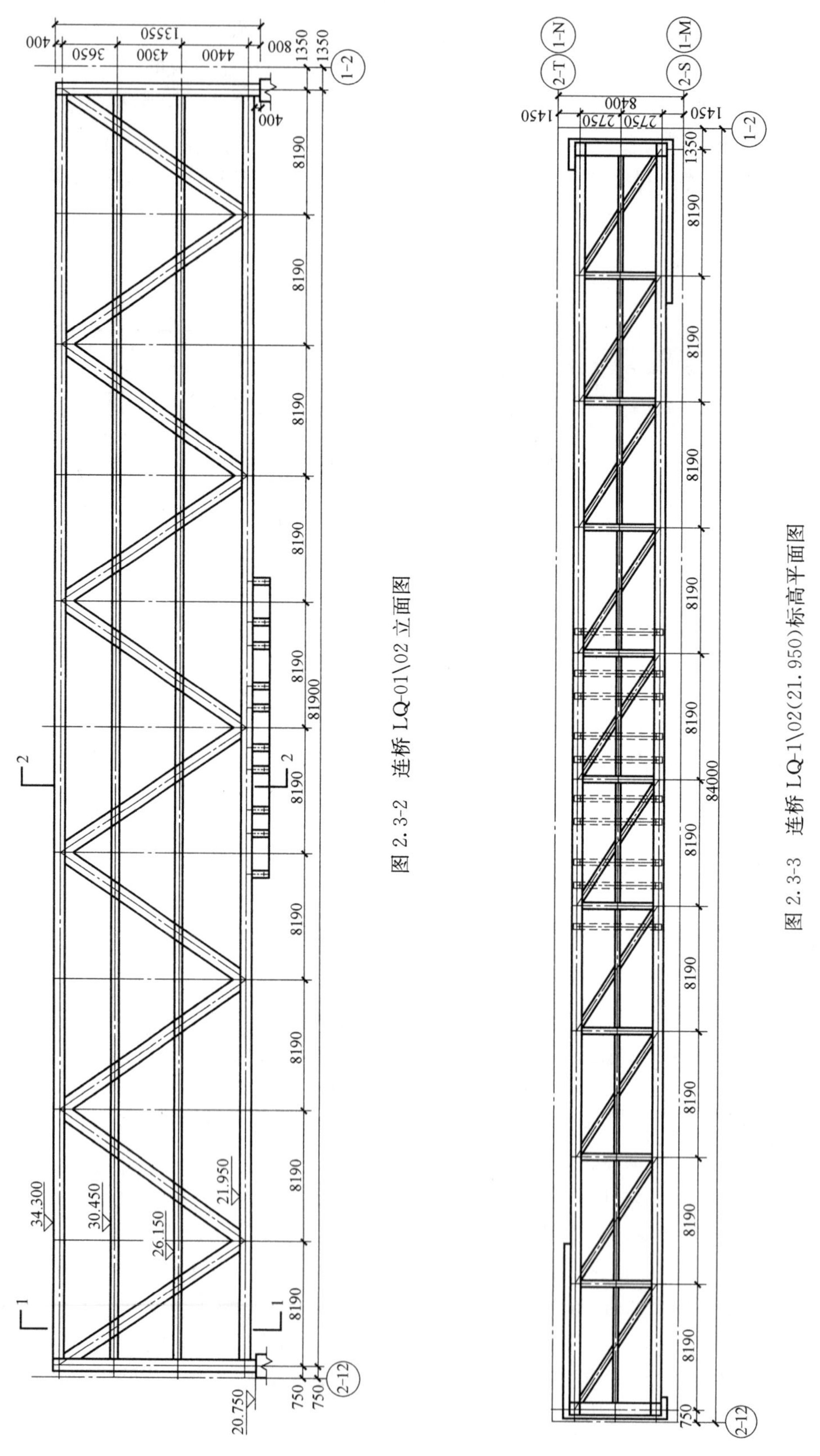

图 2.3-2　连桥 LQ-01\02 立面图

图 2.3-3　连桥 LQ-1\02(21.950)标高平面图

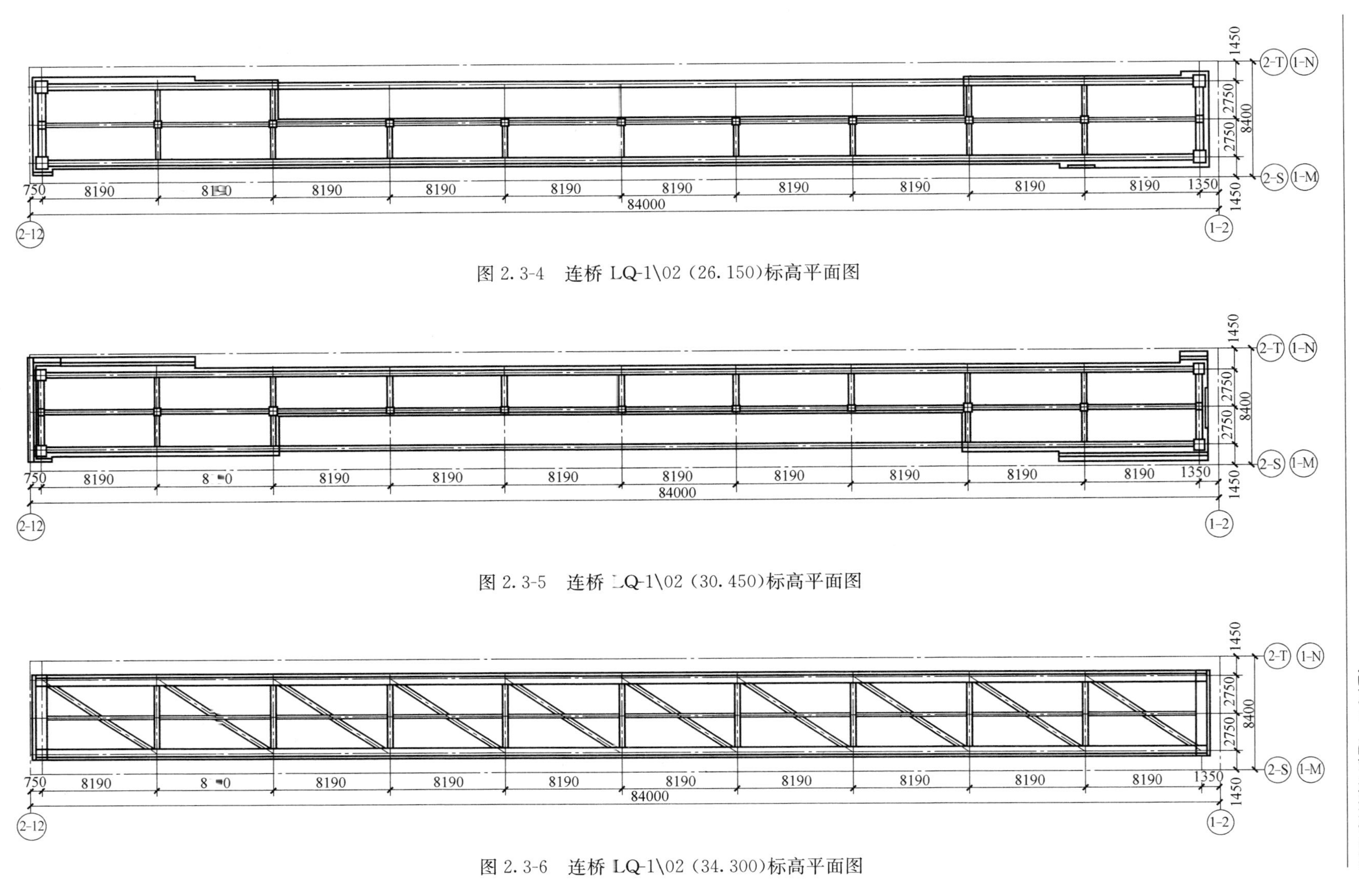

图 2.3-4　连桥 LQ-1\02 (26.150)标高平面图

图 2.3-5　连桥 LQ-1\02 (30.450)标高平面图

图 2.3-6　连桥 LQ-1\02 (34.300)标高平面图

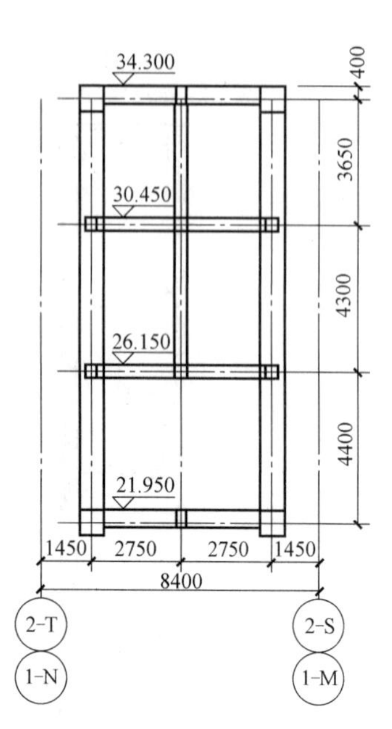

图 2.3-7　LQ-01 \ 02 连桥端部 1-1 剖面图

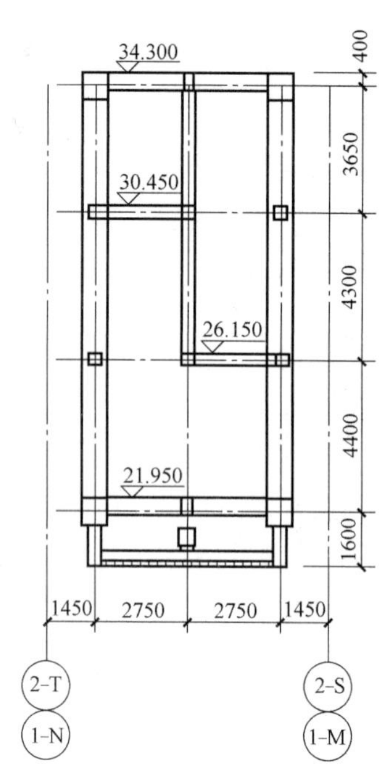

图 2.3-8　LQ-01 \ 02 连桥中部 2-2 剖面图

2）加工制作特点

（1）本工程钢连桥主要构件均大量采用 35mm、40mm 的钢板，存在中厚板焊接，钢柱及圆管斜撑牛腿处节点构造复杂，焊接形式多样；为保证钢结构焊接质量。钢结构焊缝尽量在工厂进行焊接，尽量减少现场焊接工作量。

（2）钢结构焊接质量要求高，主要焊缝为一级焊缝，现场焊接量较大，质量控制要求高，现场组装、安装焊接量大。

（3）本工程大量采用焊接箱型钢梁、钢柱、圆管斜撑，且都存在着多角度钢牛腿，钢构件出厂前的预拼装工作量大，加工精度要求高。

3）现场安装协调难度大

由于本工程 LQ-1、LQ-2 处于市政公路之上，构件安装吊机站位、钢构件卸车堆放及拼装场地的安排，存在着占用施工道路等情况；钢结构施工与其他专业施工存在着交叉与配合施工作业，施工过程中组织与协调工作量大。

4）工程量大、工期紧

本工程两榀连桥工程量总计约 1500t，要在 2 个月内时间内完成，需采取相应的技术措施，各种资源的投入量大，须合理组织施工，提前做好施工准备、精细施工管理、施工材料机械和劳动力配置须提前筹划。

3　施工部署

3.1　施工组织管理

1）项目管理组织机构

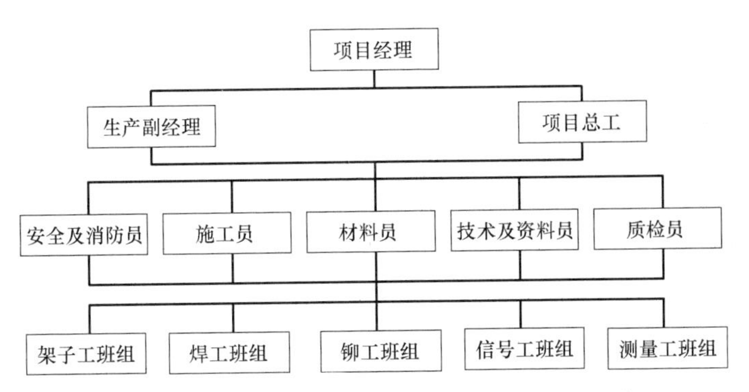

图 3.1　组织机构图

2）管理职责

管理职责表　　表 3.1

岗　位	职　责
项目经理	全面负责本工程的从工程开工至竣工，对工程进度、质量、安全、经营负总责
生产副经理	负责项目开工策划、组织、劳动力调配及业主方工作协调，协助经理做好施工专业管理
项目总工	负责项目技术方案编制、交底、检查落实，变更、洽商的签认，配合甲方质检部门的工作，协助经理做好技术、质量专业管理工作
施工员	负责项目的动态管理。工程计划、进度、运输管理，加工方和现场协调，专业台账、记录、报表及项目信息统计管理
技术员	配合技术经理及工程专业做好相关管理工作。侧重方案、措施的编制，施工流程、经验的积累
质检员	负责工程质量的检查、质量管理工作
资料员	负责专业、劳务合同管理。项目往来函件、信息收集、整理、保存。项目资料编制、签认、归档管理。协助技术经理做好相关工作
安全员	负责施工过程的安全文明施工、消防、治安、环保的全面管理
机械员	定期进行机械设备安全检查，做好维修保养、交接班记录等管理工作，对机械设备采取相应的安全防护措施，消除施工机械设备故障等
消防员	掌握各种器材操作技术及使用方法，负责防火宣传教育，提高防火意识、做好消防器材、设备检查工作。发生火灾即可投入使用
材料员	负责物资供应、控制的动态管理。主材成本控制，材料验收、发放、回收等环节的过程管理。并建立健全专业台账，资料齐全、账面清晰并和实物相符。兼管机动专业相关工作

3.2　钢结构安装整体思路

在两座连桥下方的市政公路之上，采用分段、分块吊装的施工方法，在连桥中部设置圆管支撑措施作为临时支点，利用 150t 履带吊先完成主桁架杆件安装，次杆及夹层散件利用 100 吨履带及汽车吊进行安装。

3.3　安装原则

根据本工程跨度大、整个截面大、重量大等特点，结合以往施工经验，遵循“对称安装、消除误差、应力分散”的施工原则，拟采用先两端后中间，由两端向中间部位推进安装，最后在中间段上弦杆合拢。

3.4　施工顺序

1）1号、2号楼之间钢连桥共有2座，根据总的施工计划及平面位置情况，首先进行LQ-1的安装；再进行LQ-2的安装。

2）施工顺序：先外后内（先外面主桁架后内部夹层梁）、先下弦平面，接着斜撑立面、后上弦平面，最后为内部夹层杆件，系杆同步、焊接跟进、确保稳定；分层施工、对称作业的原则。

（1）平面方向：

每榀连桥均由连桥两端开始，向中部进行对称施工，在中间部位合拢。

（2）立面方向如图3.4所示。

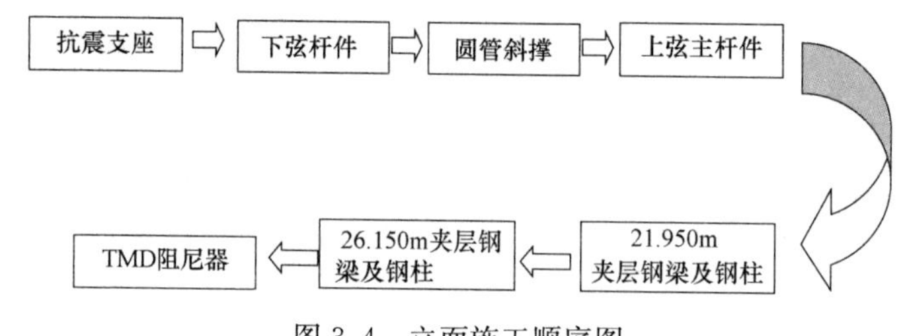

图3.4　立面施工顺序图

3.5　吊车选择与构件分段及重量分析

3.5.1　吊车选择

1）安装用设备选用

因连桥单根构件重量均较大，1号～2号楼间无土建塔吊，连桥LQ-01、LQ-01只能选择用大型吊车进行现场拼装及安装。根据现场实际情况，经过计算，我司计划选用吊机如下：

（1）1台QUY100型履带吊（100吨），主臂57m，工作半径16m，允许吊重23t。[主构件卸车率100%，主构件拼装率100%，主构件安装率75%，散件安装率100%]

注：主要负责LQ-1、LQ-2连桥主构件卸车（80件）、地面拼装（32件），当工期较紧张可辅助主构件吊装（36件）。主构件最重约21t。辅助散构件安装（430件，重0.3～6t）

（2）1台QUY100型履带吊（100吨），主臂72m，工作半径24m，允许吊重11.9吨。[主构件卸车率80%，主构件拼装率100%，主构件安装率16%，散件吊装率100%]

注：辅助LQ-1、LQ-2主构件卸车（64件）、地面拼装（32件）。主要责任为散构件卸车及安装（430件，重0.3～6t）

QUY100-100吨履带吊主臂起重性能如表3.5-1所示。

（3）1台KH850-3型履带吊（150t），主臂72m，工作半径22m，允许吊重22.9吨。[卸车率100%，主构件拼装率100%，主构件安装率100%，散件吊装率100%]

注：主要负责安装连桥LQ-1、LQ-2主构件共48件，最重构件约21t。工期紧张可辅助散构件安装（430件，重0.3～6t）。KH850-3型履带吊主臂起重性能如表3.5-2所示。

QUY100-100 吨履带吊起重性能　　表 3.5-1

R(m) \ L(m)	45	48	51	54	57	60	63	66	69	72
22	15.1	15.0	14.8	14.7	14.5	14.4	14.3	14.1	13.9	12.9
24	13.4	13.2	13.1	12.9	12.7	12.6	12.5	12.3	12.1	11.9
26	11.9	11.8	11.6	11.4	11.2	11.2	11	10.8	10.6	10.4
28	10.7	10.5	10.4	10.2	10.0	9.9	9.8	9.6	9.4	9.2
30	9.6	9.5	9.3	9.2	8.9	8.9	8.7	8.5	8.3	8.1
32	8.7	8.6	8.4	8.3	8.0	8.0	7.8	7.6	7.4	7.2

KH850-3 履带吊起重性能表　　表 3.5-2

R(m) \ L(m)	45	48	51	54	57	60	63	66	69	72
22	24.2	24.1	23.9	23.8	23.4	23.2	23.4	23.1	22.9	22.9
30	15.6	15.4	15.2	14.9	14.9	14.7	14.5	14.7	14.4	14.2
34	13.0	12.8	12.6	12.6	12.2	12.0	11.9	12.0	11.7	11.6
38	11.0	10.8	10.6	10.5	10.2	10.0	9.8	9.9	9.7	9.5
44			8.3	8.2	7.9	7.7	7.5	7.6	7.3	7.1

2）吊车行走路线保证措施

为进一步保证吊装安全及方便吊车行走，对吊车行走路线拟采取以下具体保证措施：

（1）履带吊行走区域内尽量避开电力、热力、污水、雨水等管线布置；

（2）在履带吊行车道路进铺设行走钢板或路基箱。

3.5.2　构件分段及吊装分析

1）构件分段原则

满足运输条件的要求下，原则上构件长度划分不超过13m，在履带吊的起吊能力允许的范围情况下，对连桥钢结构进行分段，经验算，履带吊均可以满足吊装要求。

2）构件具体划分及吊装分析

（1）构件划分主要为连桥上下弦杆的分段，上下弦杆为箱型截面。为满足加工、运输要求，将连桥跨度为82.7m的LQ-1、LQ-2的每根弦杆分为成5段加工制作、运输到现场，每段长度在12.4～16.6m之间，分五次吊装。

（2）构件分段及吊装工况分析如表3.5-3所示。

LQ-1 分段及吊装分析　　表 3.5-3

连桥 LQ-1 分段及吊装分析							
工程部位	主截面规格	杆件编号	材料材质	构件长度分布(m)	构件重量分布(t)	吊车工况核算	分段后吊次
端部钢柱	□800×800×40×40	R2	Q345B	13.35	17.9～20.9	150t 履带吊，主臂75m，工作半径22m，允许吊重22.9t	4

续表

连桥 LQ-1 分段及吊装分析							
工程部位	主截面规格	杆件编号	材料材质	构件长度分布(m)	构件重量分布(t)	吊车工况核算	分段后吊次
上下弦杆	□800×800×35×35	R1	Q345B	12.4～16.6	10.9～15.9	150t 及 100 型履带吊，主臂 57m，工作半径 16m，允许吊重 23t	20
上下弦杆斜撑散件	□800×800×35×35、□500×400×16×16、ϕ800×16、ϕ800×25	R1、R3、R5、R6、R6a	Q345B	3.4～11.5	0.6～5.5	150t 及 100t 型履带吊，主臂 72m，工作半径 24m，允许吊重 11.9t	102
夹层钢梁钢柱及阻尼器横梁	HM390×300×10×16、□400×400×16×16、H400×200×8×12	R4、R4a	Q345B	1.5～11	0.3～2	工期紧张时可随时进小吊机进行安装	211
合计							337

注明：以上仅为连桥 LQ-1 数据统计，连桥 LQ-2 数据与 LQ-1 相同

3.6 施工进度计划

1）工期的总体目标和关键时间节点如表 3.6-1 所示。

工期目标时间节点 **表 3.6-1**

实施阶段	节点时间	工期(天)
钢结构深化设计	2014 年 6 月 16 日～2014 年 7 月 15 日	30
材料采购	2014 年 7 月 16 日～2014 年 8 月 15 日	31
连桥钢构件加工	2014 年 7 月 20 日～2014 年 9 月 30 日	72
连桥钢构件安装	2014 年 8 月 30 日～2014 年 11 月 3 日	66
连桥防火涂料涂装	2014 年 10 月 10 日～2014 年 11 月 5 日	26

2）施工进度计划如表 3.6-2 所示。

3.7 施工现场平面布置

项目部将在进场施工之日起就确立把本项目创建为一流的“文明施工工地”为目标，为了使这一目标变成每一位职工的具体行动，项目部将开展广泛、深入的宣传活动，提高职工的文明意识，使文明施工成为每个人的自觉行动。现场连桥 LQ-1、LQ-2 施工平面布置图如图 3.7-1 所示。

3.8 施工准备

3.8.1 技术准备

本工程钢连桥跨度较大，最大跨度 81.9m，重量大，施工过程需要支撑，须设置支撑塔架。施工前进行支撑塔架的设计、计算、安装及构件详图深化设计。

3.8.2 人员准备

本工程所有施工人员必须经过岗前培训，合格后方可上岗施工。特殊工种（如焊工、信号、架子工、电工、起重工、测量人员等）必须持证上岗。

表 3.6-2

LQ-1/LQ-2 施工进度计划

LQ-1/LQ-2钢连桥施工进度计划表

标识	任务名称	工期	开始时间	完成时间
1	百度科技园(二期)钢连桥施工进度计划	143 工作日	2014年6月16日	2014年11月5日
2	钢结构深化设计及审核	30 工作日	2014年6月16日	2014年7月15日
3	钢结构采购及备料	31 工作日	2014年7月16日	2014年8月15日
4	天桥钢构件加工	73 工作日	2014年7月20日	2014年9月30日
5	连桥LQ-1加工(750t)	42 工作日	2014年7月20日	2014年8月30日
6	连桥LQ-2加工(750t)	42 工作日	2014年8月20日	2014年9月30日
7	钢连桥安装	66 工作日	2014年8月30日	2014年11月3日
8	连桥LQ01安装(组装16件，主构件66件，散件200件)	50 工作日	2014年8月30日	2014年10月18日
9	路面场地平整支撑架安装	3 工作日	2014年8月30日	2014年9月1日
10	地面拼装、下弦、支撑、上弦杆件安装焊接(82件)	20 工作日	2014年9月2日	2014年9月21日
11	夹层钢梁及钢柱安装焊接(散件200件)	20 工作日	2014年9月22日	2014年10月11日
12	压型钢板、栓钉安装	15 工作日	2014年10月2日	2014年10月16日
13	塔架拆除及验收	2 工作日	2014年10月17日	2014年10月18日
14	连桥LQ02安装(组装16件，主构件66件，散件200件)	50 工作日	2014年9月15日	2014年11月3日
15	路面场地平整支撑架安装	3 工作日	2014年9月15日	2014年9月17日
16	地面拼装、下弦、支撑、上弦杆件安装焊接(82件)	20 工作日	2014年9月8日	2014年10月7日
17	夹层钢梁及钢柱安装焊接(散件200件)	20 工作日	2014年10月8日	2014年10月27日
18	压型钢板、栓钉安装	15 工作日	2014年10月18日	2014年11月1日
19	塔架拆除及验收	2 工作日	2014年11月2日	2014年11月3日
20	防火涂料施工及验收	27 工作日	2014年10月10日	2014年11月5日
21	LQ-1防火涂料喷涂	11 工作日	2014年10月10日	2014年10月20日
22	LQ-2防火涂料喷涂	16 工作日	2014年10月21日	2014年11月5日

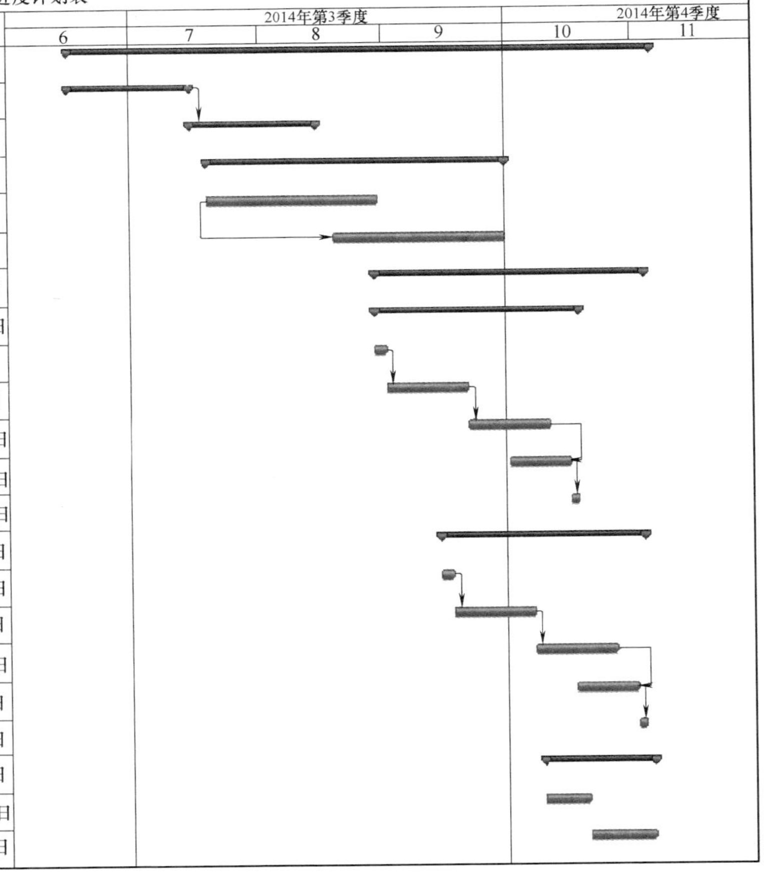

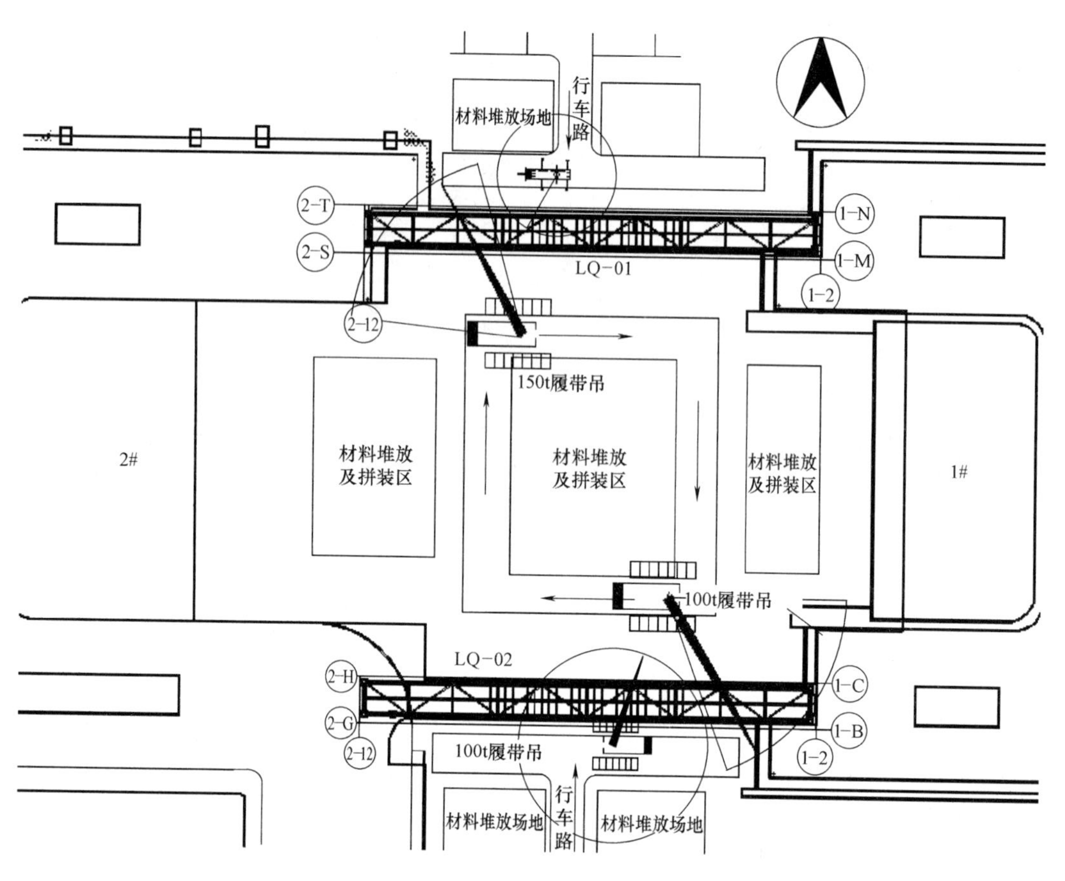

图 3.7-1 LQ-1、LQ-2 施工平面布置图

施工劳动力计划 **表 3.8-1**

序号	工 种	人数	工 作 内 容
1	铆工	8	负责钢结构的拼装、安装校正、构件倒运
2	起重工	6	负责钢结构的拼装、起吊就位
3	维修电工	2	负责现场施工用电及焊机维修、保养
4	测量工	4	负责钢构件的轴线、位移垂直偏差测量
5	焊工	22	负责钢构件焊接及辅助焊接
6	辅助工	10	负责清渣、打磨、防腐处理、搭设防风及卸车措施
7	架子工	8	负责脚手架搭设
8	油漆工	8	负责防火涂料涂装
9	吊车司机	4	负责现场吊机操作
10	合 计	72	

根据本工程，我司将根据现场情况，内部进行调整，可保证随时从其他项目抽调熟练工人，以满足本工程现场钢结构施工的需要。劳动力计划动态如图 3.8 所示。

3.8.3 机械准备

1）现场吊装机具

2）焊接机具

3）测量试验工具

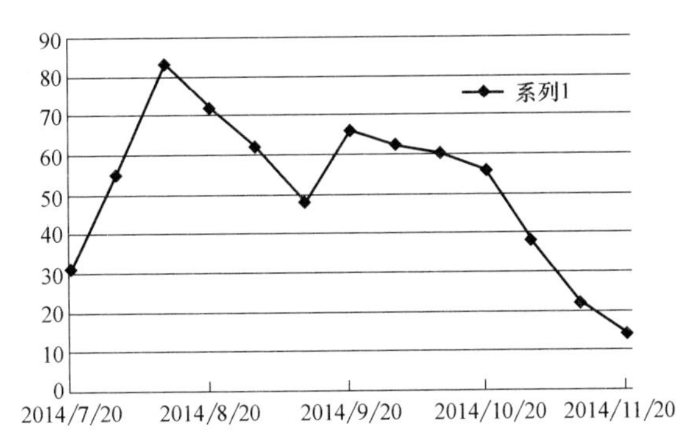

图 3.8　劳动力计划动态图

现场吊装机具一览表　　**表 3.8-2**

序号	品　名	规　格	单位	数量	用　途
1	履带吊	150t	台	1	连桥安装
2	履带吊	100t	台	2	连桥拼装及安装
3	平板拖车	20t	辆	2	构件倒运
4	倒链	5/3t	套	8	构件调整
5	螺旋千斤顶	5/10t	套	8	构件调整
6	钢丝绳	ϕ24.5	米	1500	吊装钢梁、临时固定缆绳
7	钢丝绳	ϕ21.5	米	400	构件吊装
8	卡环	GD1.2/2.1	套	10/20	钢柱、钢梁吊装
9	平面眼镜扳手	M22	把	4	临时螺栓紧固
10	白棕绳	ϕ20	米	200	安全防护
11	圆管支撑	D800×16mm	米	600	连桥刚性支撑

现场焊接机具一览表　　**表 3.8-3**

序号	名　称	型　号	功率	单位	数量	用　途
1	CO_2 半自动焊	NBM-400	24kW	台	16	焊接
2	碳弧气刨钳	YD-630	50kW	台	2	返修清根
3	空气压缩机	1m^3	7.5kW	台	2	碳弧气刨风源
4	焊条烘干箱	XCT-500℃	5.5kW	台	2	烘干焊接材料
5	电动角向磨光机	日产 ϕ110/150	1kW	台	10	修磨清渣
6	焊条保温筒		1kW	个	4	焊条保温
7	直流电焊机	Z×5-630B	30kW	台	6	钢结构焊接
8	气割			套	6	构件修理
9	千斤顶	RSC-50(50T)		台	8	连桥卸载

现场测量仪器一览表　　**表 3.8-4**

序号	器具名称	规格型号	单 位	数 量	备　注
1	水准仪	DS_1	台	1	高程网传递
2	全站仪		台	1	全向测量
3	经纬仪	DJ_2	台	1	角度测量
4	焊接检验尺	HJC60	套	2	焊缝检查
5	弹簧秤		把	2	拉尺垂度
6	钢卷尺	50m	把	2	长度检查
7		7.5m	把	4	长度检查
8		5m	把	4	长度检查
9	游标卡尺	0～150mm	把	1	截面尺寸检查
10	钢直尺	1000mm	把	2	长度检查
11	超声波探伤仪	USN50	台	1	材料及焊缝检查

4　钢结构支撑架设计

本工程大跨度钢连桥采用分段、分块吊装的方法，安装阶段结构稳定性对保证施工安全和安装精度非常重要，构件在安装就位后采用临时措施进行固定，临时支撑结构应能承受结构自重、施工荷载、风荷载、雪荷载、吊装产生的冲击荷载等荷载的作用。

临时支撑体系对于整个钢桁架结构的施工起了很重要的作用，因此临时支撑体系需要坚固稳定，但同时又要考虑经济和成本的因素。根据现场实际情况及每榀桁架的重量确定支撑塔架支撑位置和数量。

增加连桥结构安装时安全保证系数，考虑施工的便捷性，现场实际施工采用支撑塔架由四个圆管柱作为支撑，圆管柱之间由剪刀撑和横梁连接，组成格构式支撑塔架，形成稳固的结构支撑体系。

4.1　平面设计

支撑塔架底部平面图支撑塔架平面构件具体规格：底部刚性支座为组合箱型截面 500×700×16×16 转换钢梁、圆管截面 ϕ600×16、顶部横梁□200×200×10、柱间横梁 C20a。

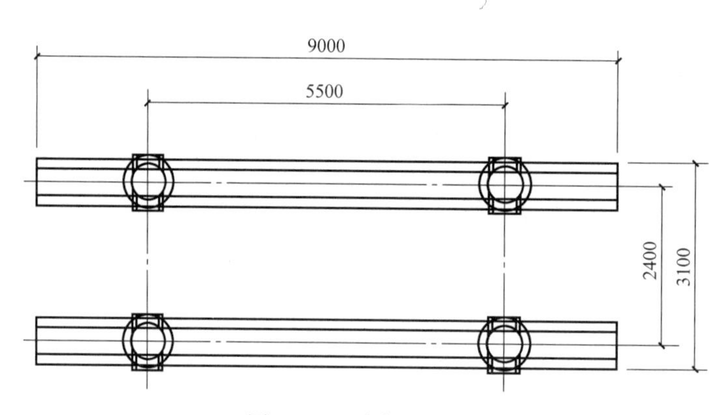

图 4.1-1　底部平面图

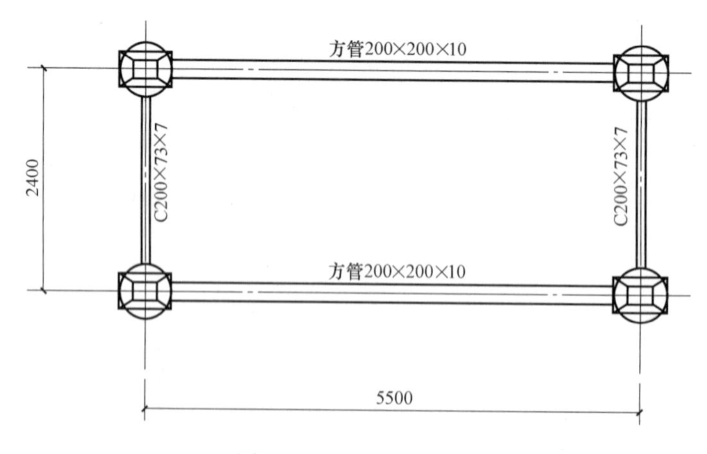

图 4.1-2　顶部平面图

4.2　立面设计

支撑立柱采用钢管 ϕ600×16，柱间支撑为 L100×8。主立杆圆管支撑由 0.5m、1m、6m 标准节及 1.4m 活络端组成。立面图具体如图 4.2-1、图 4.2-2 所示：

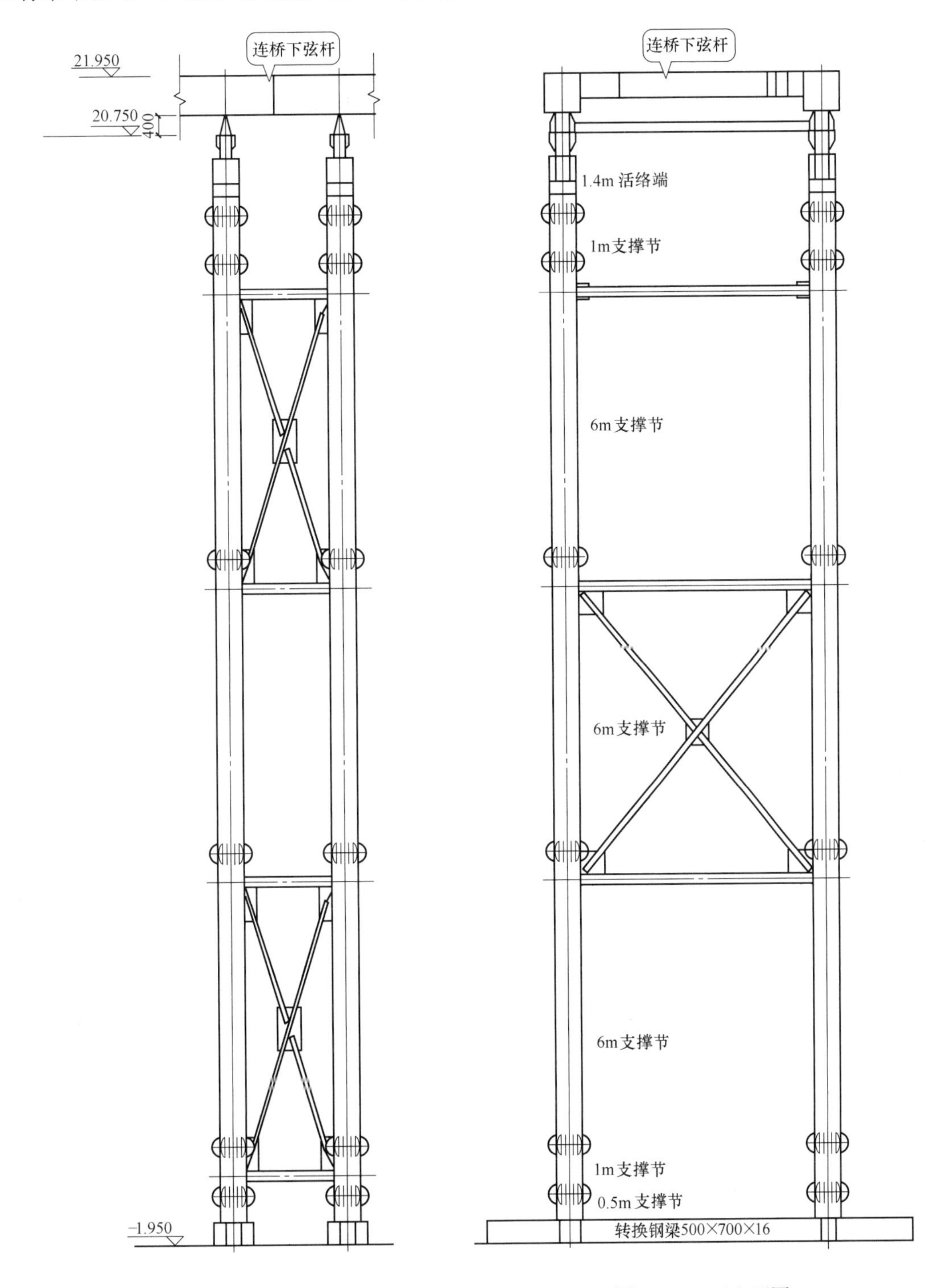

图 4.2-1　侧立面图

图 4.2-2　正立面图

4.3　操作平台设计

为保证施工人员的安全及操作，支撑架顶层设置高空操作平台，必须保证设置合理、稳固，上下方便，以免安全事故的发生。采用 60×5 的方钢管作为平台三角支撑焊接于圆管柱上。平台立柱采用 50×3 的方管焊接于角支撑架上，平台柱之间用方木和密目网围护，平台板用用脚手板。具体如图 4.3-1、图 4.3-2 所示。

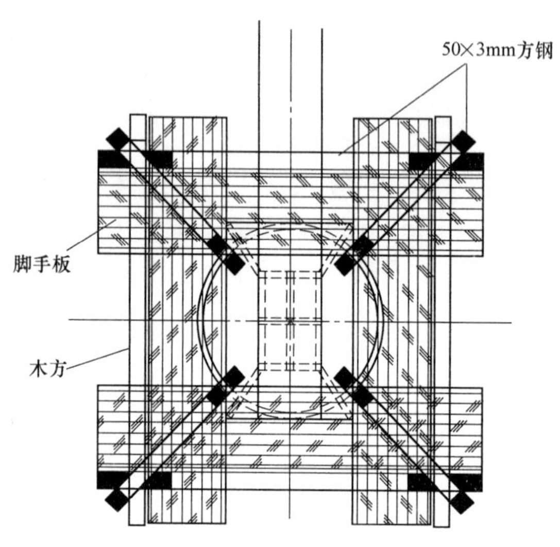

图 4.3-1　顶部操作平台平面图

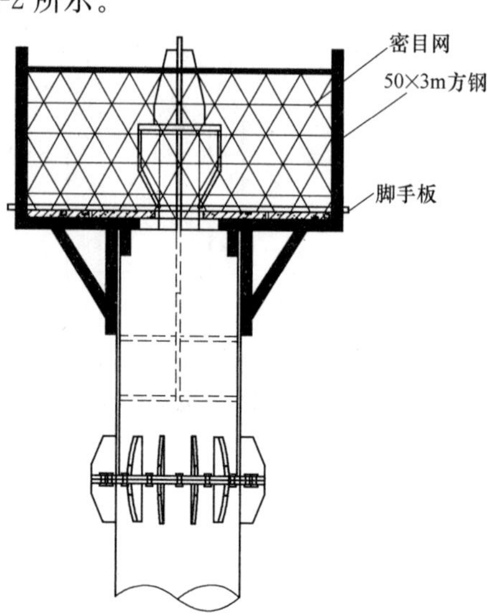

图 4.3-2　顶部操作平台立面图

4.4　液压系统设计

本工程钢连桥卸载时，采用液压千斤顶，将千斤顶置于支撑架顶部，经过计算每幅支撑架分配重量为 80t，每幅支撑架顶设置 50t 的液压千斤顶 2 台，共 8 台。

5　钢结构安装工艺与验收

5.1　钢结构安装工艺

1）平整场地，连桥端部抗震支座安装，8 件刚性支撑底座定位及铺设。

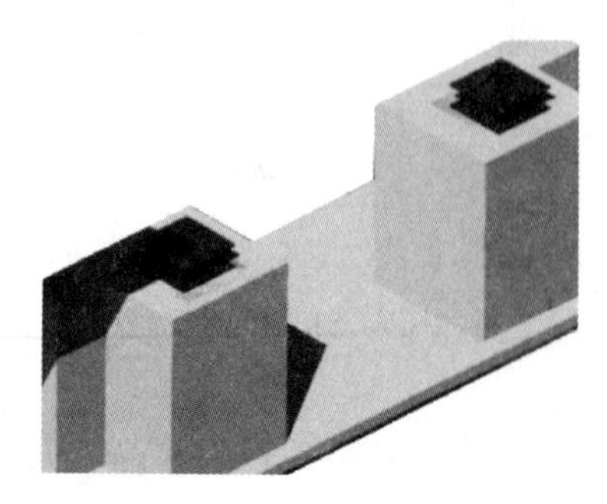

图 5.1-1　抗震支座安装示意图

图 5.1-2　刚性支座底座铺设示意图

2）连桥刚性支撑架安装如图 5.1-3 所示。

图 5.1-3　支撑架安装

3）端部钢立柱安装及柱间系杆安装，两端同时进行如图 5.1-4 所示。

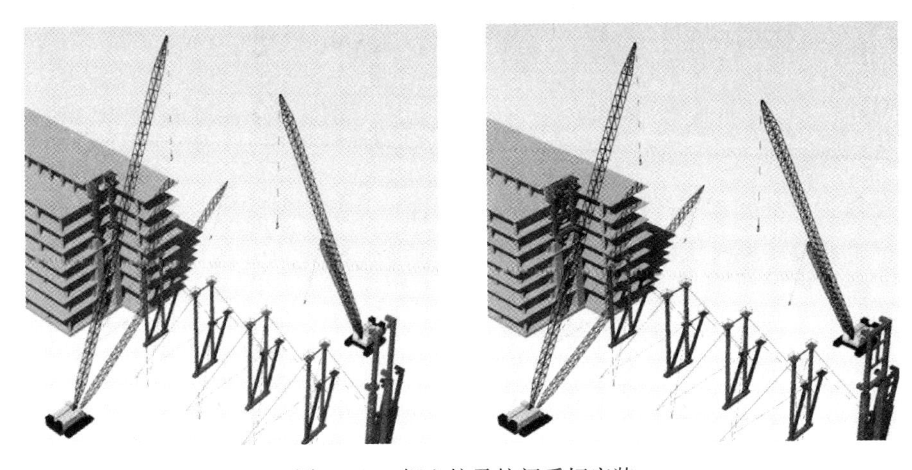

图 5.1-4　钢立柱及柱间系杆安装

4）连桥下弦杆由两端部向中部进行安装，弦杆间系杆安装同步，如图 5.1-5 所示。

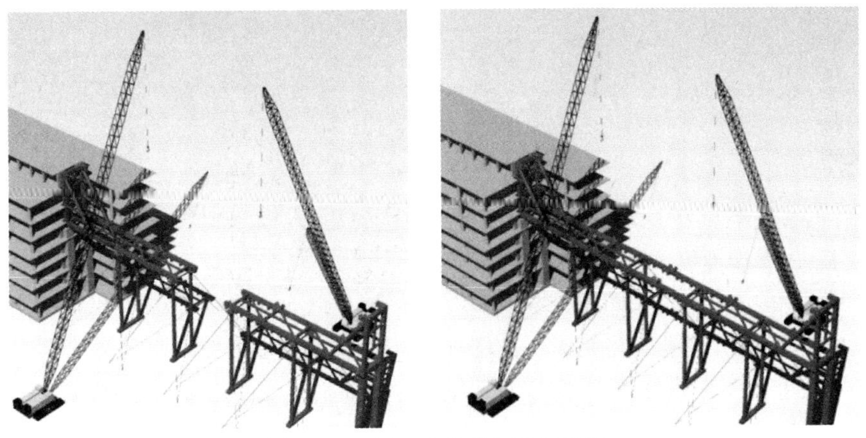

图 5.1-5　钢立柱及柱间系杆安装

5）立面斜撑杆由两端向中间对称进行安装（相应支撑操作平台搭设）。如图 5.1-6 所示。

6）中部立面斜撑安装同时上弦杆及联系杆件由端部开始安装（相应支撑操作平台搭设）如图 5.1-7 所示。

图 5.1-6　立面斜撑杆安装

图 5.1-7　中部立面斜撑、两端上弦杆及联系杆件安装

7）前段上弦杆间连系杆件安装，中段上弦杆件及钢梁安装如图 5.1-8 所示。

8）立面斜撑之间夹层横梁安装，直至安装完毕，如图 5.1-9 所示。

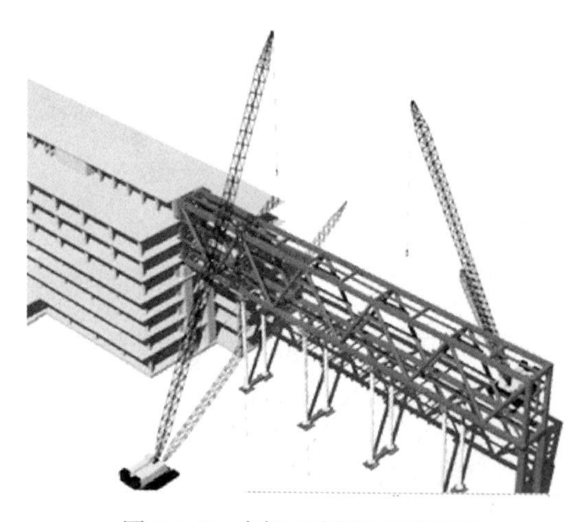

图 5.1-8　中部上弦杆及钢梁安装

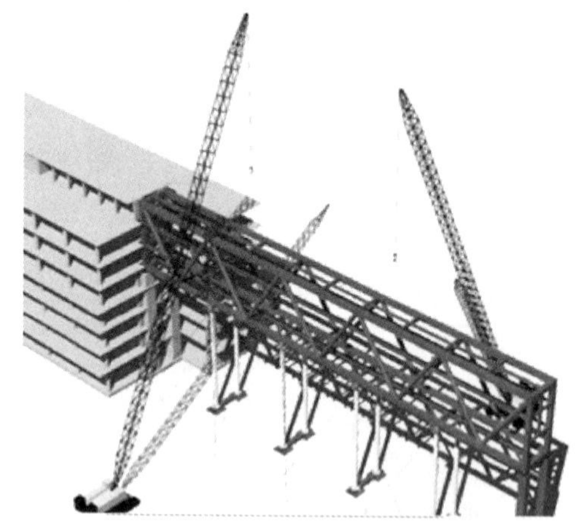

图 5.1-9　立面斜撑之间夹层横梁安装

9）夹层 L 形构件安装，如图 5.1-10 所示。

10）26.150m 标高夹层钢梁安装完毕，如图 5.1-11 所示。

11）30.450 夹层钢梁安装完毕，如图 5.1-12 所示。

12）补装上弦间连系杆件，结构焊接完毕后拆除临时支撑塔架，如图 5.1-13 所示。

13）阻尼器横梁以及阻尼器安装

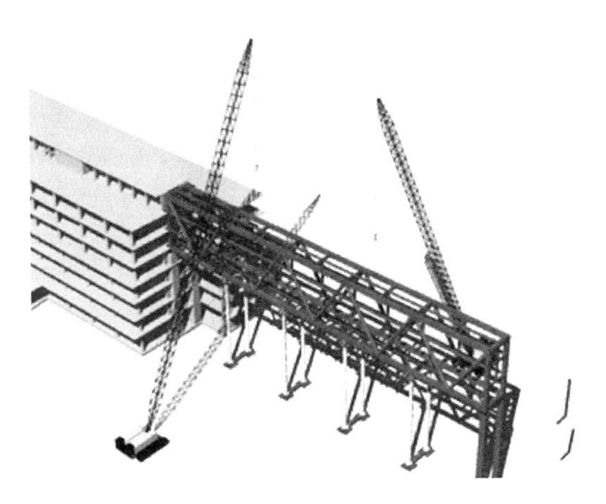

图 5.1-10　夹层 L 形构件安装

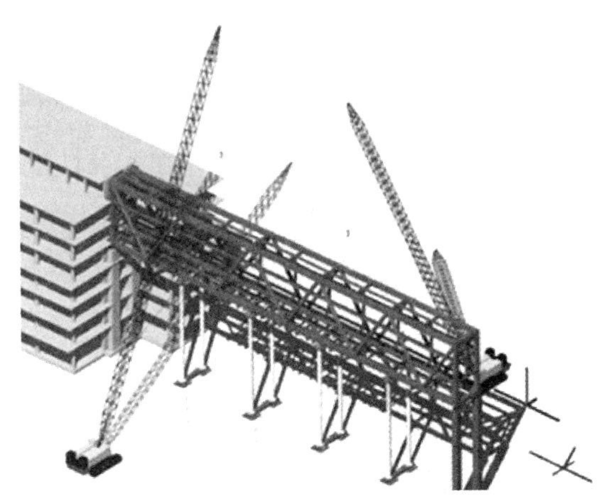

图 5.1-11　标高 26.150m 夹层钢梁安装

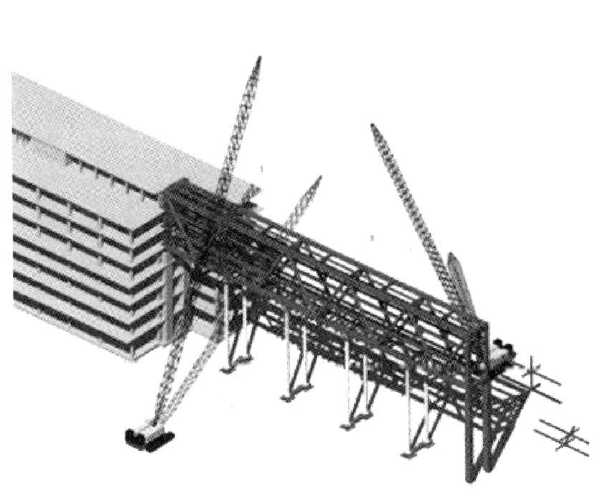

图 5.1-12　标高 30.450m 夹层钢梁安装

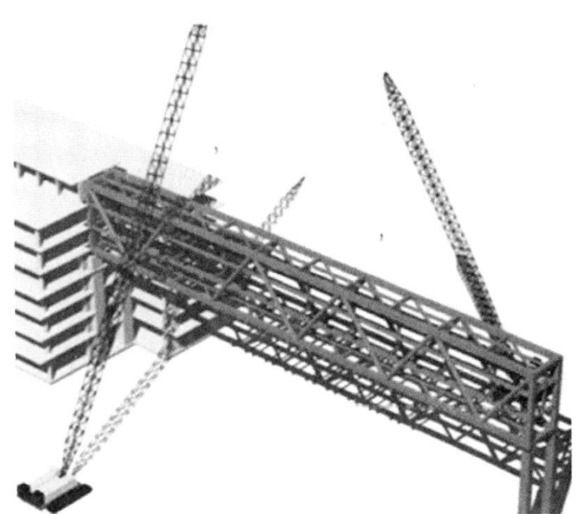

图 5.1-13　补装杆件、拆除临时支撑架

5.2　连桥结构体系整体卸载工艺

5.2.1　连桥结构卸载简述

对于本工程的结构卸载主要指完成连桥钢结构安装焊接完成后，刚性支撑体系卸载，保证卸载后结构的应力和应变与设计状态相吻合。选择合理的卸载顺序和步骤，将支撑点内力安全快速的传递给永久结构，并保证结构在卸载过程中的安全。

确立的卸载原则必须满足：

1）临时支撑结构处于安全状态，保证不会发生整体失稳；

2）在卸载完成后，永久结构的残余内力最小；

3）变形的比例协调；

4）在满足上述条件的基础上，保证卸载的同步性。

5.2.2　卸载支撑点布置

经施工仿真模拟计算，LQ-1、LQ-2 连桥整体在自重下最大挠度为 32mm，卸载点布置在各天桥支撑顶部。先解除拆除两侧支撑点，只留设中部四个支撑点，进行同步卸载。

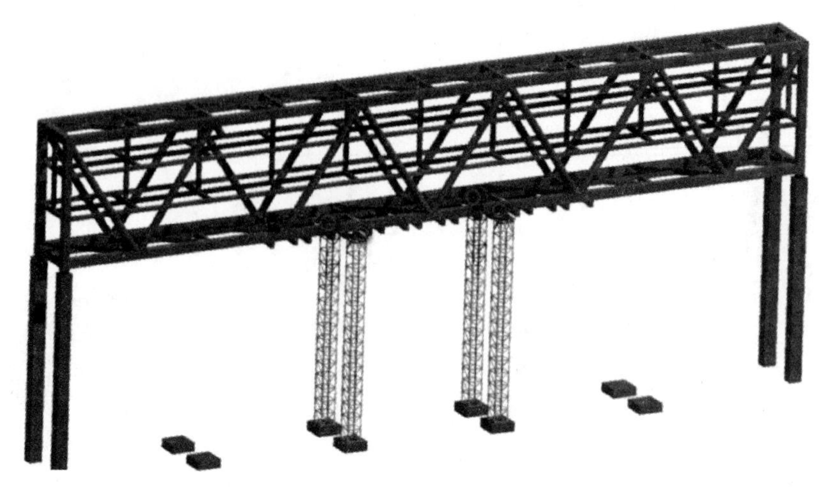

图 5.2-1　LQ-1、LQ-2 连桥卸载点布置图

5.2.3　支撑体系卸载监测

连桥结构形成稳定体系后，对称进行支撑体系的卸载，并在卸载前后对连桥中部进行变形监测。根据设计单位提供图纸中的设计说明以及施工分析核算，卸载过程中对 82m 跨连桥 LQ-01、LQ-02 进行着重监测。

5.2.4　卸载施工工艺流程

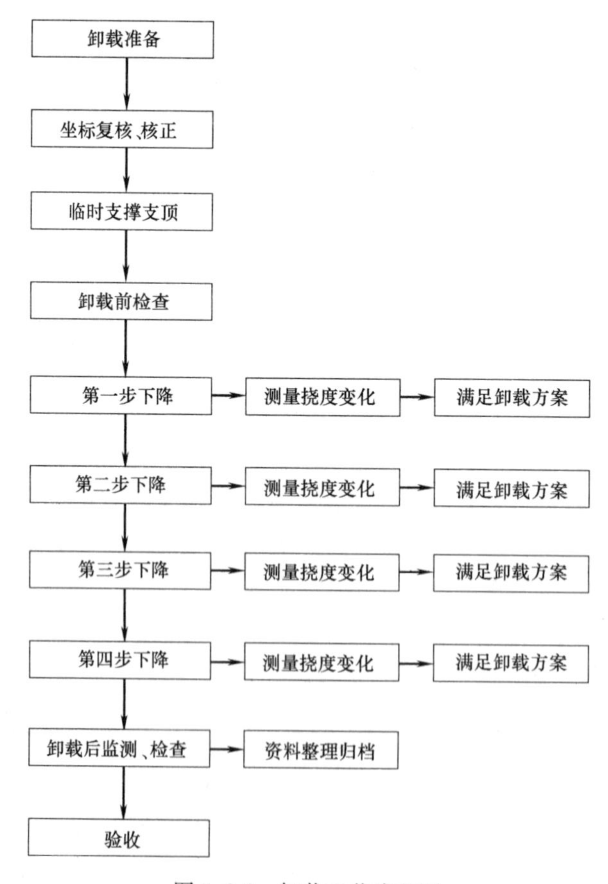

图 5.2-2　卸载工艺流程图

5.2.5　卸载工装设计

根据卸载施工过程仿真计算结果，卸载过程中支撑点的最大支撑力为 817kN，因此每个支撑点支撑反力为 407kN，选用 2 台 50t 液压千斤顶（行程 150mm）。在支撑顶部刚性支撑平台上，设置好卸载支座，卸载支座内部设 8mm 厚钢板，当 2 台液压千斤顶同步顶升后，分级逐层抽出钢板。依此循环，直至卸载完成。

刚性支撑顶部千斤顶布置如图 5.2-3、图 5.2-4 所示。

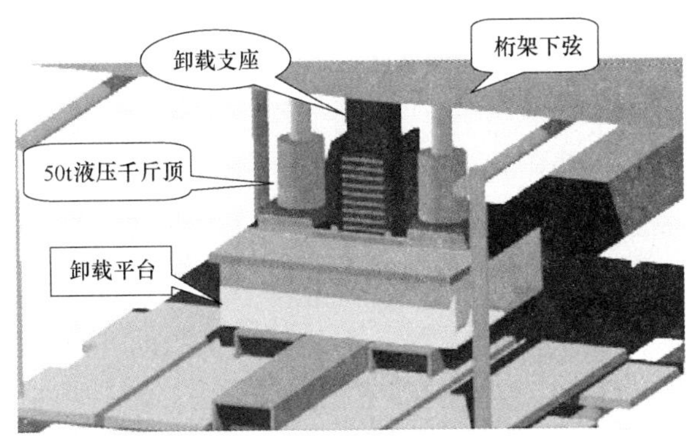

图 5.2-3　卸载工装措施空间示意图一

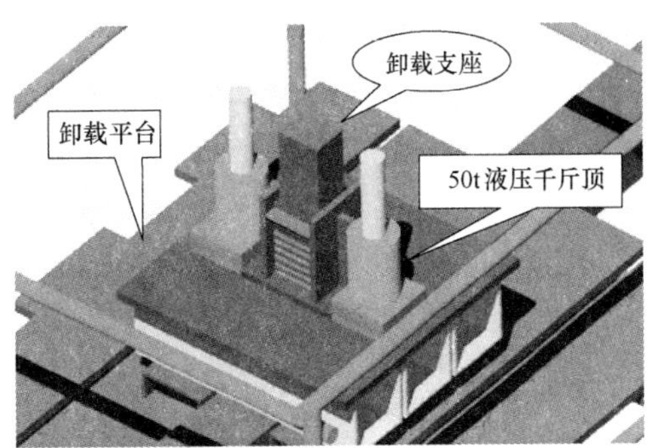

图 5.2-4　卸载工装措施空间示意图二

5.3　拆除工艺流程

钢结构连桥安装完成，最终卸载后，需要对支撑架予以拆除，支撑架拆除原则：先上后下，先梁再支撑、最后柱，非承重构件在前，承重构件在后顺序进行，拆除流程如图 5.3 所示。

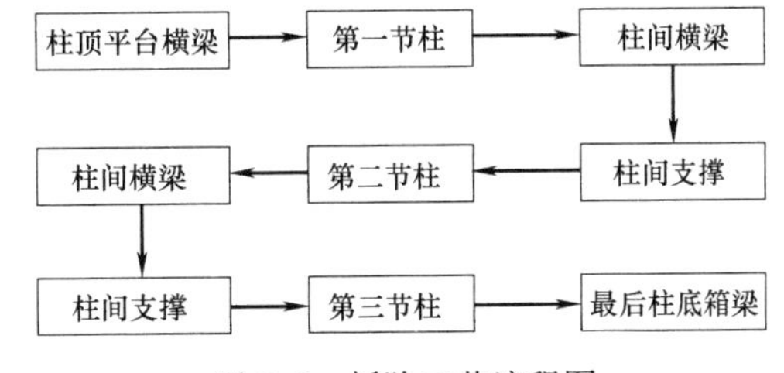

图 5.3　拆除工艺流程图

5.4　验收要求

5.4.1　支撑塔架的验收

1）支撑塔架施工验收主要按国家标准、规范、施工方案以及施工技术交底进行验收。

2）塔架安装后检查垂直度，塔架中心线的垂直度应不大于千分之一的塔架高度。

3）塔架安装后检查安装位置及平面定位，如误差较大进行调整。

4）塔架连接节点进行外观及尺寸复验。

5.4.2　主体结构的验收

1）钢连桥施工验收主要按国家标准、规范、规程、设计施工图纸进行验收。

2）桁架主体结构总高度的允许偏差为正负 $H/1000$，且 $-30\text{mm}\leqslant30\text{mm}$，检测方法采用全站仪、水准仪和钢尺实测。

3）桁架主体结构整体垂直度允许偏差为（$H/2500+10$）且不应大于 50、整体平面弯曲允许偏差为 $L/1500$ 且不应大于 25。可采用激光经纬仪、全站仪测量。

4）钢桁架安装在型钢混凝土柱上，其支座中心对定位轴线偏差不应大于 3mm。

5）钢结构表面应干净，结构主要表面不应有疤痕、泥沙等污垢。

6）桁架的上弦杆、下弦杆、立面支撑等主要构件的中心线及标高基准点等标记应齐全。

7）钢连桥控制点的设置距离不大于20m，控制点水平偏差允许值应为两点间距离的1/2000，且不应大于10mm；控制点高度偏差允许值：不应大于设计标高的20mm。合拢后的节点最终高度偏差允许值均不应大于设计标高20mm。

8）施工完成后，应测量钢连桥整体桁架的挠度值，所测的挠度平均值，不应大于设计值，实测的挠度曲线应存档。

5.4.3　吊装机械的验收

1）吊车生产制造许可证、产品合格证、年检合格证均在有限期之内。

2）起重司机、信号指挥、司索工均持证上岗。

3）钢丝绳无断丝、断股等损伤，直径缩径不大于10%。

4）吊钩有保险装置，吊钩防脱装置工作可靠。吊钩及滑轮无裂纹，危险断面磨损不大于原尺寸的10%。

5）仪表、照明、限位、工具等装备齐全可靠。

6）发动机部分、液压传动部分、底盘部分均属正常。

7）过载保护器工作正常。

6　监测方案

6.1　监测项目

本工程的监测项目主要对桁架的变形监测，即对桁架的挠度进行监测。变形监测通过监测桁架关键点标高变化来实现，直接观测桁架关键点标高得到数据。

6.2　监测方法

由于本工程钢连桥跨度大、重量大，由钢骨柱上方的抗震支座直接承载，变形因素非常复杂，要得到有效的建筑物实时的变形趋势，必须借助建筑物模型计算模拟变形量，确定能够合理反映建筑物变形特征的观测点，再配以相应精度的变形观测手段，同时还要结合基础的沉降数据，然后通过数据处理软件进行平差计算、数据分析，从而形成整体建筑物的变形信息，反馈到各施工专业指导施工。拟采用智能型全站仪于建筑物外部观测，激光变形计于建筑物内底层自动测计法监测，几种方法相结合。

变形观测工作程序如图6.2所示。

6.3　监测频率

在钢结构安装过程中，每天在同一温度区间内测试一次监测点标高、立面垂直度，计算变形量。在有必要的时候，可以加密测试频率。

钢结构安装完毕，24小时内测试桁架标高、垂直度，计算变形量。监测卸载的整个过程，卸载后第二天、第三天早晚各测试两次，并形成测量检测记录表。

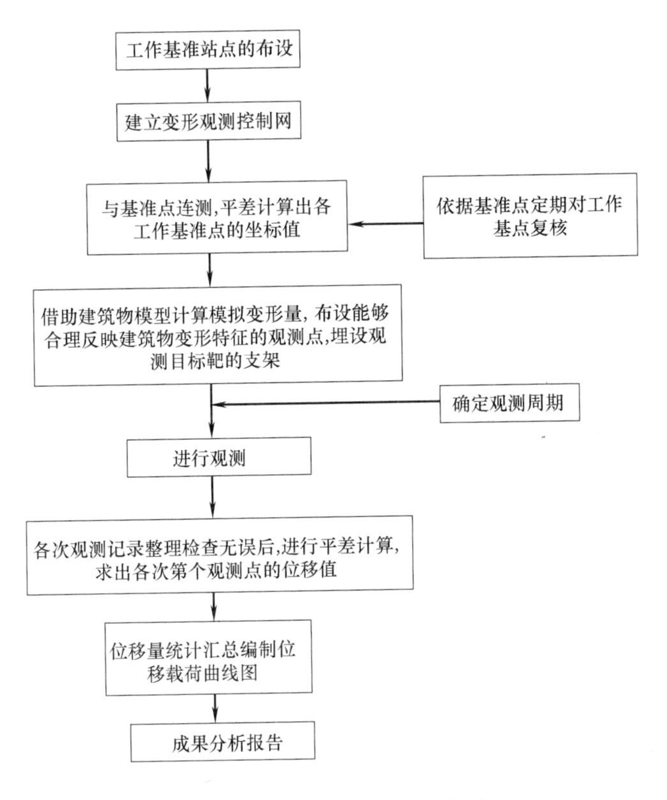

图6.2　变形观测工作程序图

6.4　预警

当结构阶段性施工完毕后，主要监测点的变形值接近或超过设计计算值时，将实测结果整理汇总给原设计单位，以便核实结构的变形是否处于正常状态。

7　施工安全保证措施

7.1　安装过程安全保证措施

7.1.1　安全施工目标

坚决落实我公司“安全第一，预防为主”的安全生产方针和“安全为了生产，生产必须安全”的规定，全面实行“预控管理”，从思想上重视，行动上支持，控制和减少伤亡事故的发生。

杜绝重大伤亡事故，月轻伤事故发生率控制在1.2‰以内。

杜绝任何火灾事故的发生，将火灾事故次数控制为0。安全隐患整改率100%。

实施规范化、标准化现场管理。

7.1.2　安全保证措施

1）施工现场全体人员按国家规定正确使用劳动防护用品。

2）施工现场各类孔洞、临边必须有防护设施。

3）施工用电符合《施工现场临时用电安全技术规范》JGJ 46—2015 标准。

4）施工机械的操作者持证上岗，起重机械安装须取得劳动局验收，严格遵守十不吊规定。

5）特种作业人员持证上岗。

6）安装高空作业，操作者要带好安全带。并且拉好安全绳，严防高空坠落。

7）大型构件安装就位后，要注意采取必要的保护措施与临时固定措施。

8）起重和绑扎用的钢丝绳应有足够的安全系数，要加强日常的检查，凡表面磨损、腐蚀、断丝超过标准的、打死弯、断股、油蕊、外露的均不得使用。

9）吊钩应有防止脱钩的装置。

10）凡从事两米以上且无法采取可靠安全防护设施的高处作业人员必须系好安全带，严禁高处作业临空投掷物料。进入施工现场的所有人员必须佩戴好安全帽。

11）对构件安装就位等高空连接工作，应搭设稳固可靠的临时工作平台，安全防护如图 7.1-1、图 7.1-2 所示。

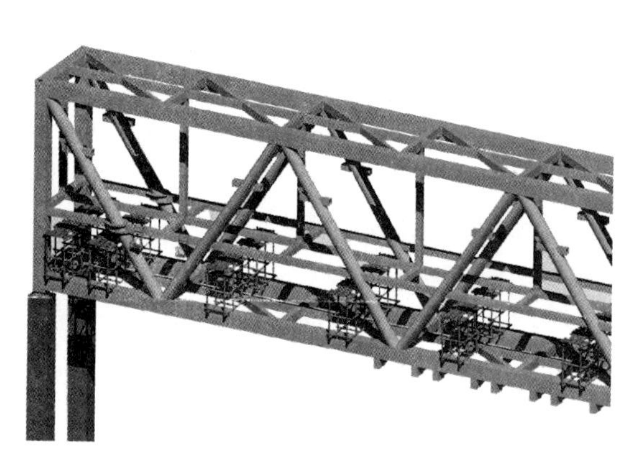

图 7.1-1 钢梁安装操作平台

图 7.1-2 上弦杆安装操作平台

7.2 拆除过程安全保证措施

钢结构连桥安装完成，最终卸载后，需要对支撑塔架予以拆除，将塔架支撑缆风绳恢复到位，按柱间的横梁及支撑区间，拆除上部柱间支撑与横梁，拉设缆风至拆除部位下部标准节顶端，上部拆除支撑节吊车挂钩，解除螺栓，拆除上部支撑。支撑上一节支撑拆除前，下一节支撑缆风恢复就位后，上节支撑节才能进行拆除，后续方法同上节一样，直到拆除完毕。

8 季节性施工保证措施

8.1 防雷措施

现场安全管理人员每天及时掌握天气变化情况，遇到雷雨天气立即停止施工。禁止在高压线下对施工现场的履带吊、汽车吊、脚手架、支撑塔等机械设备，配备防雷、避雷装置。机械使用前必须检查避雷装置是否完好可靠。

8.2　防风措施

1）六级以上大风、浓雾天气，不得进行高空作业，不得进行焊接作业，吊机停止使用。

2）大风期间，外脚手架、脚手板及外墙门窗洞口处严禁存放松散小型块状材料，防止坠落伤人。

3）大风过后，要对高空作业的安全设施进行检查，发现松动、变形等现象立即修理，检查合格后使用。

4）为了施工现场管理人员能及时、随时随地的掌握风力，每人配备一台风速仪。

8.3　防雨措施

1）雨季施工前，根据现场和工程进度情况制订雨季阶段性计划，并提交业主和监理工程师，审批后实施。

2）雨季来临之前，应掌握月、旬的降雨趋势的中期预报，尤其是近期预报的降雨时间和雨量，以便安排施工。严禁雨天露天焊接，若要焊接必须搭设防雨棚，做好除湿、保温设施。

3）雨季来临之前组织有关人员对现场临时设施、脚手架、机电设备、临时线路等进行检查，针对检查出的具体问题，立即制订整改方案，及时落实。雨季期间安排施工计划，应集中人力、分段突出，本着当日进度当日完成的原则，不可在雨季贪进度、赶工期。

8.4　防火措施

1）建立防火责任制。经理部防火责任人与各施工单位防火负责人签订防火责任书，施工单位防火负责人也要与外施队签订防火责任书，使防火工作层层负责，责任落实到人。

2）经理部根据施工情况成立 3～5 人现场“消防检查组”，负责开展日常消防检查工作。

3）使用电气设备和易燃、易爆物品必须严格落实防火措施，指定防火负责人，配备灭火器材，确保施工安全。

4）焊接工程防火措施

电焊机外壳必须接地良好，其电源的装拆要由电工进行。电焊机要设单独开关，并放置在防雨箱内。多台电焊机一起集中施焊时，焊接平台或焊件必须接地，并有隔光板。工作结束后要切断电源，并检查操作地点，确认无火灾隐患后，方可离开。

5）现场明火作业管理

结构阶段施工时，焊接量比较大，要增加看火人员。特别是高层施工时，电焊火花一落数层，如果场内易燃物品多，更要多设看火人员。焊接时，在焊点垂直下方，要将易燃物清理干净，特别是冬季结构施工多用草袋等易燃材料进行保温，电焊时更要对电焊火花的落点进行监控和清理，消灭火种。

6）制定灭火工作预案。

9　应急预案

9.1　应急管理体系

9.1.1　应急管理机构

项目部成立生产安全事故应急救援小组，指挥、组织、协调生产安全事故应急救援工作。生产安全事故应急救援小组实行替补原则，组长因故不能履行职责的，由副组长替补，确保随时到位，实施指挥。为预防可能发生的各种潜在的事故和紧急情况，尽量减少安全、火灾、爆炸、中毒、交通、自然灾害等事故，减少对人员和对环境的影响，做到有效控制与处理，项目部成立应急救援准备与响应控制领导小组，登记小组名单和电话。应急救援准备与响应控制领导小组又分为指挥组、报警组、抢救组、警卫组、救护组，如图 9.1 组织机构图。

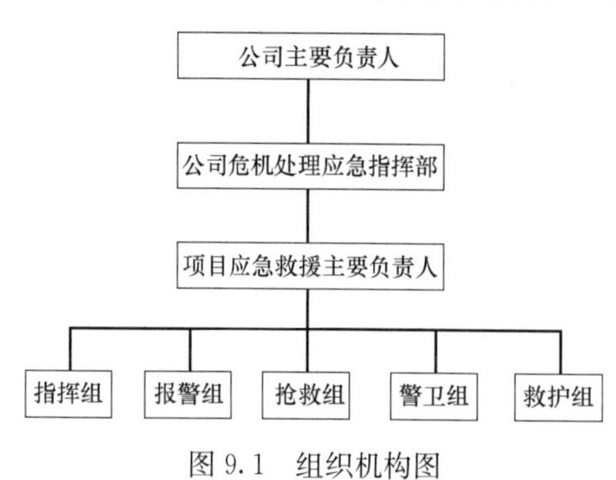

图 9.1　组织机构图

9.1.2　职责

指挥组：负责现场人员调动，组织抢险。

报警组：负责报警、提示道路，通知电气管理人员切断事故现场电源，开启地下消火栓，负责接水带开消防用水开关等。

抢救组：带领抢险队员抢险，救助、疏散人员、物资，防止事态漫延、扩大。

警卫组：保护现场，防止无关人员进入。

救护组：配合医疗人员工作。

9.1.3　应急抢险制度

救援准备与响应控制领导小组职责：针对现场实际情况，制定应急措施或是在相应方案中编制应急措施；在正常生产过程中，组织落实应急准备；出现相应紧急情况时，执行应急措施；对现场抢救分队进行应急准备与响应知识教育、培训、定期进行灭火演练，保障应对突发火险、事故及紧急情况等的能力。

9.1.4　生产安全应急报告程序

发生工伤事故后，各单位应立即组织对伤者的抢救、保护好现场并立即上报总承包项目部领导，随即上报我单位安全管理部、行政保卫部、主管部室领导或值班室，立即组织相关人员投入紧急救援协助工作。各主管部门应立即组织相关人员按事故报告流程进行调查、报告。

9.1.5　现场应急抢险程序

接到事故报告后，轻伤事故：我单位安全部前往调查。重伤以上事故，安全管理部、我单位主管安全生产领导，立即赶到现场的同时，及时向上级有关单位报告。并指挥救援和调查、处理工作，相关部门同时投入紧急救援协助工作。

9.2　应急措施

1）应急救援装备包括值班电话、报警电话、无线对讲机、灭火器材、消防专用器材、消防水池、防毒面具、应急药箱、担架、抽水机及切割机等。

2）应急救援药品包括：外用药品：双氧水、依沙吖啶溶液、红药水、碘酒、消毒的棉签、药棉、凉油或祛风油、三角巾、急救包。口服药：人丹、十滴水、保济丸或藿香正气丸、一般退烧药品。

3）对施工现场因工伤亡或中毒事故，首先由事故发现者向现场值班员或主管领导、经理汇报，并上报业主、监理和我单位安全管理部和单位主管领导，同时根据事故情况，保护好现场，并组织有关人员进行抢救。在保证救助人员无危险的情况下，迅速使伤病员脱离危险场所

4）易燃易爆品发生火灾、爆炸事故抢救流程：首先，事故现场的义务消防队队长积极组织义务消防队及职工全力进行抢救，切断电源，及时安排伤员撤离危险区域，安排警卫护场人员维持事故现场秩序，同时拨打火警119报警。报警时报警人员要沉着冷静，说清火灾发生的时间，详细地址，火势大小规模，并说清报警人员的姓名、接车地点和联系电话。

5）物体打击急救措施

发生物体打击事故，应马上组织抢救伤者脱离危险现场，以免再发生损伤。

在移动昏迷的颅脑损伤伤员时，应保持头、颈、胸在一直线上，不能任意旋曲。若伴颈椎骨折，更应避免头颈的摆动，以防引起颈部血管神经及脊髓的附加损伤。

观察伤者的受伤情况、受伤部位、伤害性质，如伤员发生休克，应先处理休克。遇呼吸、心跳停止者，应立即进行人工呼吸，胸外心脏按压。处于休克状态的伤员要让其安静，保暖、平卧、少动，并将下肢抬高约20°，尽快送医院进行抢救治疗。

出现颅脑损伤，必须维持呼吸道通畅。昏迷者应平卧，面部转向一侧，以防舌根下坠或分泌物、呕吐物，发生喉阻塞。有骨折者，应初步固定后再搬运。遇有凹陷骨折、严重的颅底骨折及严重的脑损伤症状出现，创伤处用消毒的纱布或清洁布等覆盖伤口，用绷带或布条扎后，及时送就近有条件的医院治疗。

防止伤口污染。在现场相对清洁的伤口，可用浸有双氧水的敷料包扎；污染较重的伤口，可简单清除伤口表面异物，剪除伤口周围的毛发，但切勿拔出创口内的毛发及异物、凝血块或碎骨片等，再用浸有双氧水或抗生素的敷料包扎创口。

在运送伤员到医院就医时，昏迷伤员应侧卧或仰卧偏头，以防止呕吐后误吸。对烦躁不安者可因地制宜地予以手足约束，以防伤及开放伤口。脊柱有骨折者应用硬板担架运送，勿使脊柱扭曲，以防途中颠簸使脊柱骨折或脱位加重，造成或加重脊髓损伤。

6）高空坠落急救措施

发生高处坠落事故，应马上组织抢救伤者，首先观察伤者的受伤情况、部位、伤害性质，如伤员发生休克，去除伤者身上的用具和口袋中的硬物。遇呼吸、心跳停止者，应立即进行人工呼吸，胸外心脏按压。处于休克状态的伤员要让其安静、保暖、平卧、少动，

并将下肢抬高约20°，尽快送医院进行抢救治疗。在搬运和转送过程中，颈部和躯干不能前屈或扭转，而应使脊柱伸直，绝对禁止一个抬肩一个抬腿的搬法，以免发生或加重截瘫。

额面部伤员首先应保持呼吸道畅通，摘除义齿，清除移位的组织碎片、血凝块、口腔分泌物等，同时松解伤员的颈、胸部纽扣。若舌已后坠或口腔内异物无法清除时，可用12号粗针穿刺环甲膜，维持呼吸，尽可能早作气管切开。

发现脊椎受伤者，创伤处用消毒的纱布或清洁布等覆盖伤口，用绷带或布条包扎。

搬运时，将伤者平卧放在帆布担架或硬板上，以免受伤的脊椎移位、断裂造成截瘫，招致死亡。抢救脊椎受伤者，搬运过程严禁只抬伤者的两肩与两腿或单肩背运。

发现伤者手足骨折，不要盲目搬运伤者。应在骨折部位用夹板把受伤位置临时固定，使断端不再移位或刺伤肌肉。神经或血管。固定方法：以固定骨折处上下关节为原则，可就地取材，用木板、竹片等。

复合伤要求平仰卧位，保持呼吸道畅通，解开衣领扣。

周围血管伤，压迫伤部以上动脉干至骨骼。直接在伤口上放置厚敷料，绷带加压包扎以不出血和不影响肢体血循环为宜，做好标记，注明上止血带时间。

9.3　应急物资准备

1）资金准备：总承包项目部长期预留五万准备金，以备出现紧急情况时能随时所用。

2）机械设备、物资准备：施工现场现有的机械设备在发生紧急情况时由总承包单位统一调配，用于紧急救援工作，如塔吊、小客车、抽排水泵、千斤顶、电焊机、倒链气焊等若干工具，同时总承包单位准备一台备用发电机。

3）人员准备：总承包企业组织一支20人专业救援组，组长、副组长分别由总承包企业生产副经理、安全员担任。

4）急救设施：总承包项目经理部及各分包单位均按规定配备箱内相应器材、药品，同时现场配备一名具有专业资质的专业医生。

5）进入施工现场后立即建立相关单位通讯录。

10　计　算　书

10.1　计算说明

本工程计算软件采用大型通用有限元分析软件Midas/Gen，按照图纸对结构建立计算模型，构件规格、边界条件和图纸一致。

天桥下弦杆安装完成后，形成作业面考虑2.5kN/m^{2}活荷载。

风荷载：基本风压为0.45kN/m^2（50年一遇），地面粗糙度C。

荷载组合：sLCB2　1.2D+1.4L

sLCB12　1.2D+1.4L+1.4(0.6)WIN-X

sLCB13　1.2D+1.4L+1.4(0.6)WIN-Y

10.2　刚性支撑塔架计算分析

结合现场实际情况，由原方案两件支撑塔架增加为四件支撑塔架组合成刚性塔架，作为钢结构安装支撑点，施工过程中必须计算出支撑塔架顶部最大支撑反力，作为施工荷载施加至塔架顶部。

每个支撑点计算：以最大支撑点反力 220kN 作为活货载施加至荷载顶部

风荷载：基本风压为 0.45kN/m^2（50 年一遇），地面粗糙度 C。

荷载组合：sLCB2　1.2D+1.4L

sLCB12　1.2D+1.4L+1.4(0.6)WIN-X

sLCB13　1.2D+1.4L+1.4(0.6)WIN-Y

钢连桥刚性支撑点布置计算模型见图 10.2-1，分析结果见图 10.2-2～图 10.2-5。

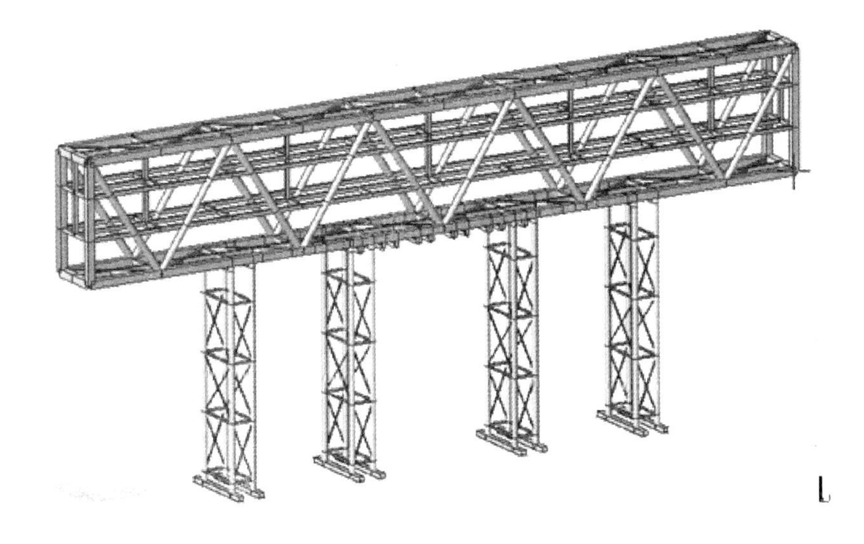

图 10.2-1　计算模型图（每个支撑部位采用支撑塔架均有四个支撑点）

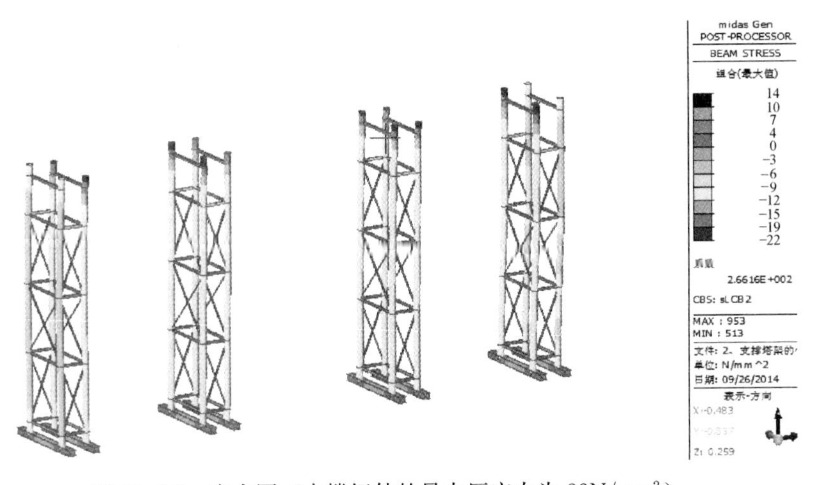

图 10.2-2　应力图（支撑杆件的最大压应力为 22N/mm^2）

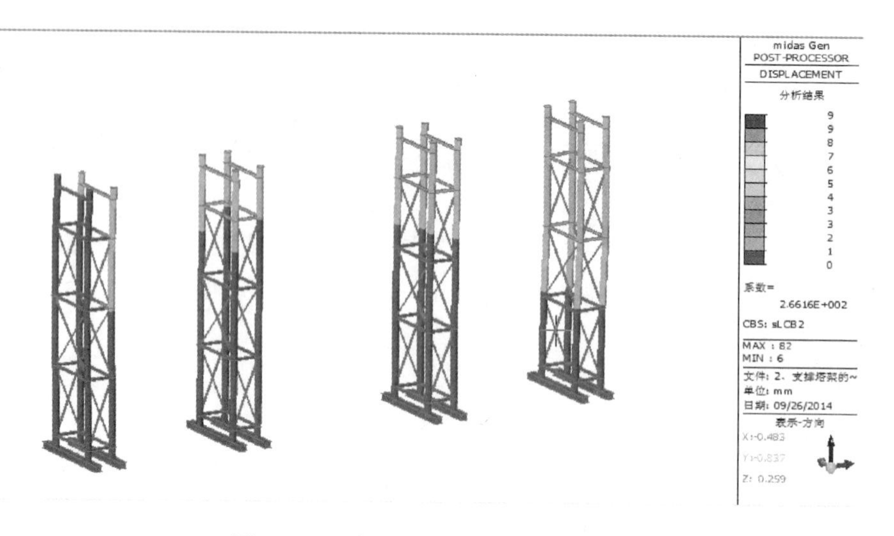

图 10.2-3　变形图（最大变形为 2mm）

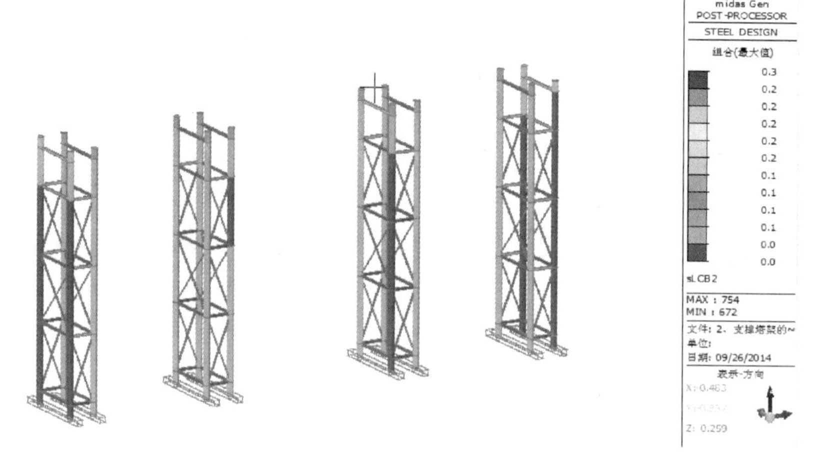

图 10.2-4　应力比图（主杆件应力比在 0.3 以内）

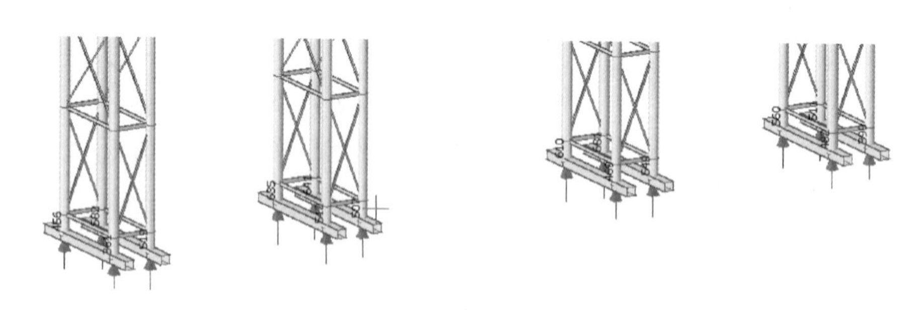

图 10.2-5　支撑最大支撑反力 635kN

10.3　支撑底部承载力验算

连桥 LQ1、LQ2 刚性支撑底部验算

LQ1、LQ2 连桥支撑基本处于 1 号、2 号楼之间的公路上，连桥施工用场地上的经铺实碾压后的公路地基。

公路地基一般为：石灰粉煤灰稳定砂砾、石灰稳定砂砾、石灰煤渣、水泥稳定碎砾石等，其强度高，整体性好，适用于交通量大、轴载重的道路工业废渣混合料的强度、稳定性和整体性均较好，适用于各种路面的基层。

参照相关规范，选取以碎石土承载力标准值作地基承载力允许值

查表按中秘碎石土查取 $f_{k(碎石)}=700kPa=700kN/m^2$

压实的黏性土 $f_{k(黏土)}=600kN/m^2=600kN/m^2$

立杆地基承载力验算：$\dfrac{N}{A_d}\leqslant K\cdot f_k$

$P=635\times1.4\times2=1778kN$（支撑顶部受力取 1.4 倍的动荷载系数后）

底部组合箱梁的底面积 $A_d=9.1\times0.7=6.37m^2$

$P=1778/6.37=279kN/m^2\leqslant f_{k(碎石)}=700kN/m^2\leqslant f_{k(黏土)}=600kN/m^2$

基地承载力满足要求。

10.4　钢连桥 LQ-1、LQ-2 钢结构施工分析计算

钢连桥刚性支撑点布置计算模型见 10.4-1，分析结果见图 10.4-2～图 10.4-6。

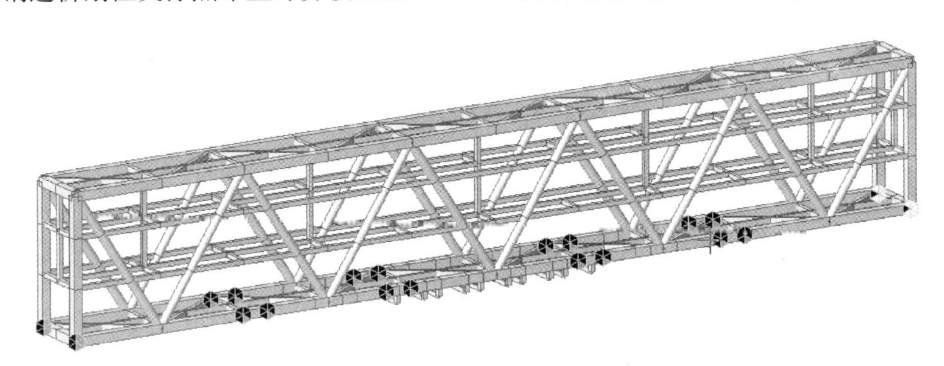

图 10.4-1　计算模型图（每个支撑部位采用支撑塔架均有四个支撑点）

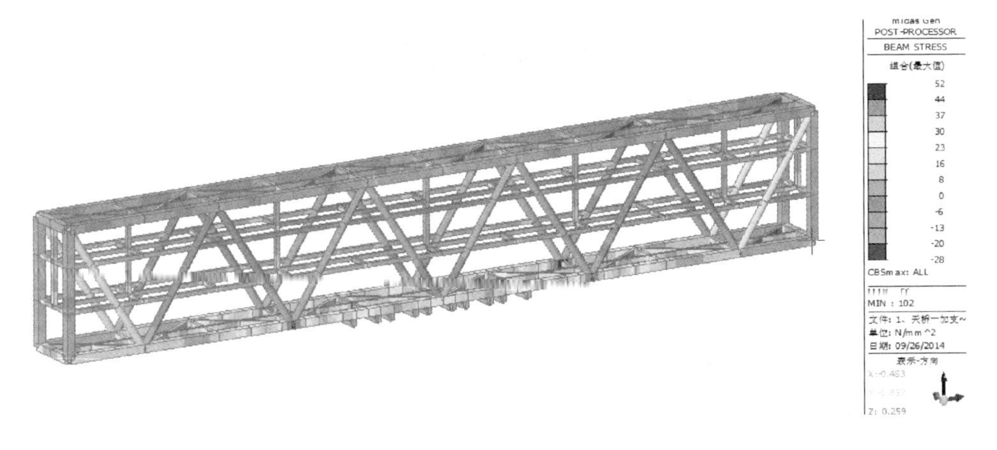

图 10.4-2　应力图（杆件的最大压应力为 28N/mm²，杆件的最大拉力为 52N/mm²）

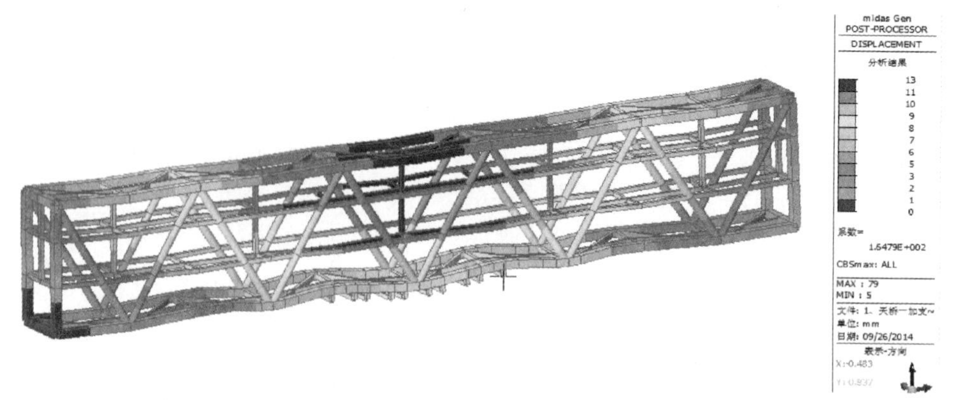

图 10.4-3　变形图（最大变形为 13mm）

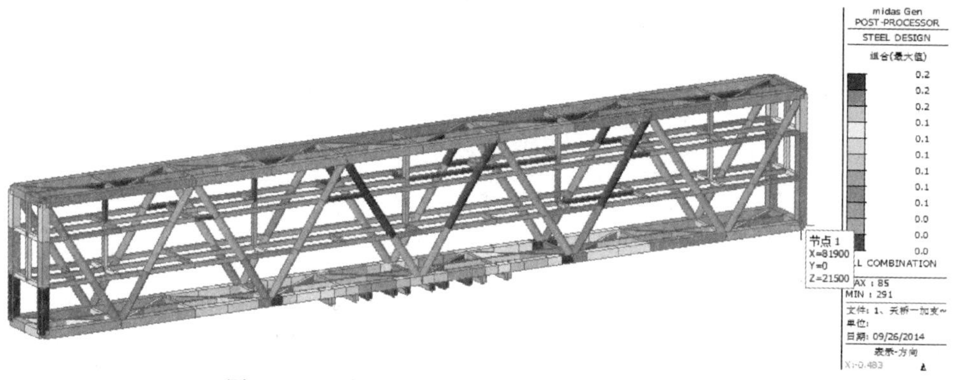

图 10.4-4　应力比图（主杆件应力比在 0.2 以内）

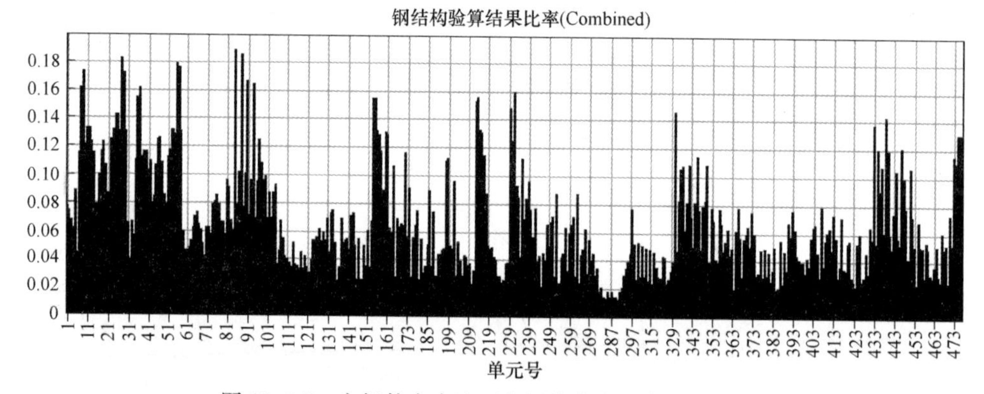

图 10.4-5　主杆件应力比（主杆件应力比在 0.2 以内）

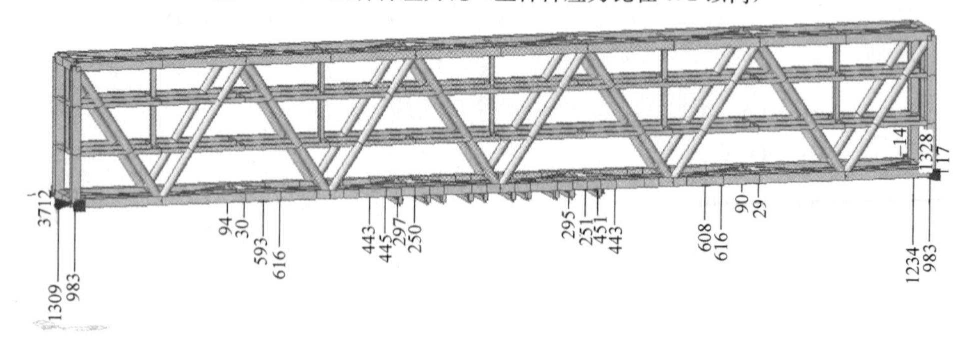

图 10.4-6　支撑最大支撑反力 616kN

10.5　钢连桥支撑拆除卸载分析

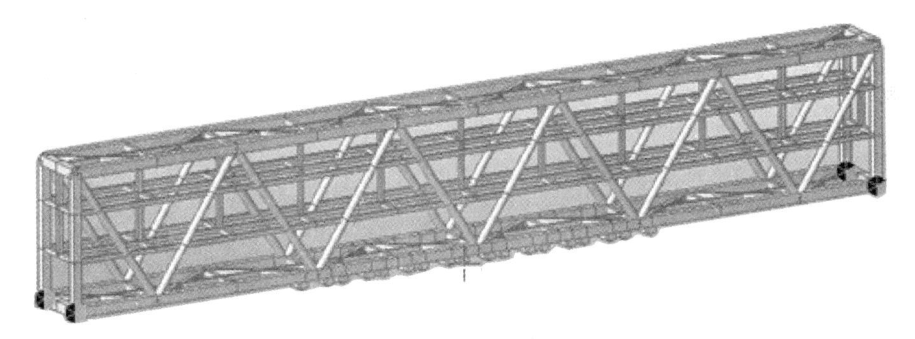

图 10.5-1　计算模型图（下部支撑卸载拆除）

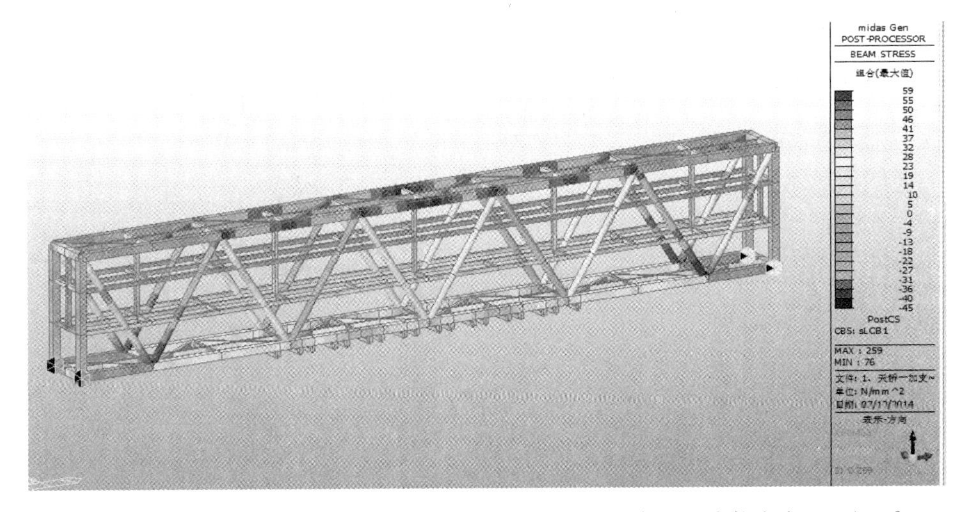

图 10.5-2　应力图（杆件的最大压应力为 45N/mm²，杆件的最大拉力为 59N/mm²）

图 10.5-3　变形图（最大变形为 32mm）

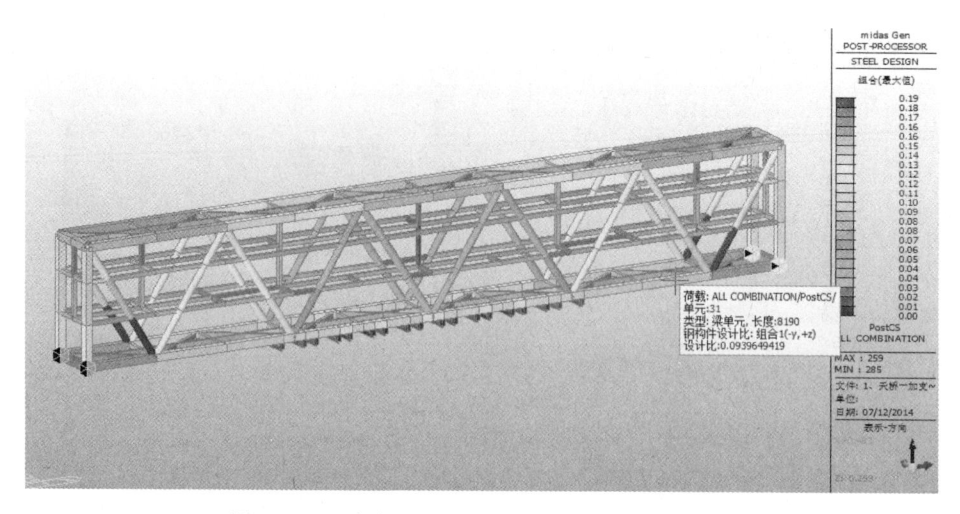

图 10.5-4　应力比图（主杆件应力比在 0.2 以内）

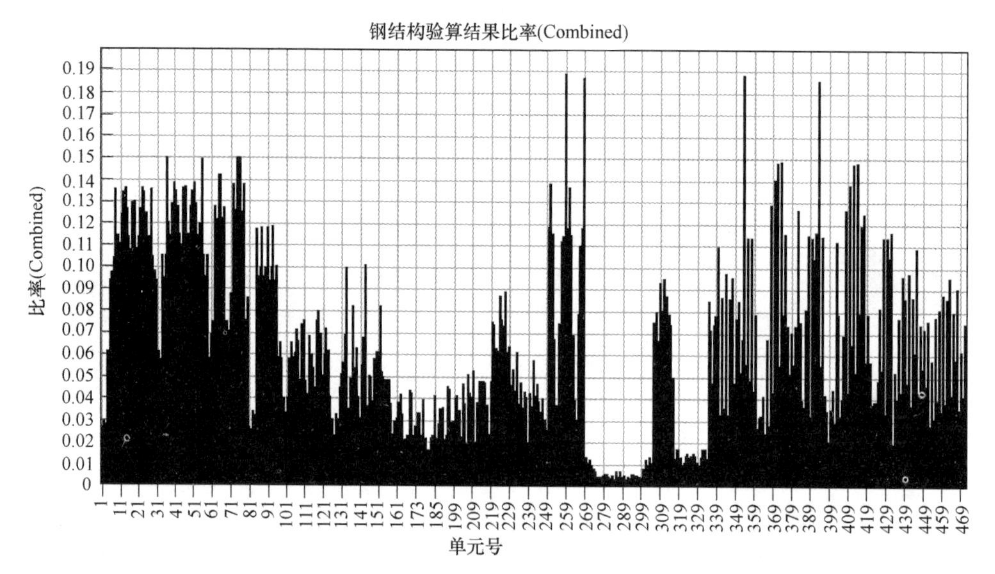

图 10.5-5　主杆件应力比（主杆件应力比在 0.2 以内）

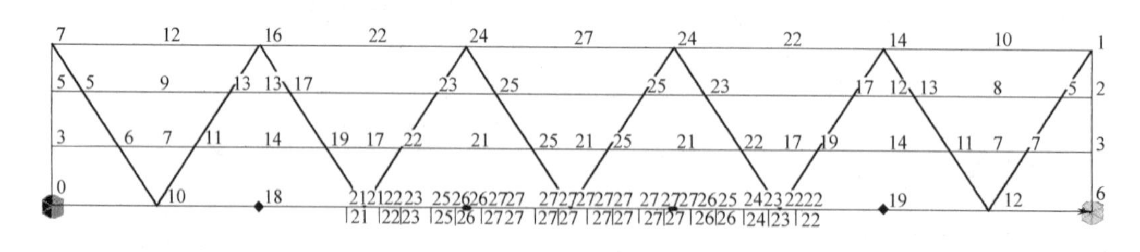

图 10.5-6　支撑变形位移

范例3　单层网壳钢结构工程

李浓云　何勇　阮鹤　编写

＊＊＊＊＊＊工程网壳钢结构安全专项施工方案

编制：______________

审核：______________

审批：______________

施工单位：＊＊＊＊＊＊

编制时间：＊＊＊＊＊＊

目　录

1　编制依据

1.1　国家、行业和地方规范

序　号	规范名称	规范编号
1	《钢结构设计规范》	GB 50017—2003
2	《钢结构工程施工规范》	GB 50755—2012
3	《钢结构焊接规范》	GB 50661—2011
4	《钢结构工程施工质量验收规范》	GB 50205—2001
5	《建筑工程施工质量验收统一标准》	GB 50300—2013
6	《工程测量规范》	GB 50026—2007
7	《建筑结构荷载规范》	GB 50009—2012
8	《起重机械安全规程》	GB 6067—2010
9	《重要用途钢丝绳》	GB 8918—2006
10	《塔式起重机安全规程》	GB 5144—2006
11	《起重机钢丝绳保养、维护、检验和报废》	GB/T 5972—2009
12	《建筑结构用钢板》	GB/T19879—2015
13	《低合金高强度结构钢》	GB/T 1591—2008
14	《非合金钢及细晶粒钢焊条》	GB/T 5117—2012
15	《热强钢焊条》	GB/T 5118—2012
16	《涂覆涂料前钢材表面处理表面清洁度的目视评定》	GB/T 8923.1—2011
17	《结构用不锈钢无缝钢管》	GB/T14957—2012
18	《建筑机械使用安全技术规程》	JGJ 33—2012
19	《施工现场临时用电安全技术规范》	JGJ 46—2005
20	《建筑施工安全检查标准》	JGJ 59—2011
21	《建筑施工高处作业安全技术规范》	JGJ 80—2016
22	《钢结构高强度螺栓连接技术规程》	JGJ 82—2011
23	《高空作业机械安全规则》	JG 5099—1998
24	《汽车起重机和轮胎起重机　安全规程》	JB 8716—1998

1.2　设计文件及施工组织设计

序　号	名　称	备　注
1	某现代生态园钢结构设计图纸	
2	某现代生态园钢结构施工组织设计	

1.3　安全管理法律及条例文件

序　　号	文件名称	文件编号
1	《中华人民共和国安全生产法》	第 13 号令
2	《中华人民共和国环境保护法》	第 9 号令
3	《建筑工程质量管理条例》	国务院第 279 号

2　工程概况

2.1　钢结构简介

本方案为网壳部分钢结构施工安全专项方案。

建筑平面为半径 75m 的圆与多段圆弧相切形成的曲线，最高点为 20m 高，结构采用钢结构空间单层网壳，建筑造型新颖。整个钢结构用钢量约为 3800 多 t。网壳结构（网壳杆件及管节点）用钢量为 2340t，材质为 Q345D，内环结构（钢柱、钢梁、钢支撑、内环圈梁）用钢量为 1140t，材质为 Q235D，内庭分隔结构（分隔钢梁、斜柱、钢支座）用钢量为 135t，材质为 Q235D，出入口雨棚结构（钢柱、拱梁、檩条及支撑）用钢量为 100t，材质为 Q235D，地面以下钢结构（地脚螺栓、埋件、钢楼梯、钢平台）用钢量约为 85t，材质均为 Q235B。

钢结构连接形式均为全焊接结构，等强连接的焊缝等级为一、二级，角焊缝为三级。

钢结构防腐涂装要求为环氧富锌底漆，环氧云铁中间漆，钢结构作 1.5 小时耐火的处理，采用超薄型防火涂料。

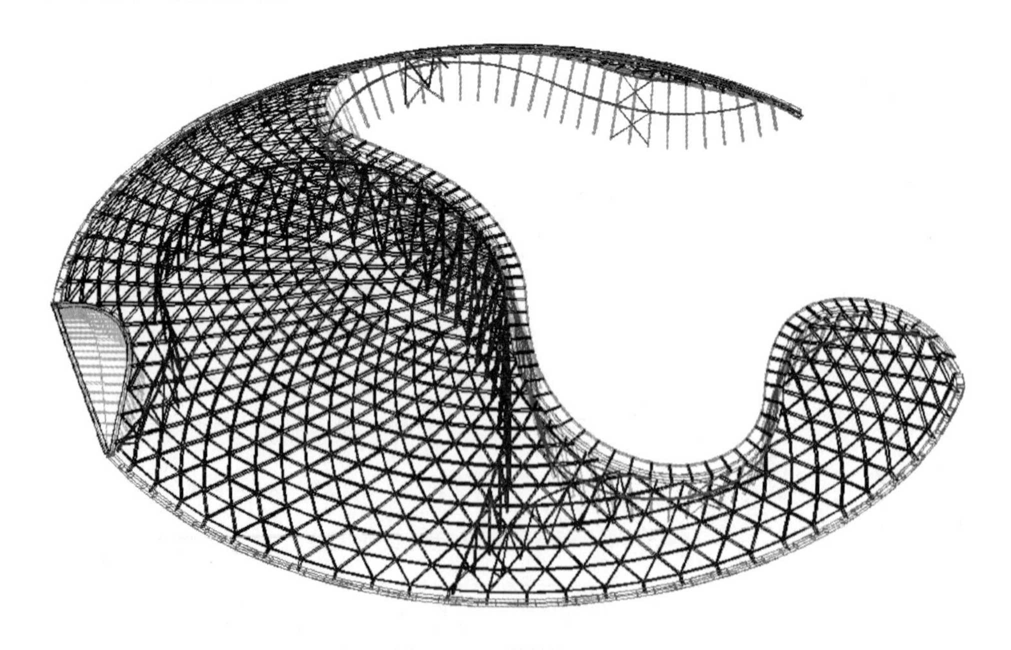

图 2.1-1　建筑轴测图

2.1.1　构件情况

构件情况表　　表 2.1-1

构件名称	构件编号	截面尺寸(mm)	材质	构件 根数	总重(t)
网壳杆件	L1	□600×200×12×24	Q345D	1826	1861.793
网壳支座杆件	L2	□600×350×30×30	Q345D	51	43.293
内庭斜柱1	GZ1	□800×300×20×20	Q235D	40	289.338
内庭斜柱2	GZ2	□400×200×20×20	Q235D	50	219.800
内分隔斜柱	GZ3	Φ400×12	Q235D	16	45.302
屋面檐口圈梁	QL1	□1200×700×30×30	Q235D	50	136.521
内分隔顶梁	FL1	Φ400×12	Q235D	4	28.115
屋面檐口挑梁	TL1	□400×200×14×14	Q235D	96	37.719
屋面檐口边梁	QL2	□400×200×14×14	Q235D	97	47.141
柱间支撑	ZC1	□150×150×6×6	Q235D	94	12.687
柱间横梁	HL	□300×150×10×10	Q235D	176	45.401
入口斜柱	GZ4	□400×200×14×14	Q235D	18	11.525
入口拱梁1	PL1	□800×600×24×24	Q235D	43	29.324
入口拱梁2	PL2	□300×800×14×14	Q235D	31	13.611
入口雨棚横梁	PL3	□300×100×12×12	Q235D	94	17.028

2.1.2　主要节点情况

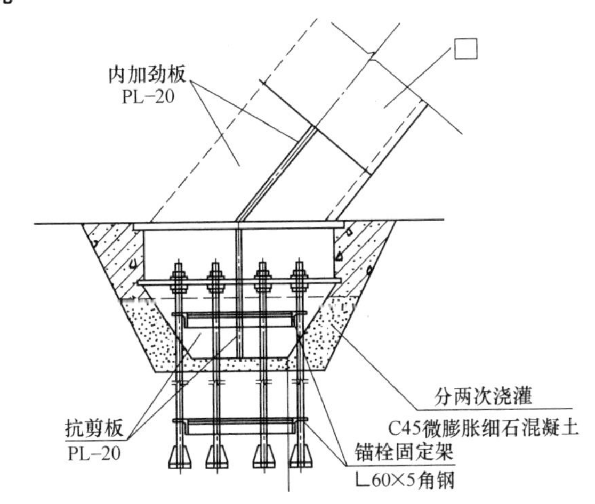

图 2.1-2　网壳固定支座

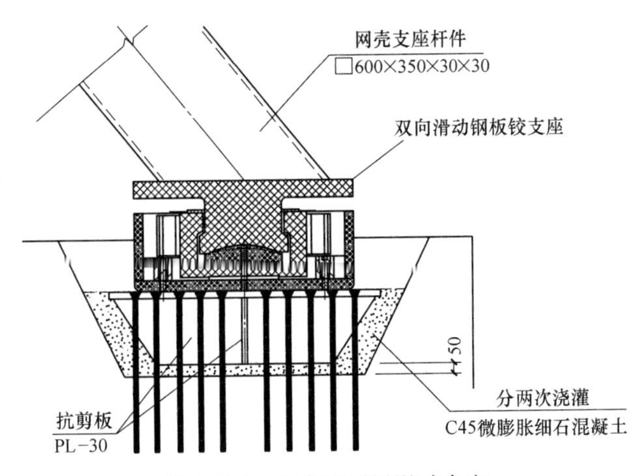

图 2.1-3　网壳及圈梁滑动支座

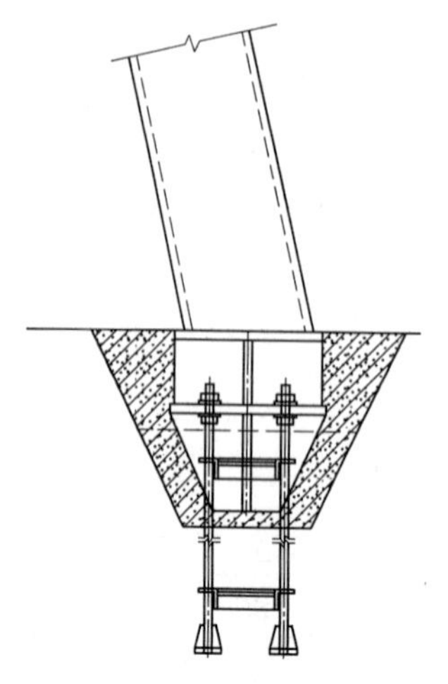

图 2.1-4 内环钢柱支座

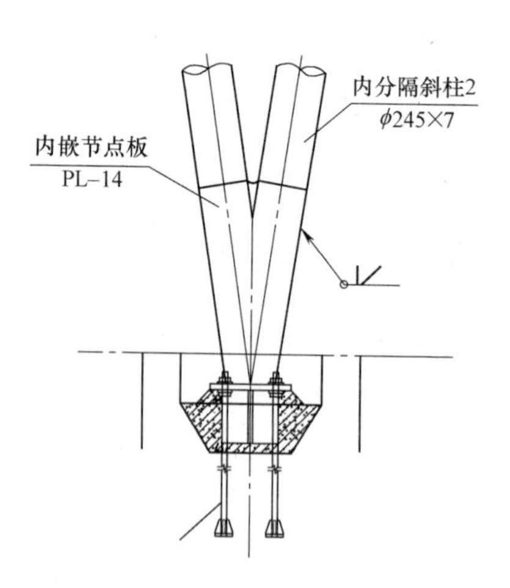

图 2.1-5 内分隔支座

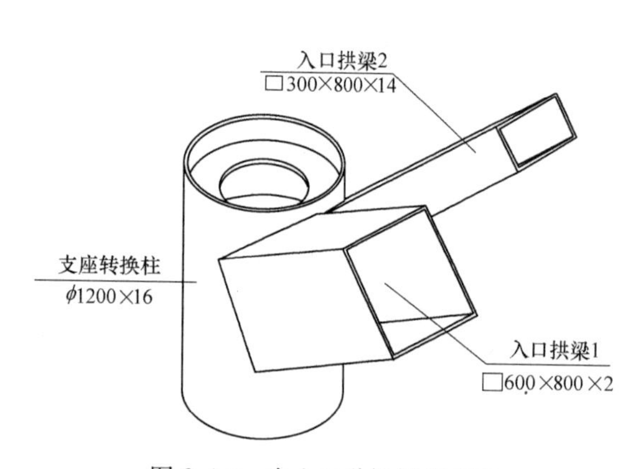

图 2.1-6 出入口劲性钢柱支座

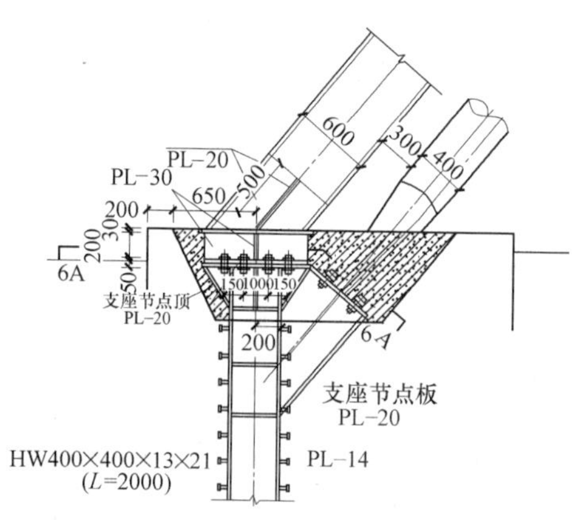

图 2.1-7 内分隔梁与网壳支座节点

图 2.1-8 网壳标准节点图

2.2 结构平面、剖面图

结构平面布置图如图 2.2-1 所示。

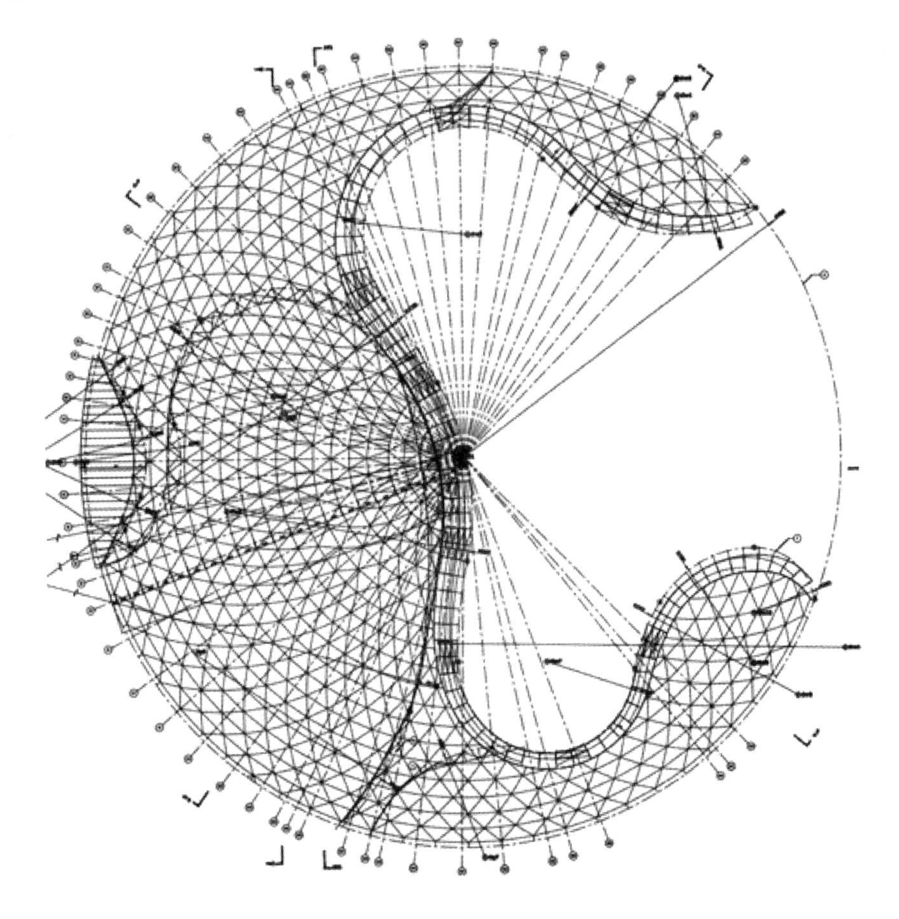

图 2.2-1　结构平面图

结构剖面图如图 2.2-2 所示。

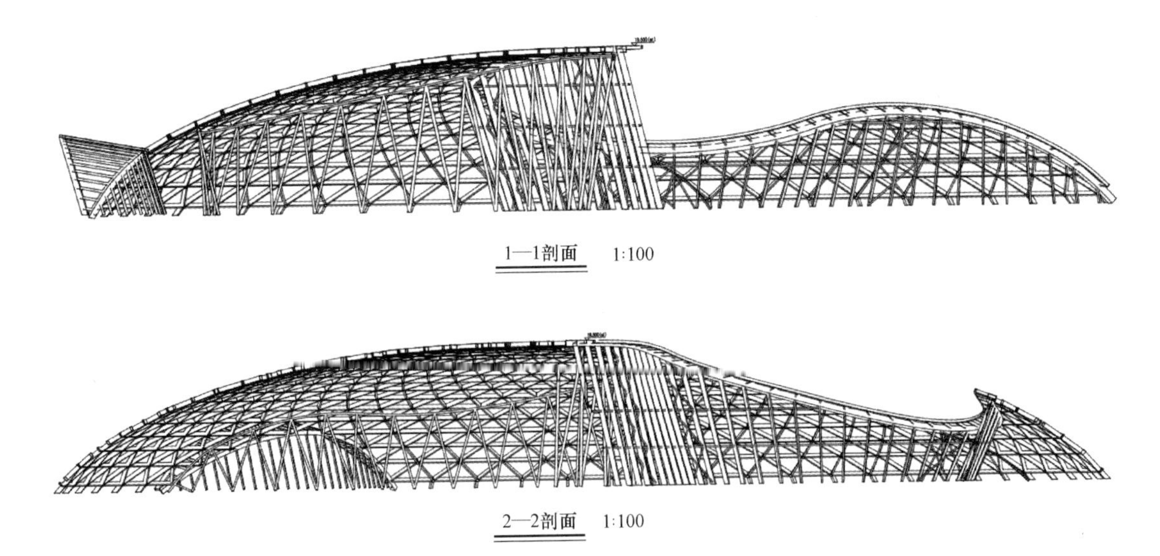

图 2.2-2　结构剖面图

2.3 工程重点及难点

2.3.1 本工程为单层网壳结构，跨度大，最大跨度达60m，且施工道路及场地有限，采用合理的施工工艺，将是保证本工程施工进度及施工质量关键的所在。

2.3.2 整体造型为近似椭圆球形体网壳结构，节点空间状态规律性少，每一根杆件几乎是独一无二的，深化设计工作量非常大，需要一定设计周期。

2.3.3 内环圈梁及边梁均为双向弯扭构件，且网架节点为多向杆件（1个管节点存在6个方向的杆件)，加工制作难度大，加工精度要求非常高。

2.3.4 网壳杆件高空多杆件交叉对接控制难，球面与多段圆弧相切形成的空间曲线，安装测量难度大，现场安装的精度要求高。

2.3.5 内庭钢柱呈倾斜状，与内圈梁对接安装及固定是关键点。

2.3.6 冬季漫长寒冷，夏季闷热潮湿，蚊虫凶猛，春秋天气变化剧烈，昼夜温差变化大，给安装、焊接等工作带来困难，特别是低温焊接困难较大。

2.3.7 本工程工期非常紧张，因当地适合钢结构作业时间周期非常短，土建提供作业面的时间及范围，是制约钢结构施工的关键所在，对协调管理提出了更高的要求。

3 施工部署

3.1 施工组织管理

为了有效地对本工程的施工进度、施工质量、文明施工等方面进行控制，顺利实现预期制定的质量、进度、安全、文明施工等的目标，我们将在本工程项目施工中组建具有丰富经验的项目管理体系并实行项目经理负责制。项目部将从深化设计协调、业主、监理配合，施工场地的综合安排，施工工期工序搭接协调，施工质量的控制监督，施工全过程监控等方面进行全面项目管理。

1）项目部组织机构

项目部组织机构如图3.1所示。

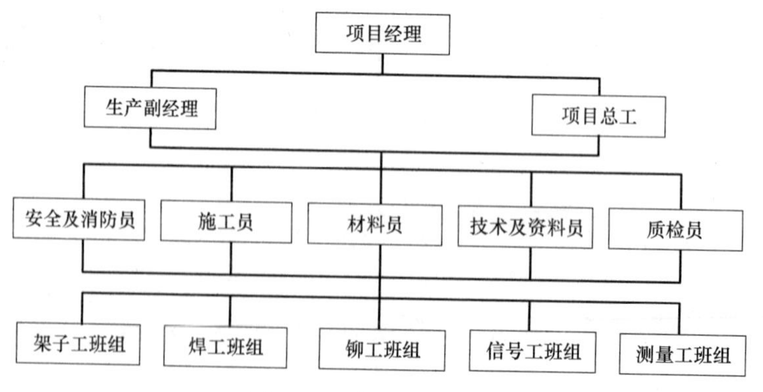

图3.1 项目部组织机构

2）管理职责

管理职责表　　表3.1

岗　位	职　责
项目经理	全面负责本工程的从工程开工至竣工，对工程进度、质量、安全、经营负总责
生产副经理	负责项目开工策划、组织、劳动力调配及业主方工作协调，协助经理做好施工专业管理
项目总工	负责项目技术方案编制、交底、检查落实，变更、洽商的签认，配合甲方质检部门的工作，协助经理做好技术、质量专业管理工作
施工员	负责项目的动态管理。工程计划、进度、运输管理，加工方和现场协调，专业台账、记录、报表及项目信息统计管理
技术员	配合技术经理及工程专业做好相关管理工作。侧重方案、措施的编制，施工流程、经验的积累
质检员	负责工程质量的检查、质量管理工作
资料员	负责专业、劳务合同管理。项目往来函件、信息收集、整理、保存。项目资料编制、签认、归档管理。协助技术经理做好相关工作
安全员	负责施工过程的安全文明施工、消防、治安、环保的全面管理
机械员	定期进行机械设备安全检查，做好维修保养、交接班记录等管理工作，对机械设备采取相应的安全防护措施，消除施工机械设备故障等
消防员	掌握各种器材操作技术及使用方法，负责防火宣传教育，提高防火意识、做好消防器材、设备检查工作。发生火灾即可投入使用
材料员	负责物资供应、控制的动态管理。主材成本控制，材料验收、发放、回收等环节的过程管理。并建立健全专业台账，资料齐全、账面清晰并和实物相符。兼管机动专业相关工作

针对本工程的特点，本公司将努力保质、保量、保工期、保安全来完成工程的制作加工和安装的任务。

3.2　流水段划分和施工顺序

3.2.1　安装方案的选定

1）本工程行车线路中存在多处桥梁，个别公路桥梁允许承载为30t；唯一上岛的浮桥载重量为50t，材料运输的准备须考虑周全；

2）现场已经立了4台型号为QTZ7030的工程塔吊，其中3台为70m臂，1台塔吊为60m臂，均能覆盖钢结构网架所有区域；根据实际情况只能以现场已有的起重设备（主要3台塔吊）作为钢构件安装及拼装之用。因工期比较紧张，工程中必然存在多专业施工，如遇到塔吊吊次不足的状况，内环增加2台30t汽车吊及1台75t汽车吊作为钢柱、钢梁安装之用；

3）根据钢网架结构形式及特点，综合塔吊的平面位置、运输条件（超长、超宽及超高限制）、安装控制等因素，最终确定经线主杆件可作合理分段，3杆3球为一字型加工成整件钢构件（共167组装件）发运至施工现场，环向及次杆件散件（2490杆件、100件管节点）出厂的方式，尽量减少现场的安装及拼装的吊次，最终将拼装吊次为100吊，安装吊次为2597吊；

4）总体的施工顺序为：平面施工顺序为先内环后外环，立面施工顺序为先支承体系后屋面网壳体系，网壳体系安装为先中心、后两边，先经线后纬线、先高后底，散件跟进（次构件进行补空的）的施工方法；

5）支撑方式：网壳及内庭环梁区为脚手架支撑体系。

3.2.2　施工段划分

1）立面体系施工分区

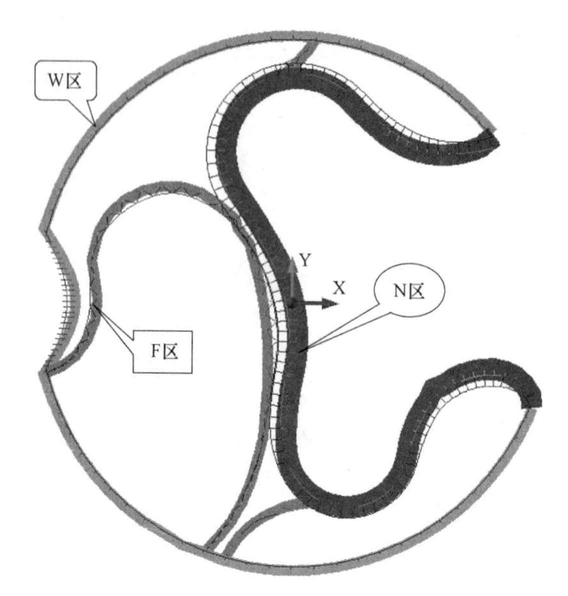

图 3.2-1　立面体系施工分区图

N 区：内环支撑体系：内庭斜柱、内庭柱间横梁、内庭柱间支撑、屋面檐口圈梁、屋面檐口挑梁 约 1140t，构件数量 732 件；

F 区：内分隔支座、内分隔斜柱、内分隔梁 约 135t，构件数量 270 件；

W 域：外环劲性钢柱、外环网壳钢柱、外环最外层环向杆件、出入口钢柱、出入口内拱梁约 197t，构件数量 144 件。

2）网壳结构体系施工分区

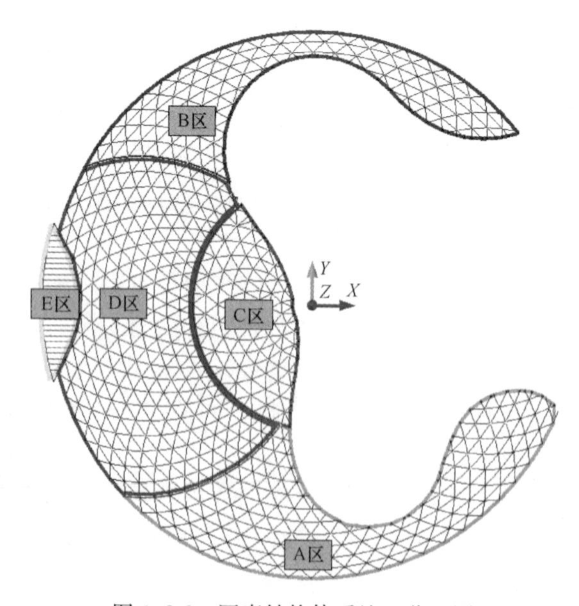

图 3.2-2　网壳结构体系施工分区图

A区：网壳组件杆件及散件，约574t，构件51件、散杆件286件；

B区：网壳组件杆件及散件，约394t，构件36件、散件192件；

C区：网壳散件及管节点，约308t，散件423件、管节点100件；

D区：网壳组件杆件及散件，约854t，构件80件、散杆件416件；

E区：雨棚区域钢构件，出入口外拱梁、出入口雨棚横梁、出入口斜撑等约37t，钢构件54件。

3.2.3　钢结构总体施工流程

1）整体施工顺序

预埋件安装——内庭柱安装——屋面檐口圈梁安装——柱间支撑及横梁安装——网壳主杆件安装——网壳次杆件安装——屋面檐口边梁安装——雨棚结构

2）结构施工顺序

第一步：N区（1140t）、F区（135t）、W区（197t）合计：1472t；

第二步：A区（574t）、B区（394t）、C区（308t）合计：1276t；

第三步：D区（854t）、E区（37t）合计891t。

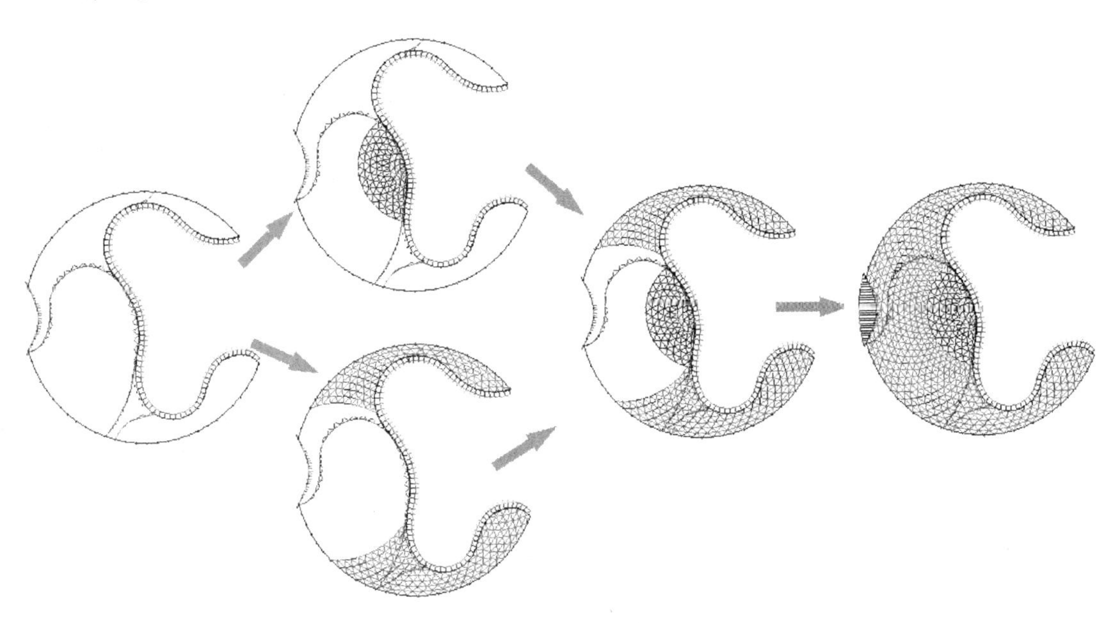

图3.2-3　平面施工顺序图

3.3　施工进度计划

由于工期较紧，地下部分的钢结构（189处埋件、钢楼梯、劲性钢柱、钢平台）全面配合随土建施工，地上部分的施工按正常提供作业面的情况下具体如下：

（1）深化设计：2011年10月22日——2011年12月20日（60天）

（2）原材料采购：2011年11月21日——2011年12月20日（31天）

（3）钢结构加工及运输：2011年12月21日——2012年9月20日（275天，含节假日）

（4）安装阶段一：地脚螺栓、埋件、劲性柱、钢平台的埋件安装

（随土建施工进度）

(5) N、A、B、C区脚手架搭设（5950m²）搭设
2012年5月30日——2012年8月27日（90天）
（随土建施工形成的作业面进行搭设）
(6) 安装阶段二：N、A、B、W、F区钢结构安装
（随出现的施工作业面同步进行安装）
2012年6月17日——2012年9月10日（86天）
(7) 安装阶段三：C区、D、E区钢结构安装；
2012年8月27日——2012年9月30日（35天）
(8) 安装阶段四：C、D、E区脚手架拆除退场
2012年10月1日——2012年10月20日（20天）
(9) 安装阶段五：防火涂装及面漆
2013年5月10日——2013年6月20日（30天）

具体也可详见附件工期计划表（表3.3）。以上为根据工程实际作业面情况，构件供应为理想状态条件下所排工期。

施工进度计划　　　　表3.3

任务名称	工期	开始时间	完成时间
钢结构加工及运输	275 工作日	2011年12月21日	2012年9月20日
− 钢结构安装	172 工作日	2012年5月2日	2012年10月20日
− 土建流水段施工进度安排	122 工作日	2012年5月2日	2012年8月31日
一段土建施工	37 工作日	2012年5月2日	2012年6月7日
二段土建施工	37 工作日	2012年5月22日	2012年6月27日
三段土建施工	37 工作日	2012年6月21日	2012年7月27日
十一段土建施工	37 工作日	2012年5月20日	2012年6月25日
十段土建施工	37 工作日	2012年6月9日	2012年7月15日
九段土建施工	37 工作日	2012年6月14日	2012年7月20日
五、八段土建施工	37 工作日	2012年6月29日	2012年8月4日
四、六、七段土建施工	37 工作日	2012年7月26日	2012年8月31日
第一阶段地下埋件安装	90 工作日	2012年5月30日	2012年8月27日
脚手架支撑系统搭设(随土建	90 工作日	2012年5月30日	2012年8月27日
− 第二阶段	86 工作日	2012年6月17日	2012年9月10日
N区钢结构安装焊接	69 工作日	2012年6月17日	2012年8月24日
A区钢结构安装焊接	55 工作日	2012年6月17日	2012年8月10日
B区钢结构安装焊接	55 工作日	2012年6月24日	2012年8月17日
W区钢结构安装焊接	86 工作日	2012年6月17日	2012年9月10日
F区钢结构安装焊接	76 工作日	2012年6月27日	2012年9月10日
− 第三阶段	35 工作日	2012年8月27日	2012年9月30日
C区钢结构安装焊接	10 工作日	2012年8月27日	2012年9月5日
D、E区钢结构安装焊接	25 工作日	2012年9月6日	2012年9月30日
− 第四阶段	20 工作日	2012年10月1日	2012年10月20日
C、D、E脚手架拆除退场	20 工作日	2012年10月1日	2012年10月20日

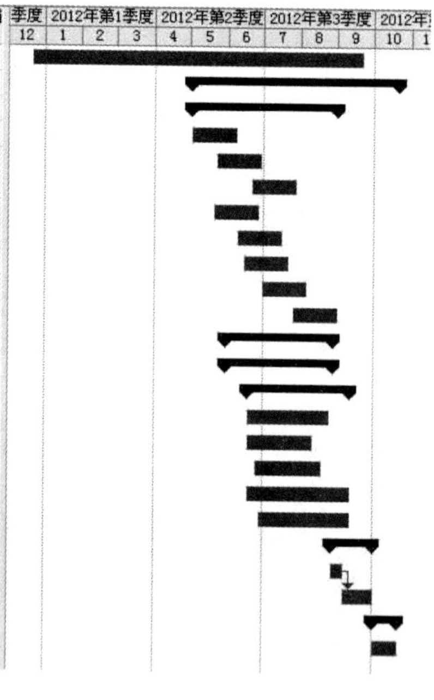

3.4　施工平面布置

根据当地施工情况及整体工程工期要求，钢结构必须在短短3个月内完成施工；综合考虑内庭斜柱、内分隔斜柱、屋面檐口圈梁、屋面檐口挑梁、屋面檐口边梁等多种构件，根据土建塔吊位置及临时道路状况，平面布置如图3.4所示。

网壳周围布置两台QTZ7030塔吊，网壳内部布置两台QTZ7030塔吊。

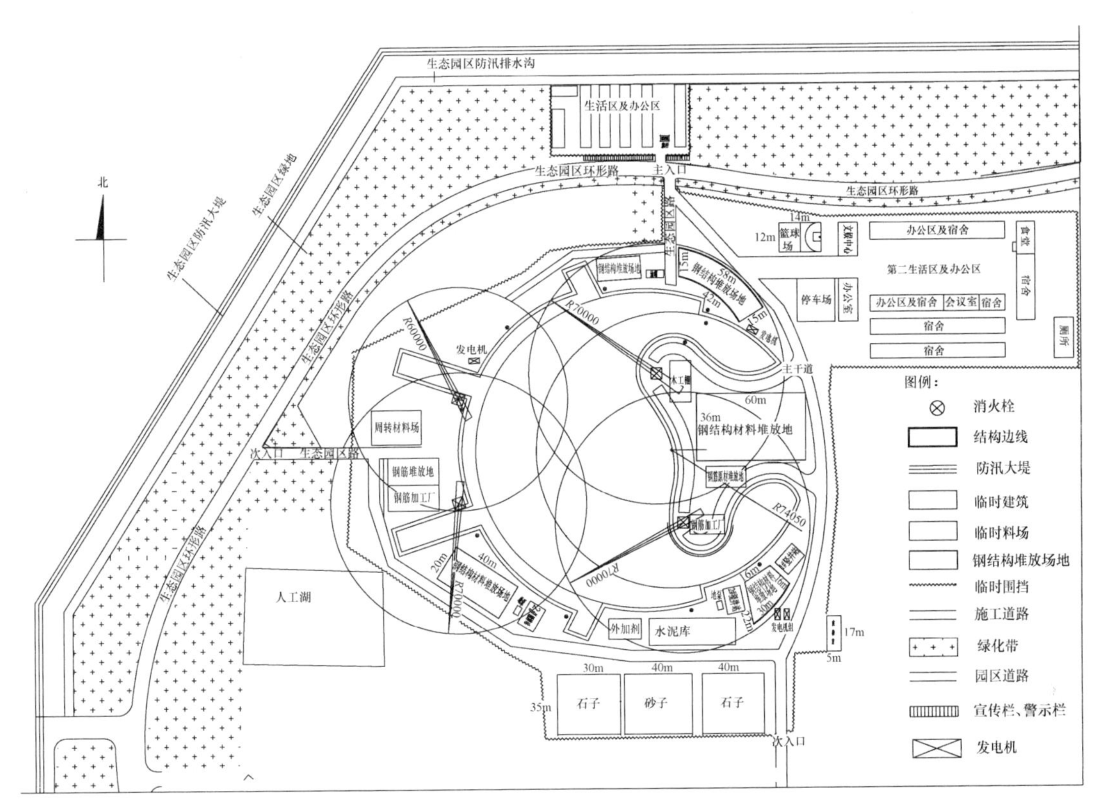

图 3.4　施工平面布置图

3.5　施工准备

3.5.1　技术准备

安装前，项目经理部及有关人员应提前到达施工现场进行安装前各项准备工作，主要是熟悉现场的实际情况，诸如：场地情况、道路运输、网壳材料构件、安装机具等的堆放位置、电源位置等。

进行现场布置：如网壳材料及机具堆放场地合理，行车通道平整、结实、畅通，水源、电源位置靠近。

生活、办公条件：如食、宿、水、电、行。食宿环境安全适宜，能保证水、电使用，办公室及库房应紧靠施工现场。

对与安装施工有关的前道工序进行复核，确保前道工序如埋件或基坑质量、标高、中心线、几何尺寸、平整度等准确，做好施工交接手续。

与相关施工单位进行施工工序、工期及交叉作业协调计划

3.5.2　人员准备

本工程是一个标志性建筑，工程复杂，难度大。为此主要技术人员在全公司范围内进行挑选，选择有丰富施工经验、了解地区情况的施工人员组成项目经理部。

本工程所有施工人员必须经过岗前培训，合格后方可上岗施工。特殊工种（如焊工、电工、信号工、测量人员等）必须持证上岗。

根据施工分段和施工流程要求，计划安排 4 个班组，劳动力需要 97 人。

施工劳动力计划　　表 3.5-1

序号	工种	人数	工作内容
1	铆工	32	负责钢结构的拼装、安装校正、构件倒运
2	起重工	12	负责钢结构的拼装、起吊就位
3	维修电工	1	负责现场施工用电及焊机维修、保养
4	测量工	8	负责钢构件的轴线、位移垂直偏差测量
5	焊工	45	负责钢构件焊接(最高峰,可增加到 45 人)
6	架子工	20	负责搭设脚手架(最高峰,可增加到 30 人)
7	辅助工	8	负责清渣、打磨、防腐处理、搭设防风措施
8	合 计	97	根据实际情况,最高峰人数可达 136 人

3.5.3　机械准备

起重设备选型和位置布置是本工程控制总工期最重要因素之一。选型需要考虑以下几个因素:

1) 本工程的吊重性能要求及分布位置:保证不能出现吊装盲区或构件吊不动;

2) 所选设备在租赁市场应该常见,维护、维修方便;

3) 根据总吊次及起重设备的效率确定起重设备的数量;

4) 起重设备还需要适应各种工作要求如卸车、倒料、安装等;

5) 起重设备的选择应该兼顾经济效益。

起重设备及脚手架　　表 3.5-2

序号	名　称	型　号	功率	单位	数量	用途
1	30t 汽车吊	NK300		台	2	内环钢柱及钢梁安装
2	75t 汽车吊	NK750		台	1	C 区高空杆件及盲区内环钢梁安装
3	高空散装脚手架	ϕ48×3		t	500	各区网壳及内环构件安装操作平台

焊接设备及辅助设备表　　表 3.5-3

序号	名　称	型　号	功率	单位	数量	用途
1	CO_2 半自动焊	YD—500EL1	23.3kVA	台	8	钢柱对接
2	碳弧气刨	YD—630SS	47.6kVA	台	1	返修清根
3	空气压缩机	0.6-1m^3	7.5kW	台	2	碳弧气刨风源
4	角向磨光机	ϕ110/150	2kW	台	3	修磨、清渣
5	直流电焊机	YD—400SS	26.3kVA	台	6	钢结构焊接
6	交流焊机	BX3-500	34.2 kW	台	2	钢结构焊接
7	气割			套	12	构件校正、修理

测量试验工具　　　　表 3.5-4

序号	器具名称	规格型号	单 位	数量	备注
1	水平仪		台	2	高程网传递
2	水平仪		台	2	高程测控
3	全站仪		台	2	三维测量
4	经纬仪		台	2	全向测量
5	焊接检验尺		套	2	焊缝检查
6	铅直仪		台	1	垂直度检查
7	钢卷尺	50m	把	2	长度检查
8		7.5m	把	8	长度检查
9		5m	把	10	长度检查
10	游标卡尺	150mm	把	1	截面尺寸检查
11	钢直尺	1000mm	把	10	长度检查
12	裂纹深度测量仪	LS-3	台	1	表面检查
13	涂层测厚仪	ECC-24	台	1	涂层厚度检查
14	风速仪	DEM6	台	2	风速测定

4　临时支承结构设计

4.1　满堂红脚手架设计

根据网架安装方案，采用扣件式满堂钢管脚手架作为操作平台，脚手架钢管考虑目前市场上的质量情况，决定选用规格 $\phi48\times3.5$（计算时截面按 $\phi48\times3.2$ 钢管），材质Q235B，立杆主体间距为 1.5m×1.5m，步距为 1.5m。

本工程脚手架搭设总面积约 8492m^2，脚手架的最高搭设高度为 18m，根据网架下弦高度要求搭设成阶梯状结构，并预留出网架安装空间，脚手架采用分层搭设，层高错位处支撑点处操作面需围护。

由于脚手架高度高，为配合网架结构分区域施工，脚手架需分区搭设，脚手架搭设顶面宽度符合平面布置图要求，以满足网架安装支承要求，为保证脚手架纵横向稳定，根据规范 6.8.2 条规定，满堂脚手架周边环向和中间设置剪刀撑，每道剪刀撑宽度不小于 4 跨、不大于 6 跨，并由地面至操作顶面连续设置，剪刀撑与地面倾角为 45°～ 60°之间，中间剪刀撑每隔 4～6 排设置，间距不大于 6m，水平剪刀撑应设在扫地杆层、中间层、架体顶层共设置三层，水平剪刀撑上下层间距不超过 8m，立杆底部设纵横向扫地杆离地高度为 200mm。

脚手架搭设在楼层面上或种植区内，根据结构设计所提供荷载，N、A、B、D、E 区脚手架底部承受均布荷载均小于设计所提供荷载，楼层板不需要另外加固，但考虑到结构安全，土建模架系统不予拆除，处于楼层区加密点，须在楼板下对应设置加密杆件作为临时回顶加固之用。

种植区内回填至地面结构楼层（－0.05m）标高处。楼面施工完后脚手架不予拆除，种植区采用中砂回填，应按设计要求分层夯实，能达到承载力要求（见计算书）。在A、C、D区植物种植区按设计要求用中沙回填夯实后，操作架体底座双向满铺脚手扳，在加密区底座铺设钢板，钢板上通过垫设脚手板，尽量避免基础沉降，达到地基承载力要求。

脚手架在每个管节点处采用9根间距600的脚手架围成井字形，对管节点部位进行局部加强，并与周围架体相联系。顶部通过100mm×150mm木方上搭设20mm×650mm×650mm钢板作为支撑点转换平台，使整个操作平台顶部能均匀受力，为了稳定考虑，立杆之间加设联系杆，步距为1.5m，并从底部搭设至顶部，增加局部受力，使脚手架体系均布分散受力保证脚手架整体稳定性，如图4.1所示。

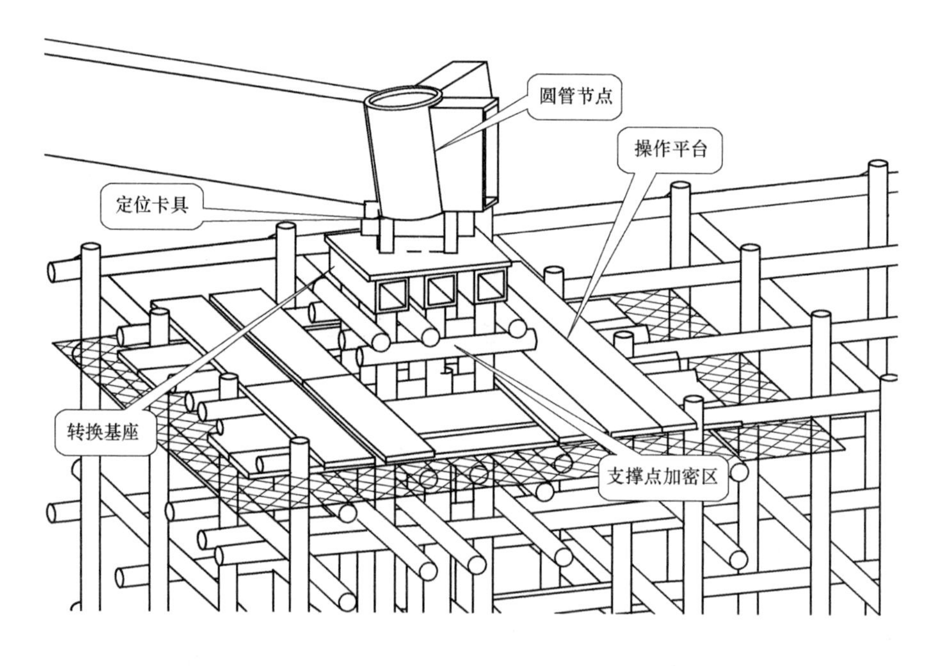

图4.1　支撑平台示意图

4.2　钢柱支承结构设计

钢柱底端为铰接连接，且钢柱均为倾斜状态最大倾斜度为13°，安装时构件存在头重脚轻现象，柱子安装时须采取必要的安装措施，方能使钢构件保持稳定，在钢柱安装校正完后，借助于脚手架支撑体系，在钢构件中部可加设钢管支撑措施，辅助缆风绳的方式对钢柱进行校正，校正完后以刚性支撑予以加固定，同时钢梁安装时，由底部至顶部加设钢管支撑，与钢梁及钢柱用钢管进行加固处理，使钢柱及钢梁安装时，保证钢柱及钢梁的稳定性。

刚性支撑选用热轧H形钢H300×200×8×12，每根斜柱根据需要控制在5m内。

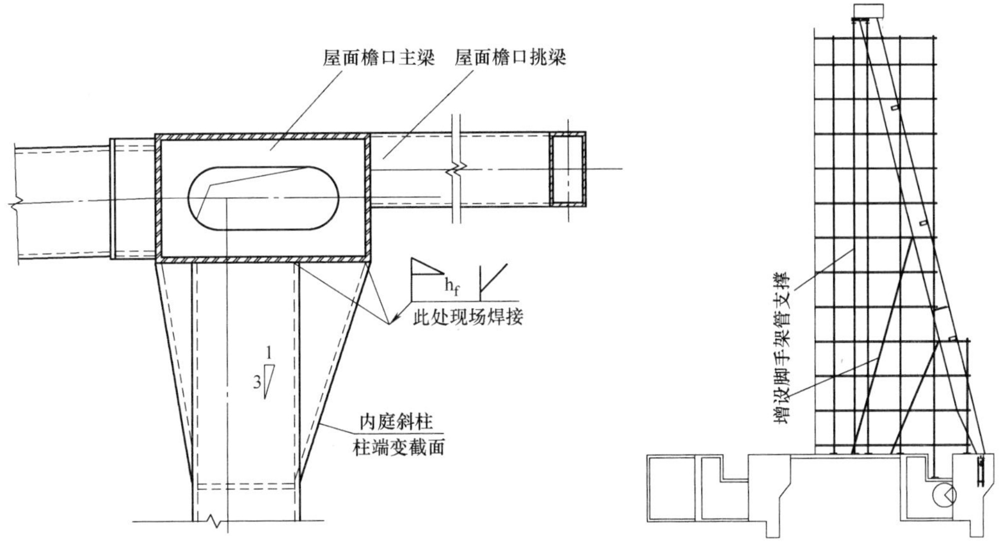

图 4.2　钢柱加固支撑示意图

5　施工工艺与验收要求

5.1　安装工艺流程

预埋件安装——内庭柱安装——屋面檐口圈梁安装——柱间支撑及横梁安装——内庭分隔安装——外环网壳支座、入口斜柱及拱梁　网壳主杆件安装——网壳次杆件安装——屋面檐口边梁安装——雨棚结构

具体步骤如下：

1）地下预埋件、劲性钢柱及地脚螺栓安装，土建形成钢结构作业面，见图 5.1-1；

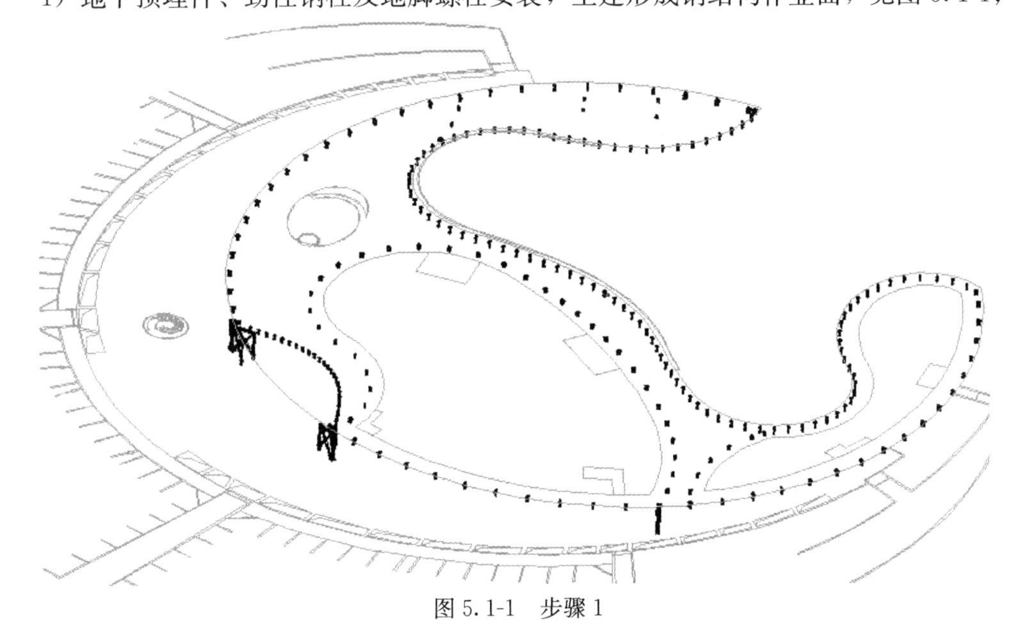

图 5.1-1　步骤 1

2）根据土建作业面大小逐步搭设 A、B、C 区脚手架体系，见图 5.1-2；

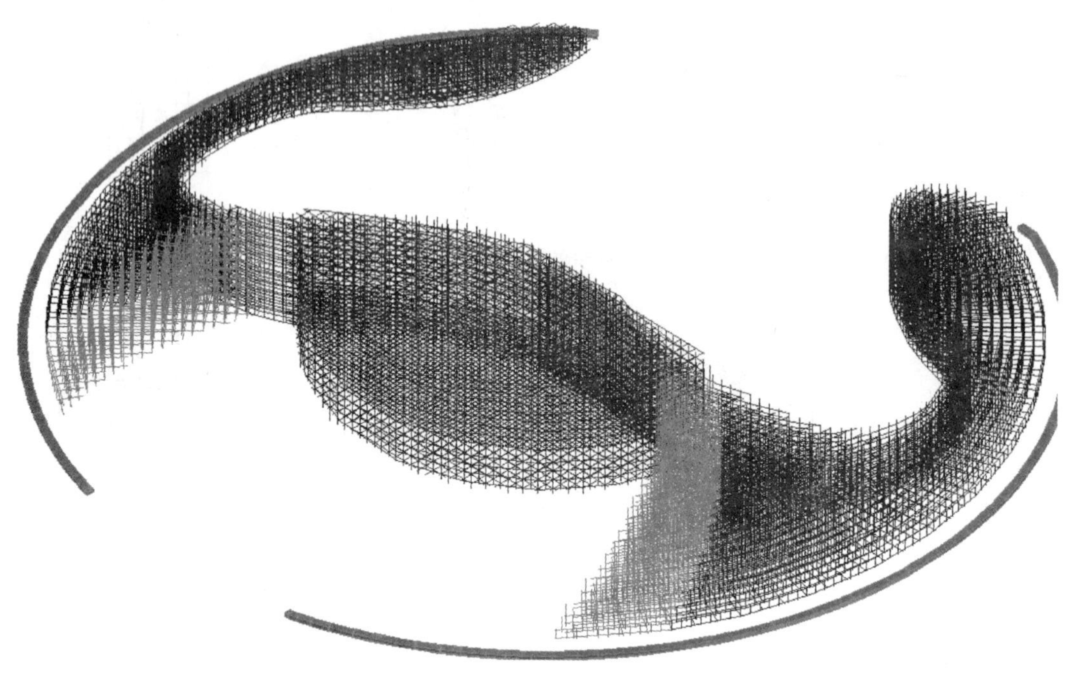

图 5.1-2　步骤 2

3）N 区、W 区、F 区结构随工作面大小进行安装，见图 5.1-3；

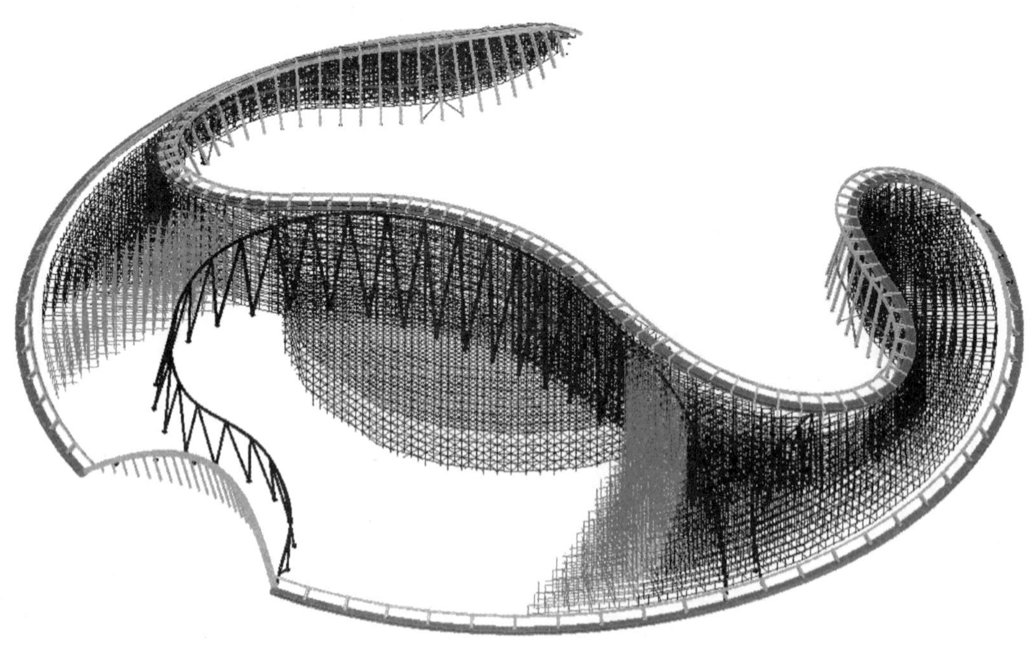

图 5.1-3　步骤 3

4）A、B网壳结构由两端向中部进行安装，同时C区钢构件由中部进行安装，见图5.1-4；

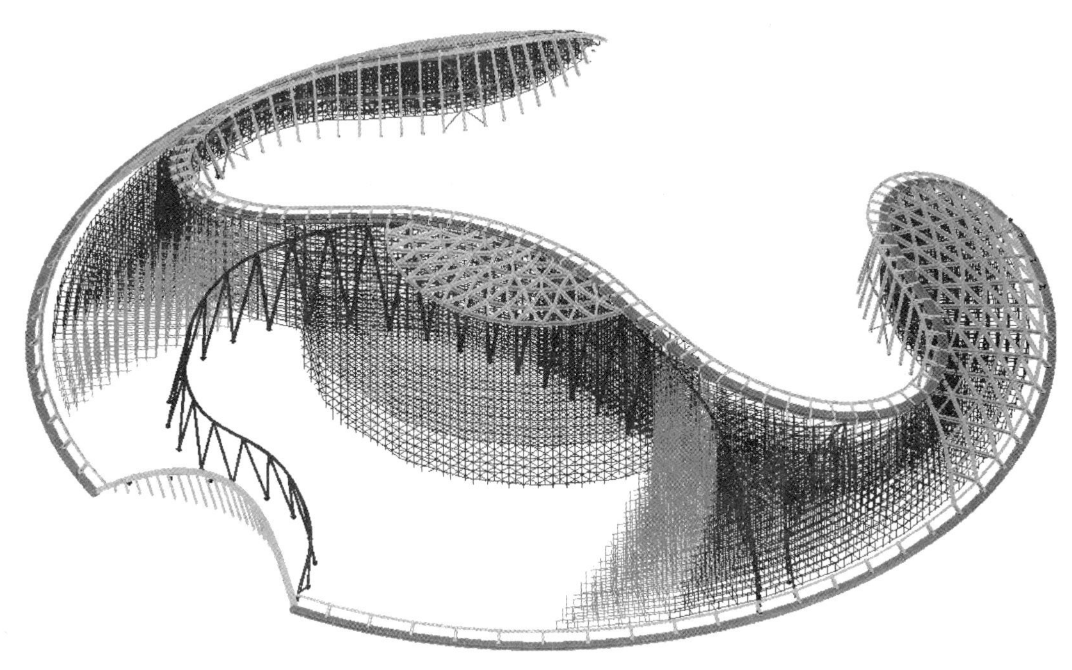

图5.1-4　步骤4

5）A、B、C区网壳安装完成施工至合拢区域，经焊接后形成整体稳定体系，步骤5；

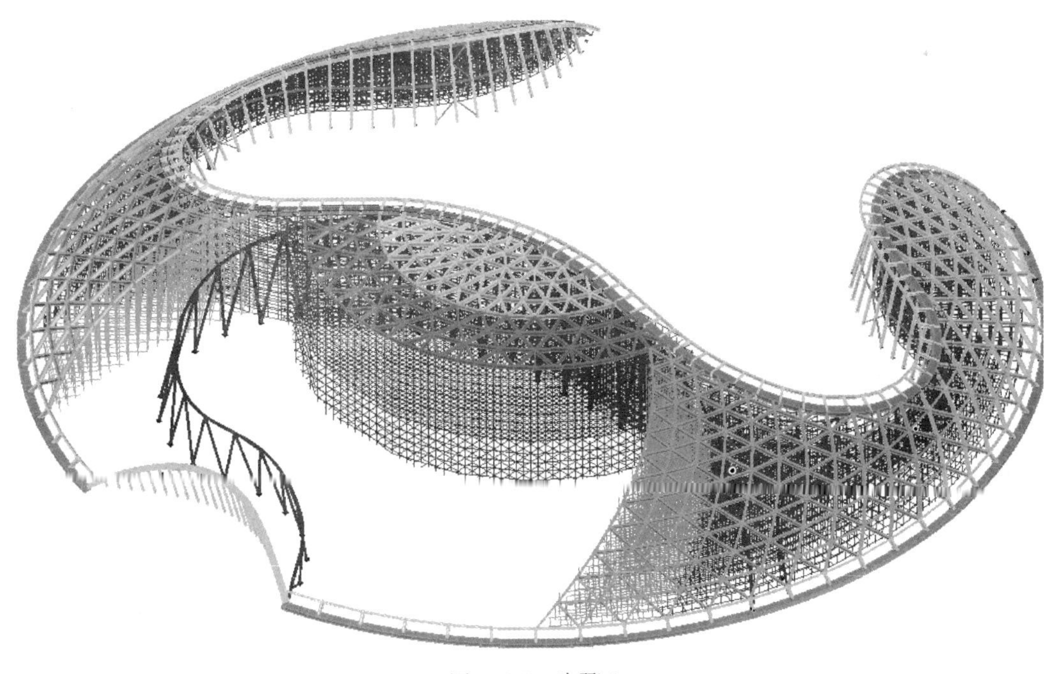

图5.1-5　步骤5

6）A、B区脚手架拆除，而合拢区域脚手架保留不予拆除，见图5.1-6；

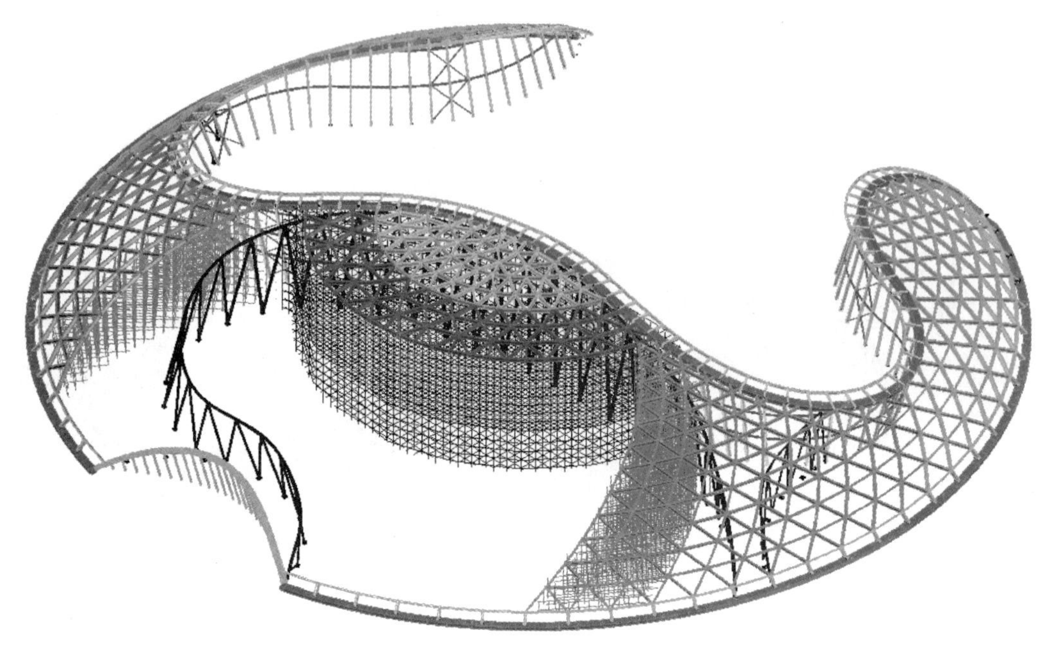

图5.1-6 步骤6

7）A、B区脚手架拆除周转至D区使用，进行D区脚手架操作平台搭设，见图5.1-7；

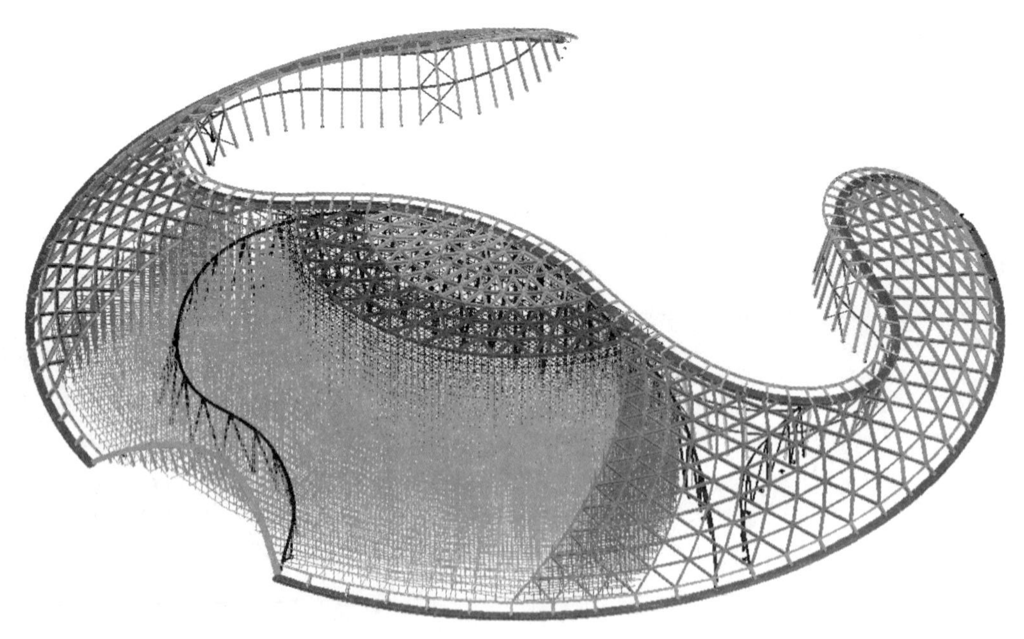

图5.1-7 步骤7

8）D区心形部位网壳杆件由高至低，由上而下进行安装直至与W区拱梁连接，见图5.1-8；

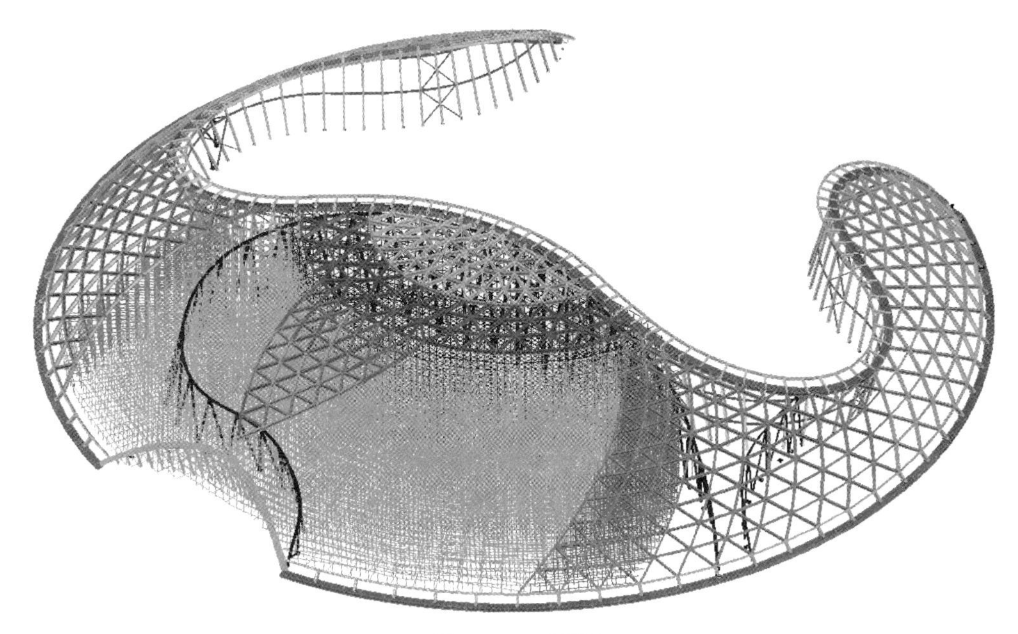

图5.1-8　步骤8

9）由D区心形部位分别向A、B区合拢区进行安装，见图5.1-9；

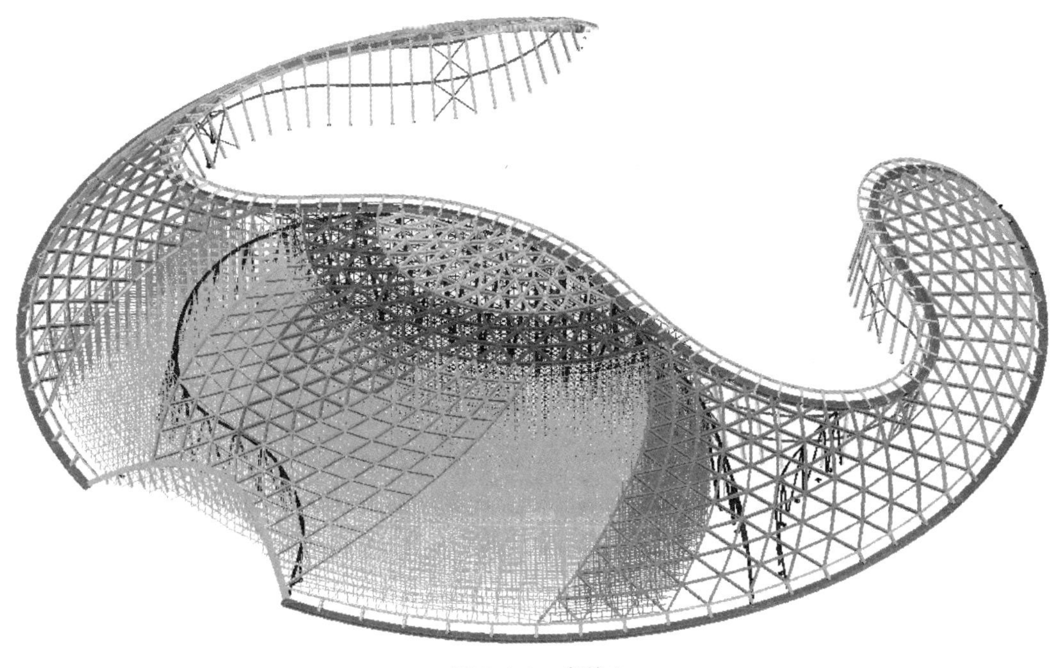

图5.1-9　步骤9

10）施工至合拢区域，见图 5.1-10；

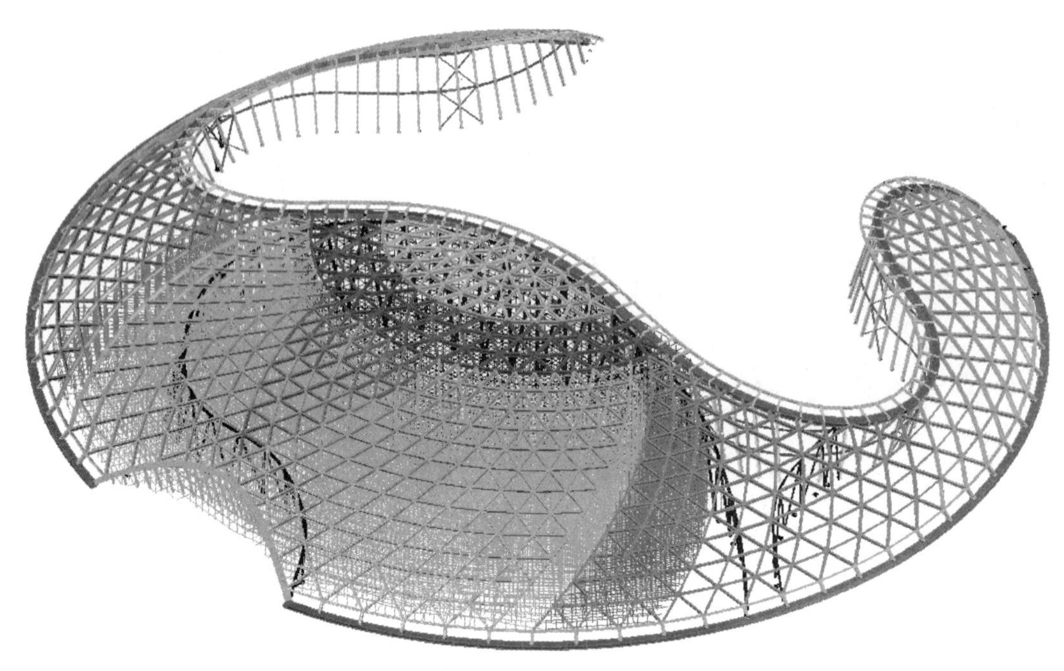

图 5.1-10　步骤 10

11）D 区与 A 、B 区合拢区进行安装，雨棚 E 区可同步安装完成，见图 5.1-11；

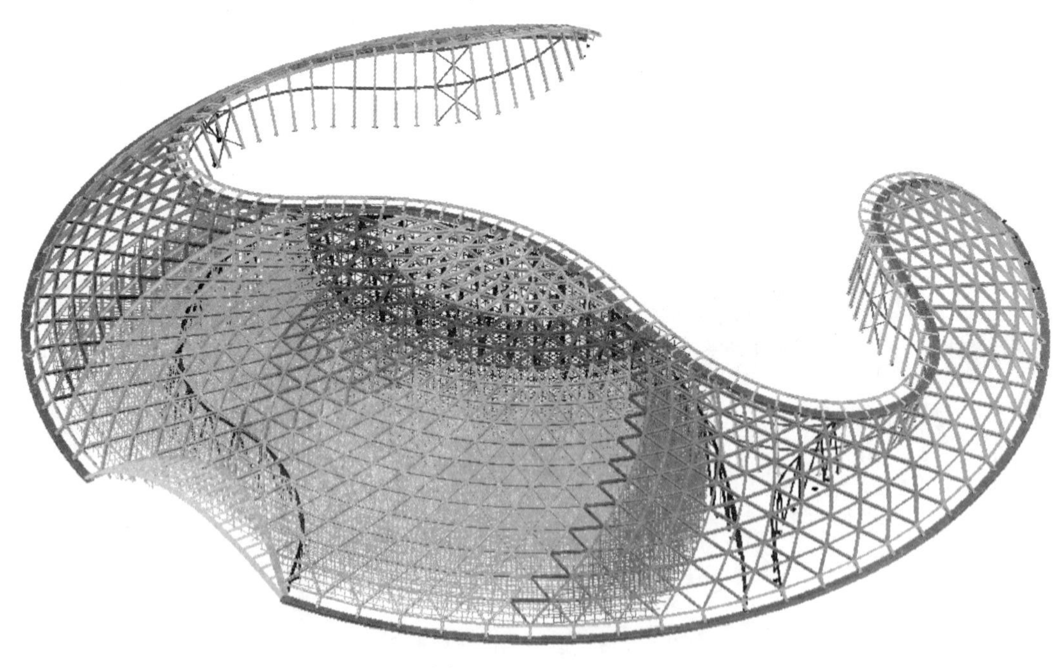

图 5.1-11　步骤 11

12）焊接形成稳定整体结构，经卸载后拆除脚手架体系，最终安装完成，见图5.1-12。

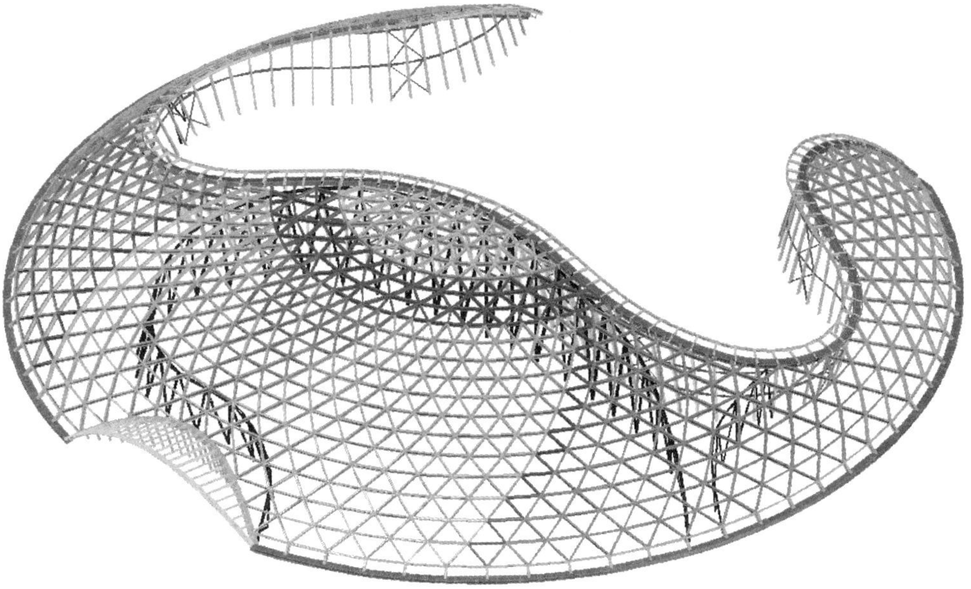

图5.1-12 步骤12

5.2 C、D区域脚手架支撑体系卸载

5.2.1 支撑体系卸载简述

对于本工程的支撑体系卸载主要指中间C、D区域高跨部位网壳的脚手架支撑体系卸载，如何保证和卸载后结构的应力和应变与设计状态相吻合是一个难点。

选择合理的卸载顺序和步骤，将支撑点内力安全快速的传递给永久结构，并保证结构在卸载过程中的安全。

5.2.2 支撑体系卸载原则

按照分布在高跨部位，变形较大的33个卸载点同步进行原则。

5.2.3 支撑体系卸载内容

1）两侧低纬度区域A、B区网壳卸载

A、B区结构形成稳定体系后，在由A至D区过渡区，以及A至D区过渡区经线三排加密区支撑点，不予卸载，由于低纬度区域网壳结构稳定，结构挠度小，故可直接均匀、对称进行支撑体系的卸载，并在卸载前后对高跨部位斜柱和跨度较大部位网壳节点进行变形监测。

2）C、D区高跨部位网壳

根据设计单位提供图纸中的设计说明以及施工分析核算，可以得知C、D高跨部位，在卸载后变形较大，故此需要对此部分进行支撑体系卸载。

3）入口雨棚

此部分为较为简单的雨棚，在施工中，先拆除拱梁中间的脚手架，并从中间向两侧拆除即可。

5.2.4 支撑点的布置图

安装合拢后对处于C、D区最大挠度区域的33个支撑点，均匀布置在网壳挠度最大的区域下方，经计算卸载后最大挠度为 55mm，卸载量以计算值为参考（10mm 为卸载点等分量）。如图 5.2-1 所示。

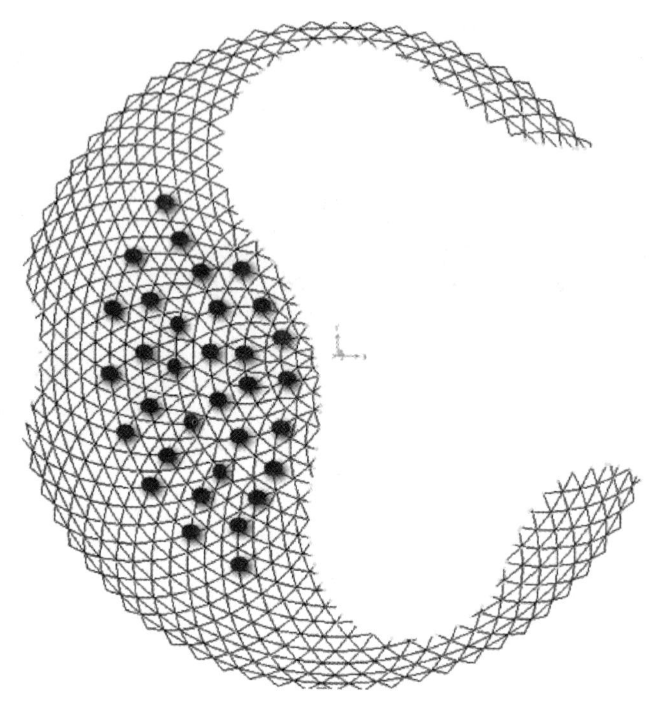

图 5.2-1　卸载点平面位置图

点编号	工况组合	分析类型	Z向位移 mm
718	DEAD	LinStatic	-35.9
1066	DEAD	LinStatic	-49.9
1073	DEAD	LinStatic	-52.7
1082	DEAD	LinStatic	-51.5
1090	DEAD	LinStatic	-44.6
1097	DEAD	LinStatic	-30.0
1110	DEAD	LinStatic	-30.5
1115	DEAD	LinStatic	-41.0
1119	DEAD	LinStatic	-42.8
1123	DEAD	LinStatic	-43.0
1126	DEAD	LinStatic	-41.9
1130	DEAD	LinStatic	-39.3
1134	DEAD	LinStatic	-30.0
1176	DEAD	LinStatic	-22.3
1179	DEAD	LinStatic	-27.7
1182	DEAD	LinStatic	-27.5
1185	DEAD	LinStatic	-28.0
1188	DEAD	LinStatic	-29.0
1191	DEAD	LinStatic	-28.6
1194	DEAD	LinStatic	-27.3
1197	DEAD	LinStatic	-19.4
1586	DEAD	LinStatic	-43.3
1590	DEAD	LinStatic	-16.7
1596	DEAD	LinStatic	-24.7
1600	DEAD	LinStatic	-46.7
1604	DEAD	LinStatic	-55.0
1608	DEAD	LinStatic	-54.4
1613	DEAD	LinStatic	-26.9
1616	DEAD	LinStatic	-45.3
1618	DEAD	LinStatic	-44.5
1621	DEAD	LinStatic	-22.7
1652	DEAD	LinStatic	-20.8
1654	DEAD	LinStatic	-15.9

图 5.2-2　支撑点竖向位移统计表

5.2.5　卸载示意

支撑塔架处设置 50t 的液压千斤顶，共计 33 台，支座反力最大按 231kN 计算。

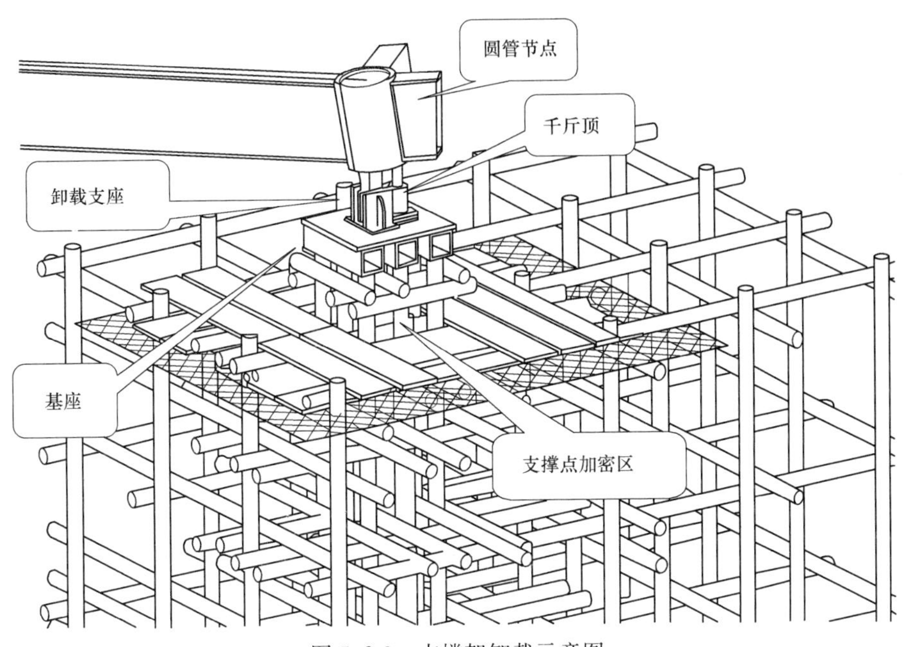

图 5.2-3 支撑架卸载示意图

5.2.6 卸载前准备

卸载前结构施工完毕，且无损探伤合格。

检查千斤顶系统是否正常工作。

检查支撑体系。

检查测量仪器及是否能够通视。

配备统一的通信设备，保证口令统一。

5.2.7 卸载流程

1）技术准备

熟悉钢结构设计和深化图纸；了解钢结构施工工艺和顺序；施工现场实际踏勘。

2）卸载方案编制

确定卸载点布置；卸载方案的确定；卸载工装的设计；卸载设备的选型。

3）卸载设备安装及调试

安装卸载设备同时检查设备工作状态，并对设备进行调试。

4）卸载前技术交底

在准备卸载前，对先关人员进行卸载技术交底。

5）卸载

安装卸载方案对支撑体系进行卸载，卸载完成后拆除卸载工装及设备。

5.2.8 卸载时间和温度

根据施工进度计划安排，预计卸载在9月中下旬，为了保证卸载时温度尽量接近合拢温度。

5.2.9 卸载过程控制

强化指挥，服从指令，协调一致。

卸载过程中，协调与监视人员要时刻观察，保证作业人员的步调一致，如其中一个点出现问题，其他点的作业人员应停止卸载。

5.2.10　卸载过程操作

所有前期准备工作完成后，开始正式卸载，卸载设备由相关专业人员操作，钢结构施工单位配合卸载。卸载过程中，对重点部位进行应力和变形监测，确保整个结构主体最终达到设计规定的状态。

在整个卸载过程中，需要处理多方参与的卸载小组统一管理，并安排专人详细记录卸载各步动作，将该动作中发生的情况和相关测量数据，形成书面文字，报卸载小组。

5.2.11　卸载预案

当发现结构和支撑塔架的整体变形出现异常变化时，将测量结果和相关数据提供给设计单位，请设计单位依据现实变形基础上进行计算校核，必要时指定新的卸载顺序和方法，确保整个结构主体最终达到设计规定的状态。

5.2.12　控制指标

卸载过程中，以各卸载点的位移差值作为关键的控制指标。其中，各个卸载点自身位移符合设计计算结果，整个网壳（包括斜柱）的变形也需要满足设计要求。

5.2.13　卸载注意事项

临时支撑点共33点，并在主体结构焊接完成后进行整体卸载，使用千斤顶受力时应随时升降，随时调整垫板高度，应选用同一规格和型号的千斤顶，确保载荷分布均匀合理，无过载现象，卸载应逐步分层卸载（撤出铁垫板）。安装网壳杆件时应严格按照设计和规范要求进行预起拱，确保卸载后的挠度变形符合设计和规范要求。每个卸载点经计算均有挠度值，根据计算挠度值确定每个卸载点的卸载量（具体见计算书），卸载后计算的变形值已通过原设计的审核及认可。

5.3　临时支承结构拆除工艺流程

拆除作业应按确定的程序进行拆除：安全网→挡脚板及脚手板→防护栏杆→剪刀撑→斜撑杆→小横杆→大横杆→立杆。

不准分立面拆除或在上下两步同时拆除，做到一步一清，一杆一清。拆立杆时，要先抱住立杆再拆开最后两个扣件。拆除大横杆、斜撑、剪刀撑时，应先拆中间扣件，然后托住中间，再解端头扣件。

5.4　验收要求

5.4.1　脚手架验收要求

脚手架验收要求　　表 5.4

序号	项目		技术要求	允许偏差(mm)	示意图	检查方法与工具
1	地基基础	表面	坚实平整	—	—	观察
		排水	不积水			
		垫板	不晃动			
		底座	不滑动			
			不沉降	−10		

续表

序号	项目		技术要求	允许偏差(mm)	示意图	检查方法与工具
2	立杆垂直度	最后验收垂直度 20～80m	—	±100	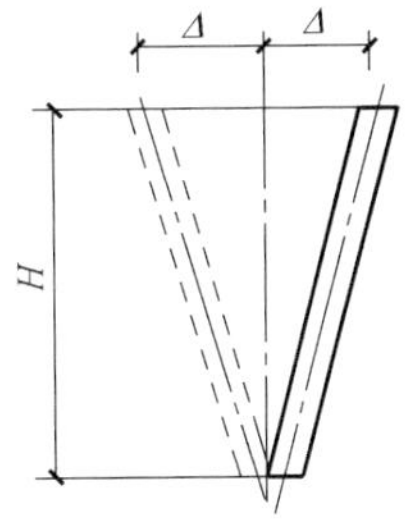	用经纬仪或吊线和卷尺
3	间距	步距纵距横距	—	±20 ±50 ±20	—	钢板尺
4	纵向水平杆高差	一根杆的两端	—	±20	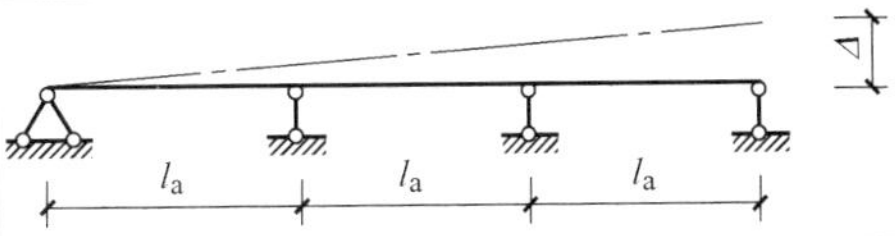	水平仪或水平尺
		同跨内两根纵向水平杆高差	—	±10	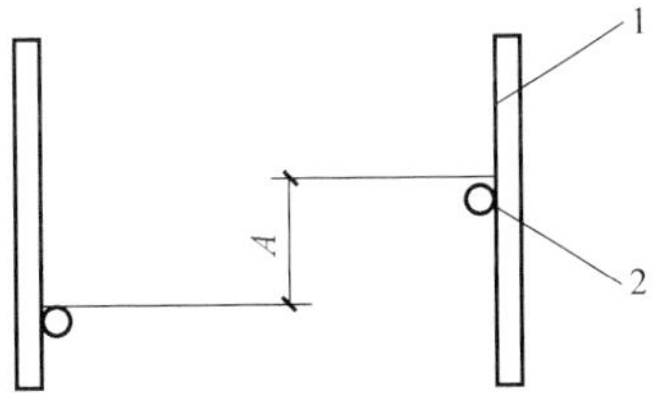	
5	双排横向水平杆外伸长度偏差		外伸 500mm	50	—	钢板尺
6	扣件安装	主节点处各扣件中心点相互距离	a≤150mm	—	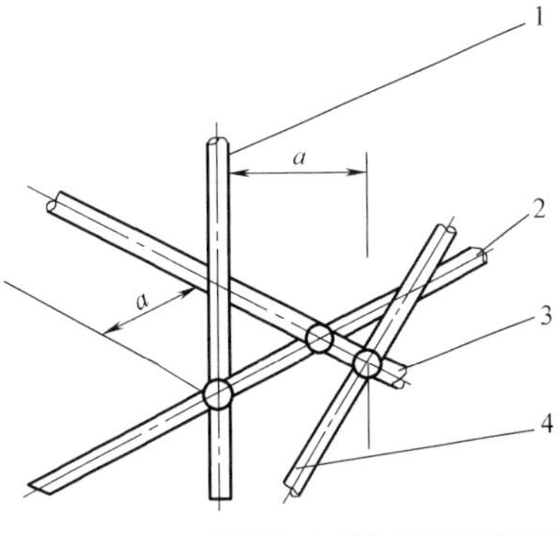	钢板尺
7	剪刀撑斜杆与地面的倾角		45°～60°	—	—	角尺
8	脚手板外伸长度	对接	a=130～150mm l≤300mm	—	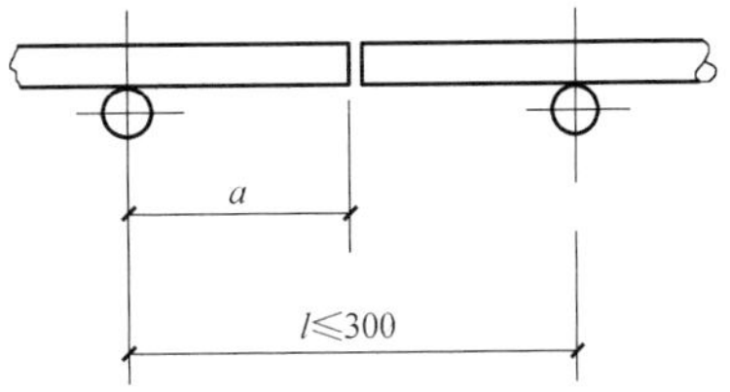	卷尺

续表

序号	项目		技术要求	允许偏差(mm)	示意图	检查方法与工具
8	脚手板外伸长度	搭接	$a \geqslant 100$mm $l \geqslant 200$mm	—	a $l \leqslant 200$	卷尺

5.4.2　网壳安装验收要求

应检查网壳的若干控制点的距离偏差和高度偏差。控制点的距离不大于20m，控制点水平偏差允许值应为两点间距离的1/2000，且不应大于10mm；控制点高度偏差允许值：不应大于设计标高的10mm。合拢后的网壳节点最终高度偏差允许值均不应大于设计标高20mm。控制点位置由承包商与设计方共同协商后确定。

施工完成后，应测量网架的挠度值（包括网架自重的挠度及屋面工程完成后的挠度），所测的挠度平均值，不应大于设计值的15%，实测的挠度曲线应存档。网壳起拱值见相关图纸。

6　监测方案

6.1　监测项目

对于本工程而言，网壳结构复杂，应力监测难度大，而主要节点位置的变形监测比较方便，也便于指导施工。

6.2　监测方法

6.2.1　边柱监测

内庭斜柱、内分隔斜柱等起到主要受力作用，通过直接监测柱顶位移变化，能够反映网壳的实际情况，故此选择主要斜柱的柱顶进行监测，但具体监测位置根据设计要求位置。

6.2.2　网壳监测

施工过程中，应测量网架的挠度值（包括网架自重的挠度及屋面工程完成后的挠度），所测的挠度平均值，不应大于设计的15%，实测的挠度曲线应存档。网架的挠度观测点：对小跨度（24m以下），设在下弦中央一点，对大中跨度（24m以上），可设五点，下弦中央一点，两向下弦跨度四分点处各二点，对三向网架应测量每向跨度三个四等分点处的挠度。但具体监测位置根据设计要求位置。

6.3　监测频率

变形观测的频率分为三个时段，第一时段为卸载开始前，每天一次；第二时段为卸载过程中，根据卸载动作的实施，每卸载步骤监测一次；第三个时段为卸载后，每天两次，连续观测两天，最后在全部安装完成后施测一次。

6.4　预警

当监测值接近施工核算和设计参考值时，应延缓安装或卸载过程。查明原因，并将实际情况反馈给设计及相关单位，共同商定并确定相应技术及安全措施。

6.5　信息反馈

为确保脚手架卸载过程按照既定的程序进行，整体结构在平稳状态中转换，需要对整体结构进行多项内容的监测工作，其中主结构的应力变化状态已经有专业单位完成。在整个脚手架卸载过程中，将对主结构的整体变形情况和典型脚手架的支撑应力变化情况进行跟踪监测，以实时掌握结构变形状态和脚手架的受力安全，保证整个卸载过程的安全进行，同时验证各个卸载步骤同理论计算结果，为积累大跨度异形钢结构的设计和施工资料。

7　施工安全保证措施

7.1　产品质量保证措施

7.1.1　测量质量保证措施

仪器定期进行检验校正，确保仪器在有效期内使用，保证测量人员持证上岗；

各控制点应分布均匀，并定期进行复测，以确保控制点的精度；

因内庭斜柱、内分隔斜柱等起到主要受力作用，通过直接监测柱顶位形变化，能够反映网壳的实际情况，故应对斜柱定时进行监测；

施工过程中，应对网架的挠度值（包括网架自重的挠度及屋面工程完成后的挠度）进行定时测量，确保符合设计要求，并将实测的挠度值存档。

7.1.2　加工制作质量保证措施

加强施工工艺管理，保证工艺过程的先进、合理和相对稳定，以减少和预防质量事故、次品的发生。

坚持质量检查与验收制度，严格执行“三检制”，上道工序不合格不得进入下道工序，对于质量容易波动、容易产生质量通病或对工程质量影响比较大的部位和环节加强预检、中间检查和技术复核工作，以保证工程质量。

做好各工序和成品保护，下道工序的操作者即为上道工序的成品保护者，后续工序不得以任何借口损坏前一道工序的产品。

1）涂装质量控制

（1）所有钢结构构件在涂刷防锈蚀涂料前，必须将构件表面的毛刺、铁锈、油污及附着物清除干净，使钢材的表面露出银灰色，除锈方法采用喷砂或抛丸除锈，除锈质量等级室内钢结构要求达到《涂覆涂料前钢材表面处理表面清洁度的目视评定》的标准。

（2）补漆作业与现场涂装要求：对于在运输过程中，因摩擦等造成的构件表面漆层破坏部位，在卸车后应及时对其打磨并用相同底漆进行修补。现场涂装因条件较差，质量管理方面需更严格和规范。

2）运输质量控制

（1）构件运输尽量减少变形、保证现场安装顺序及安装进度的要求。

（2）工厂应在钢件上注明构件号及拼装接口标志，以便于现场组装。

（3）散件按同类型集中堆放，分类标识、集中装运。

（4）在整个运输过程中为避免涂层损坏，在构件绑扎或固定处用软性材料衬垫保护。

（5）物资的供应及时保证现场的供应，如遇到特殊情况，比如桥梁载重不够，应提前在限位桥梁处准备临时转场措施，同时准备好吊车，随时分载运输，不能耽误现场的钢构件供应。

7.1.3　现场安装质量保证措施

严格执行“过程控制”，树立创“工程精品”、“业主满意”工程的质量意识，使该工程成为我公司具有代表性的优质工程；

制定分项质量目标，将目标层层分解，质量责任到人；

根据业主对工程的要求制定严格的质量管理条例，并在工程项目上坚决贯彻执行；

严格执行“样板制、三检制、工序交接制"制度和质量检查和审批等制度；

大力加强图纸会审、图纸深化设计、详图设计和综合配套图的设计和审核工作，通过控制设计图纸的质量来保证施工工程质量；

严把原材料、成品、半成品、设备的进场质量关；

提前装配件设置工艺卡板和辅助安装吊装措施。

7.1.4　焊接质量保证措施

对焊接技术人员和焊接工人必须持证上岗。

做好焊接施工技术准备，事先编写出焊接施工技术交底，以指导焊接施工。

加强焊接过程中的质量监督，加强过程质量检查及验收。

遇到特殊施工环境，焊接施工前搭设临时焊接防护棚措施，对焊接作业进行防护。

综合考虑焊接效率和操作难度，横焊、平焊、立焊采用 CO_2 气体保护焊；仰焊采用焊条电弧焊。

特殊环境下焊接前需对焊接位置附近 100mm 处进行烘烤，去除钢板表面水汽。

当焊接作业区相对湿度大于 90％时，禁止焊接施工。

在保证焊透的前提下采用小角度，窄间隙焊接坡口，以减少收缩量。

采用小热输入量，小焊道，多道多层焊接方法以减少收缩量。

低温焊接环境温度范围为 0～－15℃。低于－15℃需停止焊接作业。

7.2　安装过程安全保证措施

在施工前必须逐级进行安全技术交底，其交底内容针对性要强，并做好记录，明确安全责任制。

进入施工现场的所有人员必须佩戴好安全帽。

凡从事两米以上且无法采取可靠安全防护设施的高处作业人员必须系好安全带，严禁高处作业临空投掷物料。

对构件安装就位等高空连接工作，应搭设稳固可靠的临时工作平台，安全防护如图 7.2-1～图 7.2-3 所示。

图 7.2-1 钢柱安装操作平台

图 7.2-2 网壳杆件安装焊接用挂篮

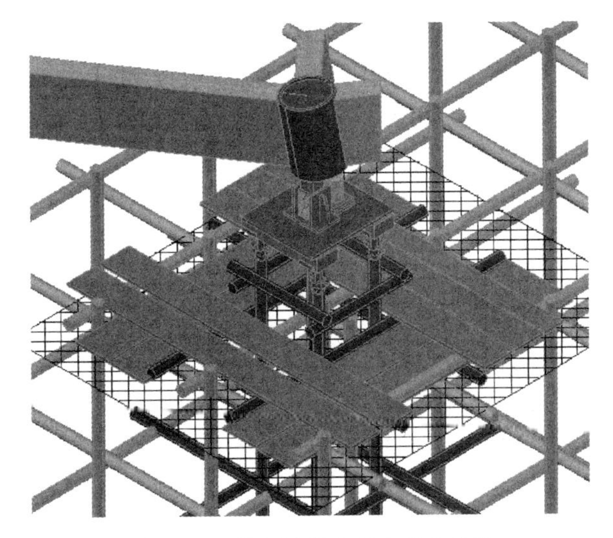

图 7.2-3 脚手架操作平台安全措施

脚手架作业面必须满铺脚手板，距构筑物不得大于 20cm，严禁有探头板、飞跳板。脚手板层面下设水平兜网，同时脚手架每隔四步大横杆底部设一道水平兜网；作业面设置护身栏杆和挡脚板；脚手架外立杆内侧密目网全封闭。

工具式脚手架使用和升降时，必须有保险绳，吊钩必须有防脱钩装置；吊篮保险绳应兜底使用，作业人员必须戴好安全帽系好安全带。

加强雨季施工的防护措施，及时掌握气象资料，以便提前作好工作安排和采取预防措施，防止雨天对施工造成恶劣影响。

五级以上大风、大雨、大雪及浓雾等恶劣天气，禁止从事露天高空作业。施工人员应采取防滑、防雨、防水及用电防护措施。

不允许雨天进行焊接作业，如施工必须设置可靠的挡雨、挡风篷等防护后方可作业。

夜间施工必须有足够照明，危险作业面周围应红灯示警。

施工现场的各种安全防护设施，未经批准任何人不准随意拆改。

钢结构施工的吊装作业必须设置专职起重安全员，全面负责监督本工程的安全工作；所有起重指挥和操作人员必须持证上岗，坚持“十不吊”原则。

对吊装时所使用的索具卸夹等必须符合国家的安全规范。

对施工现场使用的吊机应经常保养检查，确保性能完好。

吊装时在作业范围内应设置警戒线并放置明显的安全警示标志，严禁无关人员通行，施工人员不得在吊装构件下和受力索具周围停留。

在吊装过程中，如因故中断电源时，必须采取安全措施，不得使构件悬空过夜，特殊情况时应报主管领导批准，并采取可靠的安全防护措施。

操作平台、吊篮、焊接用防风防雨罩等均应捆绑、固定在柱、梁上，所有缆风绳必须安全可靠。

高空作业人员应配带工具袋，工具应放入工具袋中，不得放在杆梁或容易失落的地方，所有手动工具（如榔头、扳手、撬棍等）应穿上绳子套在安全带或手腕上，防止失落伤及他人。

高空作业人员严禁带病作业，禁止酒后作业。

7.3　施工过程安全保证措施

所有施工机械的进场必须符合质量和安全要求，机械进场进行验检制度，实行人机配套管理。

施工机械要按规定搭设防雨防砸棚，并经常对机械进行维修和保养。

信号工要经专门培训，持正式证件，并统一着装上岗（工作服统一制作）。信号工一律使用先进的设备进行指挥。

对吊车司机、信号工及起重人员要制订专门的管理措施，以确保大型机械的正常使用。

大型机械（特种设备）司机实行书面交接班制度。

临时用电管理按照高标准、规范化的要求进行布置，配电箱达到三级配电、三级保护，电焊机二次接电器达到100%。

独立的配电系统必须按部颁标准采用三相五线制的接零保护系统，各种电气设备和电力施工机械的金属外壳、金属支架和底座必须按规定采取可靠的接零接地保护。

电缆线的架空、敷设和电闸箱的设置必须符合标准、方案的要求、经总承包部验收确认合格后，才能投入使用。

电工必须实行交接班制度、做好交接记录。

用火必须开用火证，并配备看火人员，准备灭火器和消防水桶等设施。

氧气瓶和乙炔瓶按规定距离放置，必须配备灭火装置。

作业完毕或暂停时，应切断电源和气源。

电焊、气割等用火作业前，应清理周围易燃易爆物品。

施工现场严禁吸烟。

8　季节性施工保证措施

8.1　防雷措施

安装防雷装置，防雷装置的冲击接地电阻值控制在4Ω内；脚手架立杆顶端做避雷针，可用直径25～32mm、壁厚不小于3mm的镀锌钢管或直径12mm的镀锌钢筋制作，与脚手架立杆顶端焊接，高度不小于1m；将脚手架所有最上层的大横杆全部接通，形成避雷网络。

接地板用不小于$\phi20$的圆钢，水平接地板可用厚度不小于4mm，宽25～40mm的角钢制作。接地板的设置，可按脚手架长度每25m（或小于50m）设置一个，接地板埋入地下的最高点应深入地下不小于500mm。

接地线可采用直径不小于8mm的圆钢或厚度不小于4mm的扁钢，接地线的连接应保证接触可靠，在脚手架的下部连接时，应用两道螺栓卡箍，并加设弹簧垫圈，以防松动。保证接触面不小于$10cm^2$，连接时将接触面的油漆及氧化层清除，使其露出金属光泽，并涂以中性凡士林，接地线与接地板的连接应用焊接，焊缝长度应大于接地线直径的6倍或扁钢宽度的2倍。

接地装置完成后，要用电阻表测定电阻是否符合要求。接地板的位置，应选择人们不易走到的地方，以避免和减少跨步电压的危害和防止接地线遭机械损伤，同时应注意与其他金属物或电缆之间保持一定距离（一般不小于3m），以免发生击穿危害，在施工期间遇有暴雨时，脚手架上的操作人员应立即撤离到安全地方。

8.2　防风措施

1）及时收听天气预报，与气象台、站保持联系，防止寒流、大风等天气的突然袭击。

2）对项目部大临设施进行定期、全面、仔细的防风安全检查，检查内容包括活动房的加固钢丝绳的安装、各类标志标牌的固定、窗户等的固定是否牢固可靠。对存在安全隐患的部位进行整改，安排专职人员进行复查。

3）对防风缆绳进行检查验收，确保现场钢丝绳无断丝，检查地钩是否牢固。检查拌和楼顶部安装的各个部件，是否安装牢固，螺丝等无松动现象。发现隐患立即制定整改措施，定人定时整改，专人复查。

4）当作业人员对高处进行检查、维修、保养工作时，应避免在大风天气进行，如确实需要，需设置保险绳，做好防护措施。

5）在高处作业完成后，需将所有零件、工具、废弃物一并清理干净，避免因大风吹落造成的伤人、伤物事故。

6）安全员在大风时要加强巡逻，检查区域内的房屋门窗是否关好、阳台是否有易被吹落的物品、标志标牌、条幅等是否有被吹落的危险，发现隐患及时上报，督促整改。

7）风力超过5级不得施工。

8）制定“防大风”“防超级大风”专项应急预案，编制专项行动单，规范人员、物资、材料准备，并组织培训和演练。

9）大风到来之前要及时安排作业人员撤离到安全区，注意人身安全。

10）大风到来之前，按照“三防”应急预案，大风分级行动对所管辖的区域和主要设备如高耸独立的机械、脚手架、未装好的钢筋、模板、临时设施等进行检查、处置、临时加固。堆放在楼面、屋面的小型机具、零星材料要堆放加固好，不能固定的东西要及时搬到建筑物内，高空作业人员应及时撤至安全地带。大风过后，要立即对模板、钢筋，特别是脚手架、电源线路进行仔细检查，发现问题要及时处理，经现场负责人同意后方可复工。

11）我们将加强临时设施的安全管理。要对施工现场的宿舍、办公室、仓库、围墙等临时设施进行一次全面的安全检查，重点检查临时用房，有隐患的，采取措施，该加固的一定要进行加固，对不能保证人身安全的，要及时撤离人员并予以拆除，防止坍塌事故的发生。

12）大风暴雨影响期间，停止施工作业，切断电源，严密监控工地围墙、垂直起重设备械设备等安全状况，采取相应的防风加固等安全防护措施，防止发生围墙倒塌、设备倾覆、触电等重大安全事故，发现重大险情，要立即采取措施，并及时报告有关部门。

8.3　防雨措施

雨季施工前，我司将根据现场和工程进度情况特定雨季阶段性计划，并提交业主和监理工程师审批后实施。

雨季施工时，现场排水系统应是由专人进行疏通，保证排水沟畅通，施工道路不积水，潮汛季节随时收听气象预报，配备足够的抽水设备及防台防汛的应急材料。

焊接施工时，必须事先注意天气情况，尽量避开雨天，若不得已情况，必须做好防雨措施，预备好足够的活动防雨棚，准备好塑料薄膜油布等。

在雨季中连续施工的钢结构工程，要有可靠的防雨措施，备足防雨物资，及时了解气象情况，选择较佳的时间施工，从而准确地调整施工流程，确保钢结构工程施工质量。

雨季来临之前应组织有关人员对现场临时设施、脚手架、机电设备、临时线路等进行检查，针对检查出的具体问题，应采取相应措施，及时落实整改。

对施工现场脚手架等其他一些机械设备必须检查避雷装置是否完好可靠，大风大雨时吊车应停止使用，大风过后，对机械设备、脚手架进行复查，有破损及时加固措施。

雨季期间安排施工计划，应集中人力、分段突出。本着完成一施工区再开一工区的原则，当日进度当日完成。

边沟、积水坑、渗水坑等排水设施，如阻塞、溢满，应即挑通放水，以防连日阴雨积水倒流。

因降雨等原因使母材表面潮湿（相对湿度）80%或大风天气，不得进行露天焊接，但焊工及被焊接部分如果被充分保护且对母材采取适当处置（如预热、去潮等）时，可进行焊接。

雨季来临之前，应掌握年、月、旬的降雨趋势的中期预报，尤其是近期预报的降雨时间和雨量，以便安排施工。拟订雨季施工方案和建立雨季施工组织。

8.4　防火措施

1）库房安全防火措施：库房的临时建筑不得使用易燃材料，应确定一名主要领导人为防火负责人，全面负责库房的防火安全管理工作。

2）对管理库房的新职工要进行消防知识的培训，作到库房保管员应当熟知储存物的分类、性质、保管业务知识和防火安全制度。掌握消防器材的使用，做好本岗位的防火工作。库房门口明显处设置醒目的防火标志，任何人不得在库房内外吸烟，更不准把火种带入库房内。库房处存放的消防器材由专人管理，要设置在明显便于取用的地点，周围不准堆放物品和杂物。设专人负责定期检查、保养，保证消防器材的完好有效。

3）施工现场电气焊工必须持证上岗，动用明火时，要向工长申请办理用火证，工长签字后方可有效，否则不准进行电气焊作业。动火前要清除附近易燃物，指定看火人员，看火人员必须备有灭火器材及水桶，用火人员要严格执行电气焊、气割安全技术交底，在焊接过程中，看火人员不得擅自离岗，焊接工作结束后，要认真检查操作场地，确认无引起火灾危险，方可离岗。焊接地点与易燃库房的防火间距不得小于25m，与木料堆同时也不得小于25m。

4）施工现场安装电气设备时防火措施：库房的电气安装必须符合国家现行的有关标准规范的规定，对贮存易燃物品的库房，不准使用碘钨灯和超过60W以上的照明灯泡等高温照明灯具，库房内不准设置移动式照明灯具，照明灯具下方不准堆放物品，其垂直下方与储存物品的水平间距不得小于0.5m，库房内的配电线路要穿阻燃料管做保护，每个库房要在库房外单独安装开关箱，要求保管员离库时，必须拉闸断电。各类电气设备，线路不准超负荷使用，线路接头要按实接牢，防止设备线路过热或打火短路，发现问题要立即修理。

9 应急预案

9.1 应急管理体系

9.1.1 应急管理机构

应急管理机构　　表9.1-1

序号	情况类型	组织机构及人员
1	火灾爆炸	指挥员
		通讯联络组
		灭火行动组
		疏散引导组
		安全防护救护组
2	机械事故	应急小组
3	伤亡事故	总指挥
		指挥
		通讯联络员
		现场疏导员
		运输队
		救护队
4	食物中毒	总指挥
		指挥
		通讯联络组
		救护组
5	大面积中暑	总指挥
		指挥
		通讯联络组
		救护组
6	突发传染病	指挥员
		联络员
		卫生员
7	不可抗力自然灾害或其他情况	指挥长
		副指挥长
		工程抢修组
		救护组
		物资组
		外协组

9.1.2 职责

1）组长：

（1）准确掌握事故动态，正确制定抢险方案，执行有效处理措施，控制事故蔓延发展。

（2）及时向有关领导汇报。

（3）保护事故现场。

2）副组长：协助组长工作。

3）成员：执行组长、副组长命令。

4）出现伤亡事故

（1）总指挥职责：准确掌握事故动态，正确指挥抢险队伍，控制事故蔓延发展。

（2）指挥职责：快速反应，及时了解事故情况向指挥汇报，并协助指挥抢险。

（3）通讯联络员职责：快速将事故情况向总指挥汇报，及时联络求援人员、车辆和物资。

（4）现场疏导员职责：及时、稳妥地疏散现场人员，正确快速地引导救护车辆。

（5）救援、运输队职责：以最快的速度安全地运送伤员和救援物资、及时投入救援抢险。

（6）现场救护队职责：加强日常演练，发生紧急情况快速到位，对伤员正确施救。

（7）现场保护队职责：加强安全防范意识，及时到达指定位置，严密保护事故现场。

9.1.3 应急抢险制度

为了保证施工生产发生各类事故后能有效得到控制，伤员得到及时有效救治，努力将事故损失和不良影响降至最低限度，制定本工作制度。

9.1.4 生产安全应急报告程序

重、特大生产安全事故发生后，事故单位应立即将事故情况报告总公司安全处及本公司安全科的主管领导，由总公司迅速分别转报企业上级主管部门（安监站、安监局、住建委、工会、消防机关、劳动部门、公安机关、检察院）。事故报告包括的内容：发生事故的时间、地点、工程项目、企业名称；事故发生的简要经过，伤亡人数和直接经济损失的初步估计；事故发生原因的初步判断；事故发生后采取的措施及事故控制情况；事故报告单位。

9.1.5 现场应急抢险程序

事故发生后，发生事故单位的项目负责人或安全管理人员立即电话通知本公司安全管理部门及总公司安全管理部门，简明叙述事故发生的项目名称、地点、时间、事故情况（伤亡人员及财产物资）、事故类别，并派人保护事故现场，必要时采取防范措施，防止事故扩大或蔓延。

总公司及发生事故单位所属公司的安全主管部门根据事故的性质、严重等级采取相应的应急救援措施，封锁事故现场，疏散现场作业人员，调动抢险救援的器材、设施，首先抢救伤员，了解伤员情况，原则上是就地抢救，伤势较重或不能就地抢救，立即与社会救援医疗部门取得联系，同时，与社会救援相关部门取得联系，得到有效控制。

为了适应建筑业的特殊性，应对高处坠落、物体打击、触电事故、起重机械发生折臂、倒塌、坠落等事故、坍塌事故、中暑事故、中毒事故、火灾、爆炸事故等各类事故的发生，采取事故应急救援处置措施。

9.2 应急措施

1）火灾、爆炸

(1）各单位防火组织立即奔赴现场，迅速判明起火、爆炸位置。

(2）根据不同的火灾、爆炸性质、燃烧物质、采取正确的灭火方法，使用正确的灭火设施和器材。

(3）结合分工发行各自职责。

(4）公安消防队伍到达火场后，参加灭火的单位和个人必须服从公安消防机构总指挥员统一调动，执行火场总指挥的灭火命令。

(5）灭火工作完毕后，保护好火灾、爆炸现场，单位防火组织协助公安消防部门调查事故原因，核实火灾损失，查明事故责任，处理善后事宜。

2）机械事故

(1）发现险情的人员立即向领导报告。

(2）适用时，立即切断电源。

(3）指挥员召集抢险小组进入应急状态，并上报。

(4）对险情制定抢修方案。

(5）根据险情制定抢修方案。

(6）各小组按职责实施方案。

(7）保护事故现场。

3）伤亡事故

(1）出现事故立即向领导报告。

(2）总指挥立即组织抢险队伍，进入应急状态，控制事故蔓延发展。

(3）联络组及时联络救援人员，车辆和物资。

(4）救援、运输队及时、稳妥地疏散现场人员，正确快速地引导救援、救护车辆。救护队对伤员正确施救。

(5）保护事故现场。

(6）死亡事故发生后必须及时报告公司安全管理部和公司领导。

4）食物中毒、大面积中暑

(1）发现异常情况及时报告。

(2）救护指挥立即召集抢救小组，进入应急状态。

(3）判明中毒性质，采取相应排毒救治措施。

(4）如果需要将患者送医院救治，联络组与医院取得联系。

(5）使用适宜的运输设备（含医院救护车）尽快将患者送至医院。

(6）对现场进行必要的可行的保护。

5）其他

(1）发现险情的人员立即向领导报告。

(2）领导立即调集一切可利用资源，根据实际情况，采取必要和可行的措施。

(3）立即上报有关领导，必要时报告有关外部机构。

9.3　应急物资准备

公司每年从利润提取一定比例的费用，根据公司施工生产的性质、特点以及应急救援工作的实际需要有针对、有选择地配备应急救援器材、设备，并对应急救援器材、设备进行经常性维护、保养，不得挪作他用。启动应急救援预案后，公司的机械设备、运输车辆统一纳入应急救援工作之中。

10　计　算　书

主要分为操作性脚手架计算和加密区模架支撑架计算。

10.1　计算依据、计算参数和控制指标

计算依据

《建筑结构荷载规范》GB 50009—2012

《钢结构设计规范》GB 50017—2003 等规范

《建筑地基基础设计规范》GB 50007—2012

《建筑施工扣件式钢管脚手架安全技术规范》JGJ 130—2012

计算参数

各区脚手架参数分析

区域	脚手架搭设高度(m)	搭设面积(m^2)	承载结构重(t)	脚手架平台承受结构施工活载(kN/m^2)	脚手架架体自重(t)	脚手架底部均布受力(kN/m^2)	支撑构件类型
N区脚手架体系	2～18	1471	317	2.1	143.5	3.06	圈梁、挑梁、边梁
C区脚手架体系	16.5～18	1176.5	260	2.2	193.2	3.8	网壳节点及杆件
A区脚手架体系	2.4～16	2008.7	464	2.3	133.2	2.9	网壳节点及杆件
B区脚手架体系	2.4～15	1365.7	321	2.3	76.2	2.85	网壳节点及杆件
D区脚手架体系	2.4～16	3065.2	710	2.3	279.9	3.2	网壳节点及杆件
E区脚手架体系	2.4～10	140	25	1.75	6.3	2.2	出入口拱梁、横梁

以脚手架体系承重最大，高度最高的C区脚手架作为施工验算单元

项目	C 区脚手架安装平台的设计
平面尺寸	1200m^2
搭设高度	从种植区及楼面到网壳杆件底标 20m，平台要求高度约 18m 左右。选择在楼面搭设钢管脚手架，上布置安装平台。
脚手架规格	选用 48×3.2 的钢管截面进行计算，立杆排距 1.5m×1.5m 横杆步距 1.5m。脚手架底部搭设在木跳板，保证均匀将荷载传至底部楼承面。
脚手架搭设应满足相关施工规范要求，并对脚手架的搭设进行杆件强度及整体稳定计算。	

脚手架参数选取

抗压强度设计值 f_c=205N/mm^2

允许长细比 $[\lambda]$=210

计算荷载取值（按实际施工情况取值）如下：

网架安装平台施工均布活荷载标准值为 q_k=2.3kN/m^2，

木脚手板自重标准值 g_k=0.35kN/m^2；

钢管重量：3.54kg/m（按 ϕ48×3.2 取值，实际到场钢管截面为 ϕ48×3.2）；

钢管验算参数选取：（按 ϕ48×3.2 取值，实际到场钢管截面为 ϕ48×3.2）；

截面积 A=450mm^2；

惯性矩 I=113567mm^4；

截面模量 W=4732mm^3；

回转半径 i=15.8mm；

直角、旋转扣件抗承载力为 8.0kN。

由于脚手架搭设高度较高，因此计算时立杆需考虑风荷载因素。计算取值：操作平台立杆间距为 1.5m，操作面水平横杆间距 0.375m，水平杆步距 1.5m。

10.2　操作性脚手架安全性核算

横向水平杆验算：

计算简图

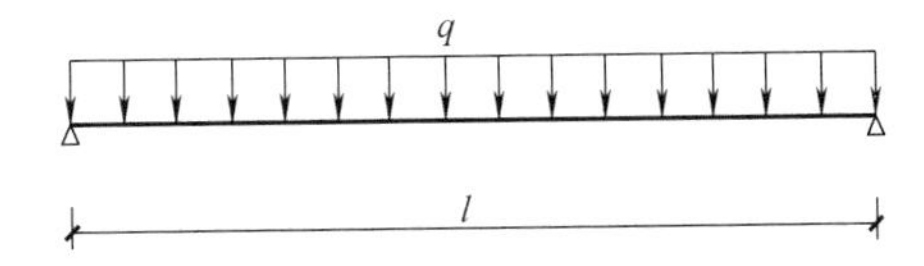

强度验算

（1）作用横向水平杆线荷载标准值

钢管自重标准值：P=0.0354kN/m

脚手片恒荷载标准值：g_k=0.35kN/m^2×0.375m=0.131kN/m

活荷载标准值：q_k=2.3kN/m^2×0.375m=0.863kN/m

（2）作用横向水平杆线荷载计算值

恒荷载计算值：q_1=1.2×0.131+1.2×0.0354=0.2kN/m

活荷载计算值：q_2=1.4×0.863=1.208kN/m

荷载的计算值：$q=q_1+q_2$=1.408kN/m

（3）最大弯矩考虑为简支梁均布荷载作用下的弯矩，

计算公式如下：

$$M_{qmax}=ql^2/8$$

最大弯矩 $M_{qmax}=1.408\times1.500^2/8=0.558$kN·m；

$\sigma=M_{qmax}/W=117.9$N/mm²；

∴水平横向杆的计算强度小于205N/mm²，满足强度要求，符合安全计算。

刚度（变形）验算

最大挠度考虑为简支梁均布荷载作用下的挠度

静荷载标准值：$q_1=0.0354+0.131=0.1664$kN/m

活荷载标准值：$q_2=0.863$kN/m

荷载标准值 $q=q_1+q_2=1.029$kN/m；

$$V_{qmax}=\frac{5ql^4}{384EI}$$

最大挠度 $V=5.0\times1.029\times1500^4/(384\times2.060\times105\times113600.0)=2.76\text{mm}<10\text{mm}$ 且 $\leqslant1500/150$

∴横向水平杆最大挠度满足要求。

纵向水平杆验算：

纵向水平杆计算简图如下：

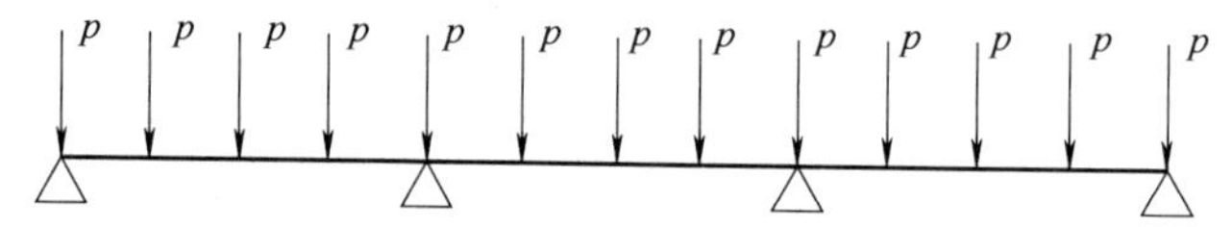

纵向水平杆荷载值计算

纵向杆的自重标准值：$p_1=0.0354\times1.5=0.0531$kN

脚手片的荷载标准值：$p_2=0.35\times1.5\times0.375=0.197$kN

活荷载标准值：$q_2=2.3\times1.5\times0.375=1.294$kN

恒荷载标准值：$q_1=p_1+p_2=0.0531+0.197=0.25$kN

荷载的计算值：$p=0.0531\times1.2+0.197\times1.2+1.294\times1.4=2.11$kN

抗弯强度计算：

最大弯矩考虑为纵向水平杆自重均布荷载与荷载计算值最大不利的弯矩组合，弯矩按连续三跨考虑。

组合后跨中最大弯矩的计算公式如下：

$$\begin{aligned}M_{max}&=0.08q_1l^2+0.289q_2l^2\\&=(0.08\times0.25+0.289\times1.294)\times1.5^2\\&=0.886\text{kN}\cdot\text{m}\end{aligned}$$

组合后支座处最大弯矩计算公式如下：

$$\begin{aligned}M_{max}&=-0.1q_1l^2-0.311q_2l^2\\&=-(0.1\times0.25+0.311\times1.294)\times1.5^2\\&=-0.962\text{kN}\cdot\text{m}\end{aligned}$$

取跨中和支座处的弯矩最大值进行抗弯强度验算：

$$|M_{max跨中}=0.886|<|M_{max支座}=-0.962|$$

抗弯强度：$\delta=M_{max}/W=0.962\times10^6/4.732\times10^3=203.3\text{N/mm}^2<f=205\text{N/mm}^2$

∴平杆刚度满足要求，符合安全许可。

纵向水平杆刚度（挠度）计算

最大挠度考虑为纵向水平杆自重均布荷载与荷载的计算值最大不利分配的挠度和：

均布荷载作用下最大挠度计算公式为：

$$V_{\mathrm{qmax}}=0.677q_1l^4/100EI$$

集中荷载作用下最大挠度计算公式为：

$$V_{\mathrm{pmax}}=2.716q_2l^3/100EI$$

纵向水平杆自重均布荷载引起的最大挠度为：

$$V_1=0.677\times0.0531\times1500^4/100\times2.06\times10^5\times113567$$
$$=0.08\mathrm{mm}$$

纵向水平杆受集中荷载标准值作用下最不利分配引起的最大挠度：

集中荷载：$P=0.0531+0.197+1.294=1.544\mathrm{kN}$

$$V_2=2.716\times1544\times1500^3/100\times2.06\times10^5\times113567$$
$$=6.04\mathrm{mm}$$

最大挠度：

$V=V_1+V_2=0.09+6.04=6.13\mathrm{mm}<10\mathrm{mm}$ 且$\leqslant1500/150$

∴最大挠度满足要求。

验算扣件的抗滑承载力的计算

查规范中表 5.1.7 得 $R_c=8\mathrm{kN}$，

横杆的自重标准值：$P_1=0.0354\times1.500=0.0531\mathrm{kN}$；

脚手板的荷载标准值：$P_2=0.350\times1.5\times1.5/2=0.39375\mathrm{kN}$；

活荷载标准值：$Q=2.7\times1.5\times1.5/2=3.0375\mathrm{kN}$

操作层纵向水平杆通过扣件传给立杆竖向设计值：

$$R=1.2\times(0.0531+0.39375)+1.4\times3.0375=4.8\mathrm{kN}<R_c$$

∴ 脚手架顶面纵向水平杆与立杆连接采用双扣件。

立杆的强度及稳定性计算

验算长细比

立杆横距：$l_b=1.5\mathrm{m}$，按二步三跨布置，

查规范表 5.3.3 长度系数取 $\mu=1.6$

钢管回转半径 $i=1.587\mathrm{cm}$，截面面积 $A_s=450.4\mathrm{mm}^2$

查规范 5.1.9 容许长细比为 $[\lambda]=210$

由规范 5.1.9 公式，并取 $k=1$

长细比 $\lambda=l_0/i=k\mu h/i=1\times1.6\times150/1.587=151.2<210$ 满足要求。

确定轴心受压构件稳定系数

由规范 5.3.3 公式：取 $k=1.155$ $\mu=1.6$

得 $\lambda=l_0/=k\mu h/i=1.155\times1.6\times150/1.587=175$

用插入法；查附录 C 表 C 得 $\varphi=0.232$

风荷载计算

基本风压标准值按照《建筑结构荷载规范》GB 50009—2012 的规定采用

$W_0=0.45kN/m^2$，

高度变化系数：

$\mu_z=1.586$（按脚手架最高点选取）

体型系数：（参照荷载规范，按桁架计算）

敞开双排脚手架：

$$\mu_s=\Phi_w\mu_{stw}$$

挡风系数 $\Phi_w=0.063$

$$\mu_{stw}=1.2$$

得　$\mu_s=0.063\times1.2=0.0756$

垂直于脚手架外表面的风压标准值：

$$W_k=0.7\mu_s\mu_z W_0=0.7\times0.0756\times1.586\times0.45$$
$$=0.038kN/m^2$$

由风荷载设计值产生的立杆弯矩：

$$M_w=0.85\times1.4W_kL_ah^2/10$$
$$=0.850\times1.4\times0.038\times1.5\times1.5^2/10$$
$$=0.015kN\cdot m$$

风荷载产生的附加应力：

$$\sigma_w=M_w/W=0.015\times10^6/4.732\times10^3=3.17N/mm^2<205N/mm^2$$

立杆段轴向力设计值：

立杆底脚处轴向力：

每米立杆承受的结构自重标准值（kN/m）；本例为0.1394

$$N_{G1}=0.1394\times18.000=2.5092kN;$$

脚手板的自重标准值（kN/m^2）；本例采用木脚手板，标准值为0.35

$$N_{G2}=0.350\times2\times1.500\times1.500=1.575kN;$$

经计算得到，静荷载标准值

$$N_G=N_{G1}+N_{G2}=2.5092+1.575=4.0842kN$$

经计算得到，活荷载标准值

$$N_Q=2.3\times1.500\times1.500=5.175kN;$$

$$N=1.2\times N_G+1.4\times N_Q=1.2\times2.5092+1.4\times5.175=12.15kN$$

稳定性计算

立杆稳定性验算：

由组合公式：　$$\frac{N}{\varphi A}+\frac{M_W}{W}\leqslant f$$

$N=12.15kN$　　$\varphi=0.232$

得：　$12.15\times10^3/0.232\times4.504\times10^2+0.015\times10^6/4.732\times10^3$

$=116.3+3.17$

$=119.47N/mm^2<205N/mm^2$

∴　经立杆稳定性验算，立杆满足稳定要求。

经以上纵横杆和立杆的复核验算，脚手架立杆和水平杆按附图所示间距尺寸均满足安全要求。

10.3　地基承载力验算

脚手架立杆底座和种植区地基承载力验算

种植区须及时回填至地面结构楼层（−0.05m）标高处，结构做法：9.0.5 地下室墙体外回填土：地下室施工完成、且外墙结构混凝土达到设计强度后方可回填；回填前应先清除基坑中杂物，并应在两侧或四周对称回填；回填土应用中粗砂震动分层压实，分层厚度不大于 300mm，回填深度超过 5 米，压实系数应≥0.94；严禁采用建筑垃圾土或淤泥土回填，并应防止损伤防水层。

立杆底座和地基承载力验算

立杆底座验算：$N \leqslant R_b$

$$N=12.15\text{kN} \leqslant R_b=40\text{kN}$$

立杆地基承载力验算：$\dfrac{N}{A_d} \leqslant K \cdot f_k$

$N=12.15\text{kN}$，因双层脚手板下层脚手板选用 50×300×600 脚手板，故 $A_d=0.18\text{m}^2$，$K=0.4$，$f_k=180.000\text{kN/m}^2$

$$P=67.5\text{kN/m}^2 \leqslant f_g=72\text{kN/m}^2$$

故地基承载力满足要求 。

10.4　一般加密区模架支撑架计算

对于一般管节点设置加密区，平均高度为 18m。加密点在安装以及承受形成结构卸载时，最大支撑反力为卸载反力，经计算为 170kN。采用 $\phi 48 \times 3.2$ 钢管和配套扣件搭设并与满堂红支撑架相联系，加密区按布置 9 根立杆布置，立杆纵距 0.3m，横距 0.3m，立杆步距为 1.2m。加密区顶部采用截面为 150mm×100mm 的长木方做为转换平台，加密区底部加设截面为 20mm×2000mm×2000mm 的钢板，以提高整体承载力。

顶部木方受力验算

查《木结构设计规范》GB 50005—2003，本工程截面 100mm×150mm，600 长木方为油松木，TC13 A 级　抗弯强度 $f_m=13\text{N/mm}^2$，弹性模量 $E=10000\text{N/mm}^2$。

简化计算形式：按两跨梁计算简化

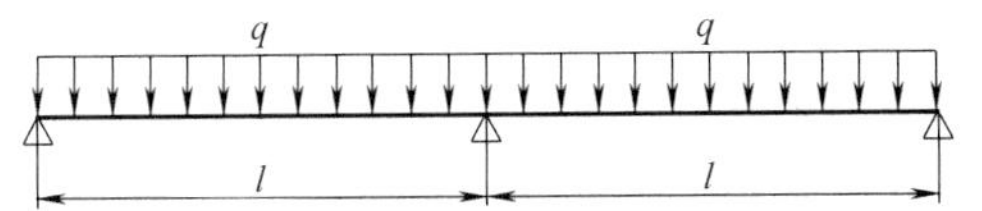

均布荷载：$q=170/0.65\times 0.65=402.4\text{kN/m}$　$L=300\text{mm}$

跨中弯矩：$M_{max跨中}=0.0703ql^2=2.55\times 10^6\,\text{N}\cdot\text{mm}^2$

支座弯矩：$M_{max支座}=-0.125ql^2=-4.53\times 10^6\,\text{N}\cdot\text{mm}^2$

$$Wn_{木}=bh^2/6=3.75\times 10^5\,\text{mm}^3\,(b=100, h=150)$$

$$|M_{max跨中}=2.55\times 10^6| < |M_{max支座}=4.53\times 10^6|$$

$$取\ M_{max}=4.53\times 10^6\,\text{N}\cdot\text{mm}^2$$

方木抗弯强度验算

$\frac{M}{W_n}=\frac{4.53\times10^6}{3.75\times10^5}=12.08\text{N/mm}^2<f_m=13\text{N/mm}^2$ 强度符合规范要求

挠度：

$$I=\frac{bh^3}{12}=\frac{100\times150^3}{12}=28.125\times10^6\text{mm}^4$$

$$f_{max}=\frac{5ql^4}{384EI}=\frac{5\times402.4\times300^4}{384\times10000\times28.125\times10^6}=0.15\text{mm}<[w]=l/200=1.5\text{mm}$$

挠度符合设计要求。

脚手架加密框架验算

加密除承受安装阶段网架自重外，最主要的是形成结构后，支撑点对结构的支撑反力，计算按卸载点最大支撑力 170kN 进行验算，作用在 650mm×650mm 钢板上，通过木方将力分散至下部 9 件钢管，平均分配此集中力荷载。

确定每根立杆活载标准值：$N_{QK}=170/9=18.9\text{kN}$

每根立杆自重产生轴心压力标准值：$N_{GK1}=H_d\times g_K=18\text{m}\times0.035\text{kN/m}=0.63\text{kN}$

钢板及胎具轴心压力标准值：$N_{GK2}=0.1\text{kN}$

恒载标准值：$N_{GK}=0.1+0.63=0.73\text{kN}$

轴心压力设计值：$N=1.2\times N_{GK}+1.4\times N_{QK}=27.3\text{kN}$

立杆计算长度 $l_0=h+2a=1.2+2\times0.2=1.6\text{m}$，$\lambda=l_0/i=1600/15.78=101.4<[\lambda]=210$

查附录表 C，稳定系数 $\phi=0.58$

$$\delta=N/\varphi A=27.3\times10^3/(0.580\times450)=105\text{N/m}^2<f=205\text{N/m}^2$$

一般加密区框架传到植物种植区地基承载力验算

立杆底座和地基承载力验算

立杆底座验算：$N\leqslant R_b$

$$N=27.3\text{kN}<R_b=40\text{kN}$$

立杆地基承载力验算：$\frac{N}{A_d}\leqslant K\cdot f_k$

$N=27.3\times9=245.7\text{kN}$，钢板面积 $A_d=4\text{m}^2$，$K=0.4$，$f_k=180.000\text{kN/m}^2$

$$P=245.7/4=61.4\text{kN/m}^2\leqslant f_g=72\text{kN/m}^2$$

基地承载力满足要求

10.5　卸载点加密区模架支撑架计算

对于 33 处卸载点管节点设置的加密区，按最大高度为 18m。加密点卸载时，最大支撑反力经计算为 231kN。采用 $\phi48\times3.2$ 钢管和配套扣件搭设并与满堂红支撑架相联系，加密区按布置 9 根立杆布置，立杆纵距 0.3m，横距 0.3m，立杆步距为 0.75m。加密区顶部采用截面为 10×100×100 的方钢做为转换平台，加密区底部加设截面为 20×2300×2300 的钢板，以提高整体承载力。

本工程方钢截面 10×100×100，Q235B，抗弯强度 $f=215\text{N/mm}^2$，抗剪强度 $f_v=125\text{N/mm}^2$：弹性模量 $E=206\times10^3\text{N/mm}^2$。

简化计算形式：按两跨梁计算简化

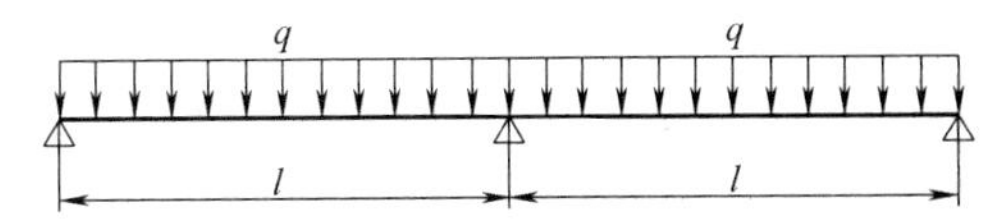

均布荷载：$q=231/0.65\times0.65=546.7\text{kN/m}^2$　$L=300\text{mm}$

跨中弯矩：$M_{\max跨中}=0.0703ql^2=3.5\times10^6\text{ n}\cdot\text{mm}^2$

支座弯矩：$M_{\max支座}=-0.125ql^2=-6.15\times10^6\text{ n}\cdot\text{mm}^2$

$$|M_{\max跨中}=3.5\times10^6|<|M_{\max支座}=-6.15\times10^6|$$

$$取\ M_{\max}=6.15\times10^6\text{ n}\cdot\text{mm}^2$$

方钢抗弯强度验算　$W_{方钢}=9.84\times10^4\text{mm}^3$

$$\frac{M}{W_n}=\frac{6.15\times10^6}{9.84\times10^4}=62.76\text{N/mm}^2<f=215\text{N/mm}^2$$

强度符合规范要求。

挠度：

$$I=4.92\times10^6\text{mm}^4$$

$$E=206\times10^3\text{N/mm}^2$$

$$f_{\max}=\frac{5ql^4}{384EI}=\frac{5\times546.7\times300^4}{384\times206\times10^3\times4.92\times10^6}=0.06\text{mm}<[V_Q]=l/500=0.6\text{mm}$$

挠度符合设计要求。

脚手架加密框架验算

计算按卸载点最大支撑力231kN进行验算，作用在650mm×650mm钢板上，通过方钢将力分散至下部9件钢管，平均分配此集中力荷载。

确定每根立杆活载标准值：$N_{QK}=231\text{kN}/9=25.6\text{kN}$

每根立杆自重产生轴心压力标准值：$N_{GK1}=H_d\times g_K=18\text{m}\times0.035\text{kN/m}=0.63\text{kN}$

钢板及胎具轴心压力标准值：$N_{GK2}=0.1\text{kN}$

恒载标准值：$N_{GK}=0.1+0.63=0.73\text{kN}$

轴心压力设计值：$N=1.2\times N_{GK}+1.4\times N_{QK}=36.7\text{kN}$

立杆计算长度 $l_0=h+2a=0.75+2\times0.2=1.15\text{m}, \lambda=l_0/i=1150/15.78=73<[\lambda]=210$

查附录表C，稳定系数 $\phi=0.760$

$$\delta=N/\varphi A=36.7\times10^3/(0.760\times450)=107.3\text{N/m}^2<f=205\text{N/m}^2$$

卸载点加密区框架传到植物种植中沙回填区地基承载力验算

立杆底座和地基承载力验算

立杆底座验算：$N\leqslant R_b$

$$N=36.7\text{kN}\leqslant R_b=40\text{kN}$$

立杆地基承载力验算：$\frac{N}{A_d}\leqslant K\cdot f_k$

$N=36.7\times9=330.3\text{kN}$，钢板面积 $A_d=2.3\times2.3=5.29\text{m}^2$，$K=0.4$，$f_k=180.000\text{kN/m}^2$

$$P=330.3/5.29=62.4\text{kN/m}^2\leqslant f_g=72\text{kN/m}^2$$

基地承载力满足要求。

10.6 模架施工图

（1）脚手架平面分区图

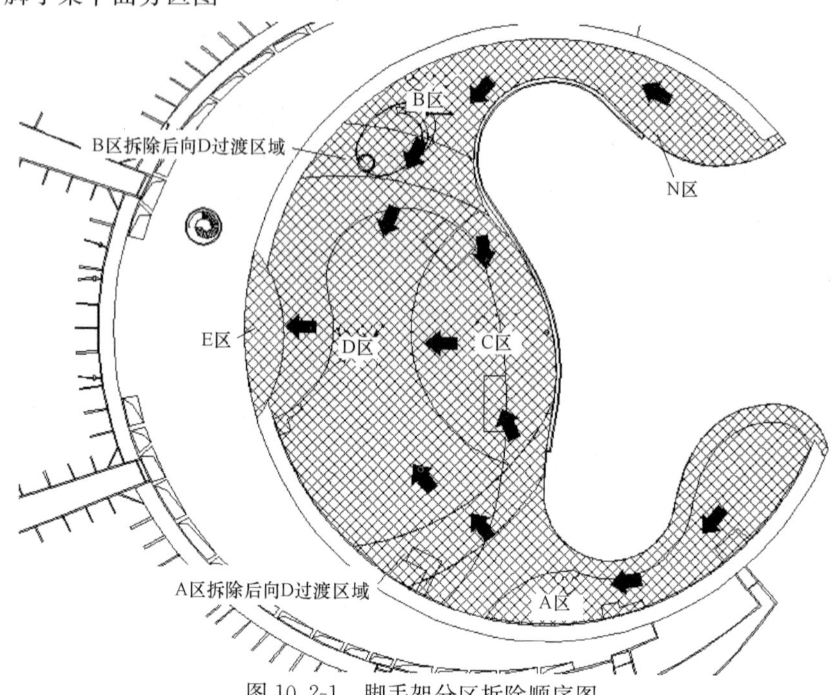

图 10.2-1　脚手架分区拆除顺序图

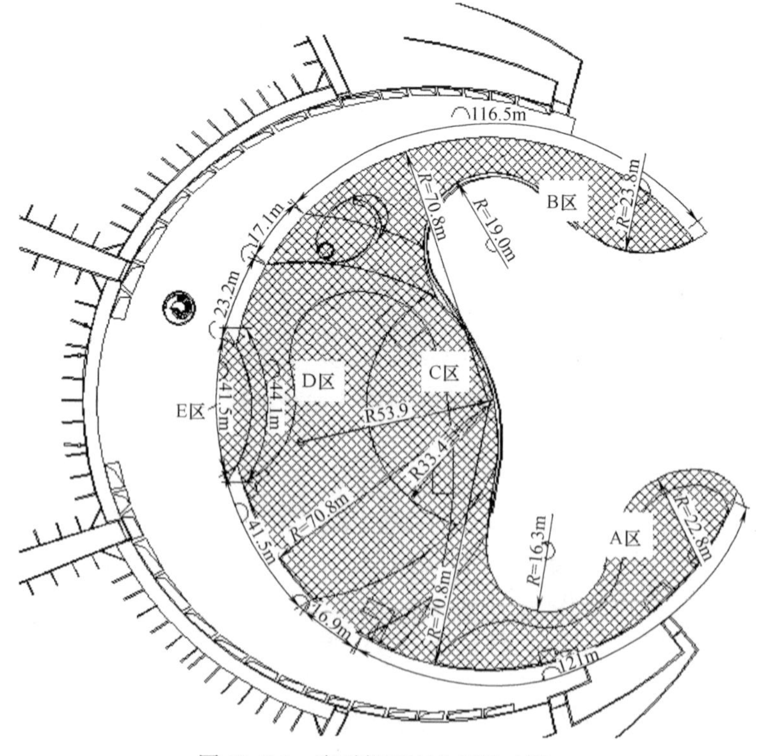

图 10.2-2　脚手架平面分区尺寸图

（2）脚手架立杆平面布置图

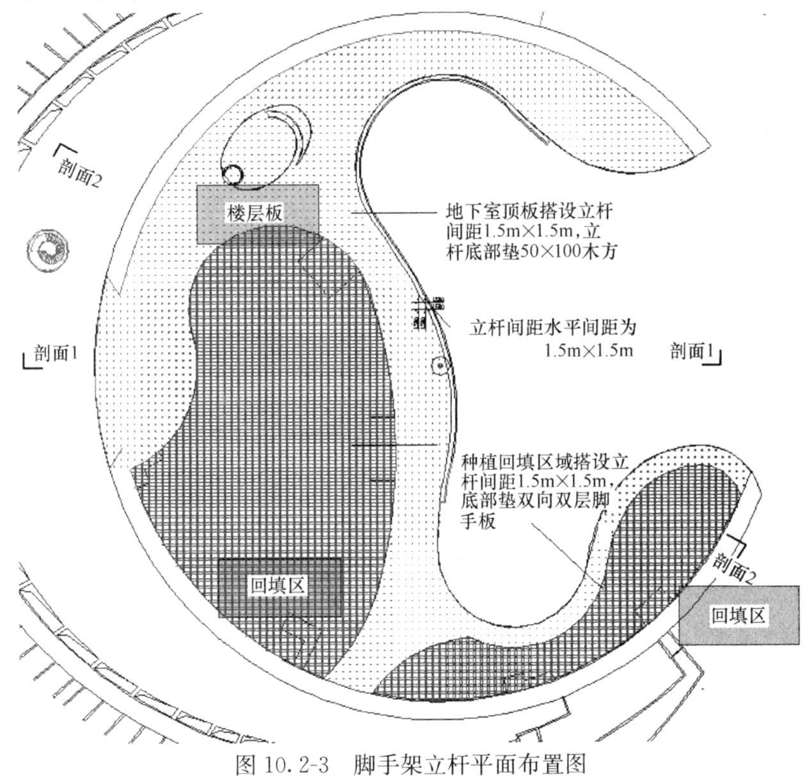

图 10.2-3　脚手架立杆平面布置图

（3）脚手架水平杆、剪刀撑平面布置图

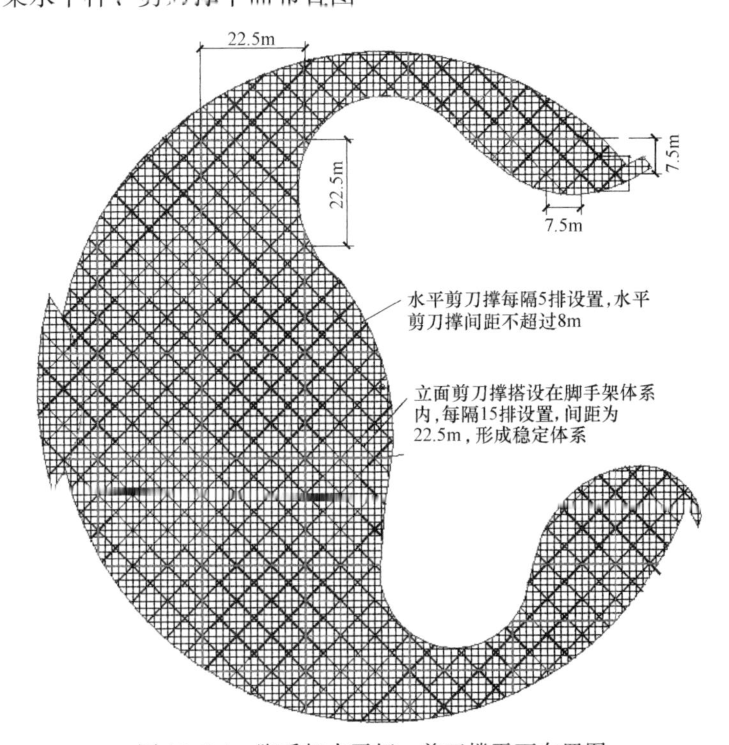

图 10.2-4　脚手架水平杆、剪刀撑平面布置图

(4) 脚手架顶面加密点布置图

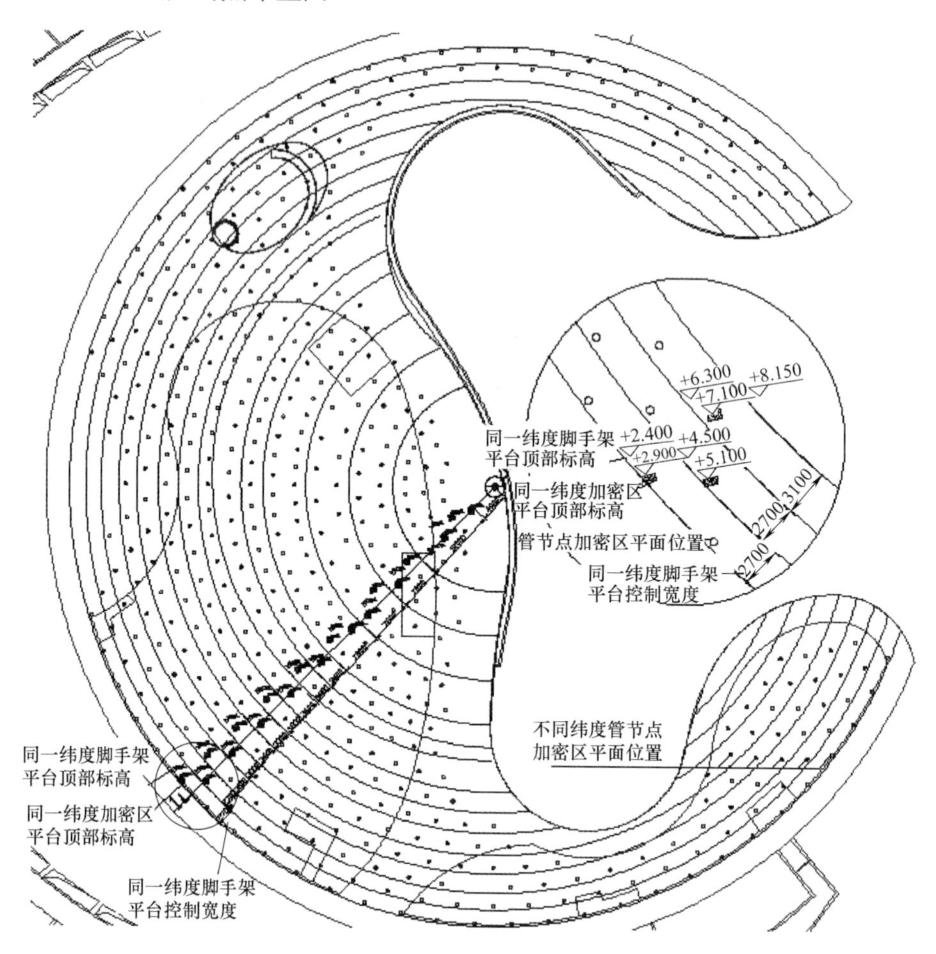

图 10.2-5　脚手架顶面加密点布置图

(5) 脚手架剖面图

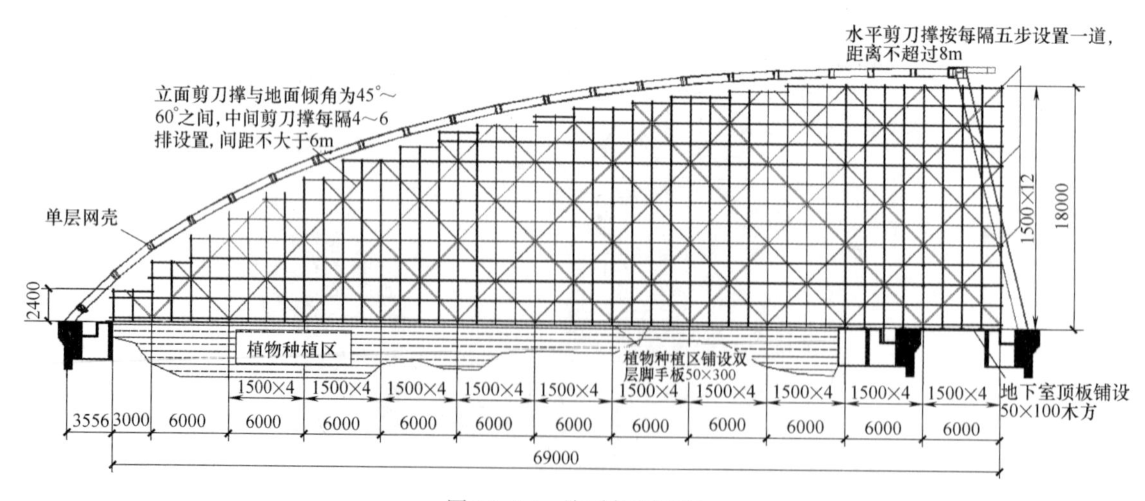

图 10.2-6　脚手架剖面图

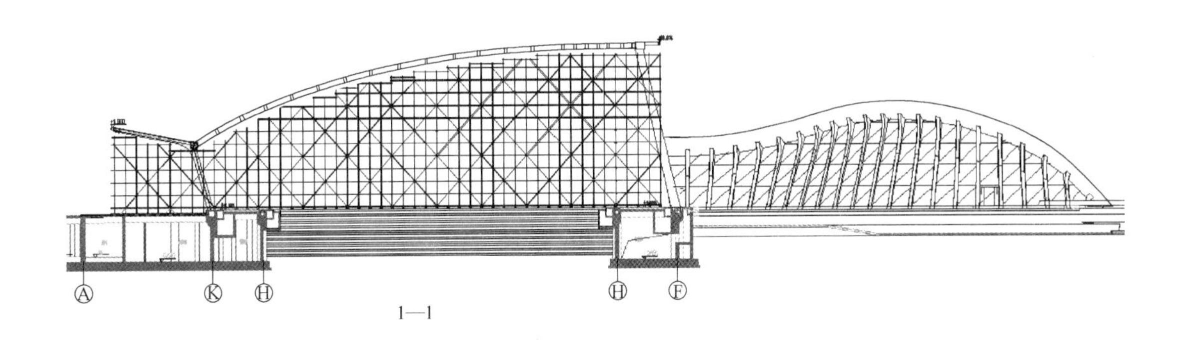

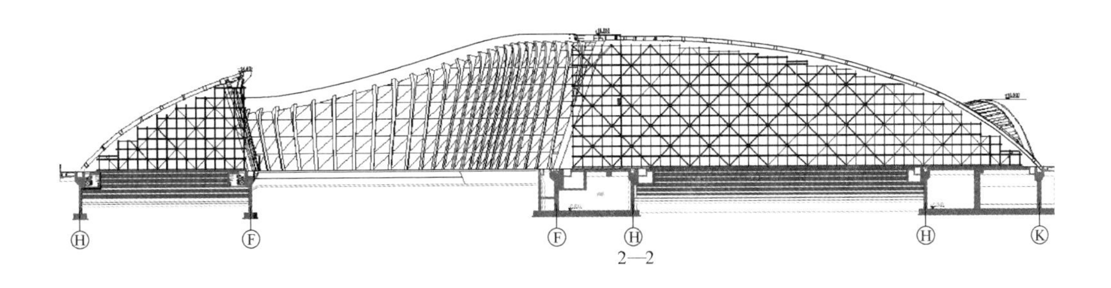

图 10.2-6 脚手架剖面图（续）

（6）脚手架顶面及加密区顶部标高分布图

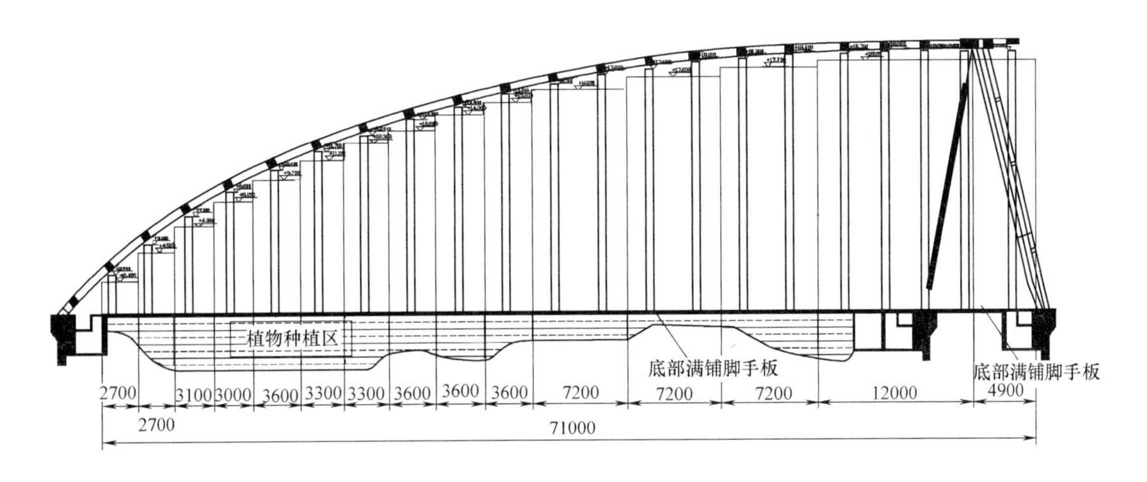

图 10.2-7 脚手架顶面及加密区顶部标高分布图

（7）管节点加密区详图

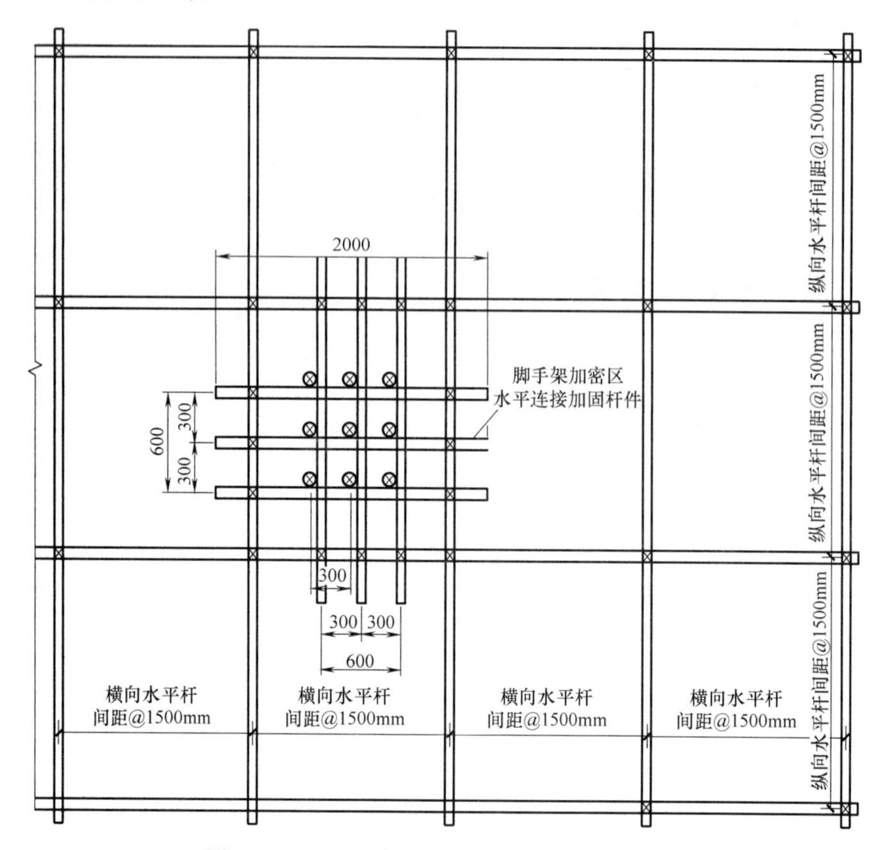

图 10.2-8　1500 步距层面加密区平面布置图

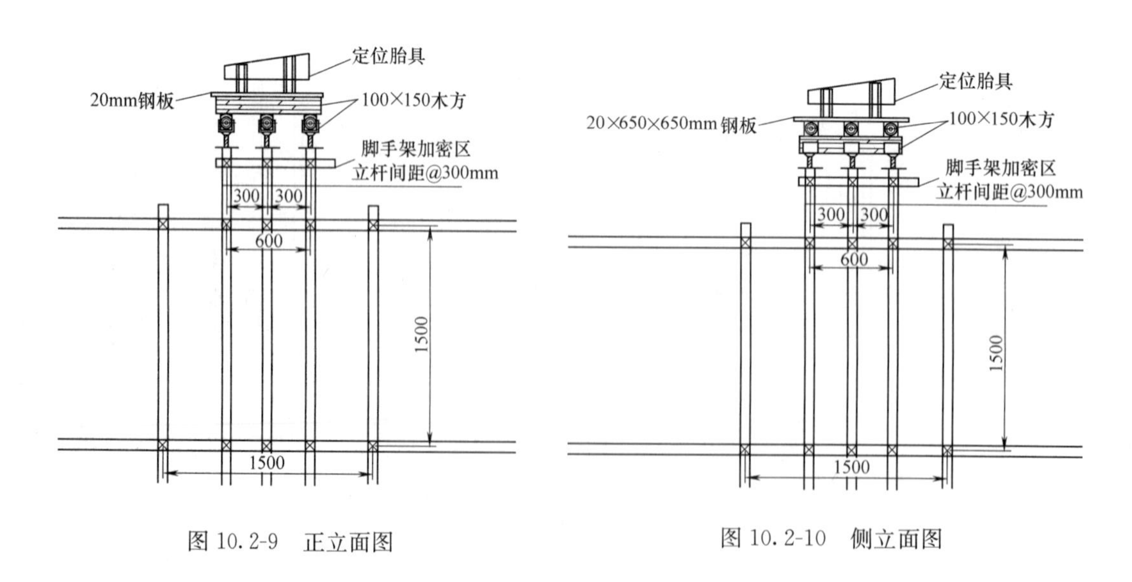

图 10.2-9　正立面图

图 10.2-10　侧立面图

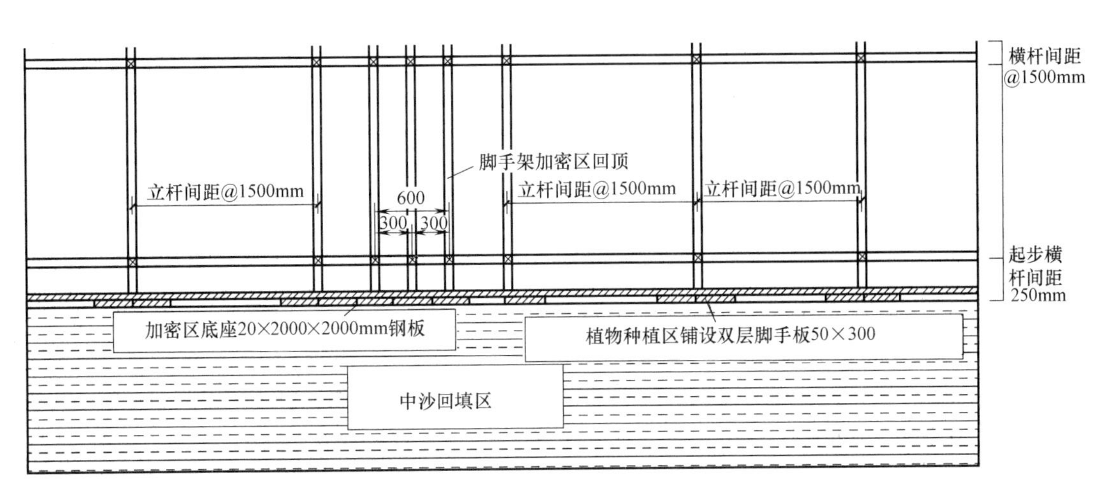

图 10.2-11　加密区底座剖面图

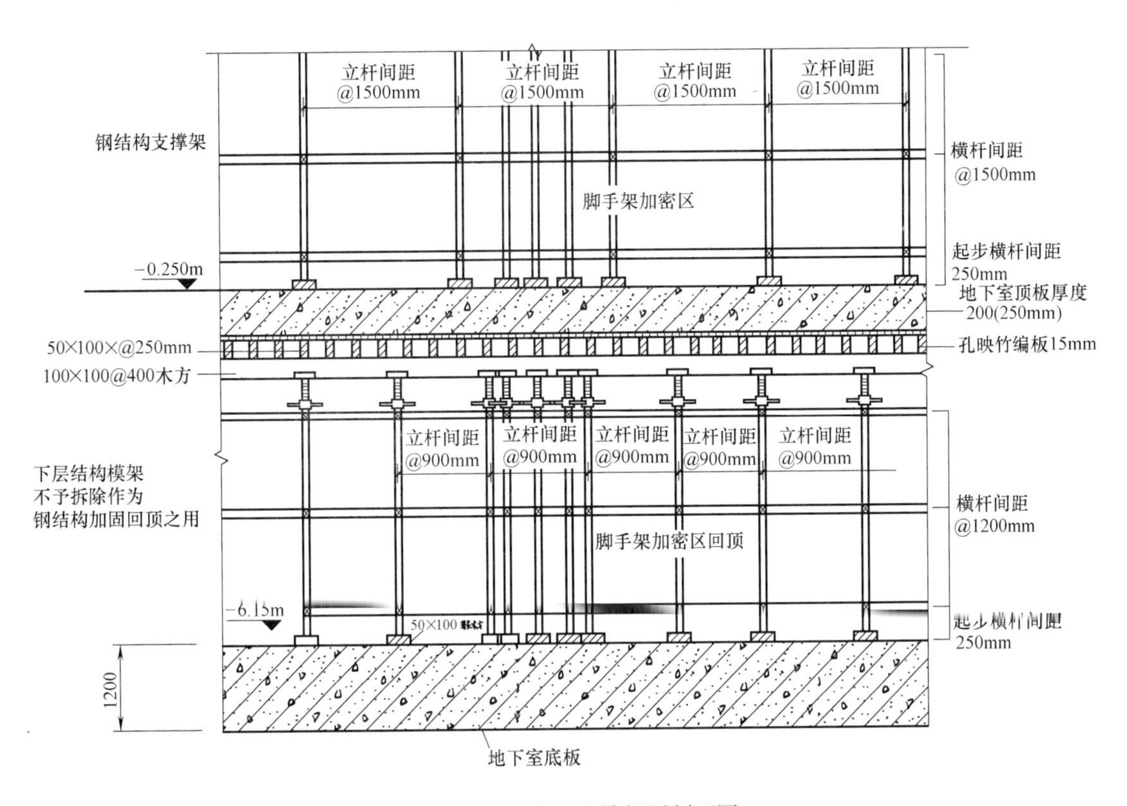

图 10.2-12　地下室楼板层剖面图

（8）内环钢柱安装与架体连接加固措施

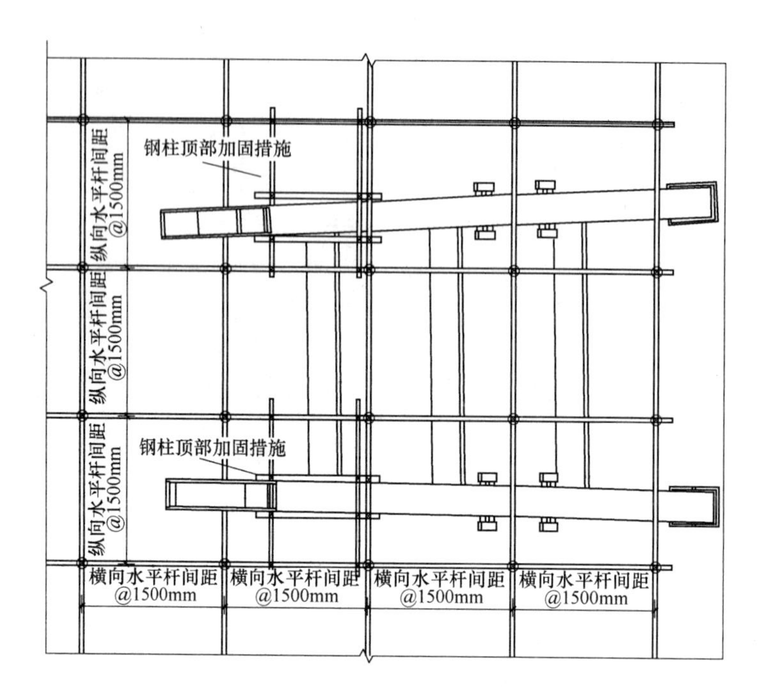

图 10.2-13　钢柱区域脚手架平面图

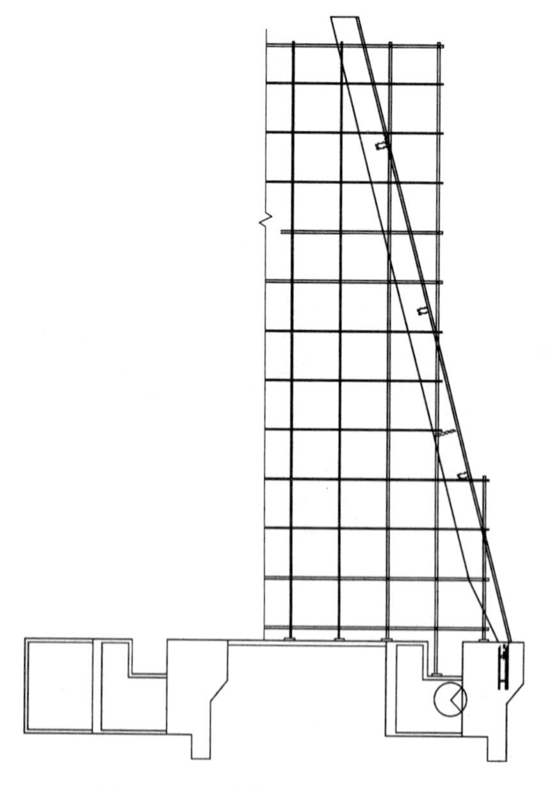

图 10.2-14　钢柱区域脚手架立面图

范例 4　大跨度网架整体提升工程

乔聚甫　刘斌　孙卫民　编写

乔聚甫　男　1969 年生　教授级高级工程师　中铁建设集团有限公司
刘　斌　男　1985 年生　北京市丰台区住房和城乡建设委员会
孙卫民　男　1971 年生　高级工程师　从事工作 24 年　北京城建十六建筑工程有限责任公司

某钢结构工程
整体提升安全专项施工方案

编制：______________

审核：______________

审批：______________

施工单位：* * * * * *

编制时间：* * * * * *

目　录

1　编制依据

1.1　国家、行业和地方相关规范、规程

序号	名　　称	备　　注
1	钢结构工程施工质量验收规范	GB 50205—2001
2	建筑结构荷载规范	GB 50009—2012
3	钢结构设计规范	GB 50017—2003
4	钢结构焊接规范	GB 50661—2011
5	空间网格结构技术规程	JGJ 7—2010
6	钢网架焊接空心球节点	JG/T 11—2009
7	工程测量规范	GB 50026—2007
8	建筑工程施工质量验收统一标准	GB 50300—2013
9	建筑变形测量规范	JGJ 8—2016
10	气体保护电弧焊用碳钢、低合金钢焊丝	GB 8110—2008
11	熔化焊用钢丝	GB/T 14957—1994
12	碳素结构钢	GB/T 700—2006
13	焊缝无损检测　超声检测　技术、检测等级和评定	GB 11345—2013
14	建设工程施工现场供用电安全规范	GB 50194—2014
15	施工现场临时用电安全技术规范	JGJ 46—2005
16	建筑机械使用安全技术规程	JGJ 33—2012
17	施工现场安全生产保证体系	DBJ 08—903—2003
18	建筑施工高处作业安全技术规范	JGJ 80—2016
19	建筑施工扣件式钢管脚手架安全技术规范	JGJ 130—2011
20	起重机钢丝绳保养、维护、检验和报废	GB/T 5972—2016
21	起重机械安全规程	GB 6067—2010
22	建筑施工安全检查标准	JGJ 59—2011
23	建筑施工起重吊装工程安全技术规范	JGJ 276—2012

1.2　相关设计图纸和施工组织设计

设计文件、施工组织设计、相关施工方案、地质勘查报告。

1.3　有关安全管理法律、法规及规范性文件

序号	名　　称	备　　注
1	建设工程安全生产管理条例	国务院第393号令
2	危险性较大的分部分项工程安全管理办法	建质[2009]87号
3	北京市实施<危险性较大的分部分项工程安全管理办法>规定	京建施[2009]841号
4	北京市危险性较大的分部分项工程安全动态管理办法	京建法[2012]1号

2 工程概况

2.1 工程简介

＊＊＊＊建筑物占地面积 50665m²，总建筑面积 64258m²，其中机库大厅为 41250m²，附楼地上部分建筑面积 14445m²，地下部分建筑面积 8590m²。

附楼共分为 6 个区见图 2.1-1，A～E 为钢筋混凝土框架结构，地下一层，A、D 区地上一层，B、C、E 区地上两层，柱网为（6.0＋7.5＋7.5＋6.0）×9m。地下室层高 5m，A、D 区一层层高 6.5m；B、C 区一层层高 5.0m；二层层高 4.5m；E 区一、二层层高均为 7.0m。F 区为排架结构，跨度 45m，柱距 6～9m，下弦标高 12m，屋盖为钢网架，承重构件为钢筋混凝土柱及柱间支撑。

2.2 结构平面图、立面图

机库大厅屋盖结构跨度 176.3m＋176.3m，进深 110m，屋盖顶标高＋39.800m，见图 2.2-1 机库大厅钢屋盖平面图和图 2.2-2 机库大厅钢屋盖立面图。屋盖结构采用三层斜放四角锥钢网架，下弦支承，网格尺寸 6.0m×6.0m，网架高度 8.0m。机库大门处屋盖采用焊接箱形截面钢桁架，高度 11.5m。网架节点大部分为焊接球空心球节点，少量节点根据受力需要采用主管贯通焊接空心球节点，大门处焊接箱形截面桁架采用焊接节点，大门中间支座桁架节点根据受力及构造采用铸钢节点。屋盖支座采用万向抗震球铰支座。机库大厅基本支承柱采用四肢格构式钢管混凝土柱，机库后墙抗风柱采用焊接 H 型钢柱。柱间支撑采用双肢格构式钢管支撑。钢管混凝土柱布置在 1 轴和 41 轴，柱距 5m、9m、12m；机库后墙抗风柱布置在 L 轴，柱距 18m。机库大厅基础为钢筋混凝土灌注桩、钢筋混凝土承台、拉梁（基础梁），地下室为钢筋混凝土底板及侧壁。本工程网架杆件采用 Q345-B，大厅桁架当板厚＞35mm 时采用 Q345GJC-Z15 钢，钢结构总量约 10000t。

根据本工程的特点，网架部分的杆件和球节点均在工厂制造，现场拼装。桁架部分在工厂分段，分上、中、下弦分节制作，现场设置拼装胎架进行拼装。屋盖拼装使用塔吊和履带吊进行垂直和水平运输。屋盖网架与大门桁架同时提升，采取计算机控制液压同步提升施工，即采用“钢绞线悬挂承重、液压提升千斤顶集群、计算机控制同步”法。提升点沿屋盖周边布置，与原设计受力基本一样。机库大门桁架采用若干组塔式标准节作为提升支撑架，其余三面利用结构本身的格构柱作为提升支撑点。本工程整体提升结构工程量：网架焊接球与杆件总重约 4600t，大门桁架及其挂架总重约 2000t。屋盖主次檩条约 420t。检修走道约 135t。提升重量总计为 7155t。提升的钢屋盖长 352.6m、宽 114.5m，提升高度 31m。

2.3 工程重点及难点

1）焊接球及连杆构件种类多、数量大，加工制作难度大

本工程屋盖网架焊接球有 ϕ400×18-ϕ900×40 共 7 种，总重约 1200t；连杆钢管 ϕ102×4-ϕ550×35 共 19 种，总重约 4000t，如此大的加工工程量，无论是构件加工质量控

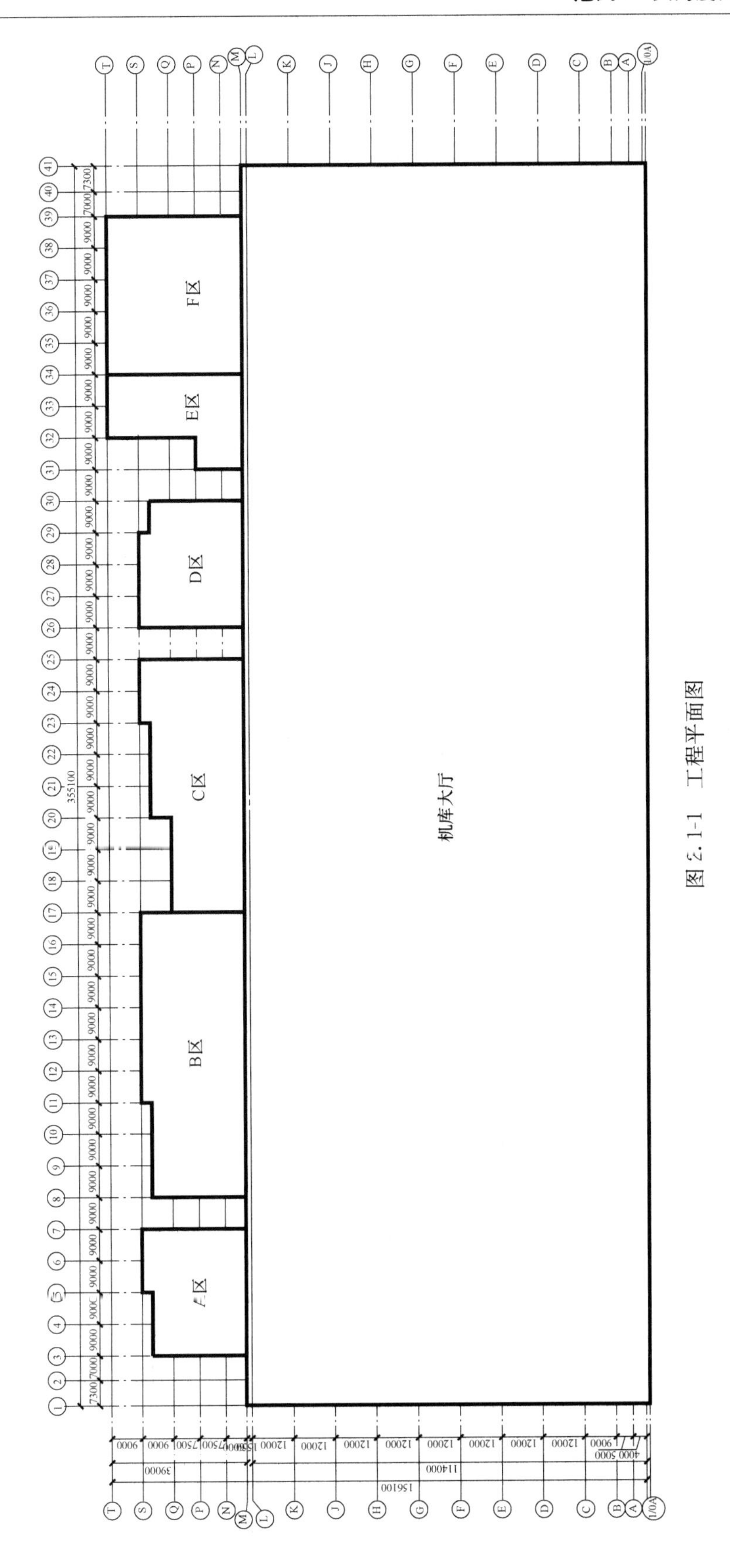

图 2.1-1　工程平面图

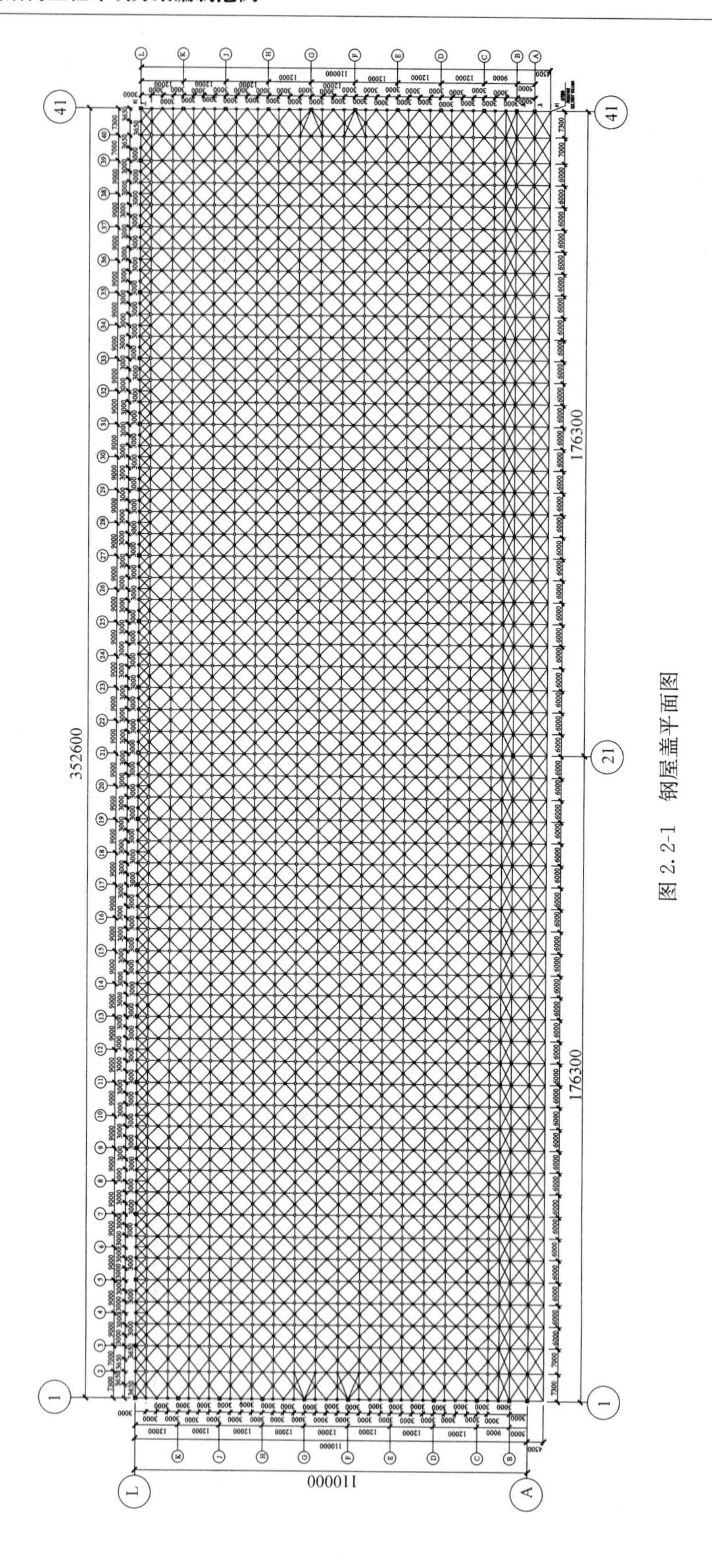

图 2.2-1　钢屋盖平面图

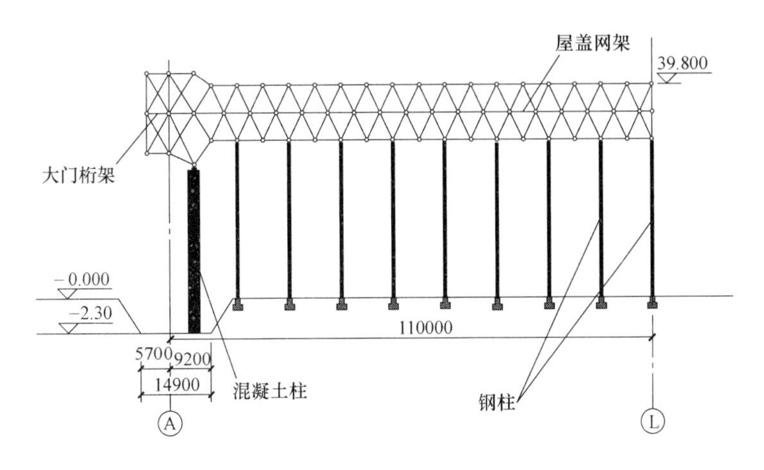

图 2.2-2　机库大厅钢屋盖立面图

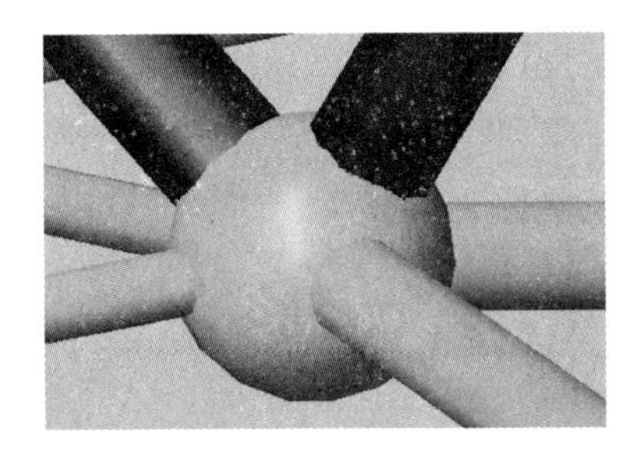

图 2.2-3　网架节点

图 2.2-4　大门处桁架焊接节点

制，还是构件加工进度，都是本工程的难点之一。

2）现场焊接工作量大，焊接变形控制难度大

本工程屋盖网架是焊接球网架，大门桁架是箱型钢梁组成的桁架。本工程所有焊接球与连杆之间的焊接全部是在施工现场完成，焊接工程量特别大，同时对焊接变形控制提出了很高的要求。

3）满足现场施工要求的大型吊装机械设备布置难度大

本工程钢屋面网架总长 352.6m、宽 110m。在如此大的施工区域内进行钢结构安装施工，既要确保工程进度，又要降低工程成本，现场对大型吊装机械的选择便成为本工程非

常重要的部分。

4）钢屋面施工面大，吊装难度大

本工程钢屋面网架跨度352.6m、进深110m，屋盖顶标高+39.800m。屋盖结构采用三层斜放四角锥钢网架，下弦支承，网格尺寸6.0m×6.0m，高度8.0m，总重约5200t，其中机库大门处屋盖采用焊接箱形截面钢桁架，跨度176.3+176.3m，进深9.5m，总重约2000t。

选择哪种施工方案，能够最大程度的确保工程质量和施工安全，加快施工进度以及降低工程成本，这是本工程的难点。

5）工期紧

钢结构工程总工期10个月，安装工程量总计约10000t。现场倒运、吊装、拼装数量大，如何有效地划分施工作业区段，最大的加快施工进度，是本工程的难点。

6）整体提升难度大

为了安全高效完成本工程，将采取“地面拼装、整体提升”的施工方法，一次提升面积超过4万m^2，45个提升点，138台千斤顶共同作业，一次提升面积、千斤顶数量将创造世界之最，在机场空旷地区，提升的安全可想而知。

3　施 工 部 署

3.1　施工组织管理

我公司按照国际惯例实施项目法施工，成立项目经理部，全面履行合同，对工程施工进行组织、指挥、管理、协调和控制。

1. 项目经理部组织机构图：

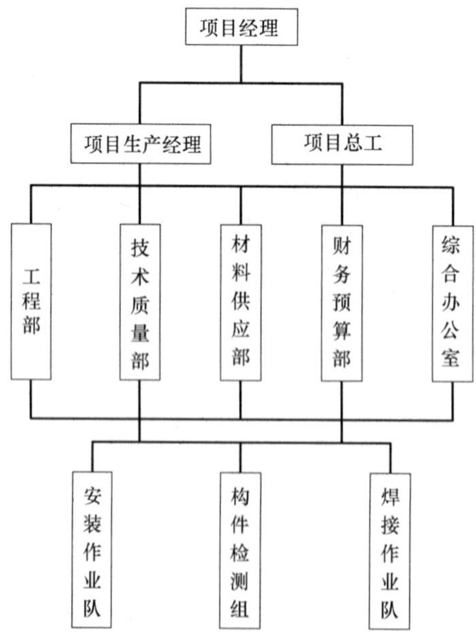

项目经理部本着科学管理、精干高效、结构合理的原则，选配具有较高管理素质、施

工经验丰富、服务态度良好、勤奋实干的工程技术和管理人员，组成项目管理层。

作业层由公司调配有丰富施工经验的参加过同类工程施工的技师、技术工人为主组成施工班组，确保优质高速地完成施工任务。

本工程的提升是重中之重，因此公司成立项目部提升领导小组（项目部）

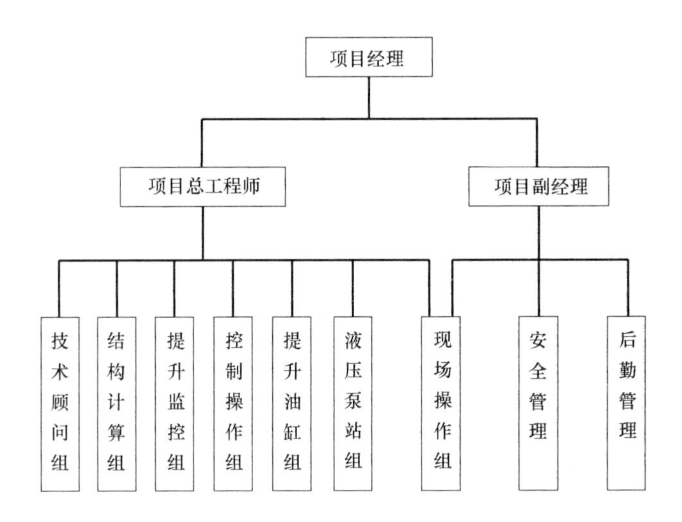

2. 项目部提升领导小组岗位职责：

序号	部门(岗位)	主　要　职　责
1	项目经理	负责整体提升的全面管理工作，并对安全质量进度负全责
2	总工程师	负责提升方案编制、设备技术准备、现场技术管理和提升及下放指挥
3	项目副经理	负责现场施工管理，保证工期、安全、质量，负责协调工作
4	结构计算组	负责结构计算和提升工况分析
5	提升监控组	负责提升过程中提升工况的监控，并向提升指挥汇报
6	控制操作组	负责计算机控制系统的调试与操作
7	提升油缸组	负责提升油缸的安装指导、调试和提升过程中油缸技术问题的处理
8	液压系统组	负责液压泵站的调试和提升过程中液压泵站技术问题的处理
9	技术顾问组	负责提升相关技术问题的咨询顾问工作
10	现场操作组	负责设备的安装、调试、提升过程的设备监控和设备拆除
11	后勤管理	负责整个后勤工作
12	安全管理	负责提升工程的全部安全检查工作

3.2　钢结构施工方案介绍

钢结构总体施工工艺流程

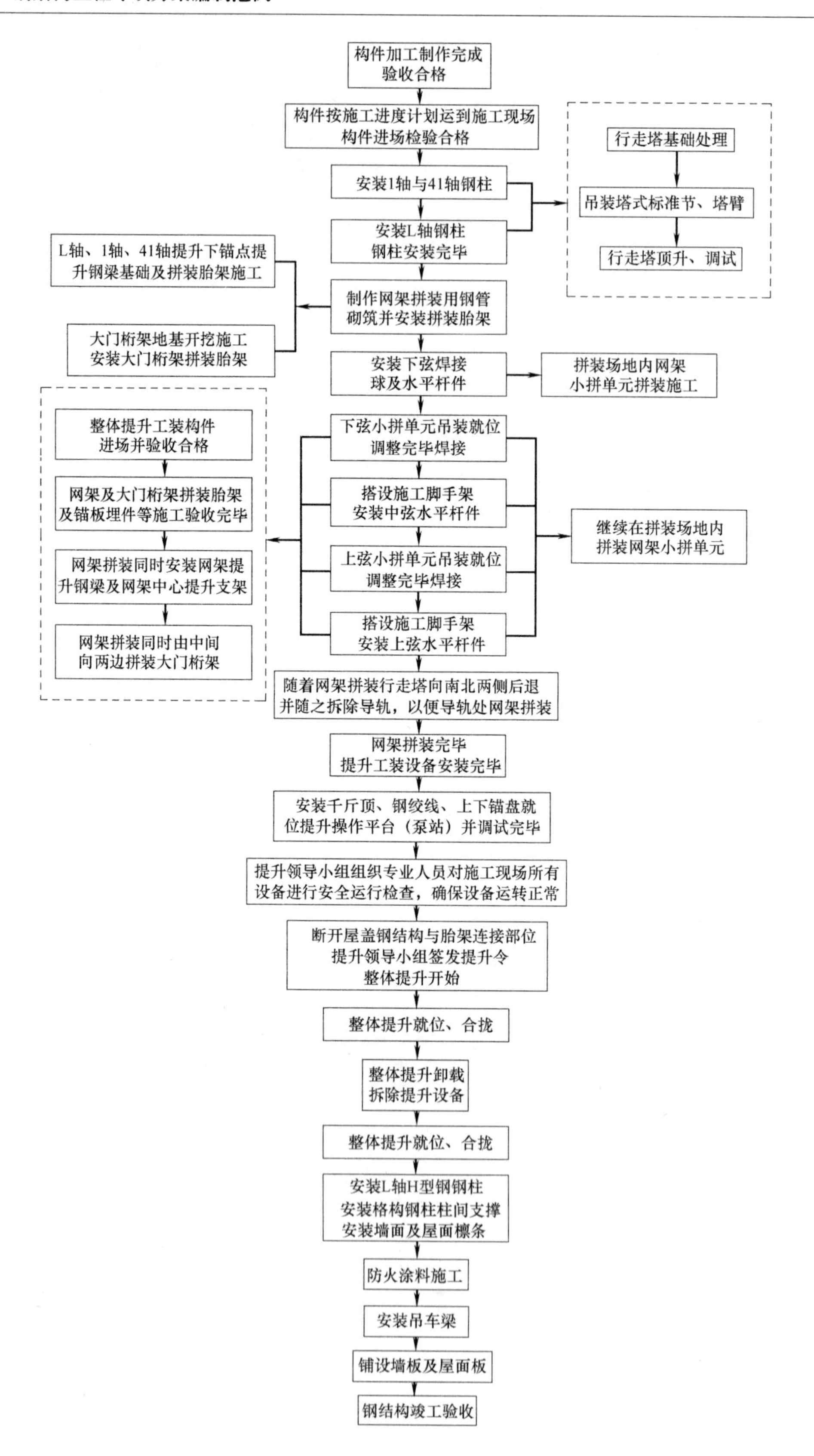

构件加工制作完成
验收合格
构件按施工进度计划运到施工现场
构件进场检验合格
行走塔基础处理
安装1轴与41轴钢柱
吊装塔式标准节、塔臂
安装L轴钢柱
钢柱安装完毕
行走塔顶升、调试
L轴、1轴、41轴提升下锚点提
升钢梁基础及拼装胎架施工
制作网架拼装用钢管
砌筑并安装拼装胎架
大门桁架地基开挖施工
安装大门桁架拼装胎架
安装下弦焊接
球及水平杆件
拼装场地内网架
小拼单元拼装施工
整体提升工装构件
进场并验收合格
下弦小拼单元吊装就位
调整完毕焊接
网架及大门桁架拼装胎架
及锚板埋件等施工验收完毕
搭设施工脚手架
安装中弦水平杆件
继续在拼装场地内
拼装网架小拼单元
网架拼装同时安装网架提
升钢梁及网架中心提升支架
上弦小拼单元吊装就位
调整完毕焊接
网架拼装同时由中间
向两边拼装大门桁架
搭设施工脚手架
安装上弦水平杆件
随着网架拼装行走塔向南北两侧后退
并随之拆除导轨，以便导轨处网架拼装
网架拼装完毕
提升工装设备安装完毕
安装千斤顶、钢绞线、上下锚盘就
位提升操作平台（泵站）并调试完毕
提升领导小组组织专业人员对施工现场所有
设备进行安全运行检查，确保设备运转正常
断开屋盖钢结构与胎架连接部位
提升领导小组签发提升令
整体提升开始
整体提升就位、合拢
整体提升卸载
拆除提升设备
整体提升就位、合拢
安装L轴H型钢钢柱
安装格构钢柱柱间支撑
安装墙面及屋面檩条
防火涂料施工
安装吊车梁
铺设墙板及屋面板
钢结构竣工验收

1）2台50t履带吊分别在1轴、41轴吊装钢柱，直至吊装完毕。两台履带吊同时在轴线两侧分段吊装钢柱，如图3.2-1所示。

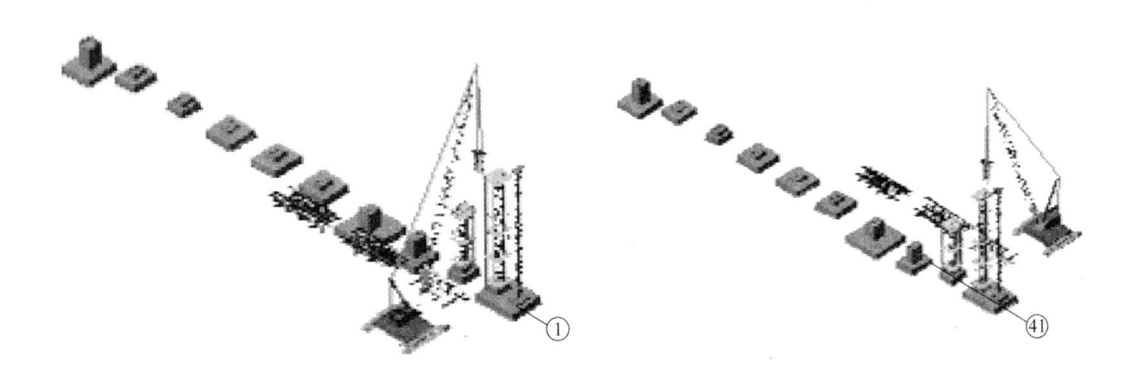

图3.2-1 1-41轴钢柱安装

2）吊装L轴钢柱，如图3.2-2所示。

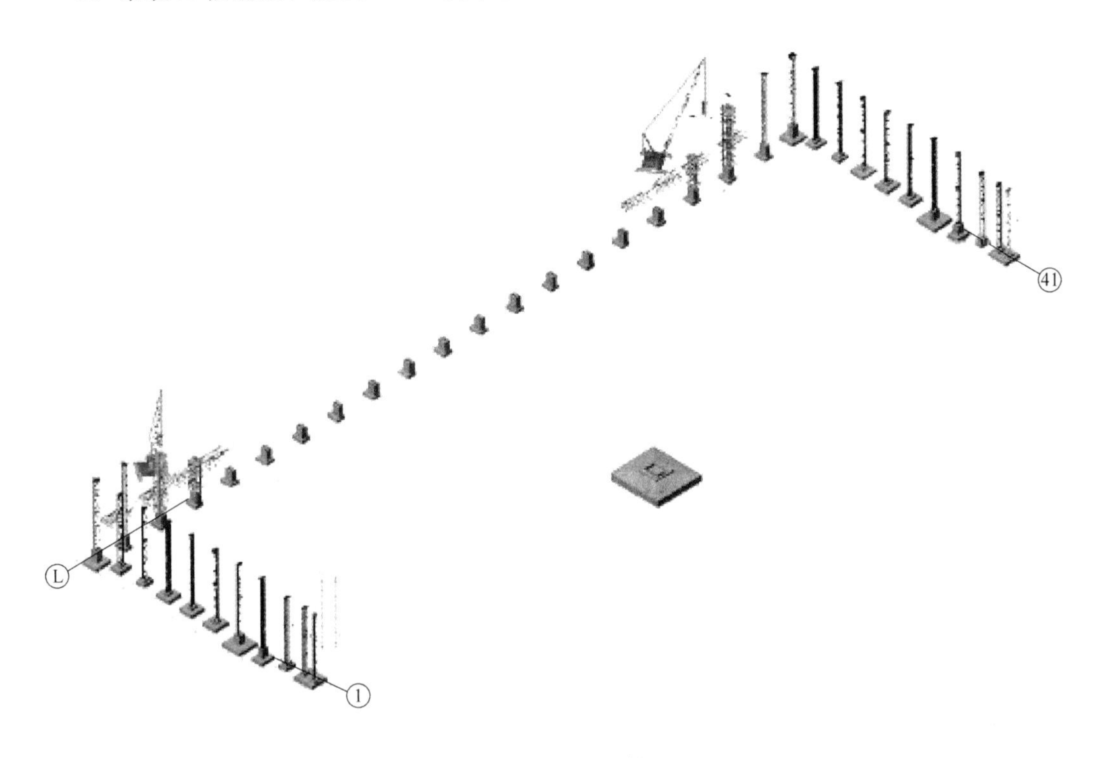

图3.2-2 安装L轴钢柱

3）吊装大门中间钢柱GZ1，如图3.2-3所示。

4）利用4台36B行走塔从中间向两头拼装网架，如图3.2-4所示。

5）拼装网架同时将整体提升上锚点工装设备都安装完毕，确保行走塔后退出吊装范围的所有构件及工装设备都安装完毕，如图3.2-5所示。

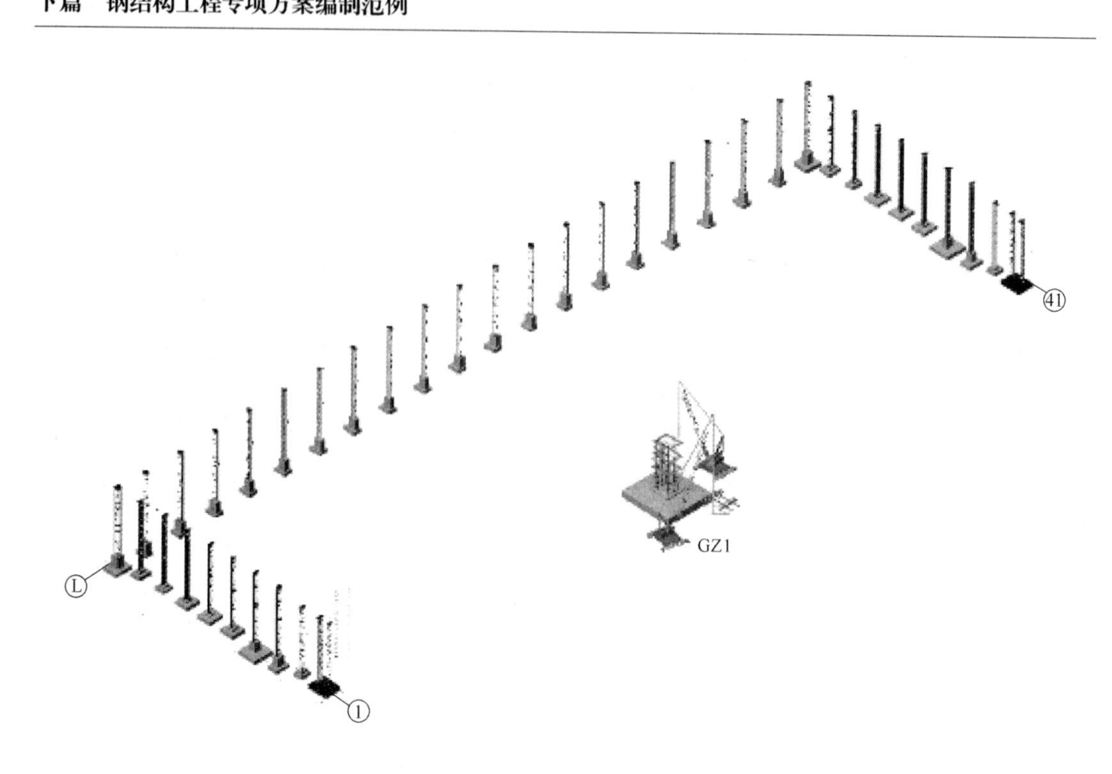

图 3.2-3　安装大门中间钢柱 GZ1

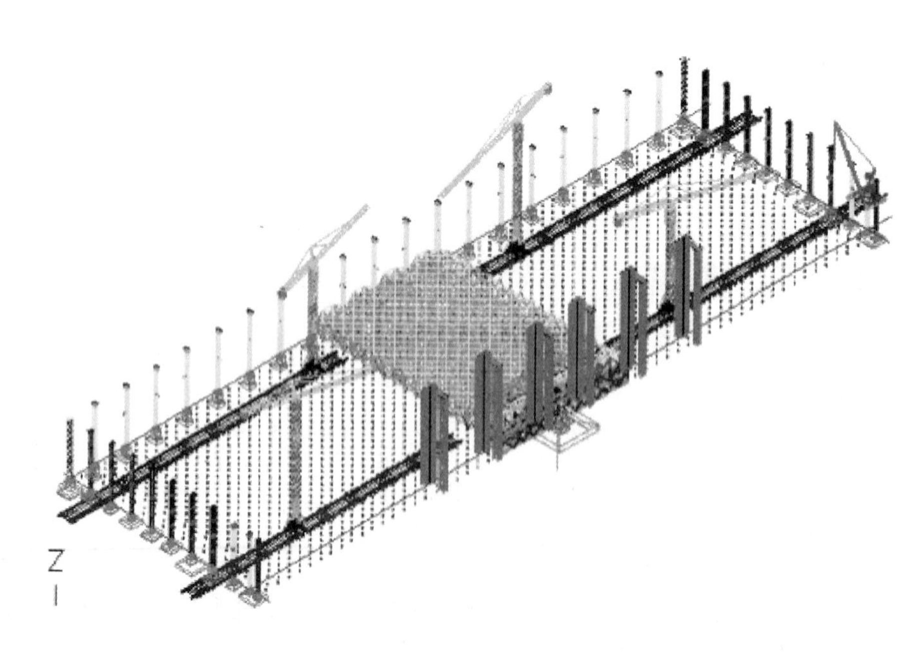

图 3.2-4　网架拼装

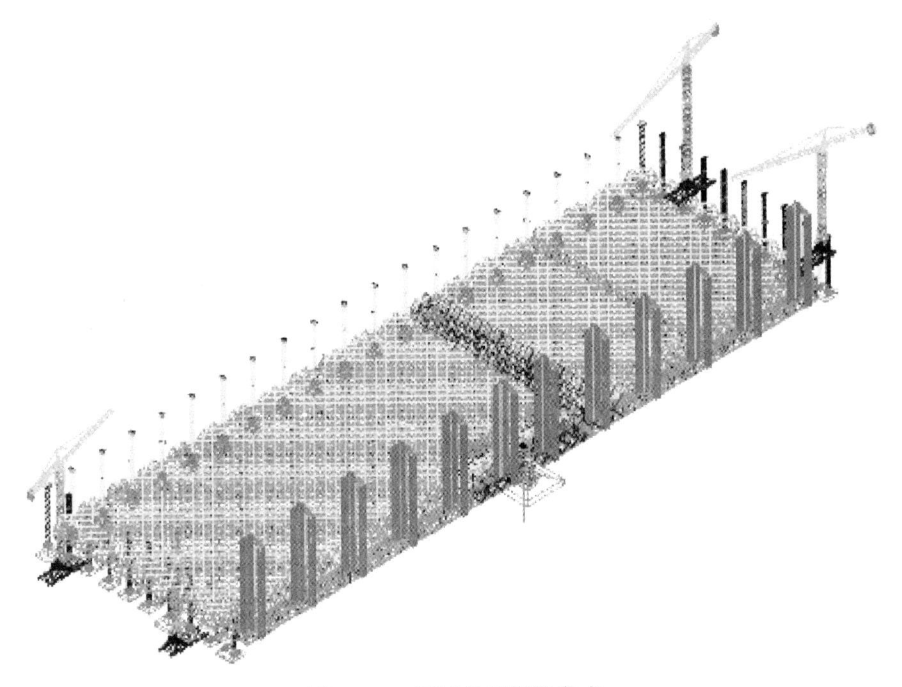

图 3.2-5　网架地面拼装完成

3.3　施工进度计划

整体提升施工进度表　　表 3.3

序号	工作内容	工期	开始时间	结束时间	备　注
1	提升工装的安装	60	*年*月*日	*年*月*日	与屋盖拼装同步进行
2	提升设备的安装	20	*年*月*日	*年*月*日	考虑吊装机械穿插进行
3	提升设备调试	5	*年*月*日	*年*月*日	先分区域调试,后整体调试
4	试提升	2	*年*月*日	*年*月*日	选择好天气
5	正式提升	3	*年*月*日	*年*月*日	选择好天气
6	合拢卸载	40	*年*月*日	*年*月*日	

3.4　整体提升准备工作

3.4.1　人员准备

劳动力计划表　　表 3.4-1

工种	设备安装	设备调试	试提升与试下放	提升	合拢	卸载,拆卸设备
起重工	12	12	12	12	2	12
电焊工	1	1	1	1	1	1
电工	1	1	1	1	1	1
钳工	1	1	1	1	1	1
操作人员				20		5
监控人员				50		

3.4.2　整体提升材料配备

整体提升材料清单　　表 3.4-2

序号	名　　称	型号(mm)	数量	单位	备注
1	网架提升下弦钢梁	HW350×350×20×20	388	m	自制
2	网架提升下弦后加钢管	ϕ102×4(L=4000)	124	根	自制
3	网架提升上弦工装	/	31	套	自制
4	大门桁架提升标准节	1200×1200	380	m	自有
		2000×2000	1425	m	自有
		2200×2200	475	m	自有
5	大门桁架提升下锚点工装	/	14	套	自制
6	大门桁架提升上锚点工装	/	14	套	自制
7	钢绞线	1440	68000	m	购买

3.4.3　整体提升设备配备

整体提升设备清单　　表 3.4-3

序号	机械或设备名称	型号规格	数量	额定功率(kW)	生产能力	备注
1	提升油缸	350t		9	350t	备用1台
2	提升油缸	200t	23		200t	备用1台
3	提升油缸	100t	29		100t	备用1台
4	提升油缸	40t	81		40t	备用1台
5	液压泵站	80L/min (TX-80-P-D)	6	50kW	80L/min	
6	液压泵站	40L/min (TX-40-P)	7	20kW	40L/min	
7	液压泵站	40L/min (BJ-40)	8	20kW	40L/min	
8	计算机控制柜	同步控制型	3			
9	20m长距离传感器	20m	47			备用2台
10	油压传感器		47			备用2只
11	油缸行程传感器		145			备用3台
12	锚具传感器		290			备用6只
13	地锚锚具	350t	8			
14	地锚锚具	200t	22			
15	地锚锚具	100t	28			
16	地锚锚具	40t	80			
17	比例阀		18			
18	中继器		若干			
19	液压油管		若干			
20	电控线		若干			

3.4.4　提升前各系统的检查

1）提升油缸检查：油缸上锚、下锚和锚片应完好无损，复位良好，油缸安装正确，钢绞线安装正确。

2）液压泵站检查：泵站与油缸之间的油管连接必须正确、可靠；油箱液面，应达到规定高度；每个吊点至少要备用1桶液压油，加油必须经过滤油机；提升前检查溢流阀；根据各点的负载调定主溢流阀；锚具溢流阀调至4～5MPa；提升过程中视实际荷载可作适当调整；利用截止阀闭锁，检查泵站功能，出现任何异常现象立即纠正。

3）计算机控制系统检查：各路电源，其接线、容量和安全性都应符合规定；控制装置接线，安装必须正确无误；应保证数据通信线路正确无误；各传感器系统保证信号正确传输；记录传感器原始读值备查。

4）提升结构检查：提升支撑结构的检查；提升结构的检查。

5）各种应急措施与预案的检查：检查提升设备的备件等是否到位；检查防雨、防风等应急措施是否到位。

4　整体提升的相关设计

4.1　提升点千斤顶的选择与布置

本工程屋盖网架及大门桁架采用整体提升施工方案，共设置45个提升塔架（柱），其中1～31为原结构柱，32～45为提升塔架。除结构柱1、6、7、25、26、31和提升塔架布置1个提点外，其他结构柱均布置两个提点，共计70个提升点。提升点按顺时针编号，柱1对应提升点1，柱6对应提升点10，柱7对应提升点11，柱25对应提升点46，柱26对应提升点47，柱31对应提升点56，塔架32对应提升点57，塔架45对应提升70。经计算，本工程整体提升共设置45个整体提升点位，用千斤顶138台，其中，40t千斤顶80台，100t千斤顶28台，200t千斤顶22台，350t千斤顶8台。详见图4.1整体提升总体布置。

各吊点的提升力计算，各吊点的提升油缸应用表　　表4.1

提升点位编号	油缸（t）	数量	支座反力（t）	提升力（t）	油缸储备安全系数	钢绞线安全系数	备注
1	40	2	30.9	80	2.59	10.10	
2	40	4	84.9	160	1.88	7.35	
3	40	4	80.7	160	1.98	7.73	
4	40	4	112.2	160	1.43	5.56	
5	40	4	75.2	160	2.13	8.30	
6	40	1	17.1	40	2.34	9.13	
7	40	1	0.1	40	400.00	1560.00	
8	40	4	60.1	160	2.66	10.38	
9	100	4	125.3	400	3.19	7.47	
10	100	4	143.6	400	2.79	6.52	

续表

提升点位编号	油缸（t）	数量	支座反力（t）	提升力（t）	油缸储备安全系数	钢绞线安全系数	备注
11	100	4	137.3	400	2.91	6.82	
12	40	4	110.2	160	1.45	5.66	
13	40	4	77.5	160	2.06	8.05	
14	40	4	58.6	160	2.73	10.65	
15	40	4	113.6	160	1.41	5.49	
16	100	4	194.2	400	2.06	4.82	
17	40	4	113.6	160	1.41	5.49	
18	40	4	58.6	160	2.73	10.65	
19	40	4	77.5	160	2.06	8.05	
20	40	4	110.2	160	1.45	5.66	
21	100	4	137.3	400	2.91	6.82	
22	100	4	143.6	400	2.79	6.52	
23	100	4	125.3	400	3.19	7.47	
24	40	4	60.1	160	2.66	10.38	
25	40	1	0.1	40	400.00	1560	
26	40	1	17.1	40	2.34	9.13	
27	40	4	75.2	160	2.13	8.30	
28	40	4	112.2	160	1.43	5.56	
29	40	4	80.7	160	1.98	7.73	
30	40	4	84.9	160	1.88	7.35	
31	40	2	30.9	80	2.59	10.10	
32	200	2	169.8	400	2.36	5.82	
33	350	1	303	550	1.82	4.29	
	200	1					
34	200	2	242.4	400	1.65	4.08	
35	200	2	231	400	1.73	4.28	
36	200	2	196.8	400	2.03	5.02	
37	350	1	312.6	550	1.76	4.16	
	200	1					
38	350	2	546	900	1.65	3.86	
	200	1					
39	350	2	546	900	1.65	3.86	
	200	1					
40	350	1	312.6	550	1.76	4.16	
	200	1					
41	200	2	196.8	400	2.03	5.02	
42	200	2	231	400	1.73	4.28	
43	200	2	242.4	400	1.65	4.08	
44	350	1	303	550	1.82	4.29	
	200	1					
45	200	2	169.8	400	2.36	5.82	

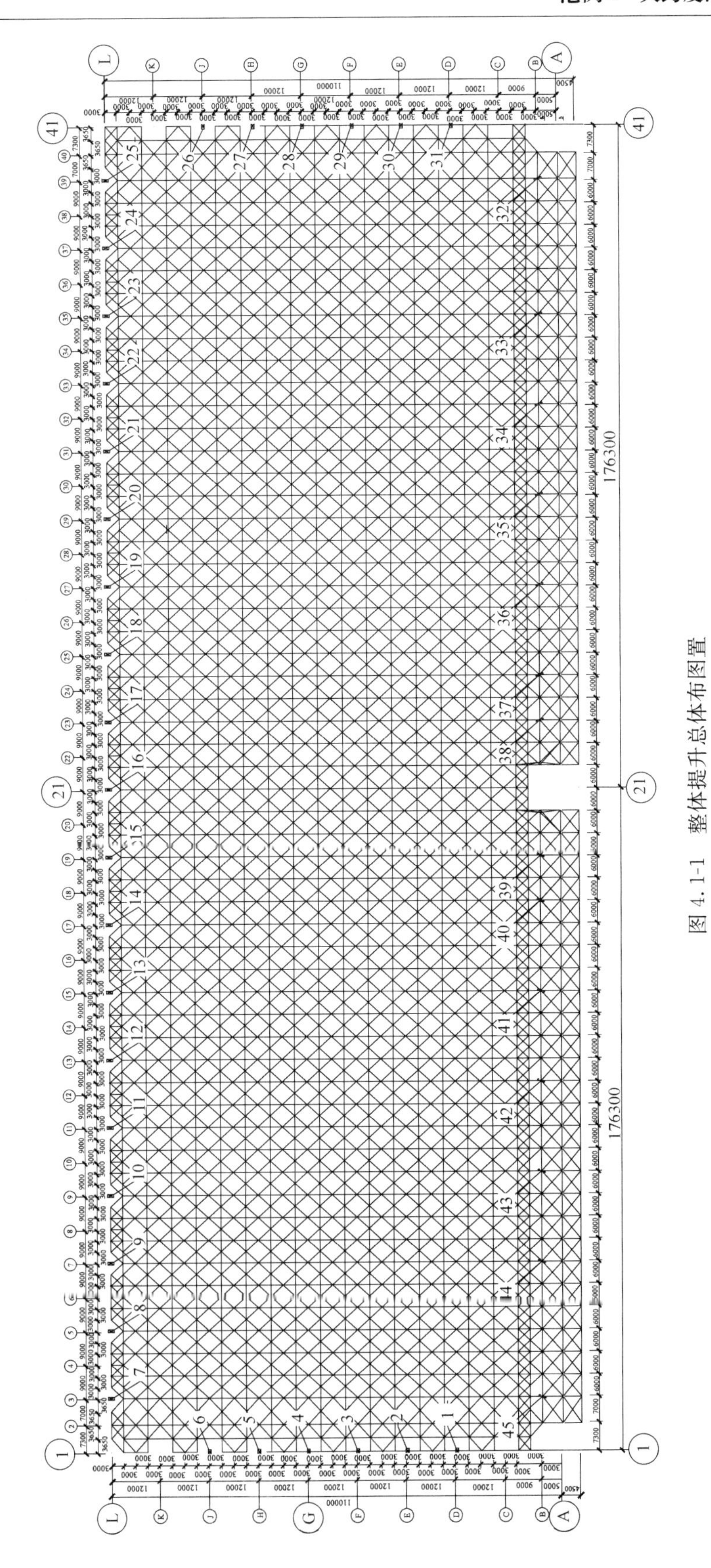

图 4.1-1　整体提升总体布置图

4.2　提升支撑架设计

本工程提升支架选用截面型号为 1200mm×1200mm 的自制标准节，2000mm×2000mm，2200mm×2200mm 的塔式标准节共三种，位于 BC 轴之间网架与大门桁架相连处。

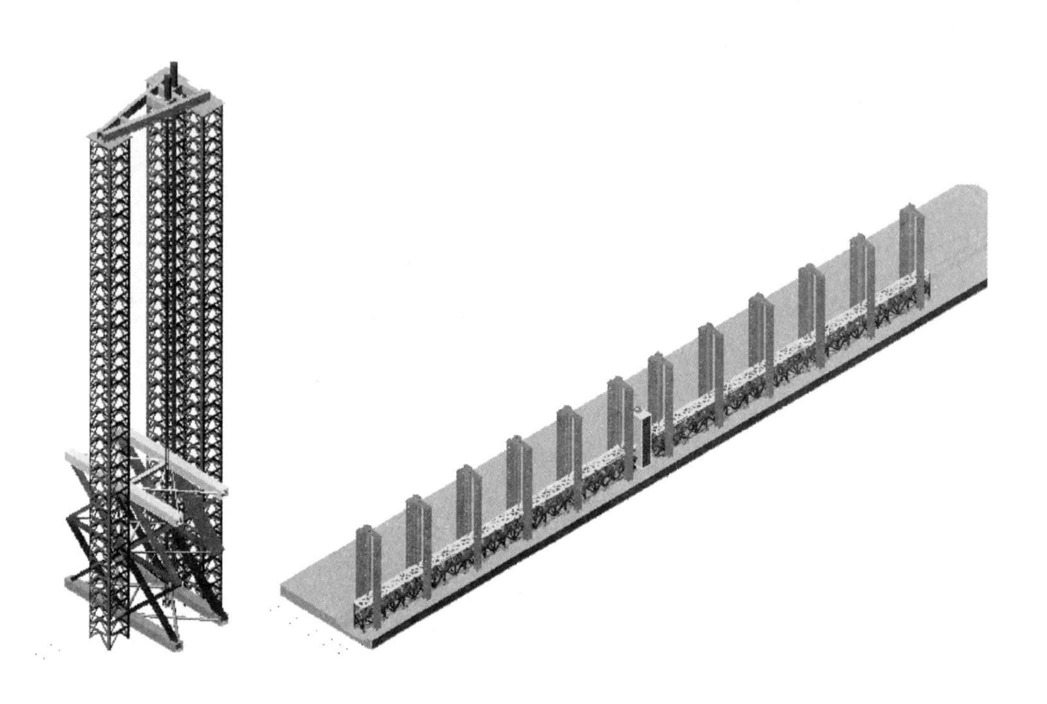

图 4.2　大门桁架提升支撑架的布置示意图

标准节基础设计见附件 1：某机库钢屋盖提升架基础设计与计算书。

4.3　上、下提升架与节点设计

1）提升上锚点

网架提升上锚点千斤顶是通过由 8 根箱形梁组成的框架，垂直落在格构钢柱的顶端，以此为提升上锚点构造，边网架上锚点共计 31 个，分别位于 1 轴、41 轴、L 轴部分格构钢柱柱顶，位置详见图 4.1-1 整体提升点布置图和图 4.3-1 机库提升立面示意图。图中 1-31 点都是边网架格构柱提升点。边网架提升点由于各点支反力不同，因此选择了两种，分别是 40t 和 100t 的千斤顶，因此在支撑架的构造尺寸上会有不同，具体构造尺寸见附件 3，图 4.3-2 为上锚点示意图，具体构造图见图 4.3-3、图 4.3-4。

2）提升下锚点

边网架下弦提升梁选用 H350×250×16×20 的型钢，提升下锚点位于钢梁的两端，用 20mm 厚钢板制作提升下锚盘锚固装置，钢梁两端用钢管与中弦球连接成稳定的三角支撑体系，以保证提升下弦构造的稳定。如图 4.3-5 所示。

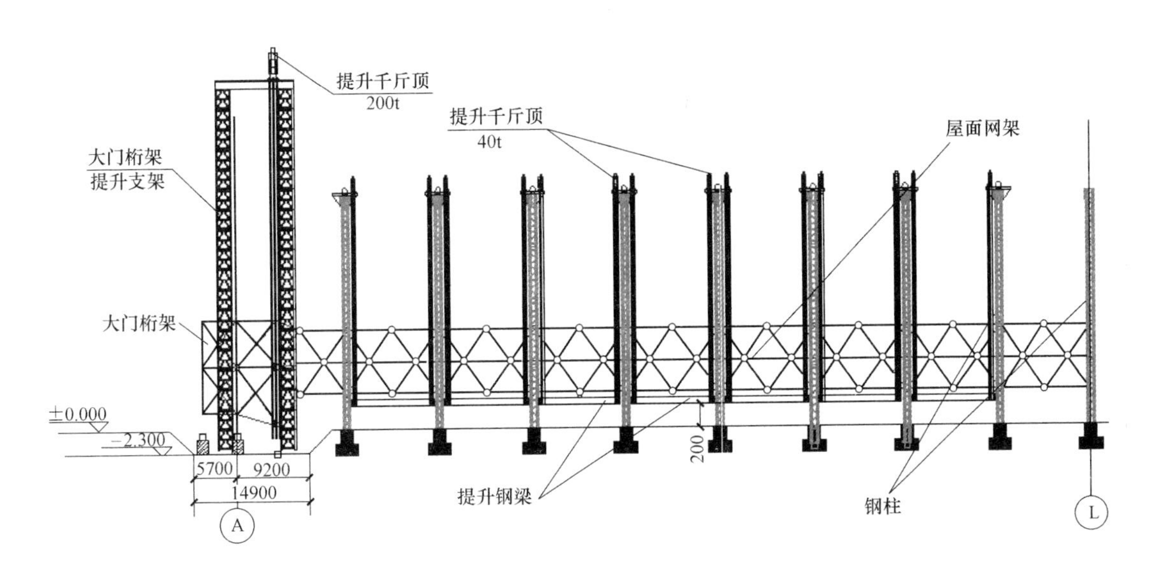

图 4.3-1 机库提升立面示意图

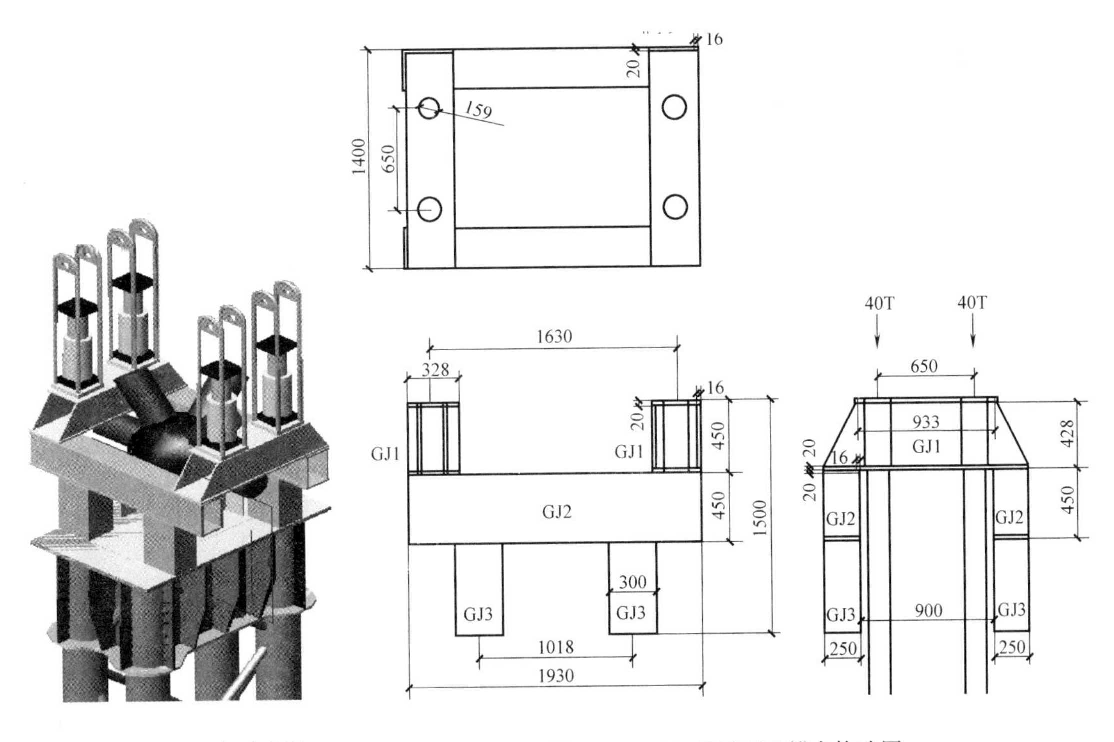

图 4.3-2 上锚点示意图

图 4.3-3 40t 千斤顶上锚点构造图

4.4 大门桁架提升架与节点设计

大门桁架提升架根据施工力计算以及我公司标准节储备情况，标准节布置共分为 4 种情况，即：4 组截面为 1200mm×1200mm 标准节组成的矩形框架支架；3 组截面为

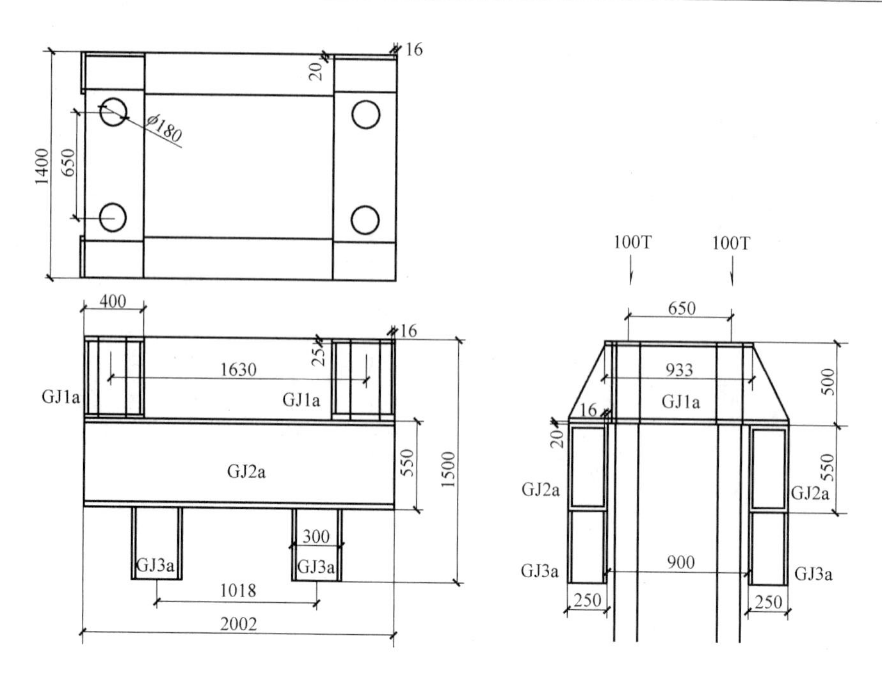

图 4.3-4　100t 千斤顶上锚点构造图

2200mm×2200mm（2 组截面为 2200mm×2200mm＋1 组截面为 2000mm×2000mm 组成）组成的三角形框架支架；3 组截面为 2000mm×2000mm 标准节组成的三角形框架支架；4 组截面为 2000mm×2000mm 标准节组成的矩形支架。

支架组与地基基础的连接形式在附件中有详细的构造；支架顶部与千斤顶提升设备的构造连接在下面予以论述。

1）提升上锚点

大门桁架提升点为提升点 32～45，共 14 个提升点。两台千斤顶的提升点共 12 点，其顶端构造见图 4.4-1 所示。

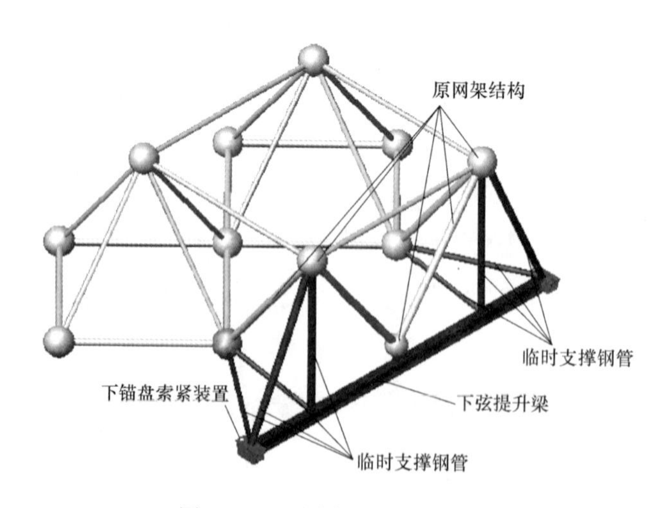

图 4.3-5　下弦提升构造示意图

38、39提升点由3台千斤顶组成，其提升支架由4组2000mm标准节组成框架，支架顶部构造见图4.4-2。

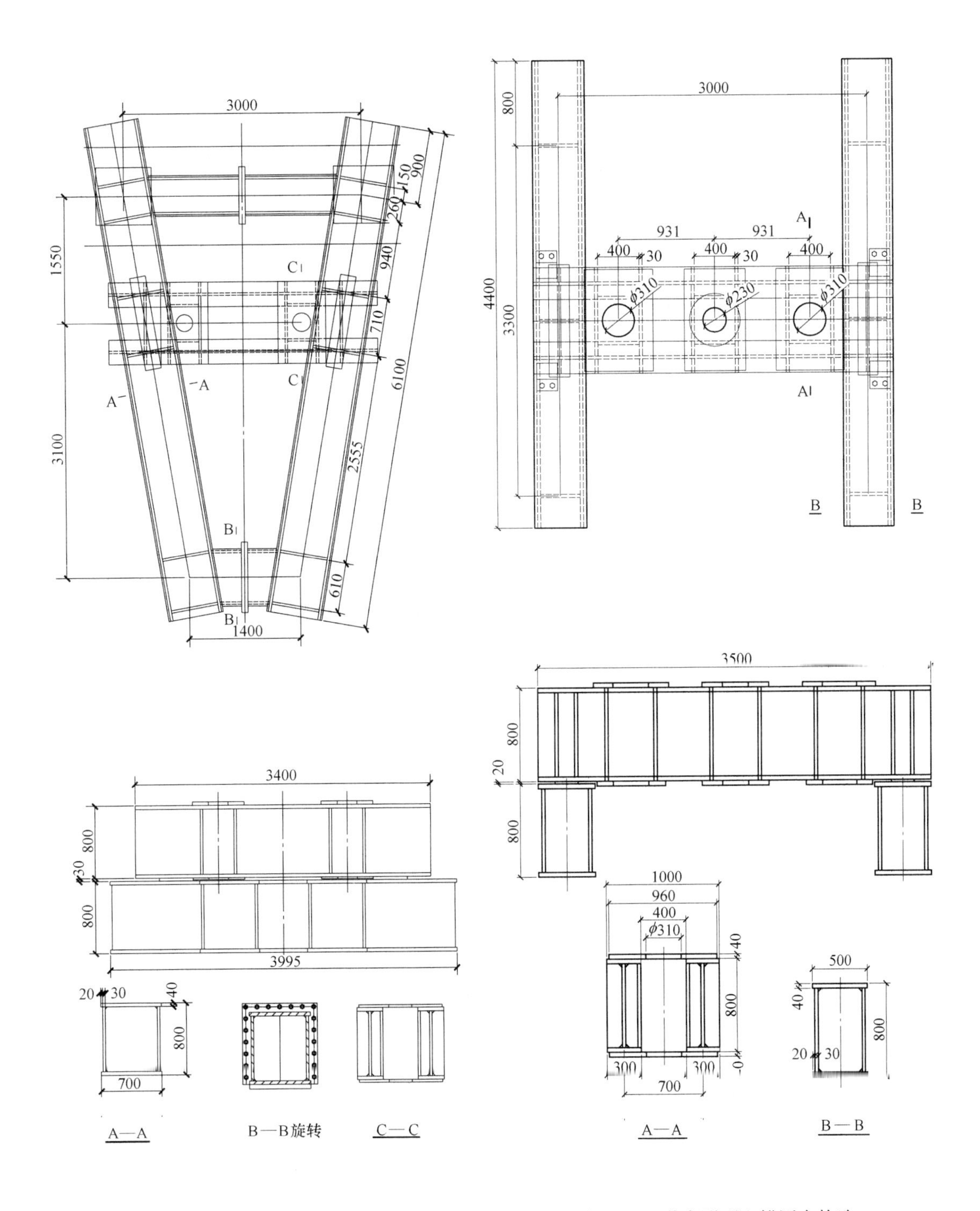

图4.4-1　A型上锚固点构造　　　　图4.4-2　井字形型上锚固点构造

2）提升下锚点

与提升上锚点构造相对应，提升下锚点可以分为3组锚固装置和2组锚固装置两种，其中38、39提升点应用3组锚固装置，其余点用2组锚固装置。2组锚固装置又因提升千斤顶不同而采取不同的搭配方式，具体见图4.4-3、图4.4-4。

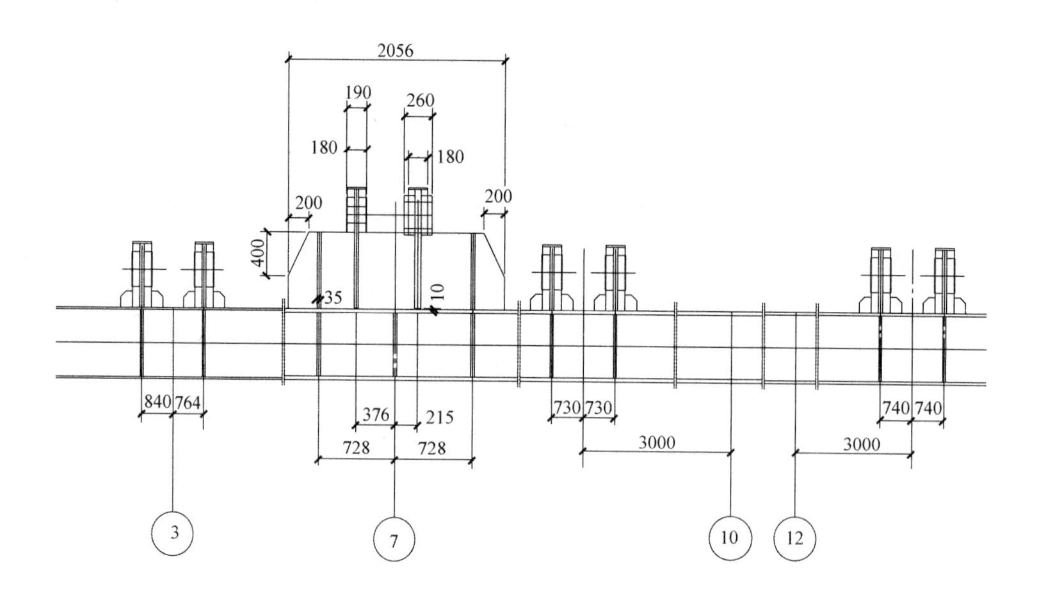

图4.4-3　大门桁架下锚固装置位置图1

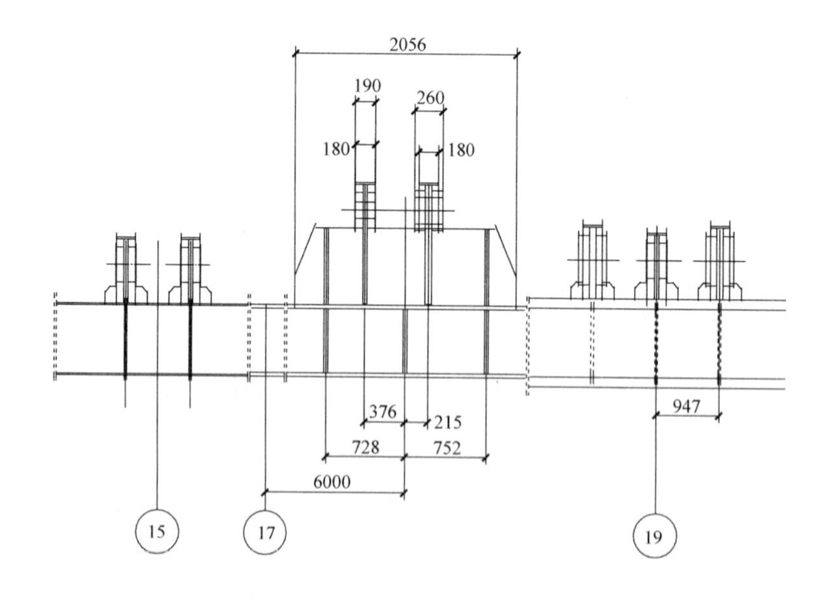

图4.4-4　大门桁架下锚固装置位置图2

5　施　工　工　艺

5.1　整体提升总体施工流程

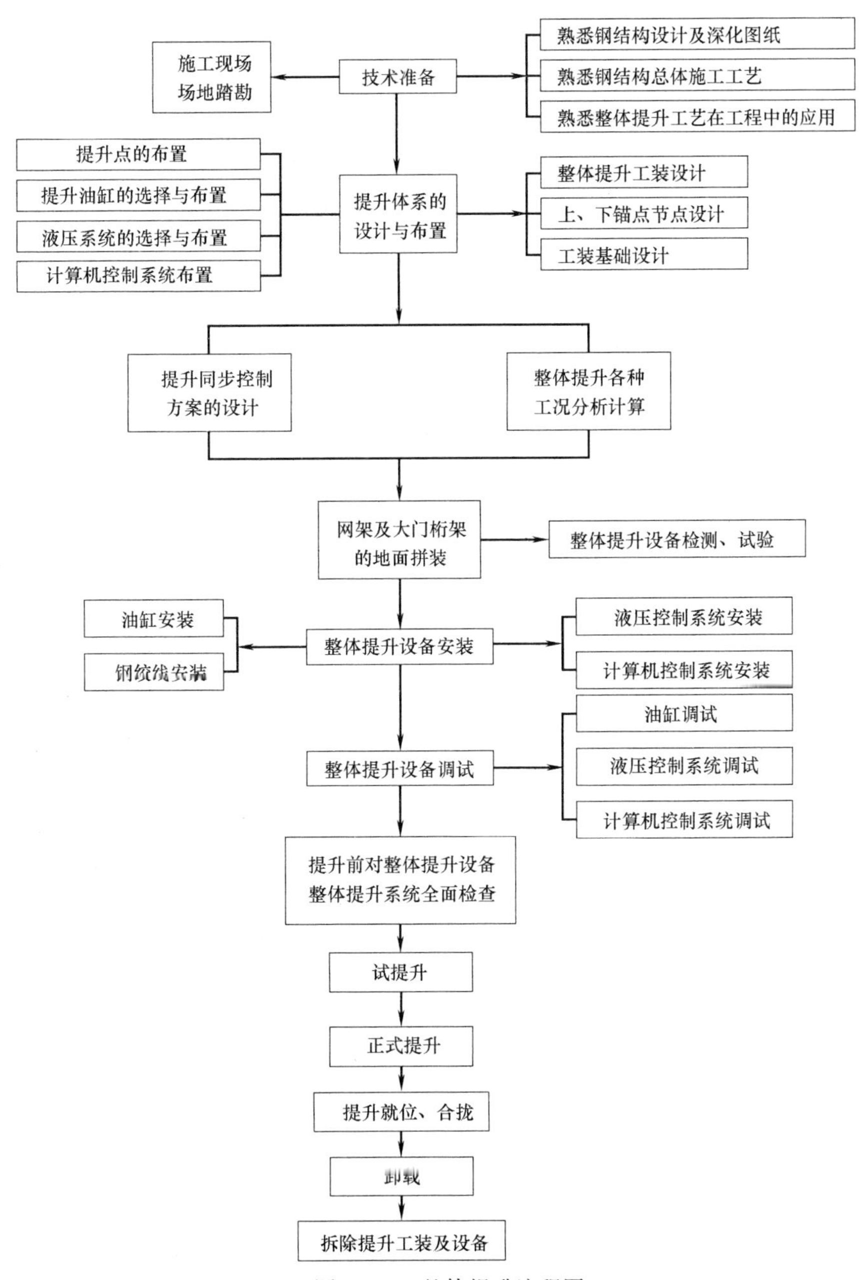

图5.1-1　整体提升流程图

1）安装液压千斤顶，提升控制平台，穿钢绞线并对设备进行调试。

一切准备就绪，开始试提升（提升高度30cm，停置12小时），如图5.1-2所示。

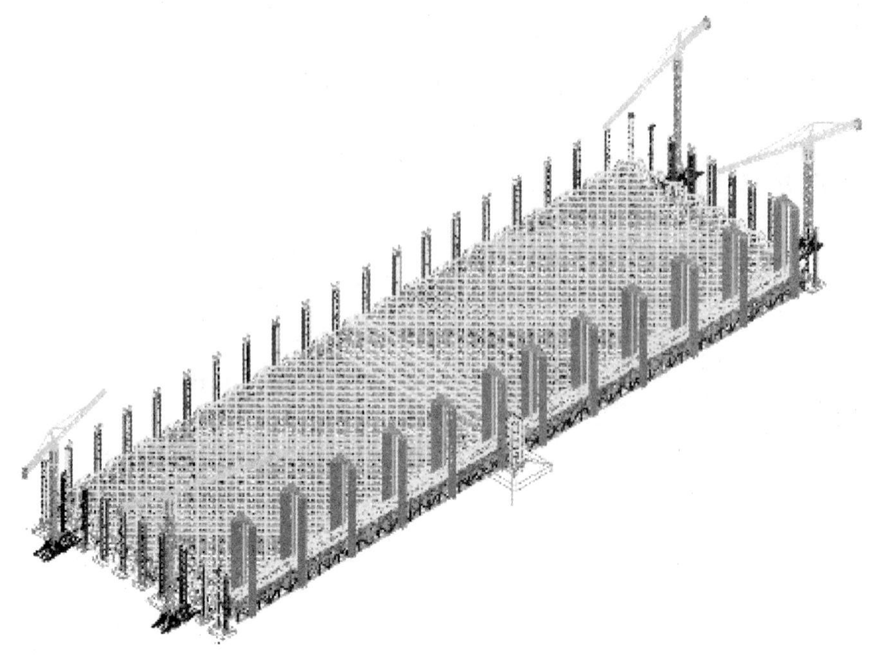

图 5.1-2　机库钢屋盖整体试提升

2）试提升完毕后，开始整体提升，如图 5.1-3 所示。

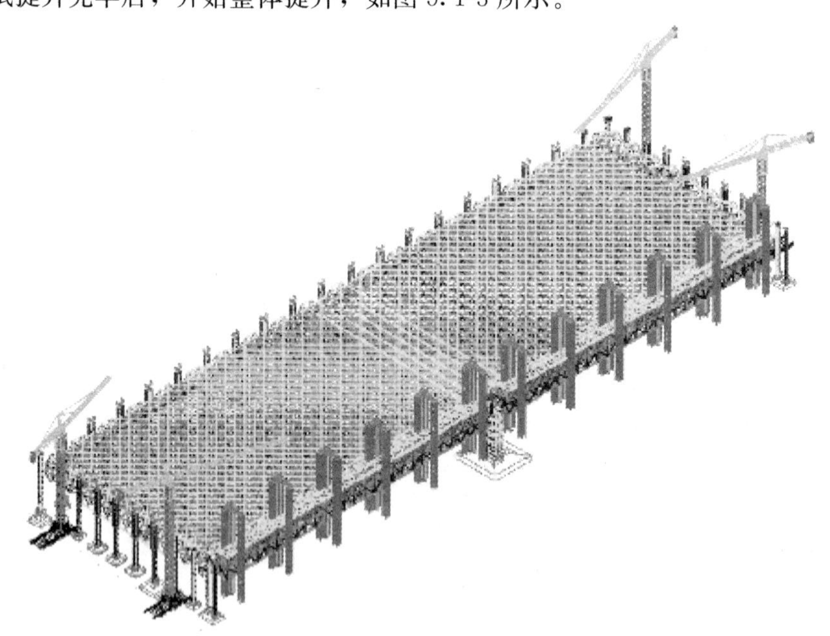

图 5.1-3　机库钢屋盖整体提升

3）整体提升就位，如图 5.1-4 所示。

5.2　提升设备安装

5.2.1　提升油缸安装

根据提升油缸的布置，100t 履带吊沿机库外侧路线行走逐一安装提升油缸和地锚支

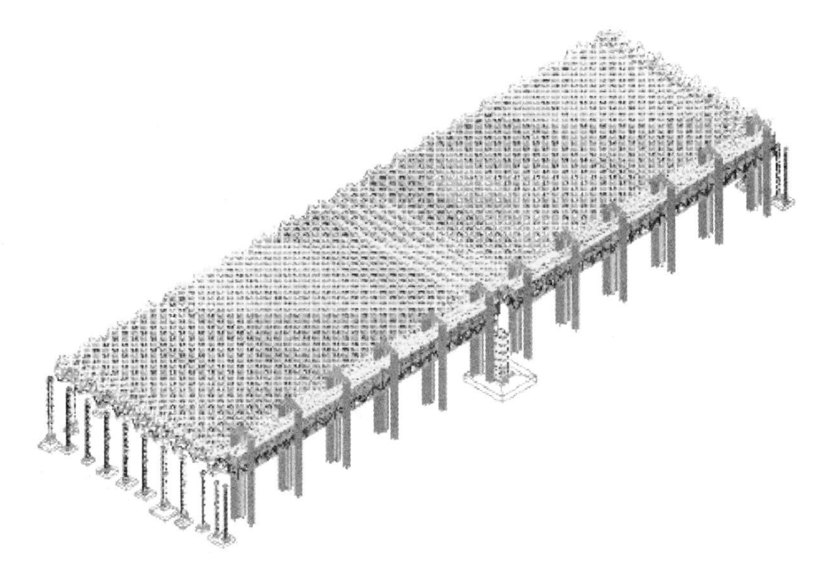

图 5.1-4　机库钢屋盖整体提升就位

架，钢绞线在地面和油缸穿好整体吊装到位；用 1t 手动葫芦预紧钢绞线，然后提升油缸用 1MPa 压力带紧钢绞线，同时将地锚做入地锚支架沉孔。在安装提升油缸和地锚支架时，准确定位，要求提升油缸安装点与下部地锚支架投影误差小于 5mm；提升油缸在安装到位后，每台提升油缸使用 4 只“7”形卡板固定。

5.2.2　液压泵站安装

根据布置，在提升平台上安装液压泵站并连接液压油管。

5.2.3　计算机控制系统的安装

根据方案安装锚具传感器、提升油缸行程传感器、油压传感器、长行程传感器；连接通信电缆和通讯电源线。

5.3　提升设备安全防护设施及钢绞线疏导架搭设

5.3.1　提升设备安全防护设施及钢绞线疏导架搭设提升安全防护设施要求

提升安全防护设施用于提升准备过程中提升工作人员安装提升设备和提升设备调试的安全通道，或提升过程中提升工作人员巡视通道。通道按国家标准搭设，具体方案由总包单位负责。

5.3.2　钢绞线疏导架要求

疏导架最大承载要大于各提升吊点钢绞线总重的 2 倍。

5.4　提升系统调试

5.4.1　液压泵站调试

泵站电源送上（注意不要启动泵站），将泵站控制面板手动/自动开关至于手动状态，分别拨动动作开关观察显示灯是否亮，电磁阀是否有动作响声。

5.4.2　提升油缸调试

上述动作正常后，将所有动作至于停止状态，并检查油缸上下锚具都处在紧锚状态。

启动锚具泵，将锚具压力调到 4MPa，给下锚紧动作，检查下锚是否紧，若下锚为紧，给上锚松动作，检查上锚是否打开。

上锚打开后，启动主泵，给伸缸动作，伸缸过程中给截止动作，观察油缸是否停止，油缸会停止表明动作正常。

给缩缸动作，缩缸过程中给截止动作，观察油缸是否停止，油缸会停止表明动作正常。

油缸来回动作几次后，将油缸缩到底，上锚紧，调节油缸传感器行程显示为 2。

油缸检查正确后停止泵站。

5.4.3　计算机控制系统的调试

通信系统检查，打开主控柜将电源送上，检查油缸通信线、电磁阀通信线、通信电源线连接；

一切正常后，启动泵站，然后给下锚紧，上锚松，伸缸动作或缩缸动作，油缸空缸来回动几次。

5.5　提升前的检查

提升前的检查记录表　　表 5.5

序号	名称	检查内容	负责人签字
1	提升支撑结构	提升塔架； 提升平台； 提升地锚； 钢绞线疏导架	
2	提升结构	主体结构质量、外形均符合设计要求，主体结构上确已去除与提升工程无关的一切荷载； 提升将要经过的空间无任何障碍物、悬挂物； 主体结构与其他结构的连接是否已全部去除	
3	各种应急措施与预案	提升设备的备件等是否到位； 防雨、防风等应急措施是否到位	

5.6　试提升

为了观察和考核整个提升施工系统的工作状态，在正式提升之前，按下列程序进行试提升。

1）解除主体结构与支架等结构之间的连接。

2）按比例，进行 20%、40%、60%、70%、80%、90%、95%、100%分级加载，直至结构全部离地，每次加载作好记录。

3）在全部结构离地后，需要进行如下调整：各点的位置与负载记录，比较各点的实际载荷和理论计算载荷，并根据实际载荷对各点载荷参数进行调整。

4）试提升高度约 300mm。

5）提升离地后，空中停滞一定时间不少于 12 小时，悬停期间，要定时组织人员对结构进行观测，观测大屋盖的变形值和理论计算对比，观测大门处提升支撑架基础的下沉情况，观测提升支撑架和格构柱的垂偏是否发生变化。

6）确定正式提升日期

在试提升和试下放试验完成，并且在试提升和试下放过程中出现的问题得以整改并试验后，进行正式提升。在提升时注意天气等环境因数的影响。

5.7　正式提升

1）提升时的天气要求：2～3天内不下雨，风力不大于5级。

2）正式提升过程中，记录各点压力和高度。

3）提升注意事项：应考虑突发灾害天气的应急措施，提升关系到主体结构的安全，各方要密切配合，每道程序应签字确认。

5.8　整体提升合拢与卸载

5.8.1　总体顺序

由于本工程提升重量、面积都很大，并且各个区域杆件强度均不同，为了保证提升合拢与卸载的安全性，采取如下合拢卸载顺序：

1）大门桁架合拢：1、21、41/A、B轴同时合拢；

2）大门桁架合拢完毕，逐级卸载；

3）L轴：从21轴向两侧与大门桁架同时依次合拢、卸载；

4）1轴、41轴/先由G-K轴依次与大门桁架同时合拢、卸载；

5）待桁架与网架合拢卸载完毕后，网架区域由F向B轴合拢、卸载；

6）最后对称合拢1、41/L轴点，并卸载。

5.8.2　合拢

1）大门桁架杆件合拢顺序：大门桁架合拢总体顺序为先中间，后两边。具体顺序见图5.8-1、图5.8-2。

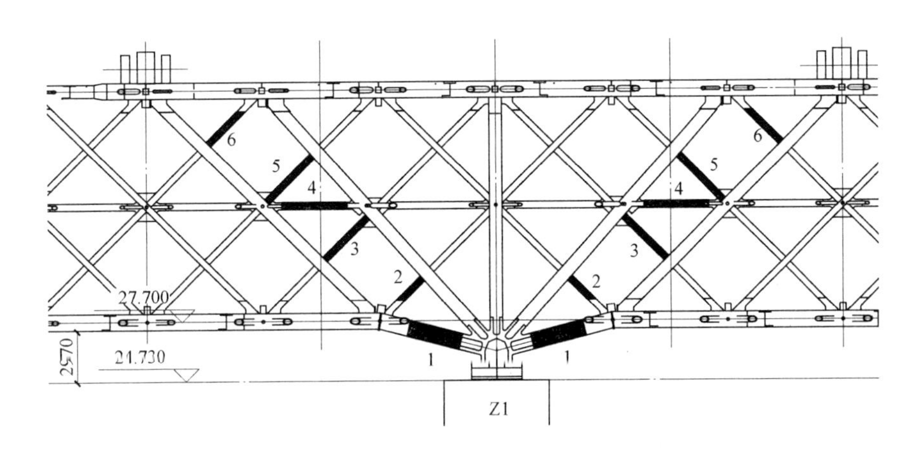

图5.8-1　大门桁架中心合拢顺序图

2）网架合拢顺序：网架总体合拢顺序先A后B，以G轴为界，具体见图5.8-3。

提升点合拢顺序见图5.8-4。

5.8.3　卸载

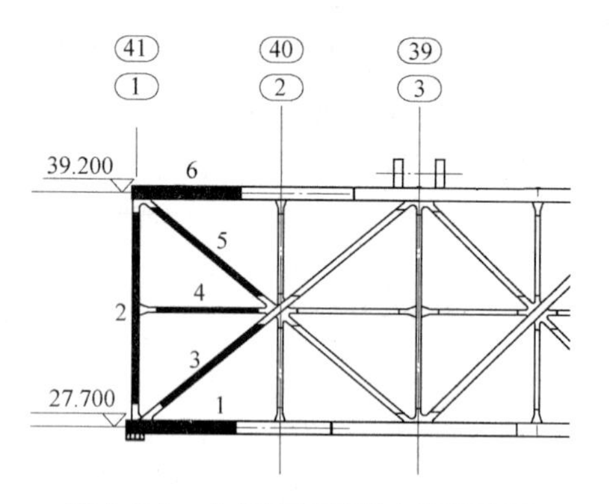

图 5.8-2　大门桁架两侧合拢顺序图

1）提升点构件合拢焊接完毕，经质量检验验收合格且网架整体稳定后开始卸载。卸载前要用测量仪器对网架的稳定性进行监测，确保网架在水平和竖直方向没有相对位移反复出现情况下，可以卸载。

2）大门桁架卸载顺序：首先同时卸载 35 点与 42 点，然后卸载 34、36 点、41 点、43 点，最后卸载大门桁架其他点。

3）网架卸载顺序：

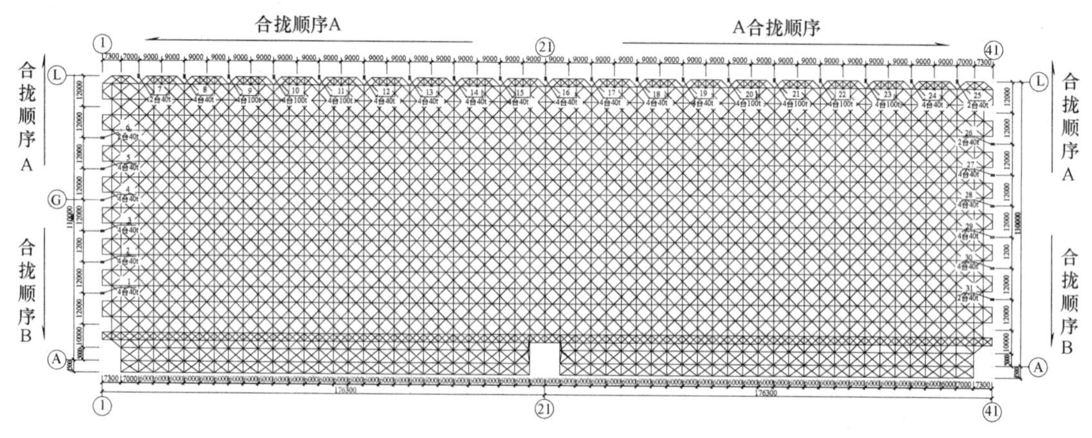

图 5.8-3　网架总体合拢顺序

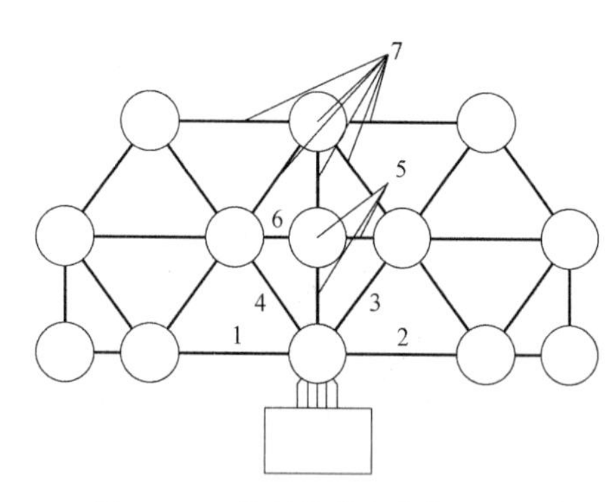

图 5.8-4　柱顶提升点合拢顺序图

① 1 轴、41 轴/先由 G-K 轴网架卸载顺序同合拢顺序，与大门桁架卸载相关性不大，可以独立卸载；

② F-B 轴/1、41 轴网架，待大门桁架合拢、卸载完毕后进行。卸载顺序为 1、41 轴同时卸载；

③ 1、41/L 轴角柱待网架全部卸载完毕后进行合拢、卸载。

4）分级卸载：网架卸载完毕后，分三次逐级卸载，第一次卸载 30%，第二次卸载 30%，第三次卸载 40%。

6　监 测 方 案

6.1　提升过程的整体稳定性监测

使用全站仪极坐标测量法对网架进行测控。

1）在屋盖横向纵向跨中下弦侧面各选定一特定点，将激光反射贴片贴在该点上。

2）根据场地的通视条件，测放出架设全站仪的最佳位置。

3）架设全站仪于选定的测量观测点上，根据内业计算成果，结合当日气象值设置好坐标参数及气象改正，准确无误后分别照准仪器于构件上激光反射贴片，得出构件空间位置的实测三维坐标。大屋盖偏移超过10mm要停滞调整。

6.2　对提升吊点同步性的测量控制

利用激光测距仪和传感器自动测量。网架提升点以控制力为主，不同步超过20mm时进行调整；大门桁架刚度很大，提升点以控制位移为主。

6.3　提升支架承重性能监控

地基承载能力通过目测地面混凝土是否开裂，发现开裂及时上报，停止提升。提升支撑架垂偏及柱肢变形通过1m钢尺及目测观测，发现异常及时上报，停止提升。

7　施工安全质量保证措施

7.1　质量控制措施

1）整体提升工装构件安装质量控制措施：整体提升工装设备的安装按照（钢结构施工质量验收规范）中构件安装精度要求执行，对于特殊节点焊接必要时进行超声波探伤。

2）整体提升合拢精度控制措施：在提升及合拢过程中对网架及大门桁架的变形进行实时监测，确保结构整体安全。安装导向系统控制提升合拢时可能产生的水平位移。制定相应合拢顺序，保证构件安装质量。分级卸载确保合拢后结构安全。

7.2　安全保证措施

7.2.1　安全组织机构保证体系

1）建立健全安全生产小组，实行党、政、工和专职安全员共保的原则，充分发挥以项目经理为组长的安全领导小组的组织保障作用。

2）确定项目专职安全员，行使安全员的权利和职责。

3）专职安全员作好布置、安全宣传工作，每天班前检，班中监督，班组长做好班后总结（兼职安全员参加）。

7.2.2　安全管理组织机构及管理人员职责

1）安全管理组织机构

本工程安全生产领导小组组成人员为：

组　长：＊＊＊（项目经理）

副组长：＊＊＊、＊＊＊

成　员：＊＊＊、＊＊＊、＊＊＊、＊＊＊、＊＊＊

2）各级安全管理人员职责

（1）项目经理职责：

认真执行国家、政府部门和企业的安全生产规章制度。

坚持管生产必须管安全，以身作则，不违章指挥，积极支持安全专职人员工作。

针对生产任务特点，制定和实施安全技术和安全纪律教育。

每月组织安全生产检查，对发生重大事故和险肇事故苗子及时上报，认真分析原因，提出落实改进措施。

(2) 项目工程师职责：

按照有关文件及技术规范规程的要求，组织编制审批施工组织设计或施工方案中的安全技术措施，及时解决施工中的安全技术问题。

督促落实十项安全技术措施。

对职工进行安全技术教育。

组织安全技术培训。

(3) 安全员职责：

贯彻执行国家、政府部门关于安全生产和劳动保护法规和企业的安全生产规章制度，做好安全管理和监督检查工作。

经常深入基层和现场，掌握安全生产情况，熟悉基层单位安全技术工作，调查研究不安全因素，提出改进措施。

组织安全生产检查，及时向领导和上级有关部门汇报安全情况。

参加审查施工组织设计和编制安全技术措施计划，并对贯彻执行情况督促检查。

制止违章指挥和违章作业，遇到严重险情，有权暂停生产，并报告领导处理。

对违反安全技术、劳动法规的行为，经说服劝阻无效时，有权越级上报。

(4) 班组长职责

熟悉和掌握本班组各岗位安全技术操作规程，模范遵守安全生产规章制度，对本班组及作业区内的安全工作负责。

做好安全技术交底，有权拒绝违章指挥，有权制止违章作业。

认真开展班组安全活动，须做好班前提要求、班中跟踪检查、班后记录，随时掌握本班组设备、机具安全使用状态及人员操作待业、个人防护用品正确使用情况，发现问题及时消除隐患。

及时做好区域内安全防护措施的配置、验收工作，遇有险情立即向上级报告。

7.2.3 安全管理措施

1) 施工前进行施工方案交底和安全技术交底。

2) 进入施工现场必须戴安全帽，高空作业中必须挂安全带、穿防滑鞋。

3) 各工种认真执行安全操作规程。

4) 钢结构安装各部位的脚手架、防护拦等安全防护设施必须检查合格后，方可使用。

5) 施工现场所用所有电气操作系统、液压系统设备要做好防雨、防潮、防漏电措施，下班后要将所有设备盖好，避免接触雨水导致漏电，避免因为雨水而导致设备受潮而损坏。

6) 对所有可能坠落的物体要求：高空作业中的螺杆、螺帽、手动工具、焊条、切割块等必须放在完好的工具袋内，并将工具袋系好固定，不得直接放在梁面、翼缘板、走道板等物件上，以免妨碍通行，每道工序完成后作业面上不准留有杂物，以免通行时将物件踢下发生坠落打击。

7）吊装作业应划定危险区域，挂设安全标志，加强安全警戒。

8）夜间施工要有足够的照明。

9）现场网架小拼单元拼装在小拼场地地面施工，小拼胎架旁搭设操作脚手架，上铺设脚手板。现场网架拼装在场地内拼装，随着网架的拼装陆续搭设网架中弦安装就位的操作脚手架。在网架整体提升前，在网架下弦满铺两层安全网。

10）桁架地面拼装采用接口处搭设操作脚手架，下面铺脚手板，侧面挂安全网的防护措施。

11）所有作业人员操作平台部位采取必要的防护措施。

12）提升点要搭设操作平台、钢绞线疏导架，提升点之间搭设连接通道，便于调试和操作检查，具体搭设时由提升人员提出使用要求，总包单位配合搭设，在此不予详述。

7.3　提升体系的安全保证措施

序号	部位	安全措施
1	提升油缸	1. 在钢绞线承重系统中增设了多道锚具，如上锚、下锚、安全锚等； 2. 每台提升油缸上装有液压锁，防止失速下降，即使油管破裂，重物也不会下坠； 3. 安装溢流阀，控制每台提升油缸的最高负载，安装节流阀，控制提升油缸的缩缸速度，确保下放时的安全
2	液压泵站	液压泵站上安装有安全阀，通过调节安全阀的设定压力，限制每点的最高提升能力，确保不会因为提升力过大而破坏结构
3	计算机控制系统	1. 液压和电控系统采用联锁设计，通过硬件和软件闭锁，以保证提升系统不会出现由于误操作带来的不良后果； 2. 控制系统具有异常自动停机、断电保护停机、高差超差停机等功能； 3. 控制系统采用容错设计，具有较强抗干扰能力
4	提升结构体系	提升塔架、提升平台和地锚连接过渡结构必须经过精确的设计、计算、施工，确保安全，万无一失

7.4　提升安全要求

1）所有千斤顶要经过保养清洗工作，并做压力实验，防止出现漏油问题，确保提升期间千斤顶使用完好。

2）提供钢绞线的出厂合格证书以及检测报告、压力表的检测合格证、整体提升设备进厂报验单、液压设备实验记录、千斤顶说明书等材料。

3）上提升平台、下锚点安装完毕使用前，要成立验收小组进行全面检查验收，绝对不留安全隐患。

4）整体提升期间，现场警戒线以内严禁非操作人员出入。

5）使用钢绞线前，要仔细检查有无断丝和电焊损伤情况。

6）钢绞线不能当作电焊机地线使用，否则会造成钢绞线断裂，锚盘易被损坏。

7）提升结构在高空停置时间较长，应每天对结构进行观测，对提升及锁定装置进行检查。

8　应 急 预 案

8.1　应急预案的任务和目标

为加强对施工生产安全事故的防范，及时做好安全事故发生后的救援处置工作，最大限度地减少事故损失，根据《中华人民共和国安全生产法》、《建设工程安全生产管理条例》及有关规定，结合本项目施工生产的实际，特制本项目施工生产安全事故应急救援预案。

8.2　应急预案组织机构各部门的职能及职责

1）事故现场指挥的职能及职责：

（1）所有施工现场操作和协调，包括与指挥中心的协调；

（2）现场事故评估；

（3）保证现场人员和公众应急反应行动的执行；

（4）控制紧急情况；

（5）做好与消防、医疗、交通管制、抢险救灾等各公共救援部门的联系。

2）现场伤员营救组的职能与职责：

（1）引导现场作业人员从安全通道疏散；

（2）对受伤人员进行营救至安全地带。

3）物资抢救组的职能和职责；

（1）抢救可以转移的场区内物资；

（2）转移可能引起新危险源的物资到安全地带。

4）消防灭火组的职能和职责：

（1）启动场区内的消防灭火装置和器材进行初期的消防灭火自救工作；

（2）协助消防部门进行消防灭火的辅助工作。

5）保卫疏导组的职能和职责：

（1）对场区内外进行有效的隔离工作和维护现场应急救援通道畅通的工作；

（2）疏散场区内外人员撤出危险地带。

6）后勤供应组的职能及职责：

（1）迅速调配抢险物资器材至事故发生点；

（2）提供和检查抢险人员的装备和安全防护；

（3）及时提供后续的抢险物资；

（4）迅速组织后勤必须供给的物品，并及时输送后勤物品到抢险人员手中。

8.3　应急预案组织机构人员的构成

应急反应组织机构在应急总指挥、应急副总指挥的领导下由各职能部门、项目部的人员分别兼职构成。

1）应急总指挥由项目经理＿＊＊＊＿担任；

2）应急副总指挥由＿＊＊＊＿担任；

3）现场抢救组组长由＿＊＊＊＿担任，项目部组成人员为成员；

4）危险源风险评估组组长由总工＿＊＊＊＿担任，总工办人员为成员；

5）技术处理组组长由＿＊＊＊＿担任，工程部人员为成员；

6）善后工作组组长由工会、办公室负责人担任，其部门人员为成员；

7）后勤供应组组长由财务部、办公室负责人担任，其部门人员为成员；

8）事故调查组组长由＿＊＊＊＿担任，总工办人员为成员；

9）事故现场指挥由项目经理担任；

10）现场伤员营救组由施工队长担任组长，各作业班组分别抽调人员组成；

11）物资抢救组由施工员、材料员及各作业班组抽调人员组成；

12）消防灭火组由施工现场电工及各作业班组抽调人员组成；

13）后勤供应组由施工现场后勤人员、各作业班组抽调人员组成。

8.4　常规应急措施

1）触电：发现有人触电时，应首先迅速拉电闸断电或用木方、木板的不导电材料将触电者与接触电器部位分离，然后抬到平整场地实施人员急救，并向工地负责人报告。

2）高空坠落：当有人高空坠落受伤时，应注意摔伤及心贴骨折部位的保护，避开因不正确的抬运，使骨折部位造成二次伤害。

3）发生火灾：当有火险发生时，不要惊慌，应当立即取出灭火器或接通水源扑救。当火势较大时，现场无力扑救时，立即拨打电话119报警。

4）网架发生倾覆：当提升过程中大风来临之前，网架应及时采取临时固定措施，施工人员和施工机械应及时撤离施工现场，吊装工作不得施工，防止钢梁倒塌时人员的伤亡施工的发生；撤离时，不要惊慌，有顺序的撤离。网架发生倒塌后，应注意保护现场，及时向市安检站通报，不得有谎报、漏报的现象。如有人员伤亡的及时拨打120和就近医院，进行抢救。

8.5　整体提升应急措施

1）外界因素应急情况

外界因素应急处理一览表　　　表8.5-1

序号	事故状况	应急处理
1	现场停电	只要有一个通信点停电，系统全部自动停机； 由于提升油缸配备单向液压锁，提升油缸不会受载下降； 提升油缸的下锚锚片与钢绞线接触紧密，并且有弹簧压紧，即使提升油缸因为内泄漏而下沉，负载也会逐渐转移到下锚上； 如长时间停电，则用手动泵将所有油缸锁紧
2	电磁干扰	系统在设计时，已经考虑电焊机、对讲机等电磁设备的干扰
3	电缆线断	在系统设计时，只要一根电线断裂，系统会自动停机； 根据信号显示情况，判断断裂处，并进行处理

续表

序号	事故状况	应　急　处　理
4	误操作	在系统硬件和软件设计时，进行动作闭锁；对某些特定动作，进行多重闭锁保护，防止误操作
5	强制紧停	在系统设计时，准备强制紧停措施； 只要按下按钮，系统自动停机，以用于紧急情况； "强制紧停"需要授权使用
6	雷电	详见"防雷专项施工方案"
7	大雨	对提升设备，尤其是液压泵站、传感器等进行防雨保护
8	大风	提升塔架顶部设置水平支撑及导向系统，设置揽风系统

2）提升工况应急措施

提升工况应急处理一览表　　表 8.5-2

序号	事故状况	应　急　处　理
1	位置超差	只要位置同步误差超过某一设定值，系统自动停机； 停机以后，需要检查分析超差的原因，然后进行处理
2	负载超差	只要某一点的负载超过某一设定值，系统自动停机； 停机以后，需要检查分析超差的原因，然后进行处理
3	支撑结构变形	分析受力及其变形原因； 如是不同步引起，检查控制策略； 采取措施加固
4	实际载荷与理论载荷相差较大	系统会自动停机； 进行理论分析； 检查同步状况； 检查结构在提升通道是否被卡住

8.6　急救物资

1）急救药品：消毒用品、止血带、无菌敷料等；

2）夹板、夹棍等；

3）铁撬棍、钢丝绳、千斤顶、车辆等；

4）相关整体提升备用设备和配件。

8.7　附近医院地址及联系方式

序号	医院名称	地址	联系电话
1	******	********	120 或******
2	******	********	120 或******

附地图：略

9　计　算　书

9.1　钢屋盖提升架基础设计计算

1）设计依据：基础承载力、三勘提供的＊＊＊机库岩土工程勘察报告。

2）提升架基础设计与施工要求

（1）混凝土强度等级采用C30，$f_c=14.3\text{MPa}$，$f_t=1.43\text{MPa}$。

（2）钢筋采用HRB335，螺栓采用HPB235，钢板采用Q235。

（3）提升架基础主要承受轴心荷载，使用周期仅两个月，故原则上按无筋扩展基础设计，并适当配置构造钢筋。

（4）编号J-1～J-9的提升架基础置于③号粉质黏土层上，基础底至③号粉质黏土层之间的②、$②_1$、$②_2$号土层应挖除，换土前先对原土进行夯实，再用3∶7灰土分层夯实至基础垫层底标高－4.300处。3∶7灰土垫层的尺寸为基础尺寸每边加大500mm，灰土的压实系数$\lambda_c\geqslant0.93$. 灰土垫层的最小厚度为500mm，也可用标号C10的素混凝土替代，最小厚度为≥100mm。

（5）提升架基础顶部仅允许复土至标高－2.900m以下处。

（6）基坑开挖后，应采取钎探方法，校核地基强度。冬施期间，应做好基坑土的防冻和保温工作。

（7）基坑在整个施工期间（直至拆除提升架），应做好排水措施。

（8）由于基坑开挖时边坡放坡，因此基础底标高以上的周边土不存在，已不能提高基础抗失稳的能力，因此本设计的地基承载力特征值的埋深修正值仅考虑土体自重对减小基底附加应力的修正，即$\eta_d=1.0$。

（9）施工基础时，应采取措施确保钢筋网片、预埋螺栓和预埋提升架底座钢板的位置正确，同一个基础上及与其相对应组成一组（例如J-2和J-3）的基础上的预埋提升架底座钢板应采取措施确保顶标高相同，并保持同一水平。

（10）提升架与基础的固定方式：

编号J-1和J-9的提升架基础，与提升架的固定是通过基础预埋螺栓$\phi24$加压板固定。

编号J-2～J-8的提升架基础，与提升架的固定是通过提升架柱脚钢板与基础预埋钢板焊接固定。

3）基础计算

（3）编号J-1的提升架基础：平面位置位于Ⓑ轴与③轴处。

基础J-1：

求f_a：$f_a=f_{ak}+\eta_b\gamma(b-3)+\eta_d\gamma_m(d-0.5)$

$=140+16(2.1-0.5)=165.6\text{kPa}$

提升架的总力为$F_k=3480\text{kN}$。

基土自重$G_k=6.2\times6\times1\times25+6.2\times6\times0.3\times20=930+223.2=1153.2\text{kN}$

基底平均压力 $P_k=\frac{3480+1153.2}{62\times6}=124.6\text{kPa}<f_a$

（2）编号 J-2 的提升架基础：平面位置位于Ⓑ轴和⑦轴处。

基础 J-2：

求 f_a：$f_a=f_{ak}+\eta_b\gamma(b-3)+\eta_d\gamma_m(d-0.5)$

$=140+0.3\times16(4.6-3)+16(2.1-0.5)=173\text{kPa}$

提升架的总力为 $F_k=6040\times2/3=4027\text{kN}$

基土自重 $G_k=7.6\times4.6\times1.1\times25+7.6\times4.6\times0.2\times20$

$=961.4+139.8=1101.2\text{kN}$

基底平均压力 $P_k=\frac{4027+1101.2}{76\times4.6}=146.7\text{kPa}<f_a$

（3）编号 J-3 的提升架基础：平面位置位于Ⓑ轴和⑦轴处。

基础 J-3：

求 f_a：$f_a=f_{ak}+\eta_b\gamma(b-3)+\eta_d\gamma_m(d-0.5)$

$=140+0.3\times16(4.2-3)+16(2.1-0.5)=171.4\text{kPa}$

提升架的总力为 $F_k=6040/3=2013.3\text{kN}$

基土自重 $G_k=4.2\times4.2\times1.1\times25+4.2\times4.2\times0.2\times20$

$=485.1+70.6=555.7\text{kN}$

基底平均压力 $P_k=\frac{2013.3+555.7}{4.2\times4.2}=145.6\text{kPa}<f_a$

（4）编号 J-4 的提升架基础：平面位置位于Ⓑ轴与⑩、⑫、⑮轴和Ⓑ轴与㉟轴处。

承载力计算：

用于⑩、⑫和⑮轴的基础 J-4：

求 f_a：$f_a=f_{ak}+\eta_b\gamma(b-3)+\eta_d\gamma_m(d-0.5)$

$=140+0.3\times16(4.2-3)+16(2.1-0.5)=171.4\text{kPa}$

提升架的总力为 $F_k=4900\times2/3=3267\text{kN}$

基土自重 $G_k=7.2\times4.2\times1\times25+7.2\times4.2\times0.3\times20$

$=756+181.4=937.4\text{kN}$

基底平均压力 $P_k=\frac{3267+937.4}{7.2\times4.2}=139\text{kPa}<f_a$

用于㉟轴的基础 J-4：

求 f_a：$f_a=f_{ak}+\eta_b\gamma(b-3)+\eta_d\gamma_m(d-0.5)$

$=140+0.3\times16(4.2-3)+16(4.2-0.5)=205\text{kPa}$

提升架的总力为 $F_k=6040\times2/3=4027\text{kN}$

基土自重 $G_k=7.2\times4.2\times1\times25+7.2\times4.2\times0.3\times20$

$=756+181.4=937.4\text{kN}$

基底平均压力 $P_k=\frac{4027+937.4}{7.2\times4.2}=164.2\text{kPa}<f_a$

（5）编号 J-5 的提升架基础：平面位置分别位于Ⓑ轴与⑩、⑫、⑮、㉗、㉚、㉜和Ⓑ轴与㉟轴处。

承载力计算：

用于①、⑫、⑮、㉗、㉚和㉜轴的基础 J-5：

求 f_a：$f_a = f_{ak} + \eta_b \gamma (b-3) + \eta_d \gamma_m (d-0.5)$

$= 140 + 0.3 \times 16(3.9-3) + 16(2.1-0.5) = 169.9\text{kPa}$

提升架的总力为 $F_k = 4900/3 = 1633.3\text{kN}$

基土自重 $G_k = 3.9 \times 3.9 \times 1 \times 25 + 3.9 \times 3.9 \times 0.3 \times 20$

$= 380.3 + 91.3 = 471.6\text{kN}$

基底平均压力 $P_k = \dfrac{1633.3 + 471.6}{3.9 \times 3.9} = 138.4\text{kPa} < f_a$

用于（35）轴的基础 J-5：

求 f_a：$f_a = f_{ak} + \eta_b \gamma (b-3) + \eta_d \gamma_m (d-0.5)$

$= 140 + 0.3 \times 16(3.9-3) + 16(4.2-0.5) = 203.5\text{kPa}$

提升架的总力为 $F_k = 6040/3 = 2013.3\text{kN}$

基土自重 $G_k = 3.9 \times 3.9 \times 1 \times 25 + 3.9 \times 3.9 \times 0.3 \times 20$

$= 380.3 + 91.3 = 471.6\text{kN}$

基底平均压力 $P_k = \dfrac{2013.3 + 471.6}{3.9 \times 3.9} = 163.4\text{kPa} < f_a$

（6）编号 J-6 的提升架基础：平面位置位于（B）轴与（17）轴和（B）轴与（25）轴处。

承载力计算：

基础 J-6：

求 f_a：$f_a = f_{ak} + \eta_b \gamma (b-3) + \eta_d \gamma_m (d-0.5)$

$= 140 + 0.3 \times 16(3.75-3) + 16(4.2-0.5) = 202.8\text{kPa}$

提升架的总力为 $F_k = 7410\text{kN}$

基土自重 $G_k = 7.8 \times 7.5 \times 1.2 \times 25 + 7.8 \times 7.5 \times 0.1 \times 20$

$= 1755 + 117 = 1872\text{kN}$

基底平均压力 $P_k = \dfrac{7410 + 1872}{7.8 \times 7.5} = 158.7\text{kPa} < f_a$

（7）编号 J-7 的提升架基础：平面位置位于（B）轴与（19）轴和（B）轴与（23）轴处。

承载力计算：

基础 J-7：

求 f_a：$f_a = f_{ak} + \eta_b \gamma (b-3) + \eta_d \gamma_m (d-0.5)$

$= 140 + 0.3 \times 16(3.9-3) + 16(4.2-0.5) = 203.5\text{kPa}$

提升架的总力为 $F_k = 8650\text{kN}$

基土自重 $G_k = 8.1 \times 7.8 \times 1.2 \times 25 + 8.1 \times 7.8 \times 0.1 \times 20$

$= 1895.4 + 126.4 = 2022\text{kN}$

基底平均压力 $P_k=\dfrac{8650+2022}{8.1\times7.8}=168.9\text{kPa}<f_a$

（8）编号 J-8 的提升架基础：平面位置位于（B）轴与（27）、（30）轴和（B）轴与（32）轴处。

承载力计算：

基础 J-8：

求 f_a：$f_a=f_{ak}+\eta_b\gamma(b-3)+\eta_d\gamma_m(d-0.5)$

$=140+0.3\times16(3.8-3)+16(4.2-0.5)=203\text{kPa}$

提升架的总力为 $F_k=4900\times2/3=3267\text{kN}$

基土自重 $G_k=6.8\times3.8\times1\times25+6.8\times3.8\times0.3\times20$

$=646+155=801\text{kN}$

基底平均压力 $P_k=\dfrac{3267+801}{6.8\times3.8}=157.4\text{kPa}<f_a$

（9）编号 J-9 的提升架基础：平面位置位于（B）轴与（39）轴处。

承载力计算：

基础 J-9：

求 f_a：$f_a=f_{ak}+\eta_b\gamma(b-3)+\eta_d\gamma_m(d-0.5)$

$=140+16(4.2-0.5)=199.2\text{kPa}$

提升架的总力为 $F_k=3480\text{kN}$

基土自重 $G_k=5.8\times5.6\times1\times25+5.8\times5.6\times0.3\times20=812+195=1007\text{kN}$

基底平均压力 $P_k=\dfrac{3480+1007}{5.8\times5.6}=138\text{kPa}<f_a$

4）基础强度计算：取分项系数为 1.35。

（1）基础底板抗冲切验算：

按底板厚度为 $h_{min}=1000\text{mm}$。

求抗冲切力 F_1：

$h_0=950$　$\beta_h=1.0$　$f_t=1.43\text{MPa}$　$B_s=2$　$\alpha_s=30$

按提升架支柱反力在底板扩散面积为 $300\times300\text{mm}^2$

$u_m=4(300+950)=5000\text{mm}$

$\eta_1=0.4+1.2/2=1$　　$\eta_2=0.5+\dfrac{30\times950}{4\times5000}=0.5+1.42=1.92>1$

$F_1=0.7\beta_h f_t\eta_1 u_m h_0=0.7\times1.43\times5000\times950$

$=4755\text{kN}>1.35\text{kN}=1.35\times8650/16=730\text{kN}$

（2）提升架支柱底板处混凝土局部承压验算：

按提升架支柱反力在底板扩散面积为 $300\times300\text{mm}^2$

$A_{1n}=300\times300=90000\text{mm}^2$

$F_L=1.35\times14.3\times90000=1737.5\text{kN}>1.35\text{kN}=1.35\times8650/16=730\text{kN}$

（3）按四点支承双向板计算基础顶面配筋：

按底板厚度为 1000mm。

P_{kmax} 为 J-7 $P_{kmax}=168.9\text{kPa}$，则 $P=168.9-\dfrac{2022}{8.1\times7.8}=137\text{kPa}$

$g_p=1.35\times137=185\text{kN/m}^2$

$\mu=1/6$　　$h_0=950$　现配 $\phi16$ 200×200 网 $=1005\text{mm}^2/\text{m}$

跨中弯矩 $M_{max}=M_{ox}=M_{oy}=0.1547\times185\times2.08\times2.08=124\text{kN}\cdot\text{m}$

则 $x=\dfrac{1005\times300}{14.3\times1000}=28\text{mm}$

则 $[M]=14.3\times1000\times28(950-28/2)=375\text{kN}\cdot\text{m}>M_{max}$

（4）计算基础底板配筋验算：取两个具有代表性的基础。

基础 J-8：$P=157.4-\dfrac{801}{6.8\times3.8}=126.4\text{kPa}$

底板弯矩 $M=1.35\dfrac{p(a-a')^2(2b+b')}{24}$

底板尺寸取 $a=b=3.8\text{m}$，$a'=b'=2\text{m}$

则 $M=1.35\,\dfrac{126.4\times1.8\times1.8\times9.6}{24}=221.2\text{kN}\cdot\text{m}$

$h_0=950$　现配 $19\phi16=3819\text{mm}^2$

则 $x=\dfrac{3819\times300}{14.3\times3800}=21\text{mm}$

则 $[M]=14.3\times3800\times21(950-21/2)=1072.1\text{kN}\cdot\text{m}>M$

基础 J-7：$P=137\text{kPa}$

底板弯矩 $M=1.35\dfrac{p(a-a')^2(2b+b')}{24}$

底板尺寸取 $a=b=2.4\times2=4.8\text{m}$（偏大）。$a'=b'=2\text{m}$

则 $M=1.35\,\dfrac{137\times2.8\times2.8\times11.6}{24}=519.2\text{kN}\cdot\text{m}$

$h_0=1150$　现配 $26\phi16=5226\text{mm}^2$

则 $x=\dfrac{5226\times300}{14.3\times4600}=24\text{mm}$

则 $[M]=14.3\times3900\times24(1150-24/2)=1505\text{kN}\cdot\text{m}>M$

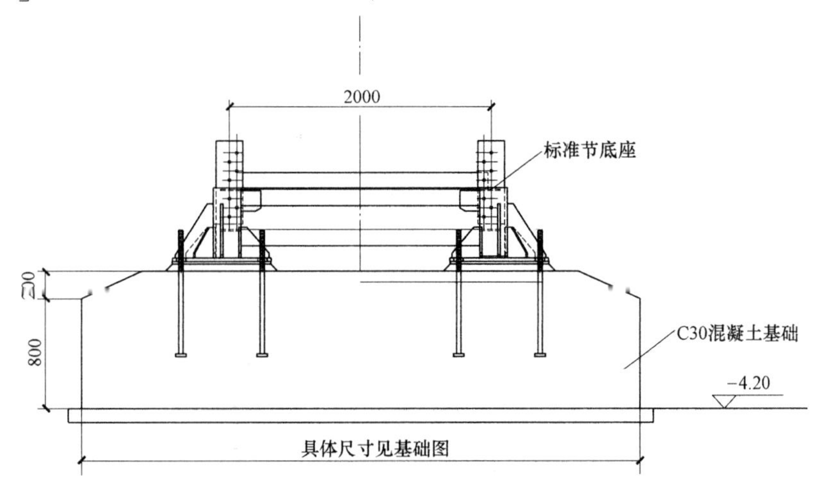

图 9.1-1　塔式标准节与基础连接示意图

4.5　基础配筋：

除编号 J-6 和 J-7 的基础底板和顶面均配 ϕ16－150×150 的网外，其他编号的基础底板和顶面均配 ϕ16－200×200 的网。

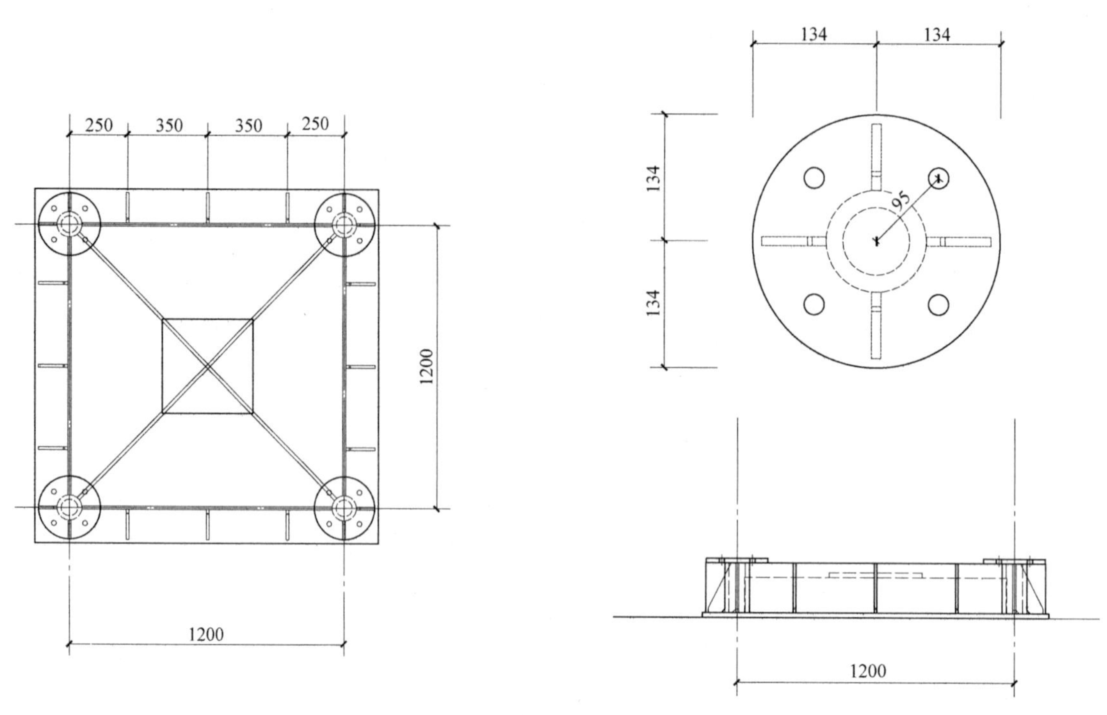

图 9.1-2　小标准节与基础连接图

9.2　钢屋盖整体提升模拟计算

9.2.1　起提过程分析

计算假定：所有提点保持同步提升，起提结束后所有提点保持在同一标高。

1）变形计算结果

在屋盖完全脱离制作胎架时刻，网架的最大挠度为 161.5mm，网架结构的变形如图 9.2-1 所示。

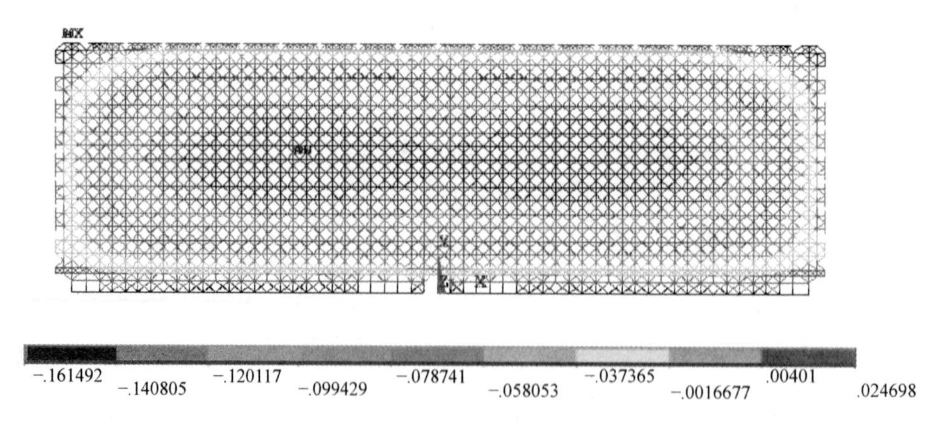

图 9.2-1　网架的竖向变形分布

2）应力计算结果

根据结构的对称性，为方便表示特取一半结构（1～21 轴），该状态下结构的位于 21 轴附近与提升点相连的斜腹杆应力最大，为 204MPa，如图 9.2-2 所示。

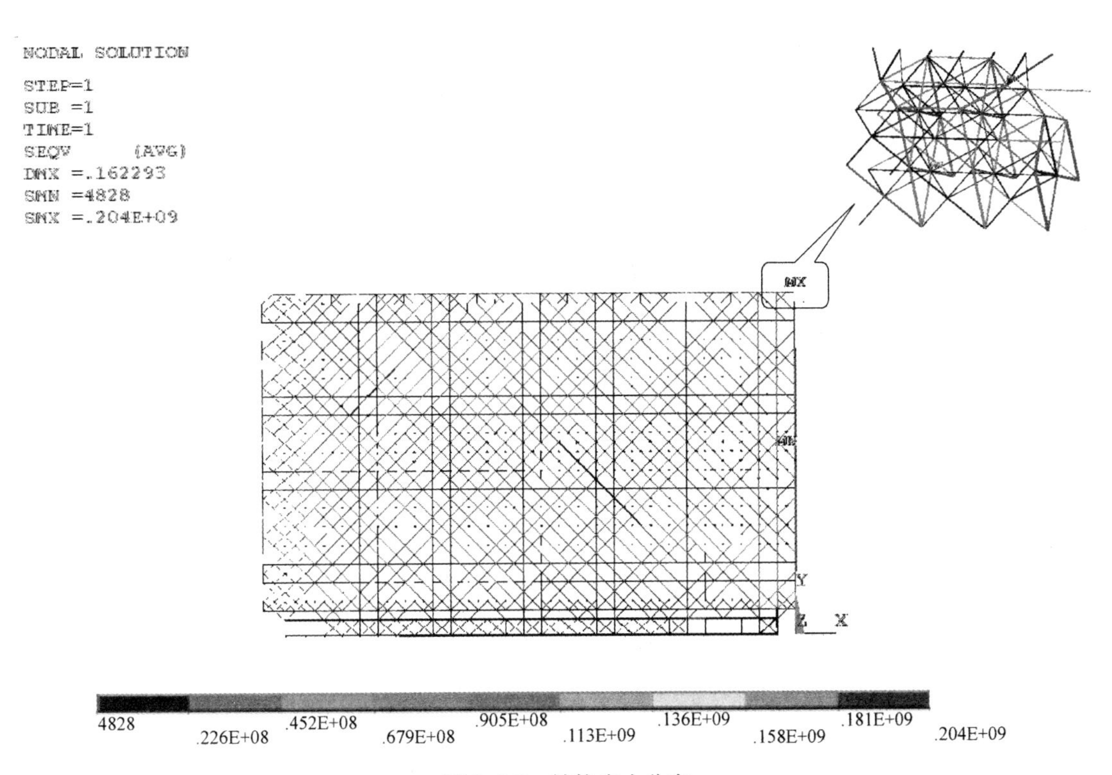

图 9.2-2　结构应力分布

3）各提升点提升时理论受力计算

各吊点的提升力计算结果　　**表 9.2-1**

提升点位编号	支座反力(t)	备注
1	30.9	
2	84.9	
3	80.7	
4	112.2	
5	75.2	
6	17.1	
7	0.1	
8	60.1	
9	125.3	
10	143.6	
11	137.3	
12	110.2	
13	77.5	

续表

提升点位编号	支座反力(t)	备注
14	58.6	
15	113.6	
16	194.2	
17	113.6	
18	58.6	
19	77.5	
20	110.2	
21	137.3	
22	143.6	
23	125.3	
24	60.1	
25	0.1	
26	17.1	
27	75.2	
28	112.2	
29	80.7	
30	84.9	
31	30.9	
32	169.8	
33	303	
34	242.4	
35	231	
36	196.8	
37	312.6	
38	546	
39	546	
40	312.6	
41	196.8	
42	231	
43	242.4	
44	303	
45	169.8	

9.2.2　提升过程分析

1）提升工况

（1）同步提升：各提升点均发挥作用，提升点之间无相对位移，可预计此时结构的受力状态与起提终了状态基本一致。

（2）不均匀提升（在均匀提升的分析基础上，分析以下四种工况）：

① 在保证大门桁架37、38、39、40四个提升点无不同步误差的前提下，大门桁架其他提升点中，与受力最大的43号塔架相邻的两个提升点同时失效。考察提升过程中提升塔架、屋盖结构、吊索的不利情况。

经过计算得知最不利提升塔架43的轴压力为4500kN远大于和其对称的提升塔架34的轴压力2410kN，并且远大于同步提升时的该塔架轴压力2100kN。计算过程在此省略。

② 三边原结构柱两侧提升点的中，与受力最大的16号结构柱相邻的两个提升点同时失效。考察提升过程中原结构柱、屋盖结构、吊索的不利情况。

经过计算得知最不利提升原结构柱16的轴压力为2500kN，大于同步提升时的该柱轴压力1874kN。计算过程在此省略。

③ 吊索应力最大对应的63号索提升点超提1cm，其他提点均匀提升。考察提升过程中吊索的不利情况。

经过计算得知最不利提升塔架38对应的提升点63其拉索拉力由同步提升时5030kN增加到超提升1cm状态的6000kN，因此，在选择吊索时需加以考虑。计算过程在此省略。

④ 三边原结构柱提升吊索中受力最大的吊索28号失效，使提升梁失去一个支点。考察提升过程中提升梁的不利情况。

经过计算得知该状态下结构的位于15号塔架附近与提升点相连的腹杆应力最大，一体化分析得到不利腹杆的压应力为222MPa，常规分析得到的结果为220MPa，此时提升量的应力水平较低不超过100MPa。计算过程在此省略。

2）风荷载作用

（1）变形结果

采用一体化方法计算得到在0.5m、10m、20m提升高度时网架的竖向、Y向、X向变形分布图。计算过程在此省略。

（2）应力计算结果

根据结构的对称性，为方便表示特取一半结构（1～21轴），该状态下结构的0.5m、10m、20m提升高度的应力分布图。计算过程在此省略。

该状态下结构的位于16号塔架附近与提升点相连的腹杆应力最大，一体化分析得到不利腹杆的压应力为214MPa。计算过程在此省略。

9.3　提升支撑架的计算

本工程使用的提升支撑架为塔式标准节和本公司自制的支撑架，在以往工程中多次使用并做过承压试验，垂直受力均能满足本工程的使用要求，因此对提升支撑架的设计与计算在此省略。

范例5　大跨度空间网格钢结构工程

高树植　刘培祥　贾凤苏　编写

大跨度桁架高空散装安全专项施工方案

编制：________________

审核：________________

审批：________________

施工单位：＊＊＊＊＊＊

编制时间：＊＊＊＊＊＊

目　录

1　编制依据

1.1　国家、行业和地方规范

本方案根据现行的国家、行业和地方规范进行编制，所采用的国家、行业和地方规范如表 1.1 所示。

采用国家及行业规范　　表 1.1

序号	文件名称	编　号
1	建筑工程施工质量验收统一标准	GB 50300—2013
2	钢结构工程施工质量验收规范	GB 50205—2001
3	空间网格结构技术规程	JGJ 7—2010
4	钢结构工程施工规范	GB 50755—2012
5	钢结构焊接规范	GB 50661—2011
6	建筑结构荷载规范	GB 50009—2012
7	焊缝无损检测超声检测技术、检测等级和评定	GB/T 11345—2013
8	结构用无缝钢管	GB/T 8162—2008
9	低合金高强度结构钢	GB/T 1591—2008
10	碳素结构钢	GB/T 700—2006
11	一般用途钢丝绳	GB/T 20118—2006
12	重要用途钢丝绳	GB 8918—2006
13	建筑机械使用安全技术规程	JGJ 33—2012
14	施工现场临时用电安全技术规范	JGJ 46—2005
15	建筑施工安全检查标准	JGJ 59—2011
16	建筑施工高处作业安全技术规范	JGJ 80—2016
17	建筑施工临时支撑结构技术规范	JGJ 300—2013
18	建筑施工扣件式钢管脚手架安全技术规范	JGJ 130—2011
19	钢结构高强度螺栓连接技术规程	JGJ 82—2011
20	建筑施工起重吊装工程安全技术规范	JGJ 276—2012
21	北京市建筑工程施工安全操作规程	DBJ 01—62—2016

1.2　设计文件和施工组织设计

本工程采用的设计文件和施工组织设计，见表 1.2 所示。

设计文件和施工组织设计　　表 1.2

序号	文件名称	备　注
1	＊＊＊设计院设计的＊＊＊工程施工图纸	
2	＊＊＊公司＊＊＊工程的施工组织设计	

1.3 安全管理法律、法规及规范性文件

本方案根据现行的安全管理法律、法规及规范性文件进行编制，如表1.3所示。

安全管理法律、法规及规范性文件 表1.3

序号	文件名称	编号
1	建设工程安全生产管理条例	国务院令393号
2	关于印发《危险性较大的分部分项工程安全管理办法》的通知	建质[2009]87号
3	北京市危险性较大的分部分项工程安全动态管理办法	京建法[2012]1号
4	北京市实施《危险性较大的分部分项工程安全管理办法》规定	京建施[2009]841号

1.4 其他

序号	文件名称	编号
1	北京市危险性较大的分部分项工程安全专项施工方案专家论证细则	2015年

2 工程概况

2.1 工程简介

本工程位于＊＊＊，为某体育中心体育馆项目，由3700座体育馆主体建筑和4个室外楼梯构成，总建筑面积16900m²，建成后可满足承担地区性比赛、日常训练与群众健身等需求，是一座多功能综合体育馆。

该工程钢结构为空间网格结构形式，平面投影为椭圆形，长轴120m、短轴为96m，结构高度23.05m。整个结构由15榀辐射式布置的鱼腹式梭形三角桁架组成，通过环向布置的联系杆进行连接；结构外围由单层网架构成。其中，梭形三角桁架截面高度3～5.5m、上边宽度最大达7.64m。本工程平面图如图2.1-1，立面图如图2.1-2。

整个结构所采用材料均为大口径钢管，钢管截面尺寸主要有$\phi168\times6$、$\phi219\times6$、$\phi273\times8$、$\phi323\times12$、$\phi323\times16$、$\phi406\times10$、$\phi406\times16$、$\phi457\times16$、$\phi610\times20$等规格，材料材质为Q345B，总用钢量约1200t。

2.2 工程重点及难点分析

（1）定位测量

为实现钢结构整体曲面效果，各构件的安装定位、标高测量控制及安装校正是保证现场安装质量的重点。本工程构件安装高度高，给测量带来一定的难度。

（2）胎架的布置

由于结构跨度很大，且结构成型以前需要利用胎架作为临时支撑，需要对支撑点进行分析，以确保结构受力合理，在拼装过程中确保结构和构件稳定。由于胎架高度比较大，还需要对拼装胎架进行稳定性验算，确保胎架自身安全。

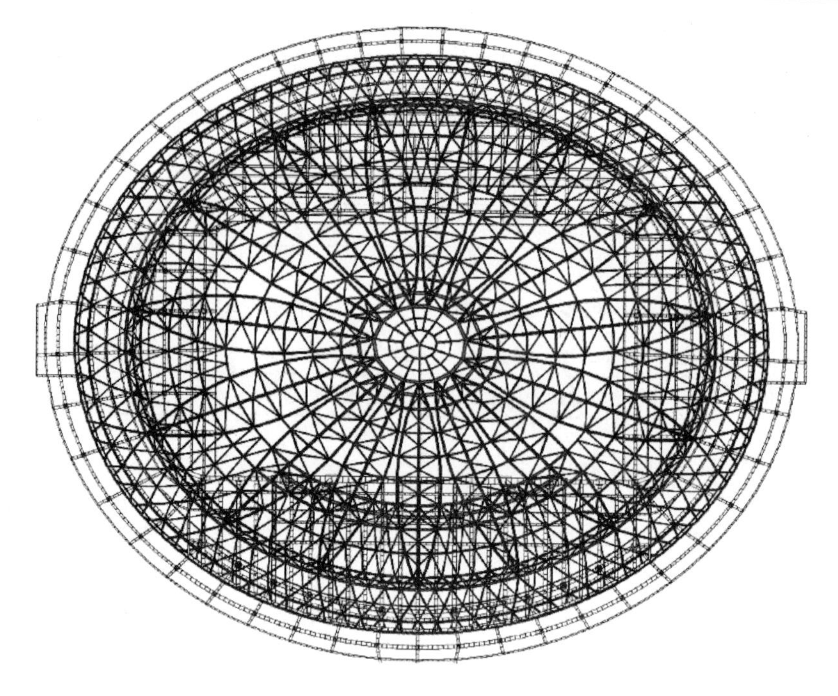

图 2.1-1　平面图

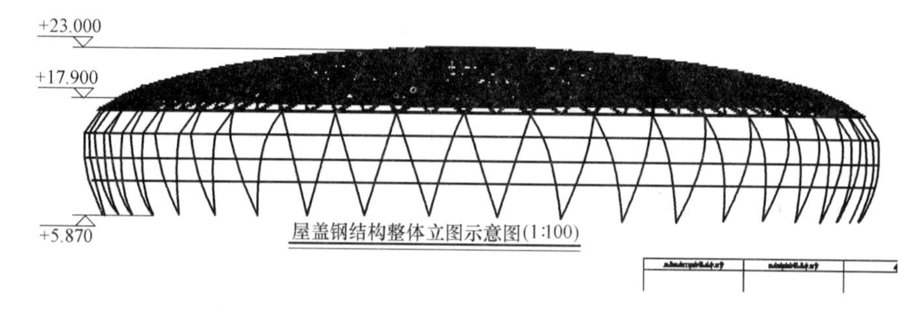

图 2.1-2　立面图

（3）全过程施工仿真分析

为了确保结构能够顺利进行，需要对整个结构安装过程进行施工仿真分析，以确保各个安装状态下的结构安全性和位形的准确性。

3　施 工 部 署

3.1　施工目标

（1）质量目标：施工质量合格。焊缝一次合格率达到95%以上，焊缝合格率100%，结构验收一次性合格。

（2）工期目标：根据土建进度和实际情况，拟计划钢结构现场施工绝对工期为104天。确保按期完成钢结构全部安装，具备验收条件。

（3）安全文明施工目标：杜绝死亡和重伤、控制轻伤，负伤率不大于2‰；杜绝一切火灾事故；确保北京市安全文明标准化工地。

3.2　组织机构

项目部由项目经理统一负责，控制工厂和工地的所有与本工程有关的业务，包括设计、材料采购、机械设备、工艺评定和制定、制作加工、运输、质量控制、现场施工、验收等工作。建立如图3.2的组织管理机构。

3.3　总体安装思路

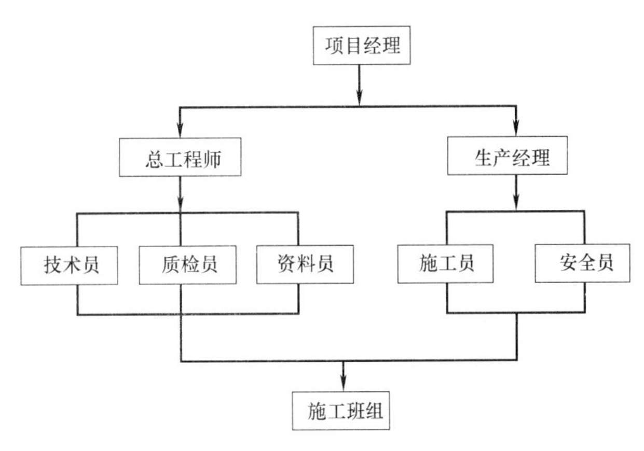

图3.2　组织机构图

根据本工程钢结构特点，钢结构安装分为外围钢结构和屋盖钢结构两个部分，总体安装顺序是先安装屋盖钢结构，再安装外围钢结构。

（1）屋盖钢结构安装

中央内环桁架采用100t履带吊高空散装法进行安装，跨内吊装；鱼腹式梭形桁架采用350t履带吊进行整体吊装，跨外吊装；外圈悬挑桁架等构件按自然段整体吊装，以350t履带吊为主、100t履带吊为辅。

（2）侧面桁架安装

侧面桁架安装，采用2台100t履带吊高空散装方法进行安装。

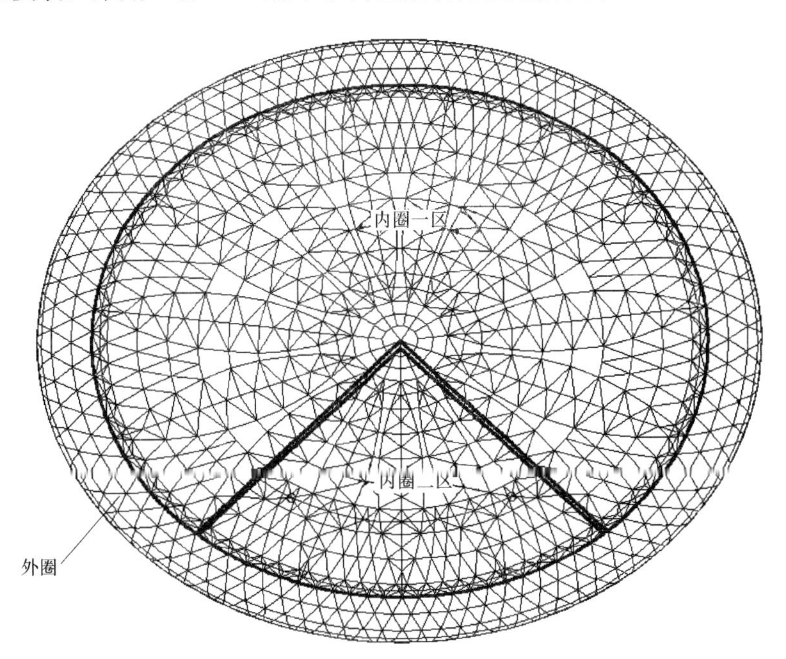

图3.4　安装分区图

3.4　安装分区划分

根据本工程钢结构特点，钢结构安装分为外围钢结构和屋盖钢结构两个部分，整体施工分为内圈区和外圈区，其中内圈区分为内圈一区和内圈二区。具体分区示意图如图3.4所示。

3.5　安装单元划分

根据本工程钢结构特点，屋面桁架共分为40个吊装单元，其中梭形桁架15个吊装单元、加强桁架16个吊装单元、转换桁架4个吊装单元、中央内环5个吊装单元；侧面桁架分为70个吊装单元。各吊装单元的重量如表3.5所示。

吊装单元重量　　**表3.5**

吊装单元	重量(t)	数量(榀)	部位
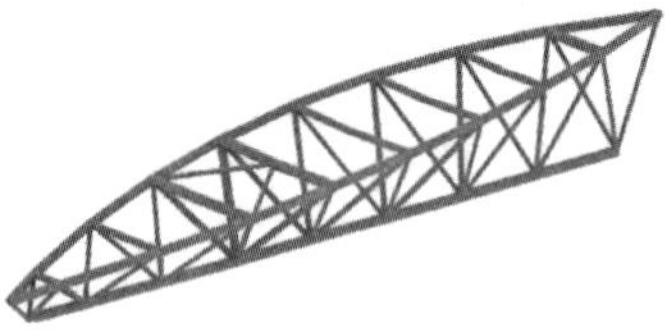	35	15	梭形桁架
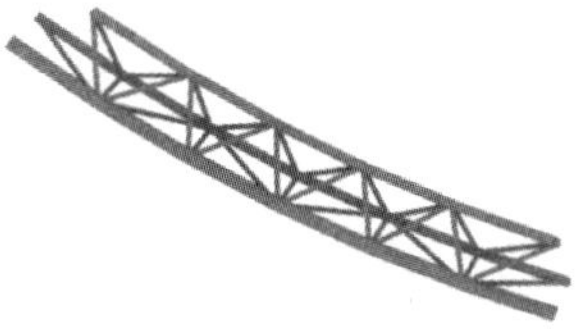	12	16	加强桁架
	15	4	转换桁架
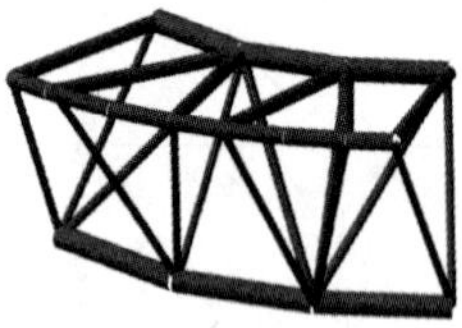	17.5	5	内环桁架
	5.5	70	侧面桁架

3.6　进度计划

根据本工程的特点和难点以及业主、总承包单位的总体施工部署要求，并充分考虑季节性因素和春节假期因素等，统筹考虑而编制施工进度计划。里程碑节点计划：××年7月20日进场施工，××年8月7日开始正式安装，××年10月31日全部结束。总施工天数104日。施工总体计划如表3.6所示。

施工进度计划　　　　表3.6

序号	项目名称	7月	8月			9月			10月		
		下旬	上旬	中旬	下旬	上旬	中旬	下旬	上旬	中旬	下旬
1	施工准备										
2	测量放线										
3	内环支撑架安装										
4	内环钢结构安装										
5	屋面桁架安装										
6	侧面支撑架安装										
7	侧面桁架安装										
8	焊接及补涂										
9	预验收										
10	支撑卸载										
11	竣工验收										

3.7　施工平面布置

3.7.1　施工平面布置图

现场施工平面总布置图如图3.7所示。

3.7.2　道路要求

施工现场平面总布置图中，构件拼装区和吊车行走路线区场地便道要求达到通行重型货车标准，具体做法为：地面分层压实，铺填20cm厚石子，使承受力达到150kN/m^2。

3.7.3　现场施工用电

现场设备用电根据现场施工设备使用情况来计算，具体现场设备用电量如表3.7所示。

现场设备用电量　　　　表3.7-1

设备名称	型号	功率(kW)×台	合计功率	系数
CO_2焊机	CPM-350	15×15	225	K_1
交直流焊机	ZXE1-3X500	45×15	675	K_2
碳弧气刨	ZX5-630	30×1	30	K_1
焊条烘箱	YGCH-X-400	12×1	12	K_1
空压机	W-0.9/7	7.5×1	7.5	K_1
手动工具		10	10	K_1
照明用电		30	30	K_2

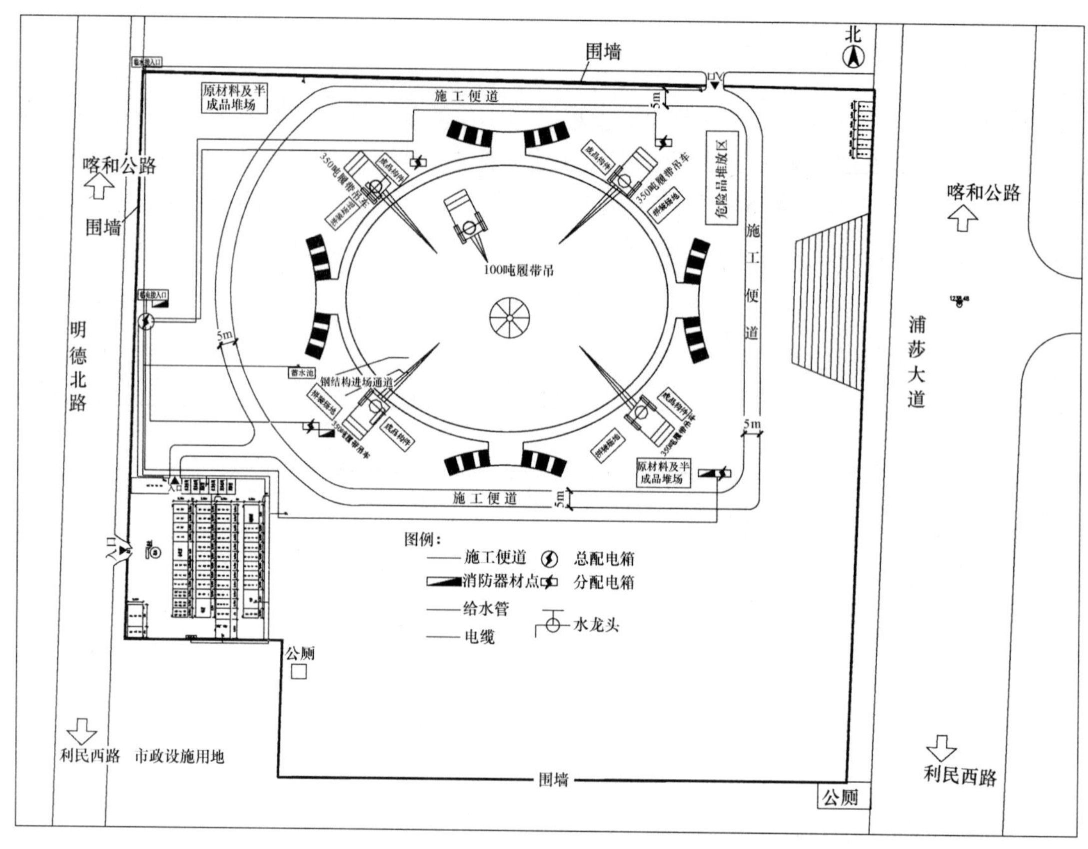

图 3.7 施工现场平面布置图

现场用电计算：

整个钢结构现场拼装安装工程，根据上表所示计算用电负荷为：

总负荷：$P=1.05\times(K_1\sum P_1+K_2\sum P_2)$

其中利用系数 $K_1=0.7$ $K_2=0.6$

$\sum P_1=59.5\text{kW}$ $\sum P_2=930\text{kW}$

则 $P=1.05\times(0.7\times59.5+0.6\times930)\approx630\text{kW}$（为计划峰值）

4 资源配置

4.1 拟投入机械设备

拟投入机械设备主要有，见表 4.1。

拟投入机械设备一览表 **表 4.1**

序号	名称	规格/型号	数量	用途
1	350t 履带吊	CC2200	1	吊装
2	100t 履带吊	P&H7100	2	吊装
3	25t 汽车吊	NK250	2	拼装、倒运

续表

序号	名称	规格/型号	数量	用途
4	全站仪	GTS-332	1	测量校正
5	激光经纬仪	J2-JDA	2	测量校正
6	CO_2 焊机	CPX-350	15	焊接
7	交直流两用焊机	ZXE1-3X500	15	焊接
8	碳弧气刨	ZX5-630	1	焊缝返修
9	空压机	DW-9/7	1	焊缝返修
10	焊条烘箱	HY704-3	1	焊条烘烤
11	超声波探伤仪	CTS23	1	焊缝检查
12	倒链	10t/5t	若干	吊装、校正

4.2　拟投入劳动力计划

根据工程量配置施工力量，按工程量、工期安排每周的劳动力需求计划。具体计划如表 4.2 所示。

劳动力需求计划　　表 4.2

工种	8 月	9 月	10 月
起重工	4	4	4
测量工	6	6	6
电焊工	15	30	30
安装工	16	24	24
油漆工	2	4	4
电工	2	2	2
辅助工	10	10	10
总计	55	80	80

5　安装工艺

5.1　吊机及吊索具选择

5.1.1　吊机选择

由施工部署知，屋面桁架共分为 40 个吊装单元，其中梭形桁架 15 个吊装单元、加强桁架 16 个吊装单元、转换桁架 4 个吊装单元、中央内环 5 个吊装单元；侧面桁架分为 70 个吊装单元。各吊装单元的重量如表 3.5-1 所示。

按照吊装单元的重量，结合吊机资源情况进行吊装工况分析。根据吊装工况分析结果，屋面桁架：内环桁架采用 1 台 100t 履带吊场内进行吊装，梭形桁架、加强桁架及转换桁架采用 1 台 350t 履带吊（超起配重）场外进行吊装；侧面桁架采用 2 台 100t 履带吊场外进行吊装。

对应吊装机械性能指标如下：

（1）350t 履带吊（CC2200 型号）

350t 履带吊采用主臂长度为 84m 的主臂工况进行吊装，吊机性能参数如表 5.1-1。吊机作业时就位区域的地面承载力不小于 $150kN/m^2$，行走时不小于 $100kN/m^2$。

350 吨履带吊性能表　　　　表 5.1-1

140t+40t ZB　15m　0-200t　7.25m　360°　DIN/ISO

Radius Ausladung		Main boom • Hauptausleger • Fleche Principale									
Rortee	m	30.0	36.0	42.0	48.0	54.0	60.0	66.0	72.0	78.0	84.0
	m	t	t	t	t	t	t	t	t	t	t
	6	350.0*	—	—	—	—	—	—	—	—	—
	7	350.0*	350.0*	341.0*	—	—	—	—	—	—	—
	8	335.0*	350.0*	339.0*	288.0	247.0	—	—	—	—	—
	9	323.0*	338.0*	336.0*	288.0	247.0	220.0	197.5	—	—	—
	10	309.0*	325.0*	330.0*	288.0	247.0	220.0	197.5	173.0	146.0	—
	11	297.0	316.0*	321.0*	288.0	247.0	220.0	197.5	173.0	146.0	127.5
	12	294.0	307.0*	311.0*	288.0	247.0	220.0	197.5	173.0	146.0	127.5
	14	284.0	290.0	300.0	288.0	247.0	220.0	197.5	173.0	146.0	127.5
	16	274.0	274.0	286.0	288.0	247.0	220.0	197.5	173.0	146.0	127.5
	18	260.0	259.0	257.0	256.0	247.0	220.0	197.5	172.0	145.5	127.5
	20	234.0	233.0	231.0	230.0	229.0	220.0	197.5	171.0	144.5	126.0
SSL	22	211.0	210.0	208.0	207.0	206.0	205.0	193.0	170.0	143.5	124.0
	24	191.0	190.5	189.5	188.5	187.5	186.5	185.0	165.0	142.5	122.0
	26	166.5	173.5	173.0	171.5	171.0	170.5	170.0	159.0	138.5	120.2
	28	143.5	159.5	158.5	158.5	156.5	156.5	156.0	153.0	134.5	116.5
	30	—	147.0	146.0	146.0	145.5	144.0	144.0	143.5	130.5	112.5
	34	—	—	126.5	126.0	125.5	125.0	124.0	123.5	122.5	105.5
	38	—	—	110.0	110.5	110.0	109.5	109.0	108.0	108.0	98.7
	42	—	—	—	98.3	97.6	97.0	96.8	96.3	96.1	91.5
	46	—	—	—	—	87.5	86.8	86.5	86.0	85.8	84.4
	50	—	—	—	—	—	78.4	78.0	77.4	77.2	76.6
	54	—	—	—	—	—	71.3	70.9	70.2	70.0	69.3
	58	—	—	—	—	—	—	64.8	64.1	63.8	63.0
	62	—	—	—	—	—	—	—	58.8	58.4	57.6
	66	—	—	—	—	—	—	—	—	53.8	53.0
	70	—	—	—	—	—	—	—	—	49.7	48.8
	74	—	—	—	—	—	—	—	—	—	42.9

（2）100t 履带吊（神户 7100）

100t 履带吊选择主臂为 39.6m 的主臂工况进行吊装，吊机性能如表 5.1-2。吊机作业时就位区域的地面承载力不小于 135kN/m^2；行走时不小于 100kN/m^2。

100 吨履带吊性能表　　　　表 5.1-2

神户 7100 100t 履带式吊机性能表

臂长 m	18.3	21.3	24.4	27.4	30.5	33.5	36.6	39.6
半径 m								
5.1	100							
5.5	100	5.6/90						
6	91.6	90	6.1/80	6.6/70				
7	78.7	77.9	76.7	70	7.2/60	7.7/56.7		
8	65.3	64.6	64.9	64	60	56	8.2/50	8.7/46.1
9	54.7	54.6	54.4	54.3	54.2	53.7	50	45.7
10	47	46.8	46.7	46.6	46.4	46.3	46.3	44.3
12	36.5	36.3	36.1	36.1	35.9	35.7	35.7	35.5
14	29.8	29.5	29.3	29.2	29	29.9	28.8	28.6
16	24.1	24.8	24.6	24.5	24.3	24.1	24	23.8
18	17.5/19.8	21.3	21	20.9	20.7	20.6	20.5	20.3
20		17.2	18.4	18.2	18	17.8	17.8	17.5
22		20.1/16.9	15.8	16.1	15.9	15.7	15.6	15.4
24			22.7/14.6	14.4	14.1	14	13.9	13.6
26				25.4/12.7	12.7	12.5	12.4	12.2
28					28.0/11.0	11.3	11.2	10.9
30						10.2	10.2	9.9
32						30.7/9.6	9.3	9
34							33.3/8.5	8.3
36								35.9/7.3

5.1.2　吊索具选择

本工程吊装选择 6×19 强度等级为 $1670N/mm^2$ 的钢丝绳为吊索，最重的构件为主桁架，重量 35t，采取一台 350t 履带吊四点绑扎的方式吊装。经计算吊索规格采用 ϕ50mm，详见附件 9.1.1。

5.2　安装流程

根据现场场地条件、吊机的搭配及施工任务的分工情况，整个钢结构系统的施工分成两大施工区域，两大施工区域按照“分区进行、对称安装”的原则安装。具体安装流程如下：

1. 安装内环桁架的支撑胎架及操作平台

2. 安装第一段内环桁架

3. 安装第二段内环桁架

4. 安装剩余内环桁架

5. 安装内环桁架内部杆件

6. 安装第一榀梭形桁架

续表

 7. 安装第二榀梭形桁架	 8. 安装两榀桁架之间的件
 9. 对称安装其他梭形桁架等构件	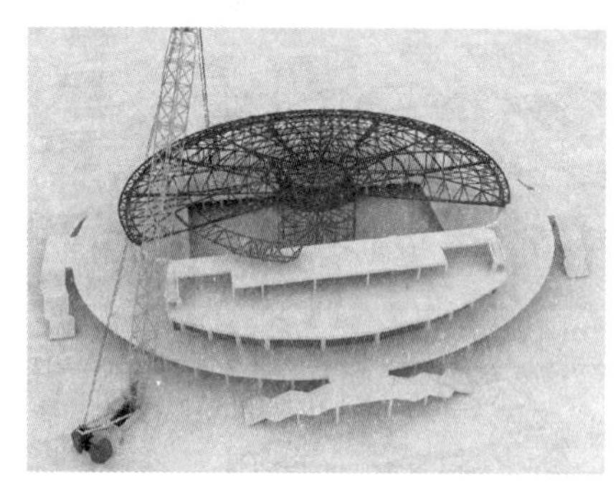 10. 安装第一段加强桁架
 11. 安装第一段加强桁架与内环桁架间构件	 12. 安装第三段加强桁架及内环桁架间构件
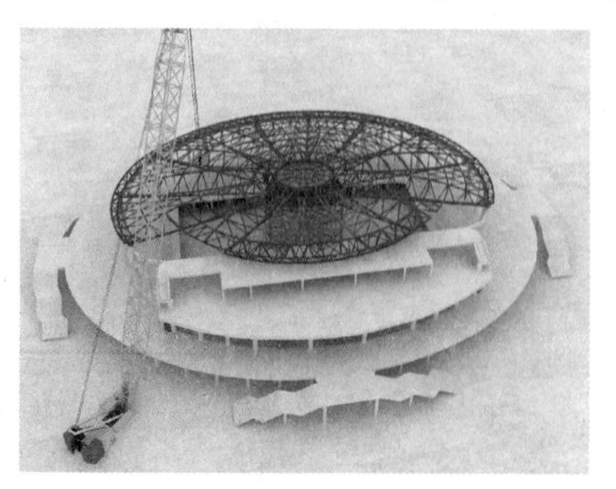 13. 安装剩余加强桁架及与内环桁架相连构件	 14. 安装悬挑桁架等构件

续表

15. 安装侧面桁架支撑胎架

16. 安装第一段侧面桁架及屋面桁架间构件

17. 安装第二段侧面桁架及屋面桁架间构件

18. 安装第一、二段侧面桁架间构件

19. 依次类推完成其他侧面桁架安装

20. 卸载和拆除支撑胎架

5.3 屋面桁架安装

屋面桁架由主屋盖结构由中央内环桁架、径向辐射鱼腹式梭形桁架、加强桁架和联系杆等组成。根据施工部署，中央内环桁架由100t履带吊采用高空散装法安装就位，径向辐射鱼腹式梭形桁架、加强桁架等由350t履带吊采用高空散装法安装就位。

5.3.1　安装工艺流程

屋面桁架安装时，具体安装顺序为：

中央临时支撑胎架→分段吊装中央内环→吊装相邻两榀径向辐射鱼腹式梭形桁架→安装相邻两榀梭形桁架间的次桁架等构件→安装对称位置的相邻两榀径向辐射鱼腹式梭形桁架→安装相邻两榀梭形桁架间的次桁架等构件→依次类推完成全部桁架安装。

5.3.2　吊装单元划分

屋面桁架吊装时共分为40个吊装单元进行吊装。其中，梭形桁架15个吊装单元，加强桁架16个吊装单元，转换桁架4个吊装单元，中央内环桁架5个吊装单元，各吊装单元的重量如表3.5-1所示。

5.3.3　安装技术要点

屋面桁架安装技术要点如下：

1. 安装前，要模拟安装顺序进行吊装工况分析，选择合理的吊装方法，确保吊装过程中构件安全性和安装精度。吊装工况分析详见附件9.1.2。

2. 中央内环支撑胎架安装就位后，其操作面采取满铺脚手板、周圈设置护栏等措施，保证工人的操作空间和操作安全。另外，沿外圈混凝土环梁及支撑架搭设脚架操作平台，保证工人的操作空间和操作安全。

3. 中央内环桁架全部吊装就位后，复测内环桁架位置保证其准确性，然后采取合理的焊接顺序进行内环桁架焊接；焊接完成后，采取可行稳固措施固定中央内环不移位，然后再进行径向梭梭形桁架安装。

4. 梭形桁架吊装时，采用捆绑式、四点进行吊装，吊装示意图如图5.3-1所示。具体吊装时，设置一个10t的倒练以便调整构件的吊装位置，保证平稳就位。

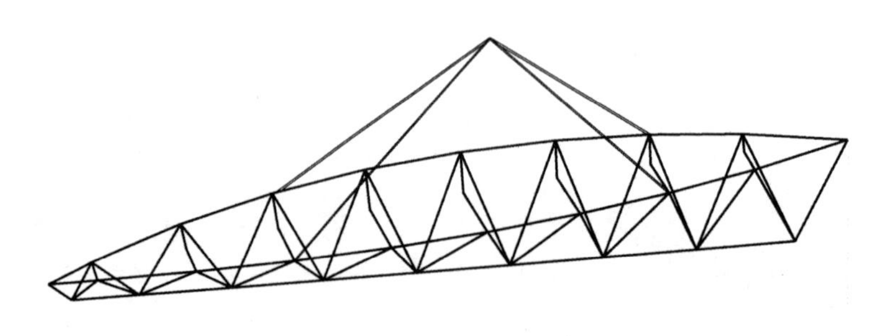

图5.3-1　梭形桁架吊装示意图

5. 梭形桁架吊就位后，调整桁架位置准确后焊接桁架两端焊接至坡口1/3厚度后松钩，同时在桁架两边对称位置拉设缆风，以保证桁架的稳固性。

6. 屋面桁架安装时，整体遵循“分区进行、对称安装”的原则进行安装，避免安装误差累积。

7. 梭形桁架、加强桁架等全部完成后，再进行外圈环向桁架安装。

8. 履带吊作业时就位区域的地面承载力不小于15t/m^2，行走时不小于10t/m^2；为了满足地基承载力要求，履带吊行走及作业时，均铺设2m×4m的路基箱。

5.3.4　支撑胎架设计及布置

根据工况分析结果，本工程支撑胎架全部采用 H 形钢，材质为 Q235B，H 形钢断面尺寸为 HW200×200×8×12。中央内环的支撑胎架之间采用 L125X10 角钢进行连接，以保证其整体性；外圈独立支撑胎架采用单根 H 型钢，在四个方向设置揽风绳以保证其稳定性。支撑胎架布置如图 5.3-2 所示。

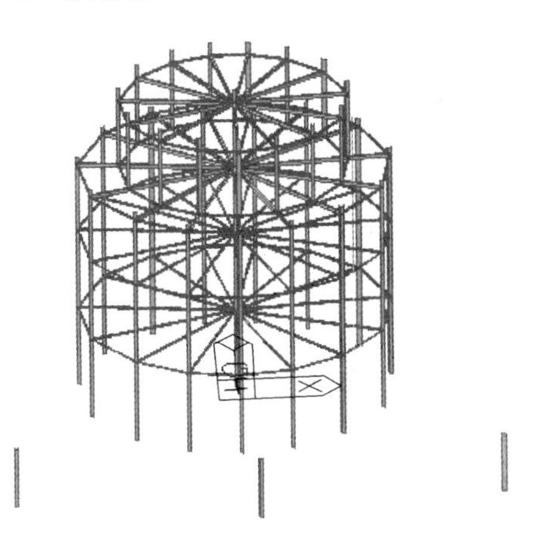

图 5.3-2　支撑胎架布置图

其中，外圈支撑胎架位于混凝土楼板上，具体位置如图 5.3-3 所示。为了减少支撑胎架对楼板结构应力，在楼板上作井字梁，使支撑胎架的荷载直接传递到井字梁上，通过井字梁直接传递到混凝土梁上。具体工况分析详见附件。

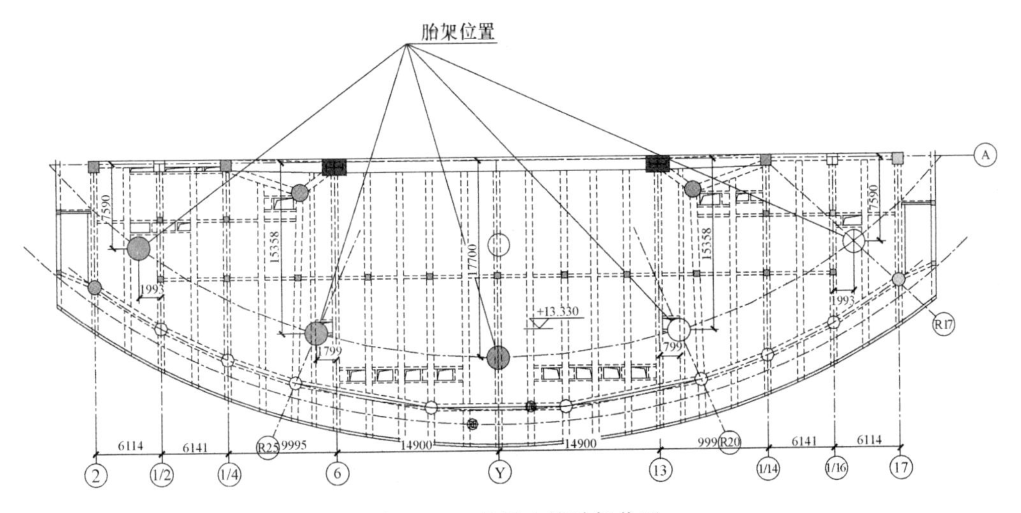

图 5.3-3　外圈支撑胎架位置

5.4　侧面桁架安装

侧面桁架主要由下部三角钢结构及上部散杆件组成。根据施工部署，下部三角钢结构用 100t 履带吊在场外整体吊装就位，其余构件由履带吊以散件形式吊装就位。

安装顺序：

安装临时支撑胎架→安装下部三角钢结构→安装与屋盖连接的钢结构→安装相邻的下部三角钢结构及与屋盖连接的钢结构→再安装之间的钢结构→安装完毕。

支撑胎架设计：

根据计算结果，侧面桁架安装的支撑胎架采用截面尺寸为2000mm×2000mm的格构式桁架，其立杆为ϕ203×8、腹杆为Φ114×5，材质为Q235B。支撑胎架大样如图5.4所示。

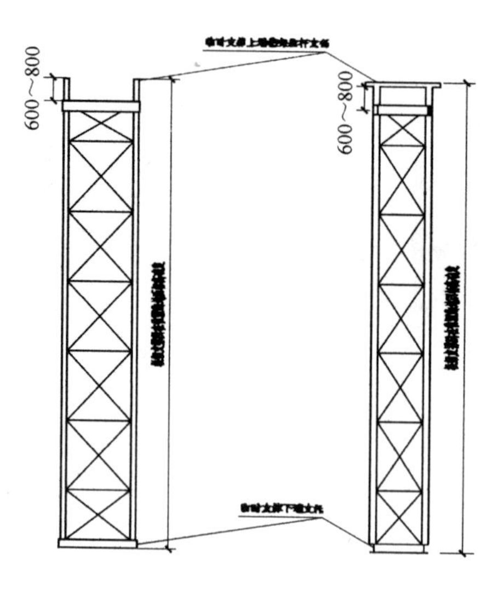

图5.4　侧面支撑胎架

侧面桁架的具体安装工艺参照屋面桁架安装，不再赘述。

5.5　支撑胎架卸载

卸载前，通过工况分析计算确定卸载顺序和卸载步骤。

在屋面桁架和侧面桁架全部吊装就位、焊接形成整体后，根据工况分析结果，按照变形协调、卸载均衡的原则，通过支撑胎架上可调节支撑装置分步等位移下降完成卸载。卸载顺序为先卸载外圈支撑、再卸载中央内环支撑。

卸载完成后拆除支撑胎架，使用履带吊或塔吊一点吊装。首先设置吊点，然后拆除操作平台和防护栏杆。将支撑架缓缓吊起，离地10cm后向一侧移除支撑胎架，从屋盖缝隙将支撑架吊走。

说明：本方案为安装安全专项方案，安装过程涉及的测量及焊接内容在本工程的测量和焊接专项方案中叙述，不再赘述。

6　安 全 施 工

本工程安全施工措施是在执行工程总体的安全施工措施的情况下，根据专业特点增加并强调专业安全施工措施。

6.1　可能发生的事故种类

序号	种类	说　　明
1	火灾	存在易燃、可燃物品，钢结构焊接火花易导致火灾
2	触电	钢结构广泛使用电动工具，特别是手持式电动工具，防护和管理不力，就可能引发触电事故
3	物体打击	土建与钢结构、各工序之间立体交叉作业，易发生物体打击事故
4	机械伤害	使用机械设备，有可能发生机械伤害事故
5	高空坠落	钢结构安装是高危行业，大量高空作业，防护不力易发生高处坠落事故
6	吊车倾覆	车辆状况、驾驶水平、违章指挥和作业、地基承载力、恶劣天气等因素，都可能造成吊车倾覆

6.2　安全管理工作内容

6.2.1　临时用电

电源线采用五芯橡胶铜芯软电缆，敷设时栓挂在专用挂钩上，钩体部分需采取绝缘措施（或采用D32钢管制作专用电源杆架，高度不得低于2.5m，钩体部分需采取绝缘措施）。

6.2.2　高空作业

登高作业过程中，制作上下爬梯，爬梯顶部设置防坠器。屋面桁架内设置安全绳，桁架两端搭设操作平台。

6.3　安全生产管理措施

6.3.1　现场安全技术措施

序号	现场安全技术措施
1	要在职工中牢牢树立“安全第一”的思想，认识到安全生产，文明施工的重要性，做到每天班前教育，班前总结，班前检查，严格执行安全生产三级教育
2	进入施工现场必须戴好安全帽，2m以上高空作业必须佩戴安全带
3	吊装前，起重指挥要仔细检查吊具是否符合规格要求，是否有损伤，所有起重指挥及操作人员必须持证上岗
4	高空作业人员应符合高层施工体质要求，开工前检查身体
5	高空作业人员应佩带工具袋，工具应放在工具袋中不得放在钢梁或易坠落的地方，所有手动工具（如手锤、扳手、撬棍），应有防坠落措施
6	钢结构是电的良导电体，四周应接地良好，施工用的电源线必须是橡胶电缆线，所有电动设备应安装漏电保护开关，严格遵守安全用电操作规程
7	高空作业人员严禁带病作业，施工现场禁止酒后作业，高温天气做好防暑降温工作
8	吊装时应架设风速仪，风力超过6级或雷雨浓雾天气时应禁止吊装，夜间吊装必须保证足够的照明，构件不得悬空过夜
9	氧气、乙炔、油漆等易爆、易燃物品，应妥善保管，分类堆放，严禁在明火附近作业，严禁吸烟，焊接操作平台上应作好防火措施，防止火花飞溅

6.3.2　防机械伤害措施

序号	防机械伤害措施
1	起重机行驶路面必须坚实平整，吊装时起重机必须水平
2	严格遵守起重吊装的操作规程，严禁超载吊装，超载有两种危害，一是断绳重物下坠，二是塔机倾覆
3	起重机吊索必须竖直，禁止斜拉硬拽，否则会造成超负荷及钢丝绳滑脱，甚至造成拉断绳索和翻车事故；或使物体在离开地面后发生快速摆动，造成事故
4	吊装时拉好溜绳，控制构件摆动
5	熟悉起重机纵横两个方向的性能，进行吊装工作
6	绑扎构件的吊索须经过计算，所有吊索具应定期进行检查，绑扎方法应正确牢靠，以防吊索断裂或从构件上滑脱，使起重机失稳而倾翻

6.3.3　防触电安全措施

序号	防触电安全措施
1	现场施工用电执行“一机一闸一漏”的“三级”保护措施。电箱设门、设锁、编号管理、注明责任人
2	机械设备必须执行工作接地和重复接地的保护措施
3	电箱内所配置的电闸、漏电、保护开头、熔丝荷载必须与设备额定电流相等。不使用偏大或偏小额定电流的电熔丝，严禁使用金属丝代替电熔丝
4	现场临时用电必须在开工前与工地管理部门办理好用电手续。按时排查电路上的不安全因素，及时解决问题
5	所有供电线路及设备的连接、安装及维修，必须由持有效证件的专业电工来完成
6	与电动工具连接的电源插座、插头，必须是合格产品，并经常保持完好无损；确保引出的电源线外绝缘层完好无损，不允许将导线直接插入插座
7	现场所用的开关或流动式开关箱，应装漏电保护器和防雨设施
8	安装时所有电动工具的电源线必须连接可靠，完好无损；雨天时，室外不得使用电动工具

6.3.4　高空作业防护措施

序号	高空作业防护措施
1	高空作业人员应在安全可靠的环境下实施作业，设置操作平台、安全网、防护栏和防坠器等安全设施
2	高空作业所用的索具、脚手架、平台等设备，均需经过技术鉴定或验证合格后方可使用
3	拆卸安全绳、爬梯时的安全措施，在实施前进行交底。吊装桁架前，应挂好所需的安全措施

6.3.5　防火安全措施

序号	防火安全措施
1	建立以保卫负责人为组长的安全防火消防组
2	施工现场明确划分用火作业区、易燃可燃材料堆场、仓库、易燃废品集中站
3	施工现场必须道路畅通，保证有灾情时消防车畅通无阻
4	施工现场应配备足够的消防器材，指定专人维护、管理、定期更新，保证完整好用
5	焊、割作业点与氧气瓶等危险品的距离不得小于 10m，与易燃易爆物品不得小于 30m；乙炔、氧气瓶的存放距离不得小于 5m
6	氧气瓶、乙炔瓶等焊割设备上的安全附件应完整有效，否则不准使用
7	施工现场的焊、割作业必须符合防火要求，严格执行动火审批制度，动火作业人员持有效证件上岗，并要采取有效的安全监护和隔离措施
8	施工现场严禁吸烟

6.4　吊车使用安全措施

6.4.1　人员

吊车作业属于特种作业，作业人员必须经过培训，取得特种作业操作证，持证上岗。作业人员必须遵守安全操作规程，并对设备进行日常维护保养。

6.4.2　吊车设备安全使用

起重机应在平坦坚实的地面上作业、行走和停放。在正常作业时，坡度不得大于 3°，并应与沟渠、基坑保持安全距离。

起重机不得靠近架空输电线路作业。起重机的任何部位与架空输电导线的安全距离应符合规定。

起重机使用的钢丝绳，其结构形式、规格及强度应符合该型起重机使用说明书的要求。收放钢丝绳时应防止钢丝绳打环、扭结、弯折和乱绳，不得使用扭结、变形的钢丝绳。使用编结的钢丝绳，其编结部分在运行中不得通过卷筒和滑轮。

起重机的吊钩和吊环严禁补焊。当出现下列情况之一时应更换：表面有裂纹、破口；危险断面及钩颈有永久变形；挂绳处断面磨损超过高度10%；吊钩衬套磨损超过原厚度50%；心轴（销子）磨损超过其直径的3%～5%。

6.4.3　作业中注意事项

有六级及以上大风或大雨等恶劣天气时，应停止起重吊装作业。雨后作业前，应先试吊，确认制动器灵敏可靠后方可进行作业。

操作人员进行起重机回转、变幅、行走和吊钩升降等动作前，应发出音响信号示意。

起重机作业时，起重臂和重物下方严禁有人停留、工作或通过。重物吊运时，严禁从人上方通过。严禁用起重机载运人员。

操作人员应严格遵守“十不吊”规定。按规定的起重性能作业，不得超载。

不得随意调整或拆除安全保护装置，严禁利用限制器和限位装置代替操纵机构。

起吊重物应绑扎平稳、牢固，不得在重物上再堆放或悬挂零星物件。易散落物件应使用吊笼栅栏固定后方可起吊。标有绑扎位置的物件，应按标记绑扎后起吊。吊索与物件的夹角宜采用45°～60°，且不得小于30°，吊索与物件尖锐棱角之间应加垫块。

严禁起吊重物长时间悬挂在空中，作业中遇突发故障，应采取措施将重物降落到安全地方，并关闭发动机后进行检修。

提升重物水平移动时，应高出其跨越的障碍物0.5m以上。

7　季节性施工保证措施

本工程钢结构施工阶段处于雨季，伴有雷雨大风天气，因此要做好防雷、防风、防雨、防火措施。

7.1　防雷措施

由于钢结构主体与混凝土基础设有防雷接地装置和等电位连接，且钢结构与混凝土结构的防雷接地装置连成整体，在钢结构施工时钢结构柱脚与混凝土结构接地装置相连，混凝土结构的接地装置直接通过基础与大地相连，故而钢结构的施工防雷工作应以结构防雷系统为基础，采取相应的措施。

1）建立以项目经理为第一责任人的防雷组织管理体系和领导小组。

2）建立雷电灾情的信息反馈和报告制度。一旦发生雷击事故，在采取应急抢险措施的同时，及时、准确、全面的向总包及相关行政主管部门报告。

3）严格规范现场防护用品和作业人员的防护用具、用品的管理，防护用品按要求进行采购。在雨季施工阶段一定要保证所有作业人员的绝缘鞋的发放使用。

4）接到雷电预警或预报时，项目部领导、工程、安全及技术管理人员应到现场进行巡查，发现问题立即纠正，同时提醒操作人员注意防雷，并停止作业，将施工人员撤离到安全区内。

5）雷雨时停止钢构件吊装作业，并应停止室外焊接工作。

6）雷雨时位于钢构架顶部的施工人员迅速撤离现场，严禁雷雨天气在钢结构屋顶表面行走。严禁外围其他地面人员进入施工现场。

7）雷雨前吊车不能离开现场的，汽车吊停止作业，收回或放平吊臂，并使用电缆将吊车与钢结构接地连接，吊钩及吊机本体应离开钢结构本体 3m 以外，保证良好接地及等电位连接。

7.2　防风措施

1）建立以项目经理为第一责任人的防风组织管理体系和领导小组，及时收集气象信息，随时了解大风来临信息，及时向施工现场发出警示，做好防风准备。

2）大风到来之前，准备好相关器材、材料、设备、工具、食品、照明器材等，对结构和设施进行检查加固，安排专人值班巡查。

3）风力达到 5 级时停止屋面桁架的吊装，达到 6 级及以上时停止高空和吊装作业，吊车收回并放平臂杆。

4）施工人员做好防风安全教育，配备防风劳保用品。

5）焊接施工搭设防风棚。

7.3　防雨措施

工程技术及施工管理人员熟悉、审查工程图纸和有关资料，编制雨季施工方案，并做好技术交底等各项准备工作。具体防雨措施如下：

1）对施工现场的吊车、脚手架等其他一些机械设备必须检查避雷装置是否完好可靠，大风大雨时吊车停止使用，大风过后，对机械设备、平台、爬梯进行复查，有破损及时加固措施。

2）雨季来临之前组织有关人员对现场临时设施、机电设备、临时线路等进行检查，针对检查出的具体问题，立即制订整改方案，及时落实。

3）雨天搬运、吊装、组装措施等施工都必须穿雨衣、防滑雨鞋，做好安全措施，做好电源保护；做好防滑安全措施，如穿防滑鞋、铺麻布等。

4）所有杆件、构件堆放不落地、不污染，如有泥污等及时清除干净，确保构件、接缝干净、干燥。

5）雨季施工时，现场排水系统由专人进行疏通，保证排水畅通，施工道路不积水；潮汛季节随时收听气象预报，配备足够的抽水设备及防台防汛的应急材料。

6）雨季来临之前，应掌握降雨趋势的中期预报，尤其是近期预报的降雨时间和雨量，以便安排施工。

7.4　防火措施

本工程施工周期短，且处于雨季，消防主要是施工易燃易爆物品的管理。

1）项目部定期进行消防安全工作检查，及时发现和消除隐患，堵塞漏洞，并填写施工现场检查评分记录表。日常对消防、要害部位和施工环节进行抽查，填写消防、安全工作检查记录。

2）每日对所管区域进行检查。重点、要害部位和关键施工环节应每巡查并填写记录。检查要点如下：

① 用火用电及其他重点部位的消防安全情况。如：电气焊作业场所、材料库、变配电室、电气设备、电源线路以及《用火证》的使用等。

② 现场平面布局，消防安全疏散情况。如：现场的消防道路和疏散通道、安全出入口、警告提示标志、临时设施的防火间距、易燃可燃物的堆放等。

③ 消防设施、设备、器材情况。如：消防水泵、水源、电源情况；消火栓配备的水枪、水带、消火栓接口情况；灭火器的数量、有效期和完好状况等。

④ 火险隐患整改情况。对历次检查发现的火险隐患的整改情况。

8　应急预案

8.1　应急管理体系

本应急管理体系包括公司总部生产安全事故应急预案、分公司生产安全事故应急预案和本工程项目部生产安全事故应急预案三级预案组成。

8.1.1　应急管理机构

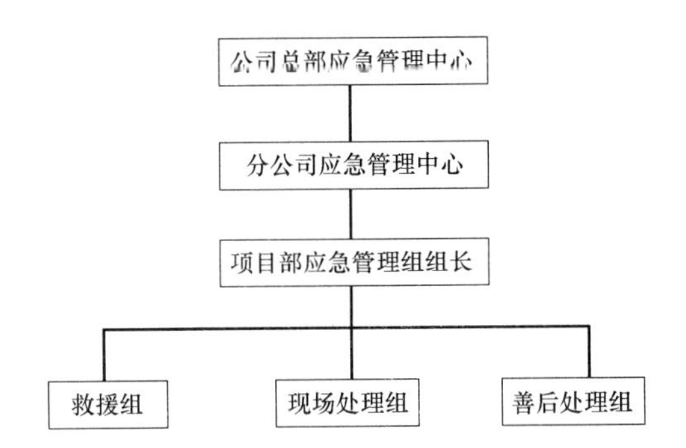

8.1.2　职责

1）救援组

组长：＊＊＊

联系电话：＊＊＊

职责：组织应急救援；组织制定应急救援技术方案或提供技术支持等。

2）现场处置组

组长：＊＊＊

联系电话：＊＊＊

职责：事故发生后或收到事故报告后，向应急救援指挥中心、上级单位主管部门或地方政府安全监督管理部门报告；组织对现场进行隔离保护；事故调查取证后，处理现场，组织恢复生产等。

3）善后处理组

组长：＊＊＊

联系电话：＊＊＊

职责：向应公司安全生产委员会提出事故调查组组建方案；组织事故施工现场的调查取证；审计事故单位安全生产投入情况；形成事故调查报告并提出处理意见。

8.1.3　应急抢险制度

发生生产安全事故时，依据事故级别依次启动相应级别应急预案：发生C级一般及以上事故时，启动项目部生产安全事故应急预案；发生B级一般及以上事故时，启动公司、分公司生产安全事故应急预案。

8.1.4　生产安全应急报告程序

1）发生C级一般安全生产事故后，事故现场管理人员须立即报告给项目应急下组，项目应急小组宣布启动项目生产安全事故应急预案并发布应急响应指令。

2）发生B级一般事故及以上事故或可能为B级的事故后，项目应急小组在30分钟内向公司应急领导小组报告。公司应急领导小组接到事故报告后立即责令事故单位就近实施救援同时启动公司生产安全事故应急预案。

3）发生A级一般事故及以上事故或可能为A级的事故后，公司应急指挥中心必须在一小时内报告局应急指挥中心。

4）特殊情况下，可越级报告。

5）报告内容

事故发生后各级应急领导小组第一时间以口头形式（电话）速报，之后补充书面（电子邮件或传真）报告；口头速报内容包括事故概要（事故时间、地点、后果、类别、简要经过等）、已采取的应急行动及拟采取的后续措施等，书面报告还应附事故现场照片；事故后果发生变化或应急有新进展时，及时补充报告。

8.1.5　现场应急抢救程序

根据可能发生的事故类别和现场情况，明确事故报告、各项应急措施启动、应急救护人员的引导、事故扩大及通上一级单位（总包单位和分公司）应急预案的衔接程序。

针对可能发生的不同类别的事故，从操作措施、工艺流程、现场处置、事故控制、人员救护、消防、现场恢复等方面制定明确的应急处置措施。

8.2　应急措施

8.2.1　通信与信息保障

1）公司应急指挥中心主要人员和公司安全部联系电话：

总指挥＊＊＊，电话：＊＊＊

公司安全部电话：＊＊＊

2）分公司应急指挥中心总指挥和分公司安全部联系电话：

总指挥＊＊，电话：＊＊＊

安全部电话：＊＊＊

8.2.2　应急队伍保障

项目部建立应急救援队伍。

8.2.3　应急物资装备保障

项目部应配备必要的应急设备、设施和药品。

8.2.4　应急资金保障

公司、分公司、项目部的资金管理部门应分别制定应急救援的资金保障措施。

8.2.5　培训与演练

预案批准生效后，通过办公平台发布，公司安委会成员和公司指挥中心成员阅览了解相关信息并打印书面存档，以便应急时查阅。公司安全部根据需要升版预案并组织桌面演练，

9　计　算　书

9.1　钢丝绳计算

根据公式$T=PC/K$可得：$P=TK/C$　　(9.1-1)

T：许用荷载

P：破断拉力总和

C：不均匀系数（0.85）

K：安全系数（绑扎取 8～10）

吊索竖向夹角 45°，因此吊索内力为：

$$T=(350\div4)\div\cos45^{\circ}=123(\mathrm{kN})\qquad(9.1\text{-}2)$$

$$P=TK/C=123.7\times10\div0.85=1455(\mathrm{kN})\qquad(9.1\text{-}3)$$

查表得知：6×19 强度等级为 1670N/mm^2 的 ϕ50mm 的钢丝绳破断拉力总和为 1490kN，因此吊装绳索选用 6×19 强度等级为 1670N/mm^2 的 ϕ50mm 的钢丝绳。

9.2　屋面桁架吊装工况分析

（1）吊点设置

主桁架吊装时采用捆绑方式，设置在节点处，捆绑四个吊点，具体位置如图 9.2。

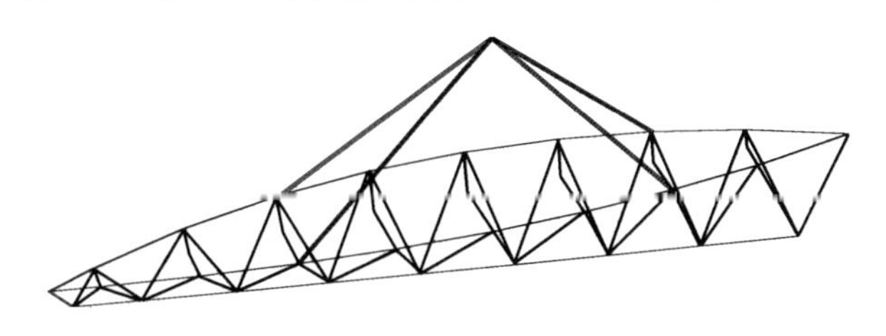

图 9.2　主桁架吊点设置示意图

（2）分析结果

根据上述吊点设置，对吊装阶段进行吊装模拟仿真分析，分析采用 MIDAS 软件。按

每榀桁架自重的1.05倍。根据计算结果知，主桁架吊装过程中最大应力比为0.7，中间最大挠度为3mm，内侧最大挠度为40mm，满足安装要求。

9.3　安装全过程工况分析

（1）计算模型说明

计算软件采用通用有限元分析软件Midas/Gen，按照图纸建立结构的整体模型，并建立了实际的临时支撑模型，结构自重（取1.05倍）由程序自动计算，并考虑一定的风荷载（按10年一遇考虑$W_0=0.35kN/m^2$），采用只受压约束模拟胎架对结构的支撑作用，按照分施工阶段计算分析方法模拟各施工步下的结构内力、位移及支座反力等信息。计算模型如图9.3。

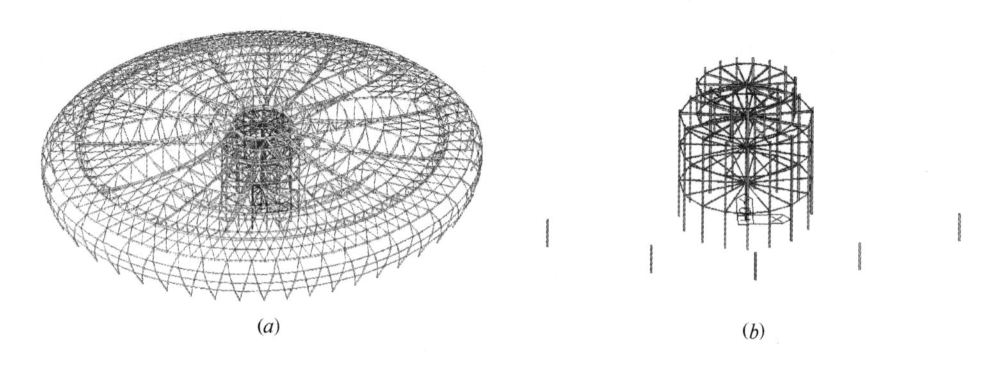

图9.3　计算模型简图
（a）结构模型；（b）胎架模型

（2）主要工况分析结果

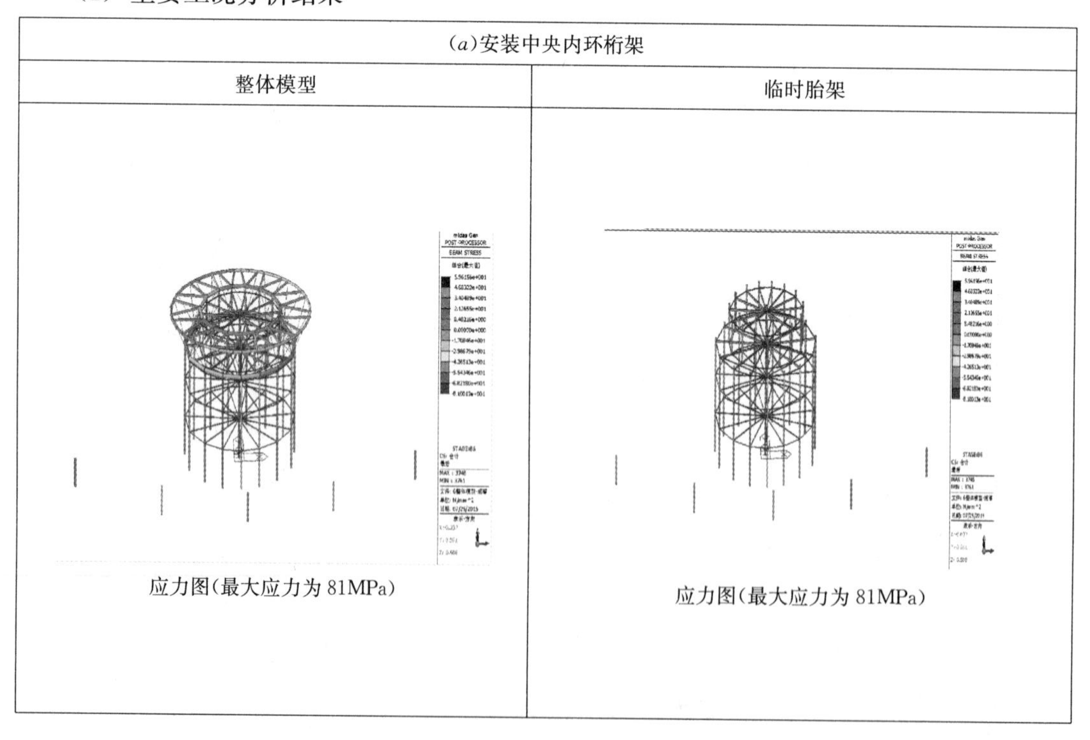

（a）安装中央内环桁架	
整体模型	临时胎架
应力图（最大应力为81MPa）	应力图（最大应力为81MPa）

续表

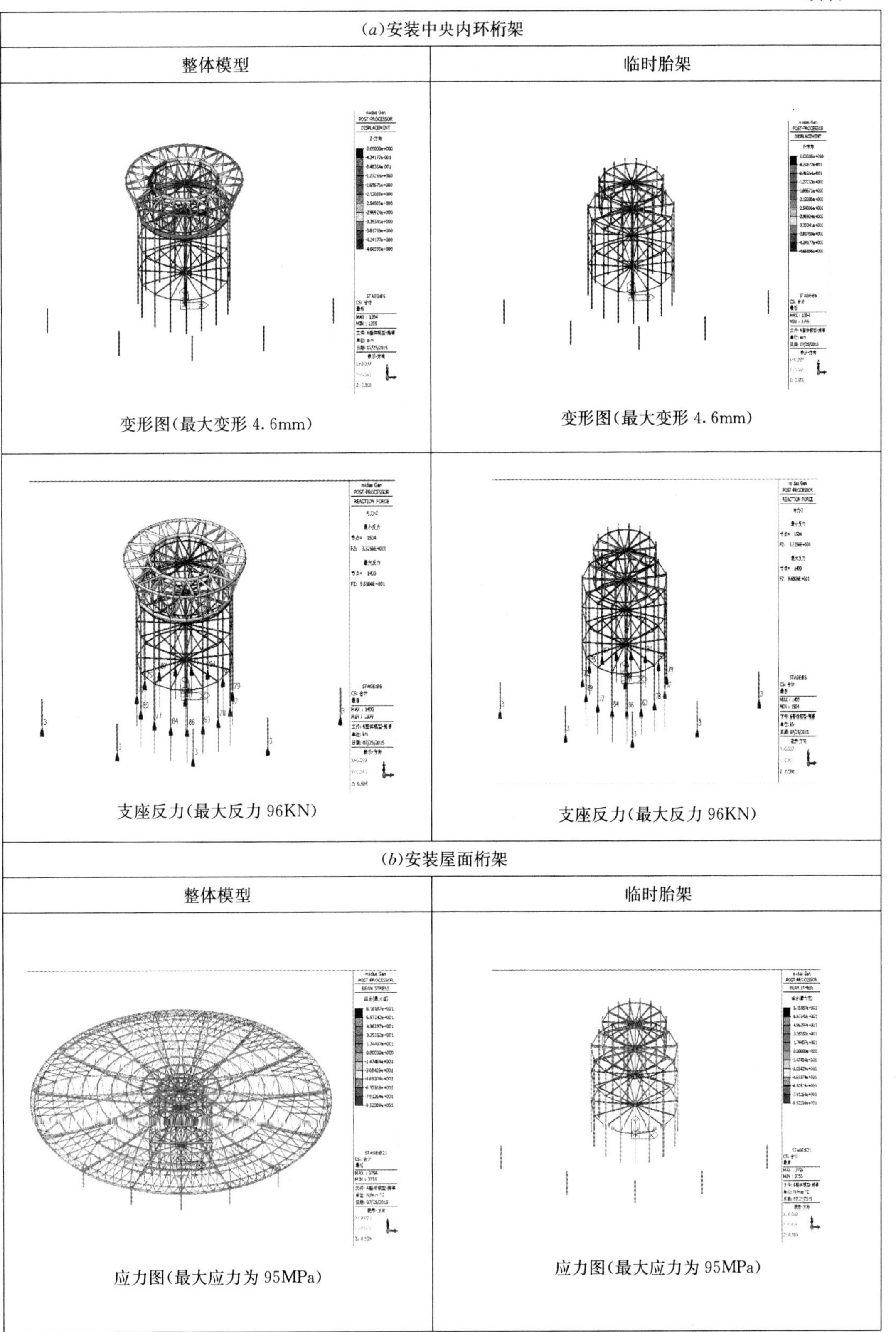

(a)安装中央内环桁架	
整体模型	临时胎架
变形图(最大变形 4.6mm)	变形图(最大变形 4.6mm)
支座反力(最大反力 96KN)	支座反力(最大反力 96KN)
(b)安装屋面桁架	
整体模型	临时胎架
应力图(最大应力为 95MPa)	应力图(最大应力为 95MPa)

续表

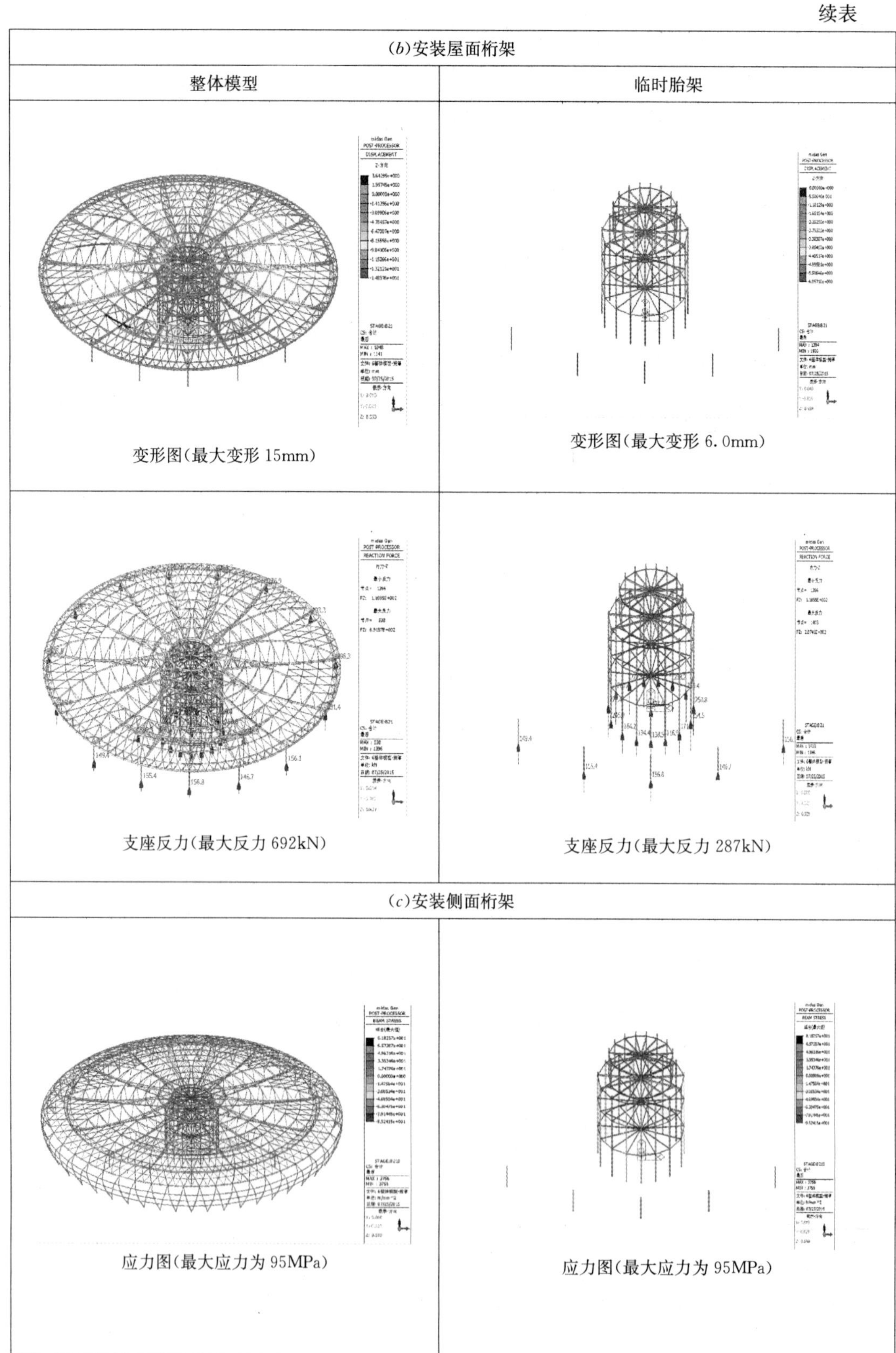

(*b*)安装屋面桁架	
整体模型	临时胎架
变形图（最大变形 15mm）	变形图（最大变形 6.0mm）
支座反力（最大反力 692kN）	支座反力（最大反力 287kN）
(*c*)安装侧面桁架	
应力图（最大应力为 95MPa）	应力图（最大应力为 95MPa）

续表

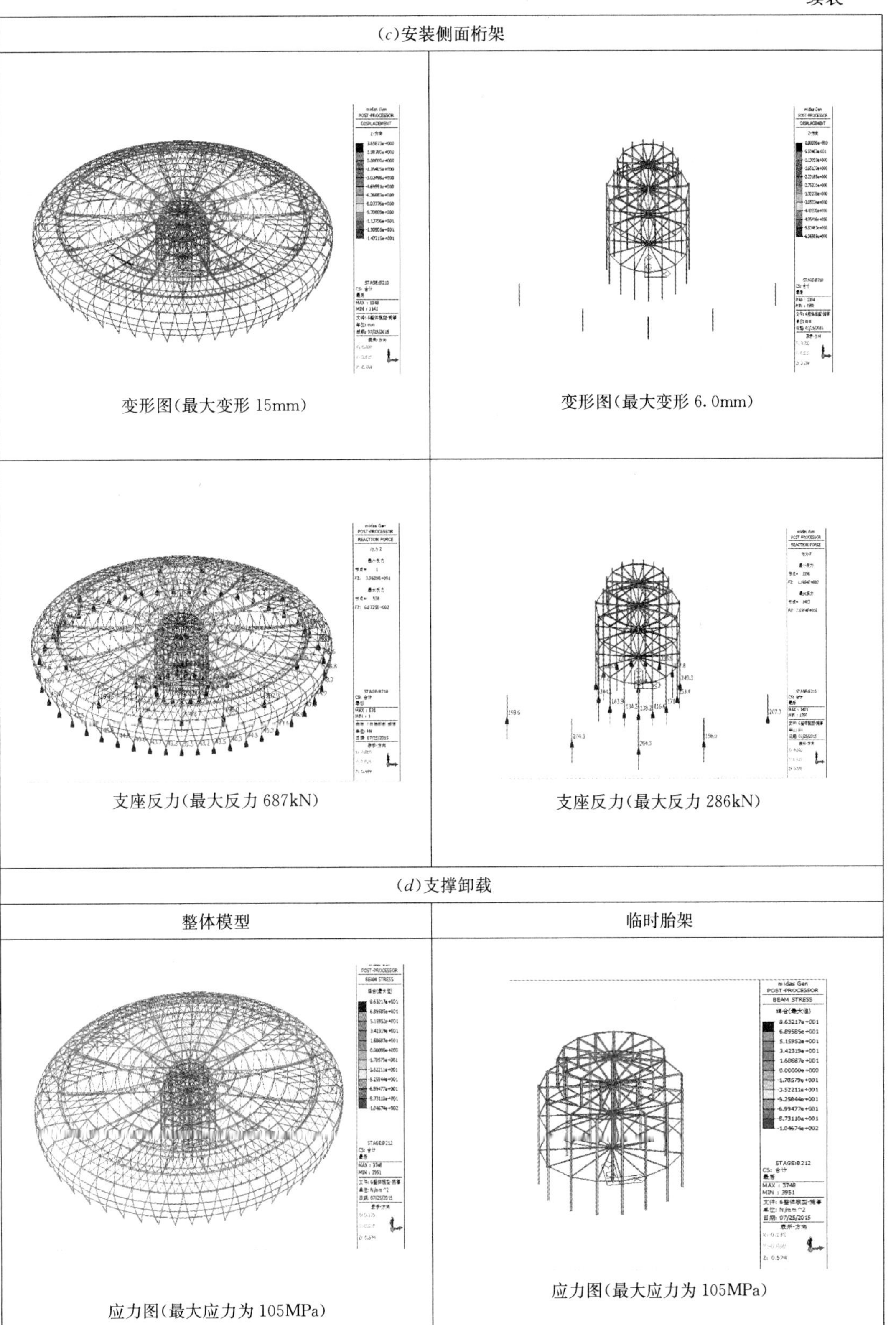

(*c*)安装侧面桁架

变形图(最大变形 15mm)

变形图(最大变形 6.0mm)

支座反力(最大反力 687kN)

支座反力(最大反力 286kN)

(*d*)支撑卸载

整体模型

临时胎架

应力图(最大应力为 105MPa)

应力图(最大应力为 105MPa)

续表

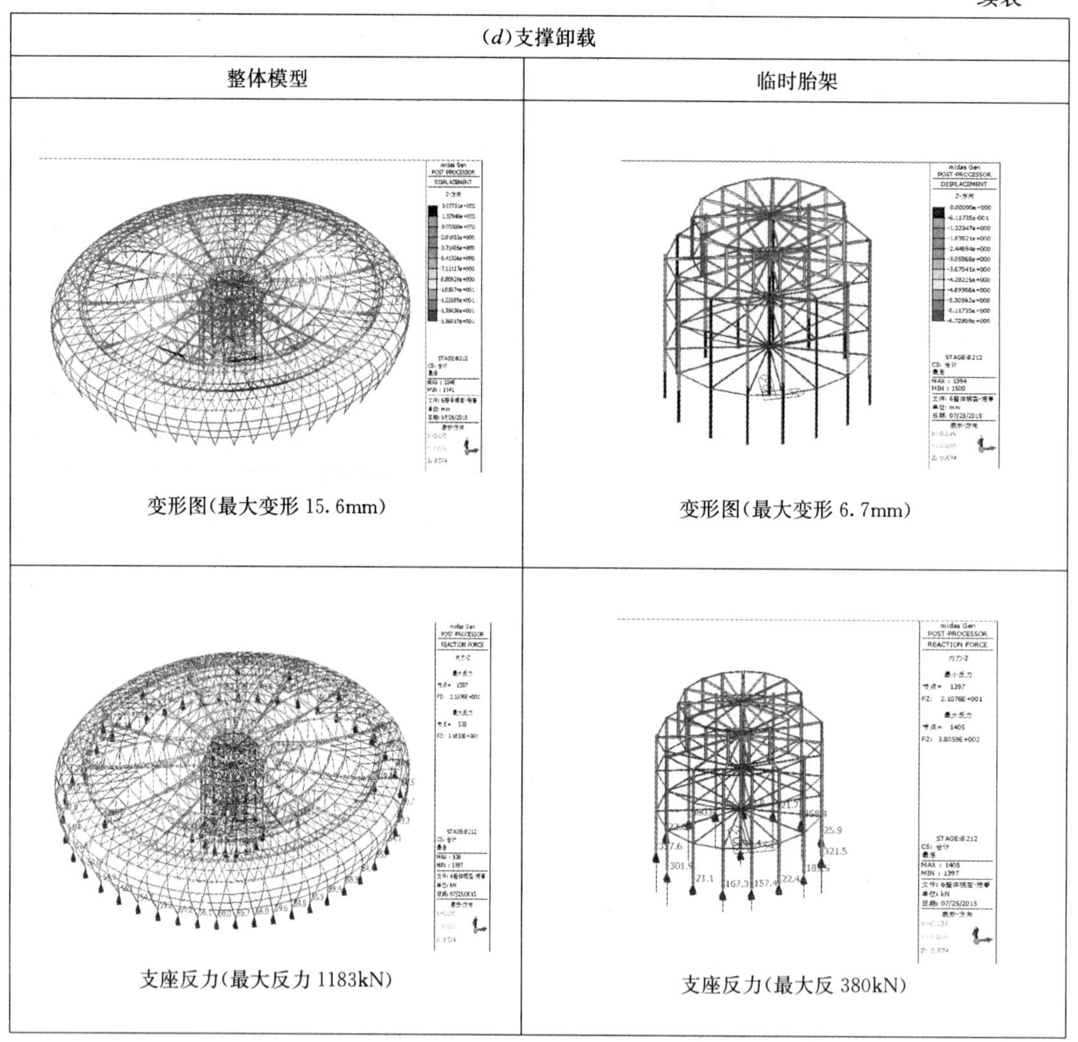

(*d*)支撑卸载	
整体模型	临时胎架
变形图(最大变形 15.6mm)	变形图(最大变形 6.7mm)
支座反力(最大反力 1183kN)	支座反力(最大反 380kN)

（3）结论

安装过程中，结构最大应力 143MPa、最大竖向位移为 17.9mm；安装完成后，结构应力为 71MPa、最大下挠 43mm；满足规范和设计要求。安装过程中，支撑胎架最大反力为 645kN、最大变形为 7.6mm，满足规范要求。

范例6　大跨度桁架滑移钢结构工程

阮新伟　荆奎　金辉　编写

阮新伟，北京首钢建设集团有限公司钢构分公司，教授级高工，总工，参加工作29年，主要从事设备钢结构、冶金设备、建筑钢结构等领域。

荆　奎，北京首钢建设集团有限公司钢构分公司，工程师，技术质量部副部长，参加工作12年，主要从事设备钢结构、冶金设备、建筑钢结构等领域。

金　辉，北京城建十六建筑工程有限责任公司，工程师，副总经理，参加工作18年，主要从事建筑钢结构等领域。

某大跨度桁架钢结构安装
安全专项施工方案

编制：__________

审核：__________

审批：__________

施工单位：******

编制时间：******

目　　录

1　编制依据

1.1　国家、行业和地方规范

序号	名　称	版本	备注
1	《建筑结构荷载规范》	GB 50009—2012	
2	《钢结构设计规范》	GB 50017—2003	
3	《冷弯薄壁型钢结构技术规范》	GB 50018—2002	
4	《钢结构焊接规范》	GB 50661—2011	
5	《钢结构工程施工规范》	GB 50755—2012	
6	《钢结构工程施工质量验收规范》	GB 50205—2001	
7	《建筑施工起重吊装工程安全技术规范》	JGJ 276—2012	
8	《空间网格结构技术规程》	JGJ 7—2010	
9	《索结构技术规程》	JGJ 257—2012	
10	《建筑机械使用安全技术规程》	JGJ 33—2012	
11	《建筑施工高处作业安全技术规范》	JGJ 80—2016	
12	《建筑钢结构防腐蚀技术规程》	JGJ/T 251—2011	
13	《钢网架焊接空心球节点》	JG/T 11—2009	
14	《钢管结构技术规程》	CECS 280：2010	

1.2　设计文件和施工组织设计

序号	名　称	版本	备注
1	工程设计图纸		
2	施工组织设计		
3	其他工程技术文件		

1.3　安全管理法规法律及规范性文件

序号	名　称	版本	备注
1	《建设工程安全生产管理条例》	国务院第393号	
2	《北京市实施〈危险性较大的分部分项工程安全管理办法〉规定》	京建施[2009]841号	
3	《危险性较大的分部分项工程安全管理办法》	建质[2009]87号	
4	《北京市危险性较大的分部分项工程安全动态管理办法》	京建法[2012]1号	

1.4　其他

序号	名　称	版本	备注
1	《北京市危险性较大的分部分项工程安全专项施工方案专家论证细则》	2015版	
2	合同、招标技术要求及工地现场的实际情况		

2　工程概况

2.1　工程简介

某电厂煤场封闭钢结构工程跨度197m，长度201.6m，高56.002m，采用预应力张弦梁桁架结构。采用两端铰支的拱桁架，拱桁架为三角形立体桁架，桁架宽度4m，跨中厚度约4m、拱脚附近最厚处约6m。为减小拱脚推力，在满足斗轮机操作空间的前提下，在29.65m标高处，设置平衡钢索，平衡钢索距拱脚28.15m。为保证拱桁架稳定，在拱桁架面内设置了7道纵向桁架及刚性系杆和面内支撑系统。拱脚支座采用球铰支座，标高1.470m。东侧面抗风桁架为三角形立体桁架，上端通过水平链杆支撑在屋顶拱桁架上，将水平荷载传递到屋顶结构；下端为固定铰支座，承担山墙重量及水平荷载。立体桁架面内设置支撑系统。西侧抗风桁架为四边形立体桁架，上端与主桁架焊接连接，下端为固定铰支座。屋顶结构和抗风结构采用圆钢管，屋顶檩条及山墙檩条采用矩形钢管。

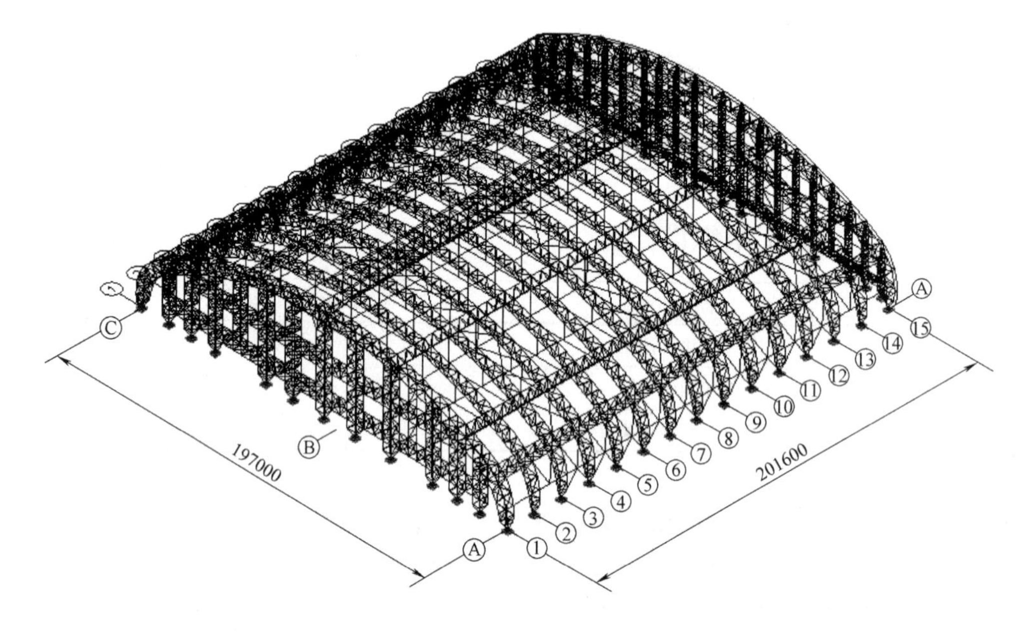

图2.1　轴测图

2.2　工程重点及难点

2.2.1　工程重点

1）管桁架零部件制作是本工程施工重点，零部件制作精度及质量直接关系到桁架分段拼装质量及安装施工效率。钢管型弯及钢管相贯口切割精度是本工程质量控制重点。

2）分段拼装质量是本工程施工重点，分段拼装精度直接影响桁架整体安装精度。

3）焊接质量是本工程施工重点，本工程跨度大，焊接质量直接关系到工程安全和工程质量。

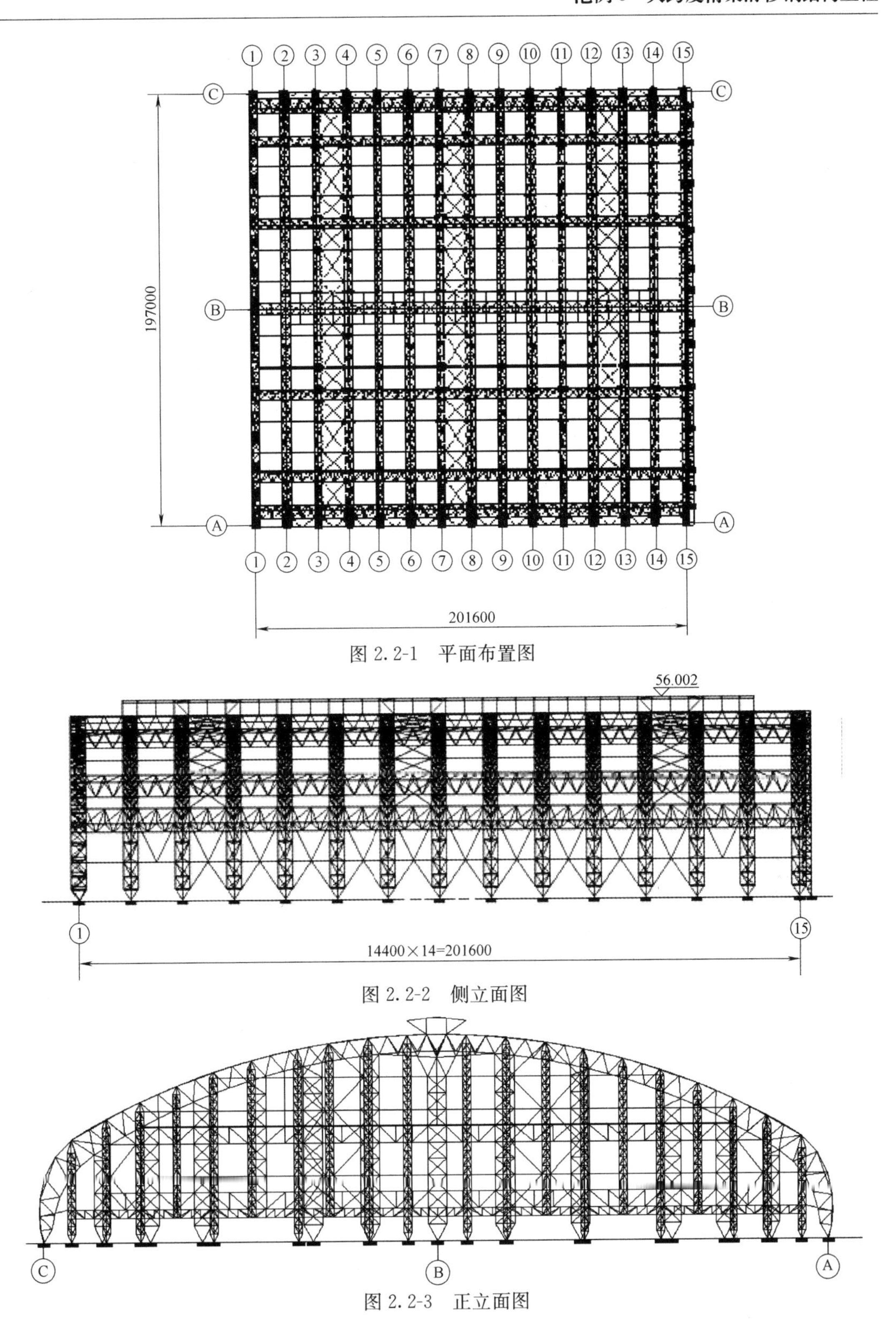

图 2.2-1　平面布置图

图 2.2-2　侧立面图

图 2.2-3　正立面图

2.2.2　工程难点

1）现场条件复杂

由于本项目为改造工程，在现有煤堆场上方加盖大跨度钢结构，下方煤堆场既不能清理出来，同时也不能影响到正常的生产作业，保证运煤车辆能够正常的出入，采用传统的吊装方案不可行，故安装方案的选择至关重要。

2）桁架现场拼装精度要求高

本工程结构主桁架截面大（宽 4m；矢高 4～6m），单榀桁架重约 145t，如何保证拼装精度要求，是施工难点。

3）桁架高空拼装难度大

本工程主桁架结构形式为三角和矩形截面，几何尺寸大（最大 197m×4m×6m），只能采用分段吊装。且安装高度较高，最高约 56m。高空吊装及多口对接拼装难度非常大。

4）管结构焊接要求高

本工程主体结构为管结构，对口位置为全方位熔透焊接，特别是在高空位置的焊接条件和环境复杂，故对于焊工素质及焊接工艺提出很高的要求。

5）施工工期短

本项目施工安装周期较短，实际安装工期仅为 6 个月（2016 年 1 月～2016 年 6 月，跨春节），而且正处于冬季，存在降效问题，如何在现有的时间内完成此项目，是对施工组织实施能力的重大考验。

6）冬季施工

本工程位于内蒙古包头市，冬期长，气温低，工期紧，冬季雨雪、低温给正常施工造成很大影响，必须采取有效的措施保证施工质量。

7）安装施工难度大

本工程为拱形结构，且桁架高度较大，施工测量需高空作业，作业难度较大。为实现屋盖整体曲面效果，满足设计要求，各构件安装时必须实时跟踪测量定位，确保安装质量。工程采用累积顶推滑移施工技术，滑移过程中拱形桁架水平张力控制难度大。

3　施工部署

3.1　施工组织管理

施工组织管理实行各专业部室全员协作管理，项目部统一组织管理的模式。项目部组织机构图见图 3.1，岗位职责见表 3.1。

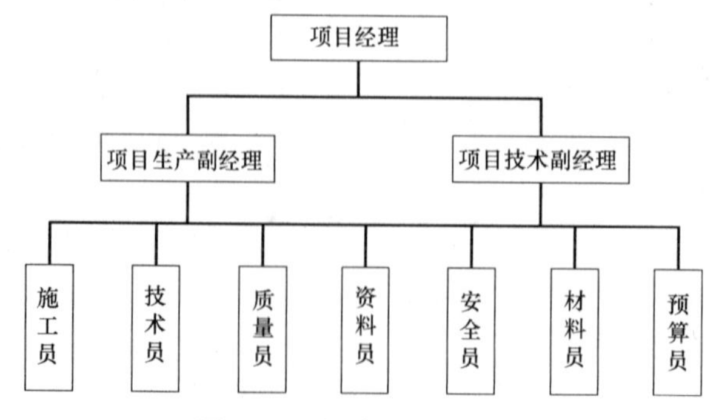

图 3.1　项目部组织机构图

项目部岗位职责表　　表3.1

岗　位	职　责
项目经理	全面负责本工程的施工管理、经营结算、安全质量等全方面管理
生产副经理	负责项目开工策划、组织、劳动力调配及业主方工作协调，协助经理做好施工专业管理
技术副经理	负责项目技术方案编制、交底、检查落实，变更、洽商的签认，配合甲方质检部门的工作，协助经理做好技术、质量专业管理工作
施工员	负责项目的动态管理。工程计划、进度、运输管理，加工方和现场协调，专业台账、记录、报表及项目信息统计管理
技术员	配合技术经理及工程专业做好相关管理工作。侧重方案、措施的编制，施工流程、经验的积累
质量员	负责工程质量的检查、质量管理工作
资料员	负责专业、劳务合同管理。项目往来函件、信息收集、整理、保存。项目资料编制、签认、归档管理。协助技术经理做好相关工作
安全员	负责施工过程的安全、消防、治安、环保的全面管理
预算员	项目成本预测、控制管理。期间费指标及日常支出管理。费用摊销及单项工程审计管理。协助经理做好工程款结算等其他工作
材料员	负责物资供应、控制的动态管理。主材成本控制，材料验收、发放、回收等环节的过程管理。并建立健全专业台账，资料齐全、账面清晰并和实物相符。兼管机动专业相关工作

3.2　施工方法和顺序

本工程的特点以及难点决定了钢结构安装施工方法及施工顺序，施工流程如图3.2所示。

3.3　工程进度计划

2015年12月10日进场施工，2015年12月25日开始正式吊装，2016年6月30日全部结束。施工进度计划如表3.3所示。

3.4　施工现场平面布置

3.4.1　施工平面布置图

由于本工程体积量大，施工场地大，为保证工程施工的顺利进行，合理地进行施工总平面布置并切实做好施工总平面管理工作是很重要的。

本工程钢结构进场前已具备“三通一平”条件，现场周围道路畅通，场内没有障碍物，施工现场较开阔，具备开工条件。经过现场的实际勘察，并根据招标文件中的建筑总平面图，我们首先将根据总包单位的场地使用和预留情况，再充分体现环保节能与人文相结合，真正做到以人为本，服务于人，将整个工程现场分区管理。

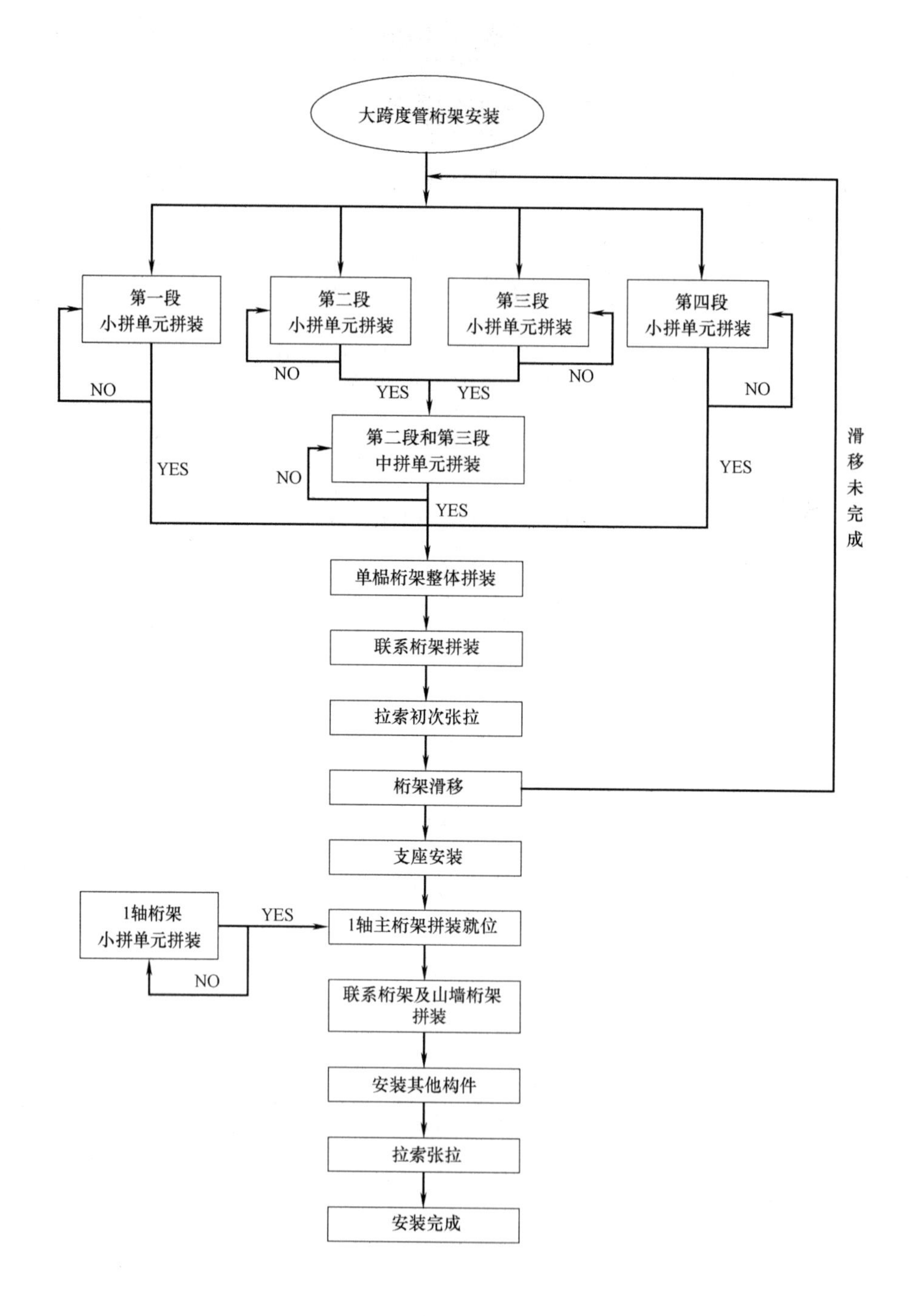

图 3.2　桁架安装流程图

根据本工程实际情况，现场环境，施工工序流程等要素，施工总平面布置及临时设施规划主要反映以下几点：拼装吊车布置及吊车行走路线、现场拼装场地布置及现场构件堆放场地布置、现场办公布置、现场用水、电的配置、现场设备及仓储等。

施工进度计划表　　　　**表 3.3**

施工进度计划

序号	项目名称	绝对工期																			
		12 月		1 月			2 月			3 月			4 月			5 月			6 月		
		10	20	30	40	50	60	70	80	90	100	110	120	130	140	180	190	200	210	220	230
1	现场准备	—																			
2	基础复测与处理	—																			
3	小拼单元拼装		—	—	—	—	—	—	—	—	—	—	—	—	—	—	—				
4	中拼单元拼装		—	—	—	—	—	—	—	—	—	—	—	—	—	—	—	—			
5	单榀整体拼装		—	—	—	—	—	—	—	—	—	—	—	—	—	—	—	—			
6	联系桁架拼装			—	—	—	—	—	—	—	—	—	—	—	—	—	—	—	—		
7	滑移施工				—	—	—	—	—	—	—	—	—	—	—	—	—	—	—		
8	支座安装																		—		
9	第 1 轴线桁架拼装																		—	—	
10	山墙桁架拼装																			—	
11	其他构件拼装																			—	—
12	检查验收																				—

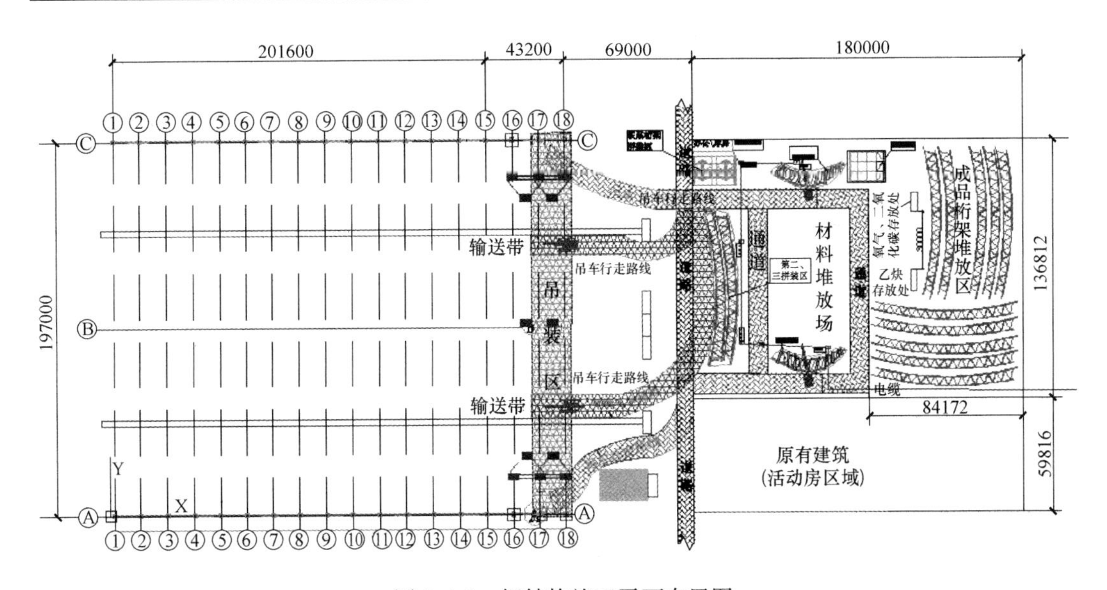

图 3.4-1　钢结构施工平面布置图

3.4.2　施工用地

施工用地计划表　　　　**表 3.4-1**

用　　途	面 积(m²)	位 置	需用时间
构件堆放场地	1500	施工现场	2015 年 12 月～2016 年 6 月
构件拼装场地	3000	施工现场	2015 年 12 月～2016 年 6 月
成品构件堆放场地	7500	施工现场	2015 年 12 月～2016 年 6 月
施工临建、仓库等	100	施工现场	2015 年 12 月～2016 年 6 月

3.5　施工机械设备及劳动力配置

3.5.1　各阶段机械设备投入计划

由于本工程施工周期非常紧迫，为了较好地满足施工需要，必须制定一套详细的机械设备及检验设备使用计划，且尽量采用比较先进的机械设备，以便为本工程能在较短的施工周期内高质量的完成创造必要的条件。

现场施工主要工具及机械设备表　表 3.5-1

序号	机械或设备名称	型号规格	数量	额定功率(kW)	单位	备注
1	260 吨履带吊	260	2	/	台	
2	150 吨履带吊	150	2		台	
3	25 吨汽车吊	QU25	6	/	台	
4	超声波探伤仪	EPOC1-Ⅲ-2300	1	/	台	
5	CO_2焊机	CPX-350	40	30	台	
6	电焊机	ZXE1-3×500/400	40	15	台	
7	碳弧气刨	ZX5-630	2	15	台	
8	空压机	DW-9/7	2	3.5	台	
9	焊条烘干箱	HY704-3	1	6	个	
10	2 吨手拉葫芦		40		个	
11	3 吨手拉葫芦		30		个	
12	5 吨葫芦		10		个	
13	20 吨葫芦		4		个	
14	Φ17.5 钢丝绳	6m	6		对	
15	Φ47.5 钢丝绳	16m	4		对	
16	卡环	14.0 型	8		个	
17	卡环	1.7 型	10		个	
18	千斤顶	QL100	10	100 吨	个	
19	全站仪		1		台	
20	水准仪		1		台	
21	经纬仪		2		台	

3.5.2　劳动力配置计划

现场安装阶段劳动力计划表　表 3.5-2

工种	按工程施工阶段投入劳动力情况　单位:人						
	12 月	1 月	2 月	3 月	4 月	5 月	6 月
勤杂	10	10	10	10	10	10	10
安全	3	3	3	3	3	3	3
质检	2	3	3	3	3	3	3

续表

工种	按工程施工阶段投入劳动力情况					单位：人	
	12 月	1 月	2 月	3 月	4 月	5 月	6 月
装配	30	40	40	40	40	10	10
焊接	30	40	40	40	40	20	20
打磨	6	6	6	6	6	6	6
起重	8	8	8	8	8	8	8
安装	12	24	24	36	36	36	36
涂装	2	2	2	2	2	2	2
小计	102	136	136	148	148	98	98

3.6　施工现场用电

主要用电设备一览表　　**表 3.6**

序号	设备名称	规格	功率×台数	合计功率	暂载率
1	CO_2 焊机	CPX-500	30kW×40	1200kW	60%
2	直流电焊机	ZXE1-500	15kW×40	600kW	60%
3	焊条烘干箱	YGCH-X-400	5kW×1	5kW	
4	照明设备	1000W	1kW×8	8kW	
5	角向砂轮机		0.55kW×10	5.5kW	
6	空气压缩机	W-0.9/7	7.5kW×2	15kW	
7	其他			20kW	

说明：

整个钢结构安装工程，根据上表所示主要用电设备，计算总负荷：

$$P_{计}=1.1(K_1\sum P_G+K_2\sum P_a+K_3\sum P_b)$$

式中　$P_{计}$——计算用电量（kW）；

1.1——用电不均匀系数；

$\sum P_G$——全部施工用电设备额定用量之和；

$\sum P_a$——室内照明设备额定用量之和；

$\sum P_b$——室外照明设备额定用量之和；

K_1——全部施工用电设备同时使用系数，总数 10 台以内时，$K_1=0.75$；10～30 台时，$K_1=0.7$；30 台以上时，$K_1=0.6$；

K_2——室内照明设备同时使用系数，取 $K_2=0.8$；

K_3——室外照明设备同时使用系数，取 $K_3=1.0$。

根据工程经验，该式可简化为：$P_{计}=1.24K_1\sum P_G$

$P_G=1200+600=1800$kW

$P_{计}=1.24\times0.6\times1800\approx1400$kW

3.7　吊装机械选用

桁架以杆件形式运输到工地现场进行拼装，拼装时杆件最大重量均小于 3.5t，故选择采用 25t 汽车吊作为桁架拼装的作业机械。选用 150t 履带吊用于桁架出胎、倒运及桁架二次拼装。选用 260t 履带吊进行吊装作业。吊车参数如表 3.7-1、表 3.7-2、表 3.7-3。

1）25t 汽车吊

25t 汽车吊起重性能表　　　　**表 3.7-1**

工作半径(m)	吊臂长度(m)						
	10.2	13.75	17.3	20.85	24.4	27.95	31.5
3	25	17.5					
3.5	20.6	17.5	12.2	9.5			
4	18	17.5	12.2	9.5			
4.5	16.3	15.3	12.2	9.5	7.5		
5	14.5	14.4	12.2	9.5	7.5		
5.5	13.5	13.2	12.2	9.5	7.5	7	
6	12.3	12.2	11.3	9.2	7.5	7	5.1
6.5	11.2	11	10.5	8.8	7.5	7	5.1
7	10.2	10	9.8	8.5	7.2	7	5.1
7.5	9.4	9.2	9.1	8.1	6.8	6.7	5.1
8	8.6	8.4	8.4	7.8	6.6	6.4	5.1
8.5	8	7.9	7.8	7.4	6.3	7.2	5
9		7.2	7	6.8	6	6.1	4.8
10		6	5.8	5.6	5.6	5.3	4.4
12		4	4.1	4.1	4.2	3.9	3.7
14			2.9	3	3.1	2.9	3
16				2.2	2.3	2.2	2.3
18				1.6	1.8	1.7	1.7
20					1.3	1.3	1.3
22					1	0.9	1
24						0.7	0.8
26						0.5	0.5
28							0.4
29							0.3
30							

2）150t履带吊

150型履带吊起重性能表 **表3.7-2**

工作幅度(m)	臂长19～82m										
	52.0m	55.0m	58.0m	61.0m	64.0m	67.0m	70.0m	73.0m	76.0m	79.0m	82.0m
5.0											
6.0											
7.0											
8.0											
9.0											
10.0											
12.0	48.0	47.6	42.2								
14.0	40.0	39.0	38.8	38.6	38.0	35.0	32.0				
16.0	33.8	33.6	33.4	33.2	33.0	30.0	28.0	26.9	25.0	21.5	20.1
18.0	30.0	29.8	29.6	29.2	28.8	28.0	27.2	26.2	24.2	21.4	19.5
20.0	26.0	25.7	25.5	25.3	25.0	24.8	24.3	23.7	23.2	20.6	18.8
22.0	23.4	23.2	23.0	22.0	21.8	21.5	21.3	20.9	20.4	19.9	18.1
24.0	20.6	20.4	20.0	19.5	19.3	19.1	19.0	18.5	18.1	17.6	16.8
26.0	18.0	17.7	17.6	17.4	17.1	16.9	16.8	16.6	16.2	15.7	15.2
28.0	16.6	16.4	16.2	16.0	15.8	15.5	15.0	15.0	14.6	14.1	13.7
30.0	15.7	15.5	15.3	15.0	14.0	13.6	13.4	13.2	13.2	12.8	12.4
32.0	14.0	13.6	13.3	13.0	12.6	12.2	12.0	12.0	12.0	11.7	11.2
34.0	13.2	13.0	12.6	12.0	11.6	11.1	11.0	11.0	11.0	10.7	10.3
36.0	11.5	11.2	11.0	10.8	10.5	10.2	10.0	10.0	10.0	9.8	9.4
38.0	10.4	10.1	9.9	9.6	9.4	9.2	9.1	9.0	9.0	9.0	8.6
40.0	9.8	9.6	9.4	8.9	8.7	8.6	8.5	8.5	8.4	8.3	8.0
42.0	9.4	8.8	8.6	8.2	8.0	7.9	7.7	7.7	7.7	7.6	7.4
44.0	8.8	8.0	7.7	7.4	7.3	7.3	7.1	7.1	7.1	6.9	6.8
46.0		7.4	7.2	7.0	6.9	6.9	6.7	6.6	6.5	6.2	6.1
48.0		7.0	6.8	6.6	6.4	6.4	6.4	6.2	6.0	5.8	5.4
50.0			6.5	6.2	6.0	5.9	5.9	5.6	5.3	5.0	4.9
52.0				6.0	5.5	5.4	5.3	5.0	4.7	4.5	4.3
54.0				5.7	5.3	5.0	4.8	4.6	4.3	4.0	3.8
56.0					5.0	4.5	4.4	4.1	3.8	3.5	3.4
58.0						4.1	4.0	3.8	3.4	3.1	2.9
60.0							3.6	3.2	3.0	2.7	2.5
62.0							3.3	3.0	2.6	2.4	2.2

3）260t履带吊

260型履带吊起重性能表　　表3.7-3

工作幅度(m)	臂长						
	54.0m	60.0m	66.0m	72.0m	78.0m	84.0m	87.0m
5							
6							
7							
8							
9							
10	92.7						
12	89.4	79.7	66.3	64.0	56		
14	73.9	72.1	66.3	64.0	54.2	44.6	38.5
16	62.7	61.2	59.7	58.2	52.7	42.5	36.5
18	54.2	52.8	51.5	50.3	49.0	41.0	35.5
20	47.5	46.3	45.1	44.0	42.8	39.3	34.2
22	41.8	41.0	39.9	38.9	37.8	36.8	32.9
24	37.0	36.3	35.6	34.6	33.7	32.7	31.5
26	33.0	32.4	31.7	31.1	30.2	29.2	28.8
28	29.7	19.1	28.4	27.8	27.1	26.3	25.8
30	26.9	26.2	25.6	24.9	24.8	23.6	23.3
32	24.4	23.8	23.1	22.5	21.8	21.2	20.9
34	22.3	21.7	21.0	10.4	19.7	19.1	18.7
36	18.8	19.8	19.2	18.5	17.9	17.2	16.9
38	17.4	18.2	17.5	16.9	16.2	15.6	15.2
40	16.1	16.7	16.1	15.4	14.7	14.1	13.7
42	14.9	15.4	14.7	14.1	13.4	12.8	12.4
44	13.8	14.2	13.5	12.9	12.2	11.6	11.2
46	12.8	13.1	12.5	11.8	11.1	10.5	10.2
48		12.2	11.5	10.8	10.2	9.5	9.2
50		11.3	10.6	9.9	9.3	8.8	8.3
52		10.4	9.8	9.1	8.4	7.9	7.6
54			9.0	8.3	7.7	7.2	6.9
56			8.3	7.6	7.1	6.6	6.3
58			7.7	7.1	6.5	6.0	5.7
60				6.5	6.0	5.4	5.2
62				6.0	5.5	4.9	4.7
64					5.0	4.5	4.2
66					4.6	4.0	3.7
68					4.1	3.6	3.3
70						3.2	2.9
72						2.9	2.6
74						2.5	
76							
倍率	7	6	5	5	4	4	3

3.8　吊装索具、卡环选用

1）主桁架吊装索具、卡环选择

索具选择 ϕ47.5 以上钢丝绳满足吊装要求，卡环选择 14.0 型。

2）其他构件吊装索具、卡环选择

索具选择 ϕ17.5 以上钢丝绳满足吊装要求。卡环选择 1.7 型。

计算书见附件。

4　施工方法

4.1　施工方法

本工程屋盖外形为弧形煤棚屋盖，为空间大跨度曲面结构，整个煤棚屋盖的长度、宽度都非常之大，由于现场场地条件限制，主桁架在现场进行原位整体拼装吊装无法实现，所以采用主桁架分段拼装、分段吊装、累积顶推滑移的施工方法。

4.2　现场分段拼装

4.2.1　主体钢结构现场拼装顺序

主体桁架结构采取分段现场拼装，主桁架拼装采取卧拼，搭设胎架拼装桁架。拼装工艺流程如图 4.2-1 所示。

4.2.2　主桁架拼装分段

根据本工程特点结合施工现场条件，主桁架采取分段依次拼装。

第 2～15 轴分为四段：第一段和第四段一次拼装完成；第二段和第三段在第一拼装场拼装完成后，倒运到二次拼装场进行二次组拼，拉索及拉索撑杆在二次拼装时绷紧，支撑胎架卸载之前（滑移前）进行初次张拉。

第 1 轴分为九段。

1 轴主桁架分段如图 4.2-2。

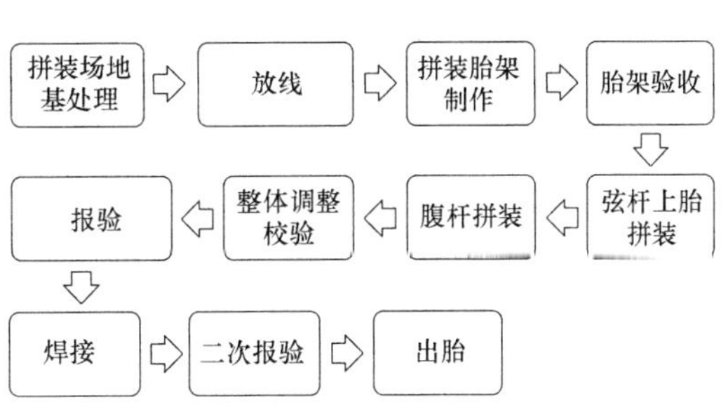

图 4.2-1　主桁架拼装工艺流程图

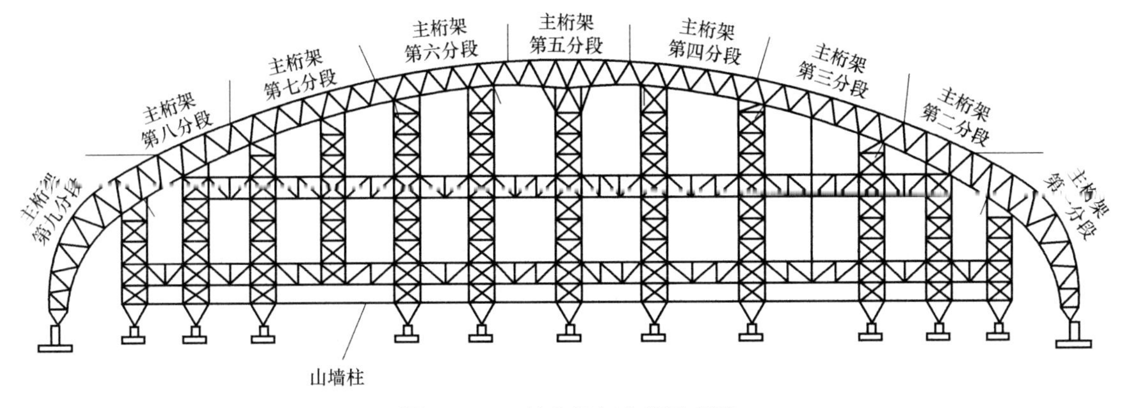

图 4.2-2　1 轴主桁架分段示意图

2～15 轴主桁架分段如图 4.2-3 所示。

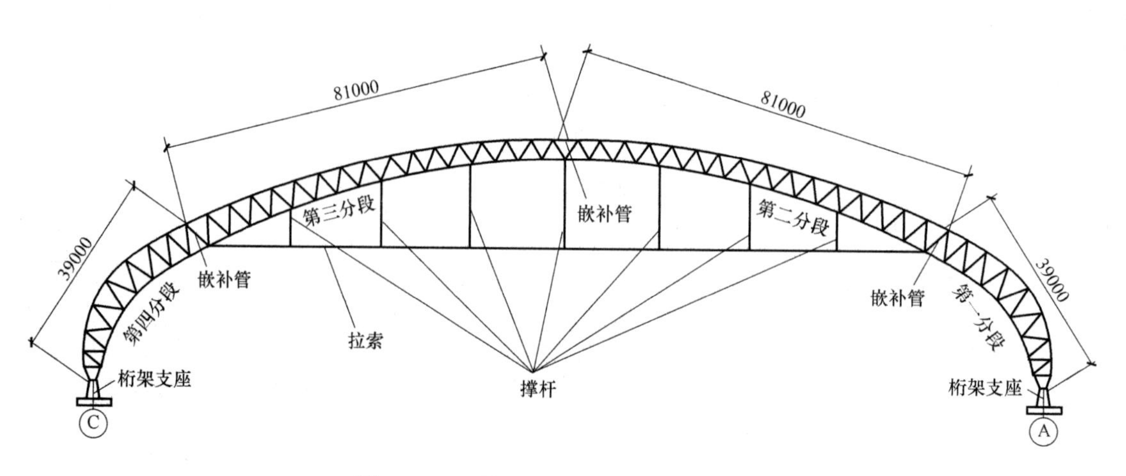

图 4.2-3　2 轴～15 轴主桁架分段示意图

主桁架分段构件明细见表 4.2。

主桁架分段构件明细表　　　　**表 4.2**

序号	桁架编号	分段号	重量(t)	长度(m)	总重(t)	备注
1	ZHJ-1	1	21	37	138	考虑节点重量，重量 1.1 系数
		2	10.5	23		
		3	19	32		
		4	10	24		
		5	17	28		
		6	10	24		
		7	19	32		
		8	10.5	23		
		9	21	37		
2	ZHJ-2	1	27	39	136	
		2	41	81		
		3	41	81		
		4	27	39		
3	ZHJ-3	1	29	39	144	
		2	43	81		
		3	43	81		
		4	29	39		
4	ZHJ-4	1	29	39	144	
		2	43	81		
		3	43	81		
		4	29	39		

续表

序号	桁架编号	分段号	重量(t)	长度(m)	总重(t)	备注
5	ZHJ-5	1	29	39	142	
		2	42	81		
		3	42	81		
		4	29	39		
6	ZHJ-6	1	29	39	142	
		2	42	81		
		3	42	81		
		4	29	39		
7	ZHJ-7	1	32	39	148	
		2	42	81		
		3	42	81		
		4	32	39		
8	ZHJ-8	1	32	39	148	
		2	42	81		
		3	42	81		
		4	32	39		
9	ZHJ-9	1	29	39	142	
		2	42	81		考虑节点重量,重量1.1系数
		3	42	81		
		4	29	39		
10	ZHJ-10	1	29	39	142	
		2	42	81		
		3	42	81		
		4	29	39		
11	ZHJ-11	1	29	39	142	
		2	42	81		
		3	42	81		
		4	29	39		
12	ZHJ-12	1	32	39	148	
		2	42	81		
		3	42	81		
		4	32	39		
13	ZHJ-13	1	32	39	148	
		2	42	81		
		3	42	81		
		4	32	39		

续表

序号	桁架编号	分段号	重量(t)	长度(m)	总重(t)	备注
14	ZHJ-14	1	29	39	142	考虑节点重量,重量1.1系数
		2	42	81		
		3	42	81		
		4	29	39		
15	ZHJ-15	1	29	39	142	
		2	42	81		
		3	42	81		
		4	29	39		

4.2.3　小拼单元拼装

小拼单元拼装根据现场拼装工艺进行拼装，拼装示意图如图 4.2-4、图 4.2-5 所示。

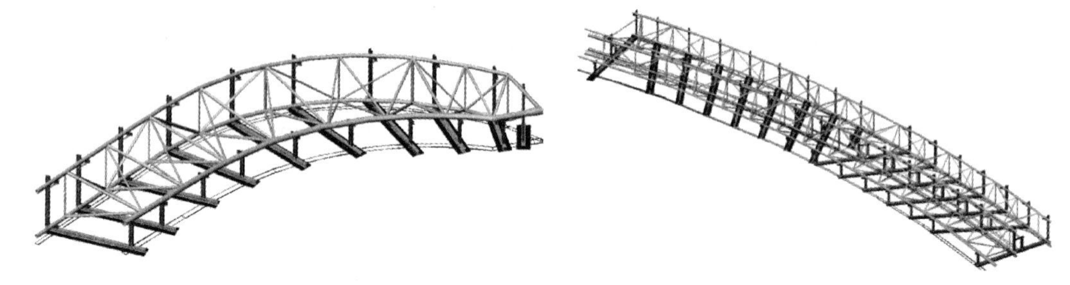

图 4.2-4　第一、第四小拼单元拼装示意图　　图 4.2-5　第二、第三小拼单元拼装示意图

4.2.4　中拼单元拼装

由于钢结构施工期间，必须保证电厂生产运营，主桁架二次拼装需跨越传输带，因此二次拼装胎架设置必须保证主桁架二次拼装完成后，拉索高度高于传输带，且保证传输带正常工作所需的足够空间，如图 4.2-6 所示。

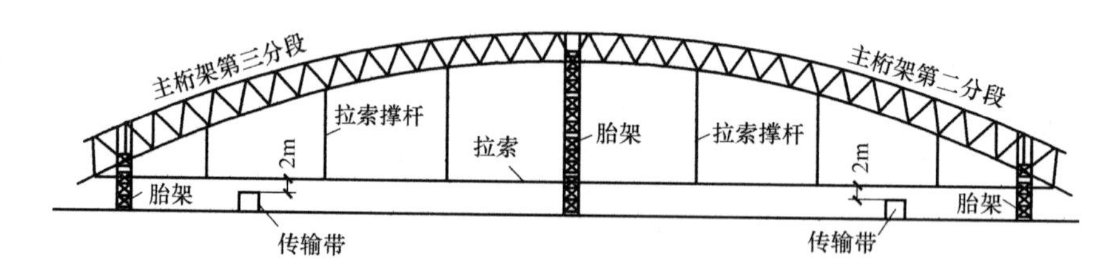

图 4.2-6　主桁架二次拼装立面示意图

临时支撑架采用两个为一组的格构架，间距 1.8m，避免临时支撑架与拉索安装冲突，地面铺设路基板，临时支撑架立于路基板上。单个截面为 2m×2m，步高 1.8m，立杆采用 $\phi159\times6$ 钢管，腹杆采用 $\phi114\times5$ 钢管。如图 4.2-7、图 4.2-8 所示。

临时支撑胎架揽风固定措施

每个单独的临时支撑胎架顶部设 4 根缆风绳，缆风绳采用 $\phi16$ 钢丝绳。底部固定在路基箱上，如图 4.2-9 所示。

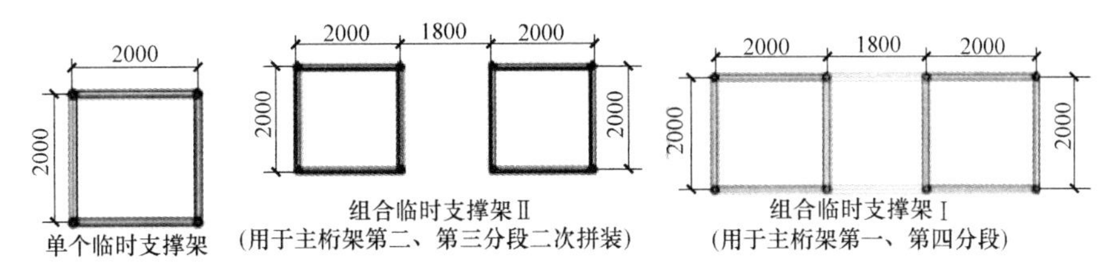

图 4.2-7　平面示意图

图 4.2-8　支撑胎架轴测示意图

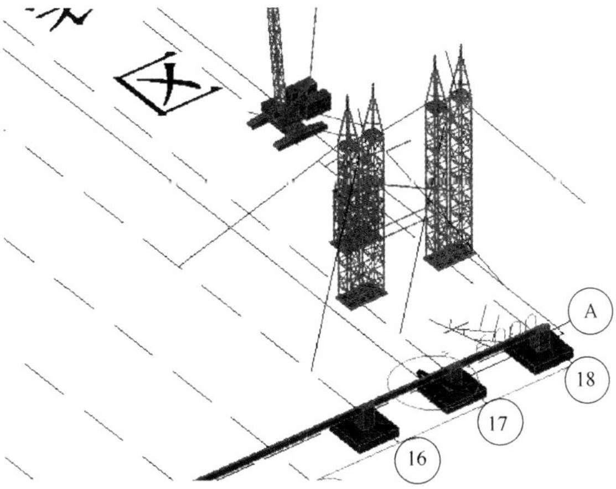

图 4.2-9　缆风绳设置示意图

主桁架中拼单元拼装工艺流程如下：

1）主桁架第二、第三段二次拼装胎架制作及设置

2）中拼单元拼装

中拼单元拼装采用 260t 履带吊吊装到位，吊机臂长 72m，作业半径 14m，起吊重量 45t，小于 64t 的吊机参数，满足要求。

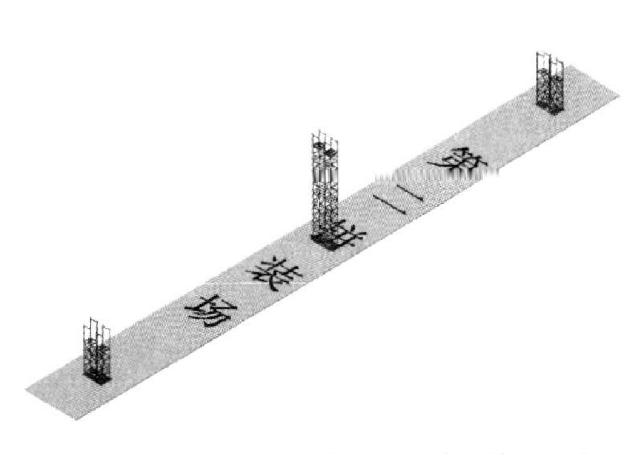

图 4.2-10　主桁架中拼单元拼装胎架轴测示意图

主桁架第三段二次拼装上胎和第二段进行对口、校正、焊接，同时嵌补杆件安装、焊接。第二、第三分段胎上组装焊接完毕后，焊接安装拉索撑杆、撑杆及拉索绷紧。拉索、撑杆等安装完毕后，中拼装完成，然后进行验收、出胎。如图 4.2-11、4.2-12 所示。

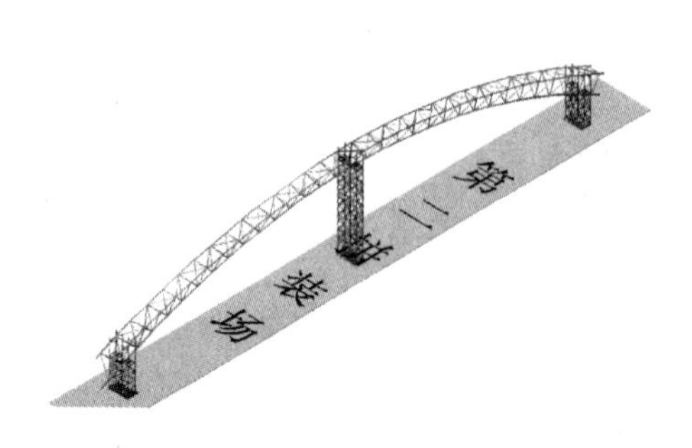

图 4.2-11　第二、第三段拼装示意图

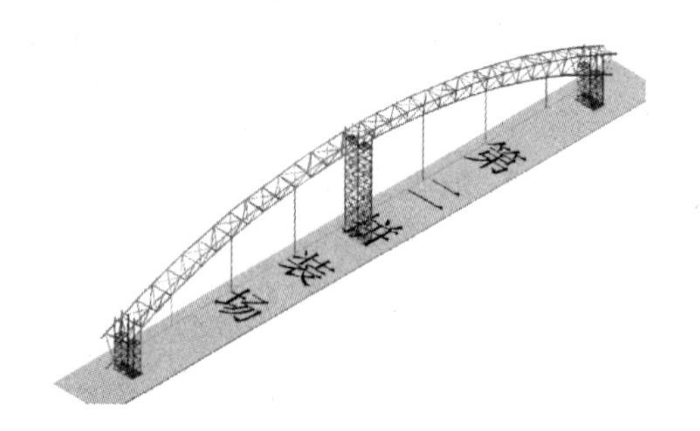

图 4.2-12　二次拼装完成示意图

4.3　现场安装施工

4.3.1　安装施工部署

根据现场的客观施工条件，采用在建筑物的东面设置高空拼装场地，采取累积滑移的施工方法，由 15 轴向 1 轴滑移。

2-15 轴主桁架采用累积滑移施工；1 轴主桁架、1-2 轴间次桁架；东西山墙根据抗风柱的位置利用汽车吊或者履带吊分段吊装。安装分区示意图如图 4.3-1 所示。

4.3.2　吊装施工

1）吊装吊点选取

桁架吊装吊点选择在桁架上弦，每个吊次选择至少 4 个吊点，吊点选择在上弦节点处，在吊装时，吊钩保证在吊装构件质心正上方，采取钢丝绳捆绑式吊装，如图 4.3-2～图 4.3-4 所示。

2）主桁架吊装

2 轴第二段和第三段中拼单元拼装完成后，吊装第一段和第四段至支撑胎架就位，然后吊装第二段和第三段拼装单元至支撑胎架就位与第一段和第四段拼装。

同理，吊装 3 轴第二段和第三段上胎拼装，然后吊装第一段和第四段至支撑胎架就位，然后吊装第二段和第三段拼装单元至支撑胎架就位与第一段和第四段拼装。

两轴线桁架在胎架上拼装完毕后，进行联系桁架安装。

同理，拼装 4 轴桁架，并进行桁架安装。联系桁架安装完毕后进行首段桁架滑移单元滑移。选用 260t 履带吊、150t 履带吊、25t 汽车吊配合吊装 2 轴至 3 轴之间联系桁架、撑杆等次构件，焊接。

2 轴至 4 轴主桁架的临时支撑架卸载，支撑卸载之前钢索预先张拉 360kN 预拉力；将 2 轴至 4 轴主桁架及之间次构件组成第一滑移单元，由西向东滑移 28.8m（三条轴线间距）。

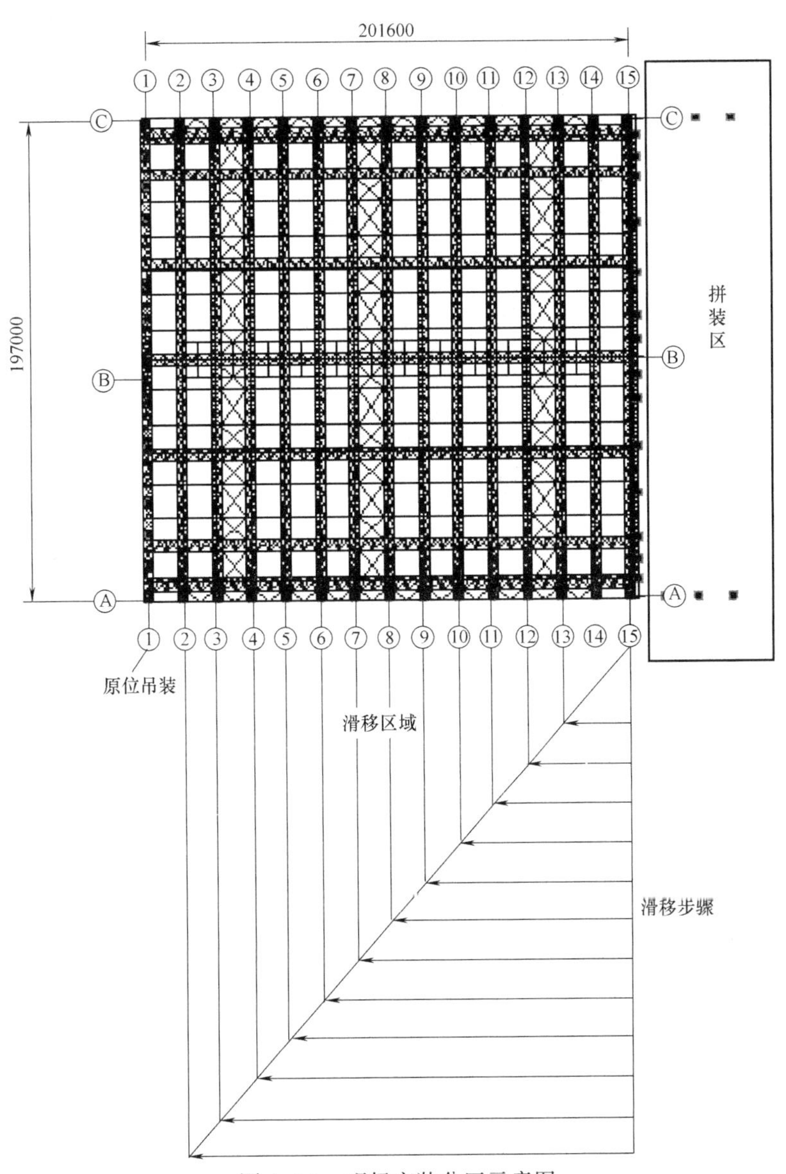

图 4.3-1　现场安装分区示意图

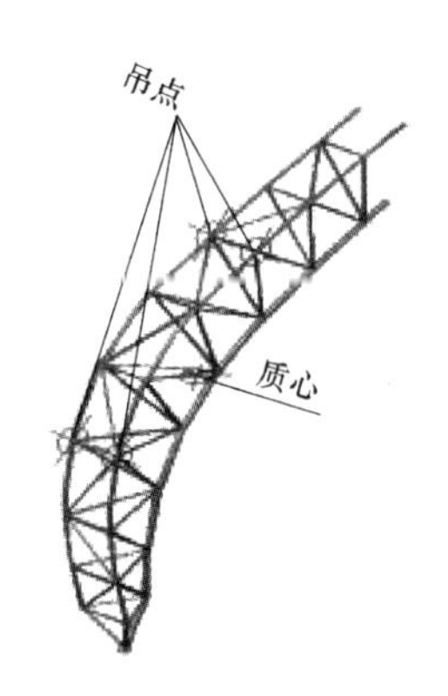

图 4.3-2　第一、第四分段吊点

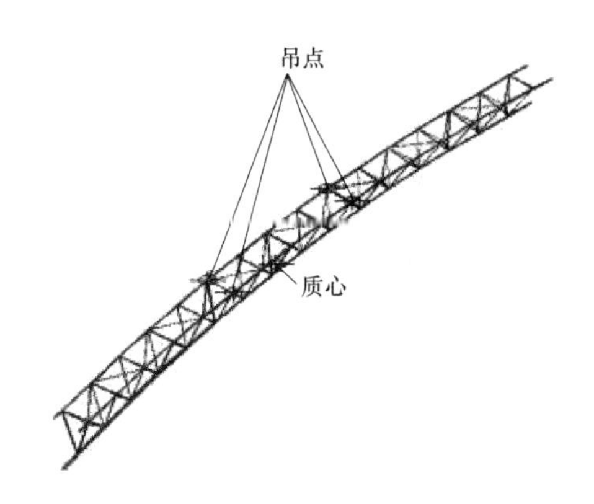

图 4.3-3　第二、第三分段吊点

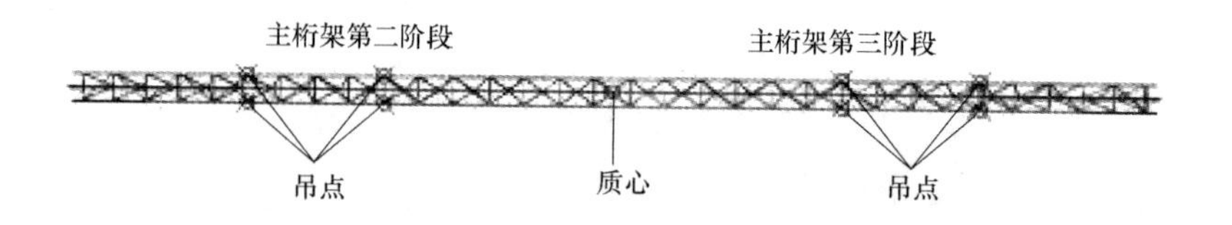

图 4.3-4　主桁架第二、第三分段组合单元双机抬吊吊点

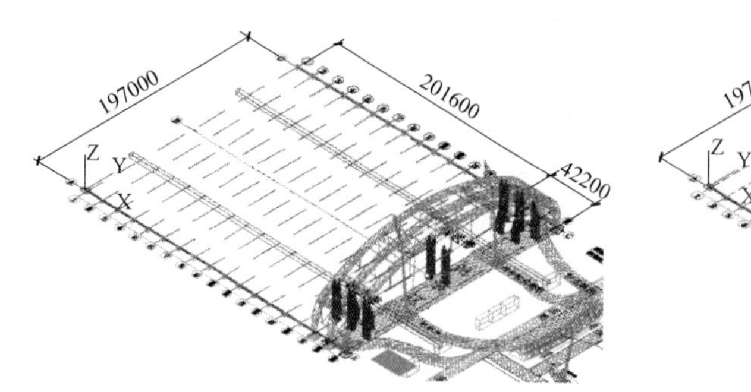

图 4.3-5　首段两榀桁架安装完

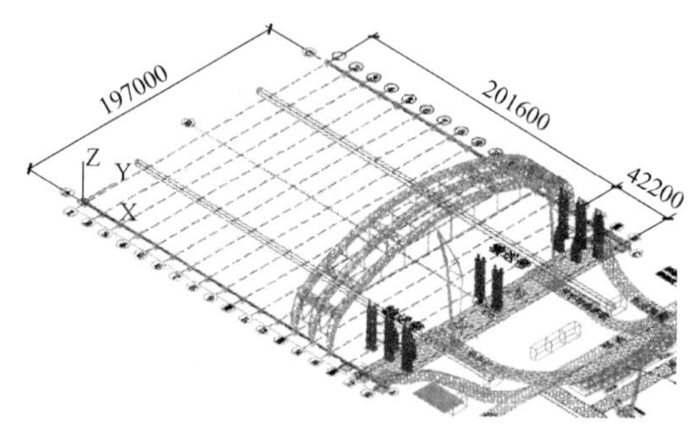

图 4.3-6　首段滑移单元滑移

按照以上安装方法，依次安装第 5 轴至第 15 轴。

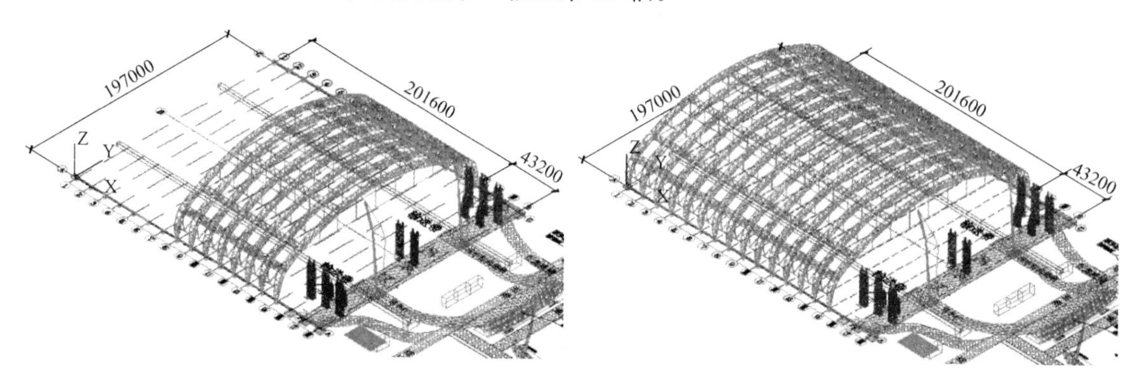

图 4.3-7　第 8 轴桁架安装

图 4.3-8　第 15 轴桁架安装完

第 15 轴主桁架安装完毕后，进行最后一次滑移施工，滑移到位后进行支座安装。

主桁架支座安装就位后，进行拉索张拉，拉索分二次张拉至 100%，一次张拉至 70%，二次张拉至 100%。

4.3.3　滑移施工

1）滑移施工部署

按照桁架结构布置特点及滑移施工工艺的要求，桁架滑移施工拟采取“累积滑移”的施工工艺，在桁架延伸轴线 17、18 轴线位置设置拼装平台，滑移方向为 18 轴线向 1 轴线滑移。最先开始拼装 2-4 轴桁架，利用“液压同步顶推滑移”系统将 2-15 轴桁架结构拼装成整体并累积整体滑移到设计位置。按照滑移工艺，共累计滑移 14 榀桁架，1 轴线桁架在原位吊装，14榀桁架总重量约2824t，滑移总量约3249t。

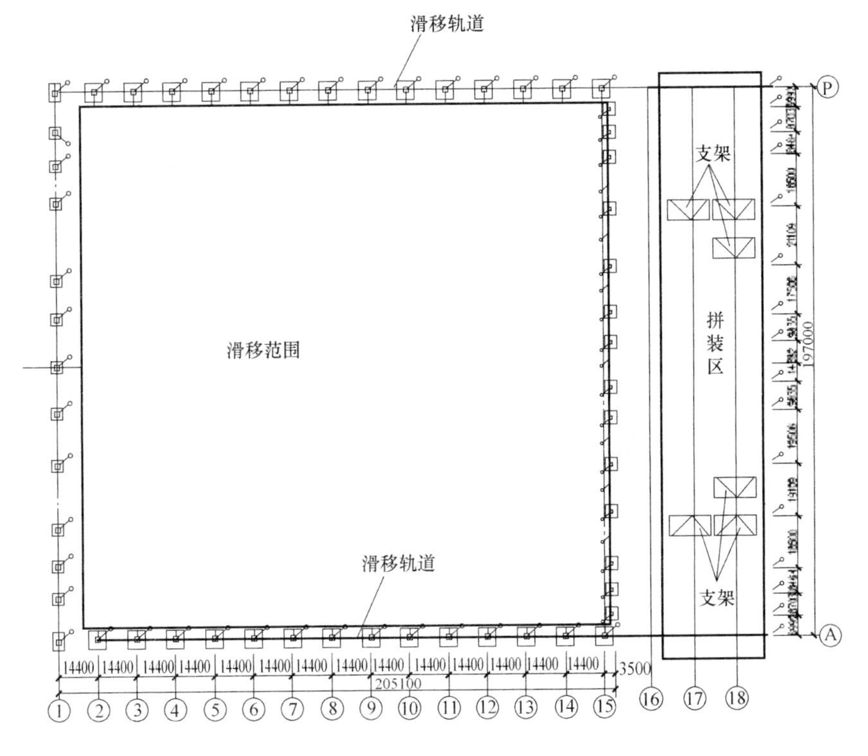

图4.3-9 滑移施工平面布置图

2）液压顶推系统配置

液压顶推滑移系统主要由液压顶推器、液压泵源系统、传感检测及计算机同步控制系统组成。液压顶推滑移系统的配置本着安全性、符合性和实用性的原则进行。

本工程选用的液压顶推器的型号YS-PJ-50型，额定顶推力为50t。

在滑移过程中，顶推器所施加的推力和所有滑靴和滑轨间的摩擦力F达到平衡。摩擦力F=滑靴在结构自重作用下竖向反力×1.2×0.15（滑靴与滑轨之间的摩擦系数为0.13～0.15，偏安全考虑取摩擦系数为0.15，1.2为摩擦力的不均匀系数）。

支座反力如图4.3-10所示。

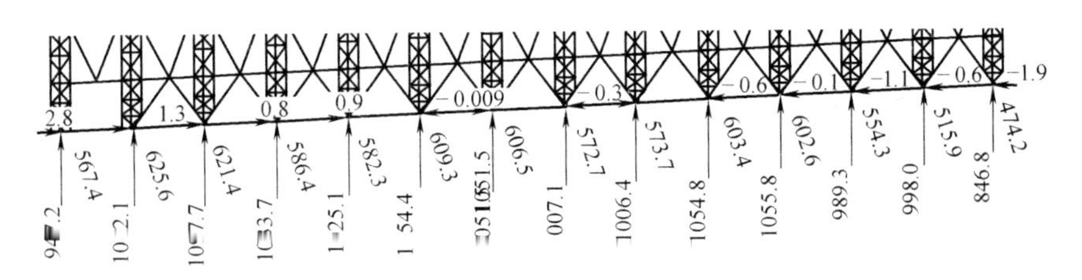

图4.3-10 支座反力示意图

根据设计提供的数据，煤棚桁架总重约为2824.1t，因支座有角度，所以整个滑移区域滑移总重约3248.7t，则滑移过程中总的摩擦力大小为：

T=3248.7×1.2×0.15=585t。

根据以上计算，煤棚桁架的总顶推力大小为585t。本工程中煤棚结构滑移施工共设置 14 个顶推点，每个顶推点布置 1 台 YS-PJ-50 型液压顶推器，在每条轨道上平均布置。单台 YS-PJ-50 型液压顶推器的额定顶推驱动力为 50t，则顶推点的总顶推力设计值，能够满足滑移施工的要求。

鉴于安全考虑，另备 2 台顶推器备用，本次滑移共 16 台顶推器。

4.3.4 滑移施工重点技术措施

1）拼装平台

为保证桁架合理拼装，现在结构 17、18 轴设置拼装平台。

2）滑移轨道及顶推点布置

桁架结构滑移施工共设置 2 组通长滑移轨道，分别设置于结构的 A 线和 P 线。整个桁架设为 1 个区域，共设置 14 个顶推点，每个顶推点设置 1 台 YS-PJ-50 型液压顶推器，共计 14 台液压顶推器。滑移轨道及顶推点布置如图 4.3-11 所示。

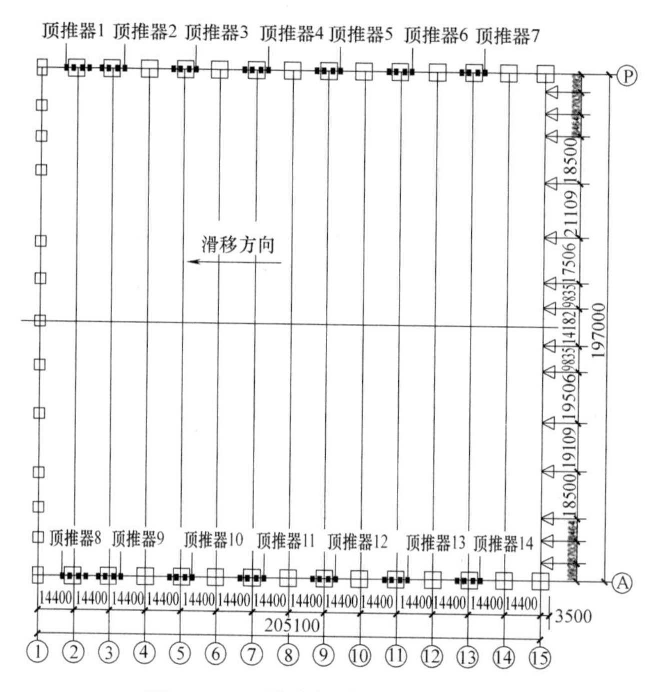

图 4.3-11 滑移轨道及顶推点布置图

3）滑移主要临时措施

桁架结构滑移时需设置滑移临时措施，滑移临时措施主要包括滑道结构等。滑道结构由 16a 槽钢、侧向挡块、滑块组成。

4）滑移轨道设计

滑移轨道结构在煤棚桁架结构滑移过程中，起到承重、导向作用。

滑移轨道中心线与支座中心线重合。轨道由 16a 槽钢及侧挡块组成。16a 槽钢与预埋件焊接固定，滑移过程中起到承重及导向作用。侧挡块规格为 20×40×150mm（材质 Q235B），焊接在 16a 槽钢翼缘两侧，起到抵抗滑移支座推力以及水平力作用。滑道每隔 450mm 设置埋板，侧挡块与滑移梁及埋板焊接连接。侧挡块焊缝采用双面角焊缝，焊脚高度不小于 10mm。

滑道、侧挡块如图 4.3-13 所示。

5）顶推节点设计

6）水平限位措施

水平滑移过程中，应严格防止出现“卡轨”和“啃轨”现象的发生。在滑道和滑移支座设计时，应充分考虑预防措施。将滑移支座前端（滑移方向）设计为“雪橇”式，并将其两侧制作成带一定弧度的型式。通过以上设计，可以有效防止滑移支座因滑道不平整卡住—“啃轨”的情况出现。滑块采用规格为－70×100×800mm 的钢板（材质 Q345B），与临时底座通焊接连接。滑块和轨道间加黄油进行润滑。

钢滑块的具体尺寸如图 4.3-15 所示。

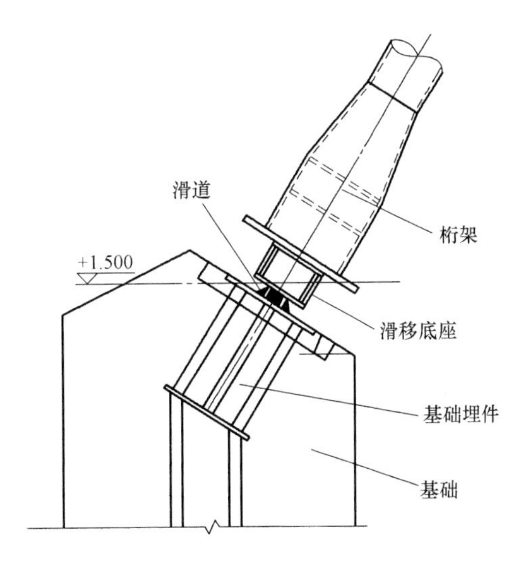

图 4.3-12　桁架滑移临时措施立面图

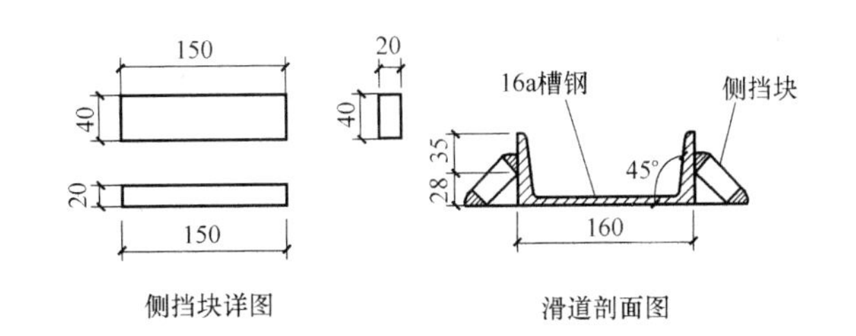

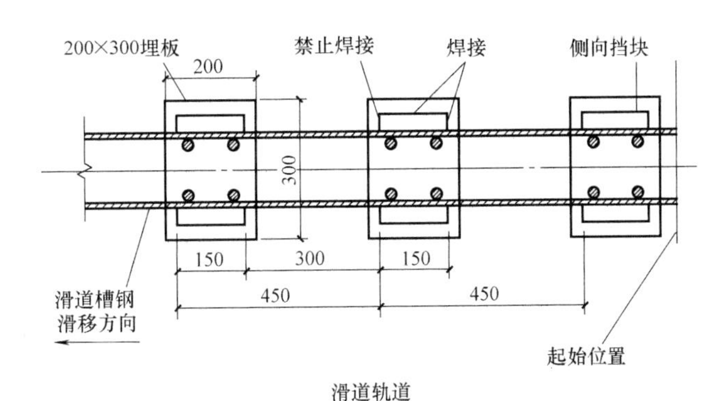

图 4.3-13　滑移轨道示意图

支座反力如表 4.3-1 所示。

支座反力　　**表 4.3-1**

	Z(kN)	Y(kN)	Z′(kN)	Y′(kN)
轴线 2	935.5	564.5	1091.7	44.9
轴线 3	1089.7	626.8	1254.7	78.0
轴线 4	1120.5	621.3	1277.3	99.6
轴线 5	1044.5	587.3	1195.2	86.0
轴线 6	1028.2	583.2	1179.3	80.5
轴线 7	1057.6	610.2	1218.8	74.1

续表

	Z(kN)	Y(kN)	Z′(kN)	Y′(kN)
轴线 8	1054.2	607.3	1214.3	74.7
轴线 9	1007.2	573.4	1156.4	77.1
轴线 10	1008.3	574.2	1157.8	77.0
轴线 11	1056.5	603.1	1213.9	79.5
轴线 12	1057.7	600.6	1213.5	82.2
轴线 13	982.7	543.7	1119.6	88.3
轴线 14	851.7	488.3	979.8	62.3
轴线 A 合力	13294.3	7583.9	15272.4	1004.2
合力	26588.6	15167.8	30544.8	

注：Z′为支座斜面的法向反力，Y′为平行于支座斜面的反力。

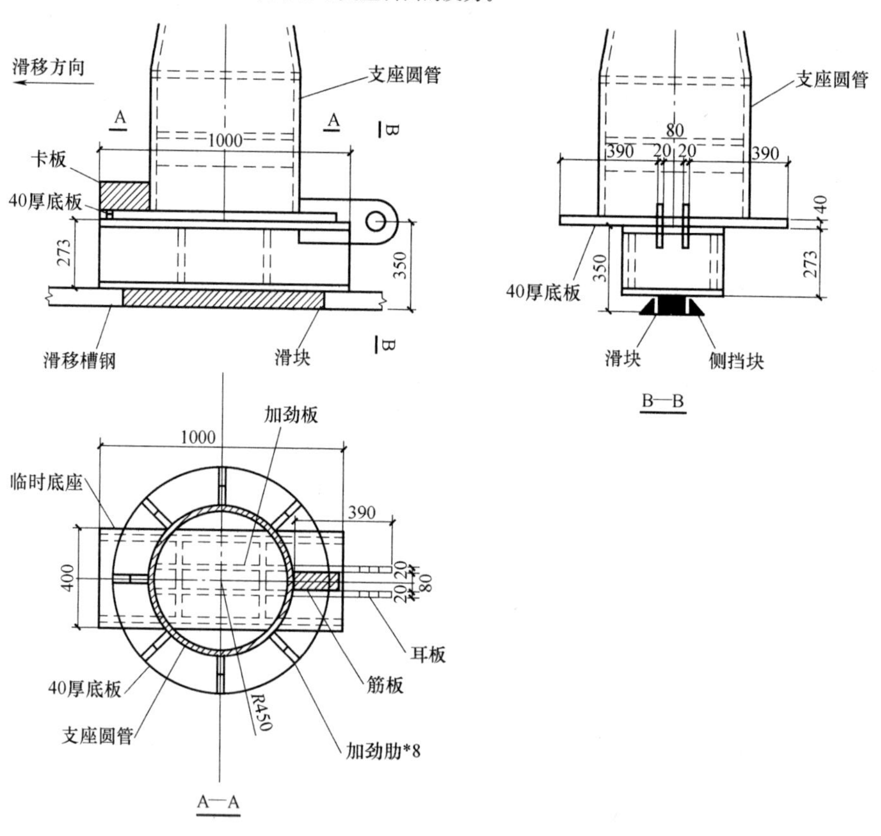

图 4.3-14 顶推节点详图

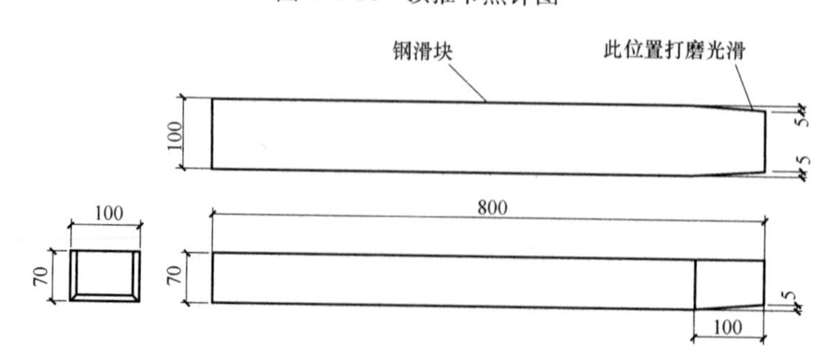

图 4.3-15 钢滑块示意图

从上述表中可查明，Y′方向反力最大值 99.6kN＜1277.3×0.2＝255.46kN，小于Y′方向滑动所需要的力。

7）桁架间联系

在两榀桁架之间设置横拉杆，规格：H200×200×8×12，材质：Q345B，共计24根H型钢。

8）拉索力控制

索力控制如表4.3-2所示。

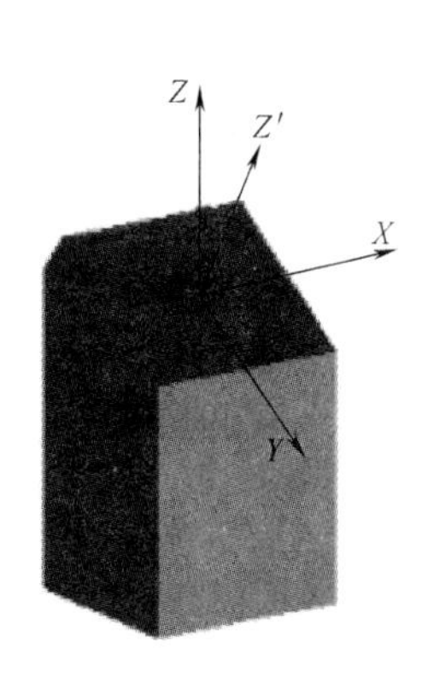

图4.3-16 支座反力示意图

4.3.5 滑移临时措施安装注意事项

1）滑移轨道安装要求

本工程中为保证滑道内表面的与混凝土支座斜面保证角度一致，减少滑移过程中的阻碍、降低滑动摩擦系数，滑道在铺设时，应做到：

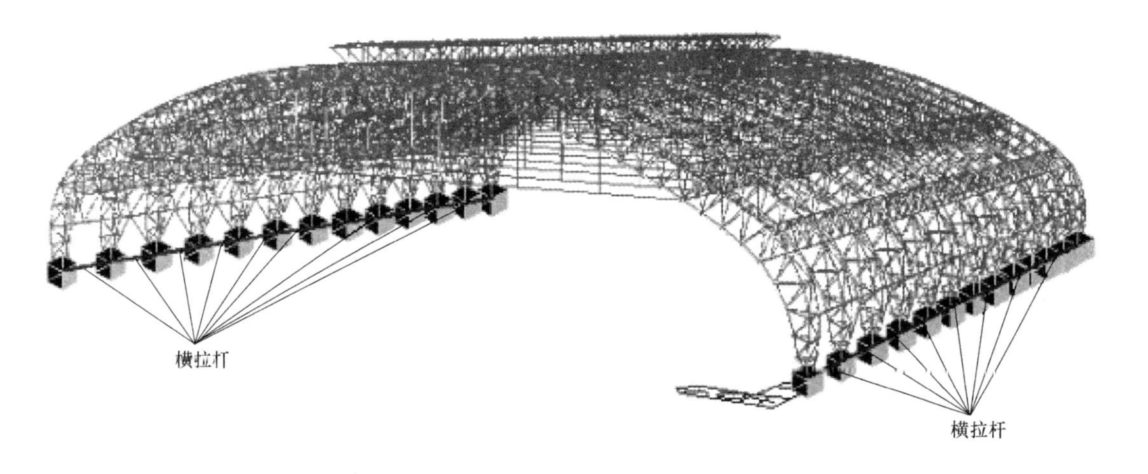

图4.3-17 桁架间联系示意图

拉索力控制表　　表4.3-2

	桁架索力			
桁架状态	2、3单元整体吊装时	滑移前	支座安装完毕后	
张拉次序	—	初次张拉	一次张拉	二次张拉
张拉索力	0	400kN	680kN	910kN

（1）槽钢轨道面通过二次灌浆找平；

（2）槽钢拼接位置应保证其平整度，不得存在高差；

（3）滑移梁中心线与滑移中心线偏移应控制在±10mm以内；

（4）钢滑块及滑移梁上表面应在滑移之前应涂抹黄油润滑。

2）滑道侧挡块的安装要求

滑道侧挡块起着直接抵抗顶推反力及滑移精度控制的作用，因此在安装过程中应注意以下几个方面：

（1）为保证滑道侧挡块与顶推支座之间有足够的接触面，滑道侧挡板的设置形式应严格按照图纸设计型式安装；

（2）滑道侧挡块与滑移梁的焊缝高度应满足设计要求，以满足抵抗顶推反力的使用要求；

（3）所有滑移梁上的侧挡块的起始安装位置应在同一轴线位置处，并在每条轴线位置处重新设置起始点，以减小安装累积误差，满足滑移同步性的要求；

（4）同一滑移梁两侧的侧挡块安装误差应小于1mm，相邻滑道侧挡块的间距误差应小于3mm；

（5）侧挡块前方（滑移前进方向）严禁焊接。

3）支座转换过程中水平限位措施

在进行支座转换时，桁架结构处于悬浮状态，失去与支座处水平分力平衡的摩擦力，故在支座外侧设置挡板作为限位抵消支座处水平分力。

4.3.6　支座安装

钢结构滑移到位后，需进行支座转换就位，将滑移底座转换成结构永久支座。

1）支座安装方法

在拱脚位置焊接转换工装，采用H型钢焊接在拱脚处，作为千斤顶的反力支撑点。选用100t液压千斤顶，每个拱脚处设置二个，同时在二榀桁架处设置，使用千斤顶将桁架顶起，桁架底座高度高于支座安装高度5mm后，放置结构用支座。依次循环进行全部桁架的支座转换就位。

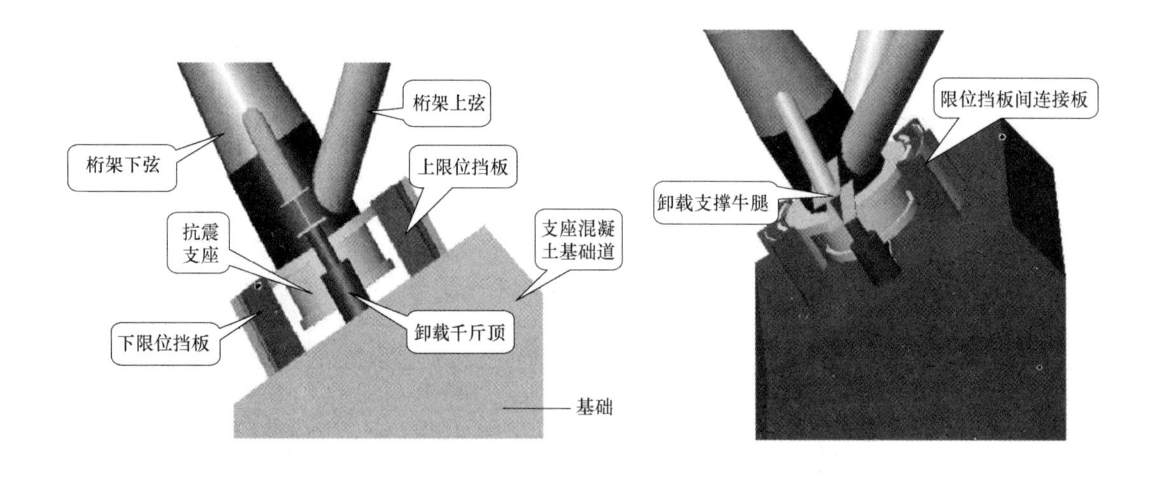

图4.3-18　支座转换就位示意图

2）支座安装施工流程

滑移施工完毕后，进行支座安装，支座安装施工流程如图4.3-19。

3）支座安装过程中及完成后检查项目

（1）桁架变形检查，桁架是钢管桁架的主要受力部件，确保桁架的受力安全，在支座检查后立即对桁架进行检查。

A. 通过检查确认有无构件局部变形情况，挠度是否超标；

B. 每榀桁架设4个控制点观测结构位移变形情况；

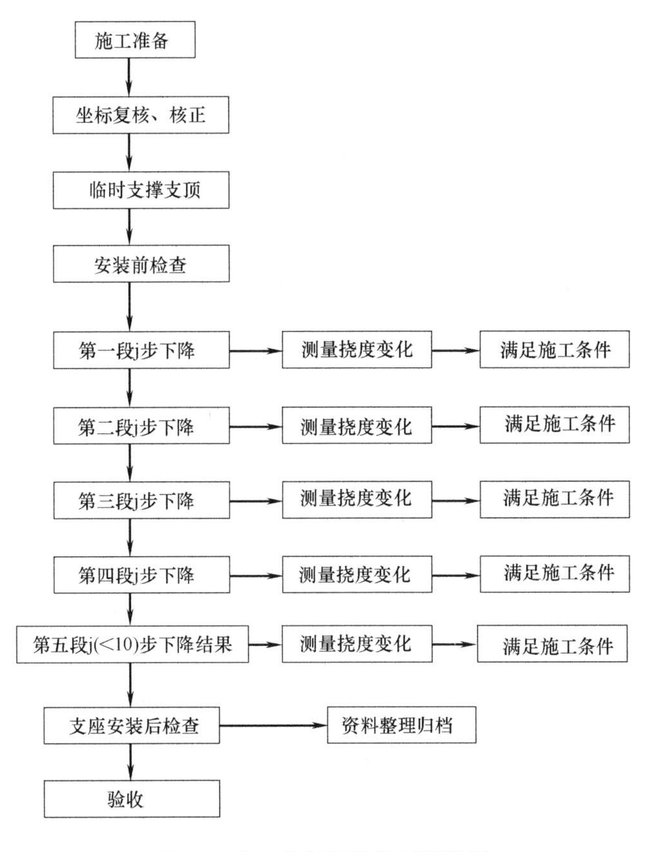

图4.3-19　支座安装施工流程图

C. 检查焊缝受力情况等。

(2) 桁架结构变形检查项目：

A. 各焊接节点焊缝受力后情况检查；

B. 各焊接节点坐标变化检查；

C. 支座安装施工验收经监理甲方签字。

4.3.7　施工检测

在一些关键位置放置应变片检测装置，对构件变形进行检测，并对索力进行监测。施工过程中，实时监测构件变形情况，保证施工安全。

5　施工安全管理

我公司将严格按照创建文明安全工地的标准和要求；执行有关建筑施工现场管理规定进行安全生产管理，坚决按照规定执行。进场后根据OHSMS18000《职业卫生安全管理体系标准》、《建筑施工安全检查标准》JGJ 59—2011、本企业《环境和职业安全卫生管理手册》的要求管理现场，建立现场安全管理体系，制定安全生产责任制及其相应的措施，确保安全生产目标的实现。

5.1　安全管理组织机构

安全管理组织机构如图 5.1-1。

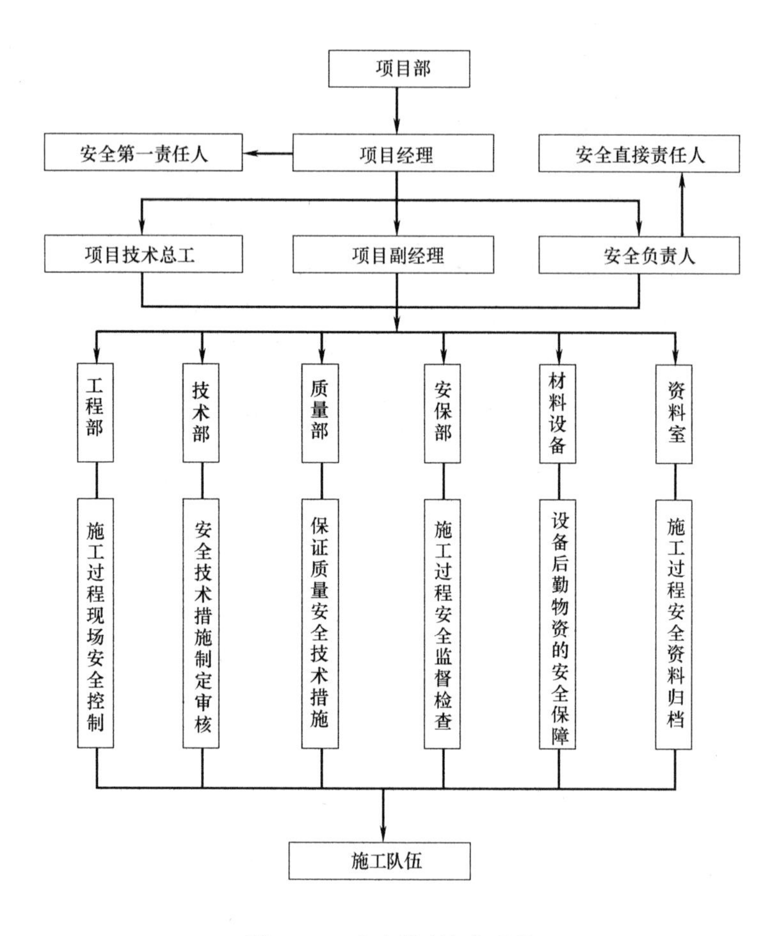

图 5.1-1　安全管理组织机构

5.2　安全生产管理措施及目标

5.2.1　安全教育及培训

安全教育和培训是施工企业安全生产管理的一个重要组成部分，它包括对新进场的工人实行上岗前的三级安全教育、变换工种时进行的安全教育、特种作业人员上岗培训、继续教育等，通过教育培训，使所有参建人员掌握“不伤害自己、不伤害别人、不被别人伤害”的安全防范能力。

安全教育培训的内容包括《建筑施工安全检查标准》、《专业工种安全要求》。建筑施工安全小常识、用电安全知识、应急救援、特种作业人员的上岗培训等。

5.2.2　安全技术交底

根据施工组织设计中规定的工艺流程和施工方法，编写针对性、可操作性的分部（分项）安全技术交底，形成书面材料，由交底人与被交底人双方履行签字手续。

5.2.3　安全文明施工目标

安全文明施工目标　　表5.2

方针	“安全第一，预防为主，综合治理”“安全为了生产，生产必须安全”
管理方法	全面实行“预控管理”，从思想上重视，行动上支持，控制和减少伤亡事故的发生
安全目标	1. 杜绝重大伤亡事故，轻伤事故发生率控制在3‰以内。 2. 杜绝任何火灾事故的发生，将火灾事故次数控制为零。 3. 安全隐患整改率100%
承诺	本工程确保“安全文明施工工地”

5.3　施工安全注意事项

5.3.1　现场拼装施工安全注意事项

（1）施工用起重机械应证件齐全且在有效期内，需进行检查验收的设备应经质量、安全监督管理部门检查合格并取得相关证书后方可用于施工作业；

（2）施工机械、设备等机具使用前应检查，合格后方可使用；

（3）起重、焊接、探伤等特种作业人员必须取得相应职业资格证书并在有效期内，施工前经考核合格方可参与施工作业；

（4）施工前应对施工人员进行安全技术交底并签字确认；

（5）正确佩戴安全帽，穿安全劳保鞋；带电操作必须戴绝缘手套；

（6）2m以上高空作业必须用安全带，且必须系在固定物上。安全带必须高挂低用；

（7）严禁酒后作业；

（8）女工作业时长发必须盘入安全帽内；

（9）拼装作业前，应检查胎架情况，符合要求方可进行拼装；

（10）拼装高处作业时，工具应装入工具袋中，随用随取；

（11）拼装高处作业时，拆下的小件材料应及时清理到地面，不得随意往下抛掷。

（12）焊、割作业不准在油漆、稀释剂等易燃易爆物上方作业；

（13）高处焊接作业，下方应设专人监护，中间应有防护隔板；

（14）进入施工现场作业区特别是在易燃易爆物周围，严禁吸烟；

（15）严禁违章用电，违章使用电焊机；

（16）吊装危险区域应划为警示区域，用警示绳围护；

（17）吊装危险区域，必须有专人监护，非施工人员不得进入危险区；

（18）严禁人员站、坐在任何起吊物上；

（19）严禁违章操作吊机；

（20）严禁吊装时在吊物下面区域行走或停留。

5.3.2　滑移施工安全注意事项

（1）滑移施工前，应仔细检查滑移设备状态，发现问题及时处理；

（2）滑移施工前，应检查滑移轨道各项指标是否满足滑移要求，满足要求方可进行滑移施工；

（3）滑移施工前，应检查和确认滑移部分桁架已经全部焊接完成且合格，并且各项指标符合图纸和工艺要求；

（4）滑移施工前，应对施工人员进行安全技术交底并签字确认；

（5）施工人员应取得相应职业资格证书并在有效期内；施工前经考核合格方可参与施工；

（6）施工人员必须清楚施工内容，熟练掌握施工方法以及相应的安全技术措施；

（7）滑移施工前，应对设备及检测装置进行试运行检查，运转良好方可施工；

（8）滑移施工过程中，必须随时观察设备运行状态，出现异常情况及时停机检查，排除故障后方可继续滑移施工；

（9）滑移施工过程中，应密切注意桁架变形情况，出现异常情况及时停机处理；

（10）滑移到预定位置时，检查桁架变形情况，发现问题及时处理。

5.3.3　支座安装施工安全注意事项

（1）必须在现场总指挥统一指挥下协同操作，用哨音或步话机传输口令，操作工人应服从指挥；

（2）必须按刻度尺/刻度线来控制每次下降值；

（3）在规定的时间缓缓完成，不得过快或过慢；

（4）执行每段卸载后检查制度，千斤顶受力情况，检查结构变形情况特别是焊接点和横向直腹杆变形情况，检测控制构件变形情况；

（5）严格执行现场卸载过程检查、报告机制。操作工有责任注意所负责临时支撑点及邻近结构构件的观察和检查，异常情况并上报现场总指挥；各分区负责人必须在现场并观察责任区域，及时发现安全隐患并报告，在总指挥的领导下根据现场情况，按照施工方案解决；

（6）严格执行突发事件应急处理机制。项目部主要负责人必须全过程在场，发现问题要及时处理；

（7）对所有千斤顶进行质量检查，确保千斤顶能正常使用；

（8）所有操作人员必须经安全教育并熟悉施工方案和步骤，身体健康，经考核合格的人员，方可参加施工作业；

（9）召开安全交底会议，进行安全技术交底，对交底内容的签字确认；

（10）支座安装施工前，对临时支撑下的操作平台进行检查，检查架体搭设、安全设施，确保满足施工要求；

（11）服从总指挥（部）统一指挥，对参加支座安装施工的人员、机具、安装条件检查无误后，方可开始进行施工；

（12）安装时执行每步检查制度，每步完成后，进行全面检查，符合要求后方可进行下一步操作；

（13）必须执行同步卸载的原则，在规定的时间内，对应刻度范围内，在统一的指挥下，同步缓慢进行卸载，同时达到规定刻度值；

（14）必须实行卸载过程测量控制的原则，通过卸载前测量和卸载过程中的测量，计算出下降值，再与设计起拱值比较，采取有针对性的措施；

（15）密切注意胎架、支撑架、千斤顶及垫块的受力情况，必要时，采取加固措施；

（16）密切注意结构变形情况，必要时可在一些关键位置放置应变片，进行结构变形情况观测。一旦发现异常要立即停止卸载，采取相应处理措施后，经指挥部同意后方可继续卸载。

6　季节性施工措施

结合本工程的工期计划安排，现场钢结构安装施工处于冬季施工阶段。

6.1　冬季施工措施

本工程在冬季开始施工（11月20日—5月30日），正处于北方地区冬季（11月20日—3月30日）和大风季节（3月30日—5月30日）。当地最低气温－30°。如何在30m～50m高，对截面5m×5m的桁架进行200m跨度范围的焊前预热、焊后保温。这是现场工作非常大的困难和挑战。

为按期保质保量地完成本工程的施工任务，利用尽可能的时间和采取相应措施创造条件进行施工，特制订了本施工防护措施：搭设地面工棚、高空封闭操作间，采用气体、电加热技术对焊接杆件加热，严格执行焊接操作规程，焊条烘焙、焊条保温、工件保温切实落实到实处。在既有的UT探伤基础上，增加渗透探伤检查，确保冬季焊接可靠实施。

6.2　雨季施工措施

（1）雨季施工应注意用电安全，电气设备接地应良好，电气保护装置应按要求配置齐全，严禁违章用电，防止触电。

（2）雨季施工，电气设备应配备防雨措施，防止设备损坏或引发触电事故。

（3）雷雨天气应设置防雷措施，防止雷击事件发生。

（4）雷雨天气禁止室外露天作业，如焊接、吊装等。

（5）焊接施工前应将焊口周边积水、雨水等清除干净，干燥后方可焊接。

7　应急预案

7.1　安全应急预案

根据《安全生产法》的规定，为了保护企业从业人员在生产经营活动中的健康和安全，保证企业在出现生产安全事故时，能够及时进行应急救援，最大限度地降低生产安全事故给企业和个人所造成的损失，并针对本工程实际特点，特制定本预案。

7.1.1　生产安全事故应急救援组织机构

组　长：1名　　项目经理：＊＊＊　　联系电话：＊＊＊＊＊＊

副组长：2名　　项目副经理：＊＊＊　　联系电话：＊＊＊＊＊＊

　　　　　　　　项目副经理：＊＊＊　　联系电话：＊＊＊＊＊＊

组　员：5人（项目部管理人员）

姓名：＊＊＊　　联系电话：＊＊＊＊＊＊＊　等

7.1.2　生产安全事故应急救援部门职责

组长职责：负责对突发吊装运输事故应急处置的指挥和部署工作，负责人员、机械的调配工作。

副组长职责：执行组长的指示精神并将指示精神传达到参加救援的所有人员，负责现场应急处置的指挥和组织工作。

组员职责：服从组长、副组长的指挥，积极配合有关部门开展救援工作，并做好自己职责范围内的救援工作。

7.1.3　现场运输事故应急预案的类型

1）交通事故的应急预案

车辆在道路上行驶发生交通事故时，驾驶员应在第一时间内向交管部门报警。报警电话：122。

驾驶员要积极抢救伤者并注意保护事故现场。急救电话：999、120。

及时向应急救援组长通报事故情况。

项目部经理应及时将事故情况向公司安全应急领导小组组长汇报。并及时赶赴事故现场，负责处理事故。

公司安全应急领导小组组长组织指挥应急领导小组，调配人员、设备开展事故救援处置工作。安全员负责与交通管理部门的联系和事故的处置工作，技术员负责抢救伤者和事故现场的处置工作，项目部副经理负责车辆的抢修和处置工作，公司的其他人员随时听从调遣参加应急处置工作。

公司安全应急领导小组组长应指派专人向总包负责人通报情况。

2）运输车辆在道路行驶中发生机械故障的应急预案

运输车辆在道路行驶中发生机械故障时应立即停车，遵照中华人民共和国交通法的有关规定：机动车在道路上发生故障，需要停车排除故障时，驾驶人应当立即开启危险报警闪光灯，将机动车移至不妨碍交通的地方停放；难以移动的，应当持续开启危险报警闪光灯，并在来车方向设置警告标志等措施扩大示警距离，必要时迅速报警。

驾驶员要及时向公司主管部门报告。

公司主管部门要及时赶赴现场进行处理，并立即组织调配有关人员及机械设备进行抢修。

7.1.4　工作程序

1）人员准备

成立领导小组，配备机务负责人、安全负责人、修理负责人和专业抢修人员，并明确各自的职责。

2）物资准备

配备一辆重型牵引车及相关绳索，加强对应急车辆装备的保养和维护，并保持应急设备经常处于良好状态，保障随时可以投入使用。

保证在夜间报警电话能够正常使用畅通。

3）建立通信联络表。

事故发生后报告程序：

驾驶员—安全员—组长—总包负责人。

处理事故工作程序：

组长—副组长—安全员—机务—抢修。

4）应急响应

当交通事故或机械故障发生时，当事人应立即报警、报告。发生交通事故时采取措施积极抢救伤者，保护事故现场。发生机械故障时采取措施将车辆移至路边，避免发生二次交通事故。

公司道路运输车辆事故应急领导小组接到报告后，及时调配相关人员及机械设备投入救援工作。

5）事后的处理

公司道路运输车辆事故应急领导小组要组织相关部门人员，对事故进行分析、调查，对事故责任人做出初步的处理报告，向公司领导汇报事故情况及对事故责任人处理意见。

7.1.5　安全生产预案实施要求

（1）各部门必须认真了解，明确有关人员职责。

（2）本预案内容根据施工现场的实际情况制定，贯穿整个施工过程。

（3）如发生火警、坍塌、高坠、触电、机械伤害等事故，应立即拨打119、110、120、999等报警电话，并及时将伤者送往距离施工所在地最近的医院进行救治。

（4）根据情况需要随时征调一切车辆进行救援，在最短的时间内将伤员送到临近医院进行救治。

（5）公示现场安全值班人员表，注明值班电话以及各部门负责人电话。

7.2　现场设备故障应急预案

7.2.1　液压顶推器故障

本工程滑移过程中主要存在液压顶推器漏油的故障，出现故障后的具体应急措施如下：

（1）立即关闭所有阀门，切断油路，暂停滑移；

（2）专业人员对漏油设备的漏油位置进行全面检查；

（3）根据检查结果采取更换垫圈、阀门等配件；

（4）必要时更换油缸等主体结构；

（5）检修完成后，恢复系统，进行系统调试；

（6）调试完成后，继续滑移。

7.2.2　泵站故障

泵站作为滑移系统的动力源，由液压泵和电气系统两部分组成，主要故障表现为停止工作、漏油以及电机出现故障后的应急措施如下：

（1）当泵站停止工作时，检查电源是否正常；

（2）检查泵站各个阀门的开闭情况，确保全部阀门处于开启状态；

（3）检查智能控制器是否正常；

（4）泵站出现漏油时，关闭所有阀门，停止滑移；

（5）迅速检查确认漏油的部位；

（6）更换漏油部位的垫圈；

（7）电机出现故障时，专业人员立即检查电机的电源是否正常；

（8）检查电机的线路是否正常；

(9) 故障排除后，恢复系统，进行系统调试；

(10) 调试完成后，继续滑移。

7.2.3 油管损坏

油管的损坏主要包括运输过程中的损坏和滑移过程中损坏，具体应急措施如下：

(1) 油管运输到现场后，立即检查油管有无破损、接头位置是否完好，发现问题后，立即与车间联系更换；

(2) 滑移过程中油管爆裂时，立即关闭爆裂油管的阀门；

(3) 关闭所有阀门，暂停滑移；

(4) 更换爆裂位置的油管，并确认连接正常；

(5) 检查其他位置油管的连接部位是否可靠；

(6) 故障排除后，恢复系统，进行系统调试；

(7) 调试完成后，继续滑移。

7.2.4 控制系统故障

滑移使用的电气系统稳定性高，出现故障现场即可维修，具体应急措施如下：

(1) 关闭所有阀门，停止滑移作业；

(2) 无法自动关闭阀门时，立即采取手动方式停止；

(3) 检测电气系统；

(4) 对于一般故障，可进行简单维修即可排除；

(5) 无法维修时时，更换控制系统相应组件；

(6) 故障排除后，恢复系统，进行系统调试。

7.2.5 传感器无信号

传感器无信号时检查传感器感应面到锚板的距离是否过小。如调整后传感器仍无信号，则更换相应的传感器。

7.3 意外事故应急预案

施工人员熟悉施工程序的同时，技术交底、安全检查和必要的安全设施也是相当重要的。焊接、切割施工部位放置防火设施，对施工人员教授必备的紧急救护措施。如遇紧急事故及时报警，并通报业主进行紧急处理。

7.4 防雨和防风应急预案

从设备安装施工开始，应及时获取天气消息，要对施工现场天气状况做详细的了解。在构件滑移前夕，要和当地气象部门保持联系，最早获得最近至少十天内的天气状况，若施工周期内有强风，提前做好防范工作，做好设备、构件必要的固定保护。

8 计　算　书

8.1 吊装索具、卡环选取

根据主桁架分段明细表及吊装工况。主桁架第一、第四分段最大重量为 32t，吊次最大重量为第二、第三分段组合单元，重量86t，联系桁架、支撑、天窗最大重量约为5t。因此索具、卡环选择分两类，第一为主桁架吊装；第二为联系桁架、支撑、天窗吊装。

1）主桁架吊装索具、卡环选择

选择吊次重量最大的主桁架第二、第三分段组合单元进行分析。吊点为8个，重量86t。选择ϕ47.5钢丝绳，8个吊点，吊装夹角取45°，安全系数取6，查阅相关资料可知，68/6=11.33t>86/8=10.75t，因此选择ϕ47.5以上钢丝绳满足要求。卡环选择14.0，查表可得：使用荷载为14t>86/6=11.33t，满足要求。

2）联系桁架、支撑、天窗吊装用吊装索具、卡环选择

选择联系桁架最大重量5t，选择ϕ17.5钢丝绳，4个吊点，吊装夹角取45°，安全系数取6，查阅相关资料可知，8.7/6=1.45t>5/4=1.25t，选择ϕ17.5以上钢丝绳满足吊装要求。卡环选择1.7型，查表可知：使用荷载为1.75t>5/4=1.25t，满足要求。

8.2　临时支撑架验算

8.2.1　临时支架1验算

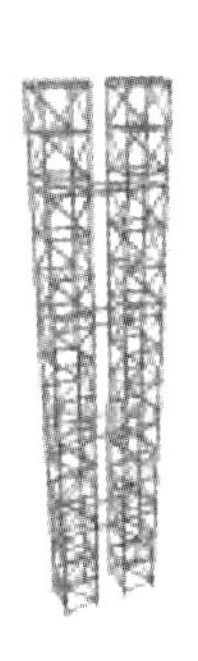

图8.2-1　临时支架1模型

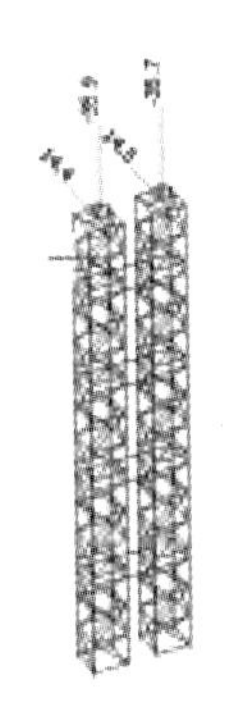

图8.2-2　临时支架1计算模型

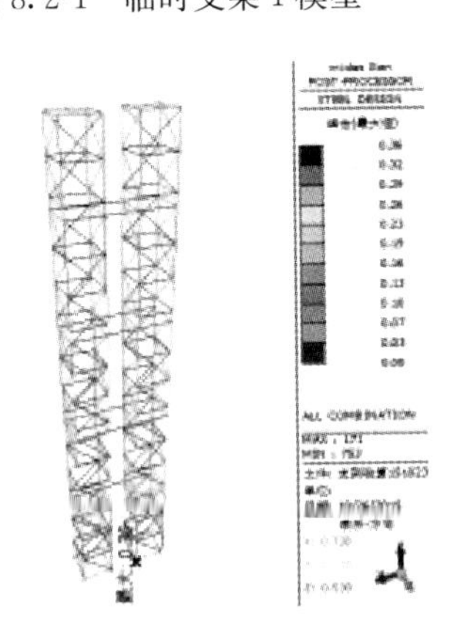

图8.2-3　结构应力比分布图

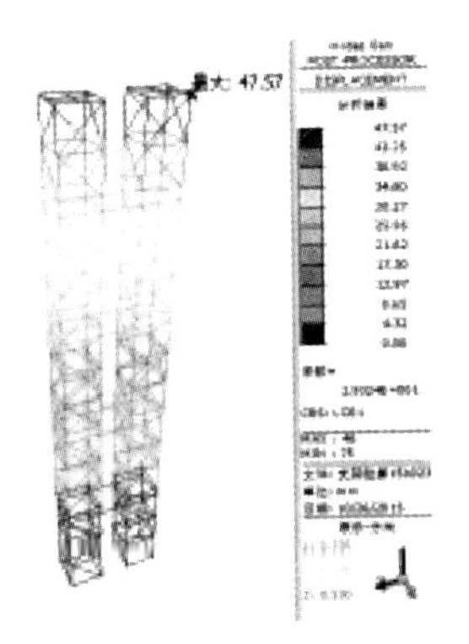

图8.2-4　结构综合变形分布图

应力比分布结果：杆件结构的最大应力比为0.36，应力比均小于1，结构满足规范要求。

变形分布结果：结构最大变形为47.57mm。

8.2.2　临时支架 2 验算

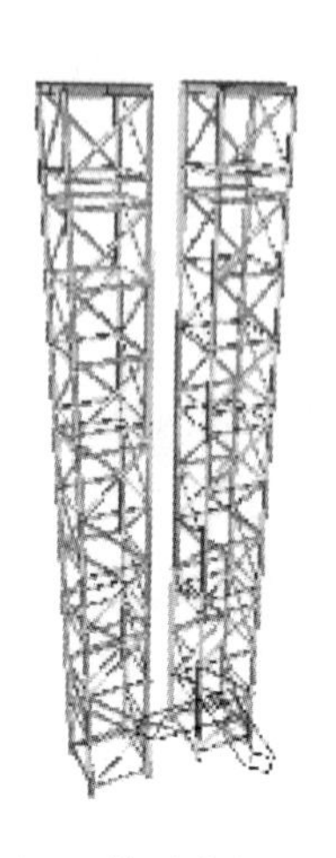

图 8.2-5　临时支架 2 模型

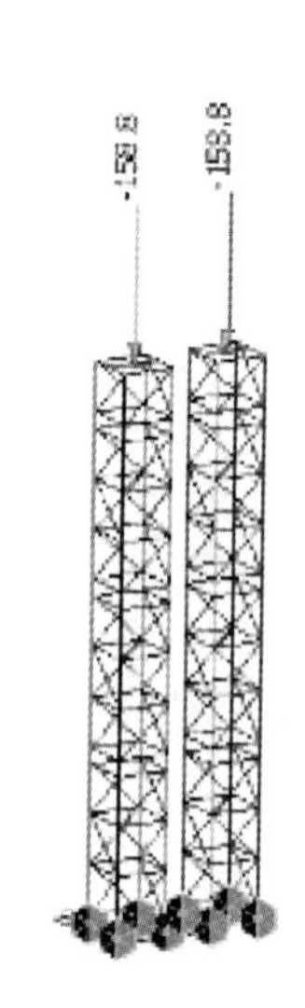

图 8.2-6　临时支架 2 计算模型

验算方法同 8.2.1，经计算，应力比分布结果：杆件结构的最大应力比为 0.65，应力比均小于 1，结构满足规范要求。

经计算，变形分布结果：结构最大变形为 4.34mm。

8.2.3　屈曲分析

经计算，最小屈曲因子为 69.25>1，满足规范要求。计算过程在此省略。

8.3　滑移有限元分析

本次工程钢结构采用液压累积滑移，本次计算仅包括被滑移结构的应力、变形等受力状况。

本滑移过程采用 Midas GEN V836 有限元程序仿真分析。模型中标准荷载组合：1.0D+1.0L；基本荷载组合：1.4D+1.4L，其中 D 为被滑移结构构件自重。计算模型如下：

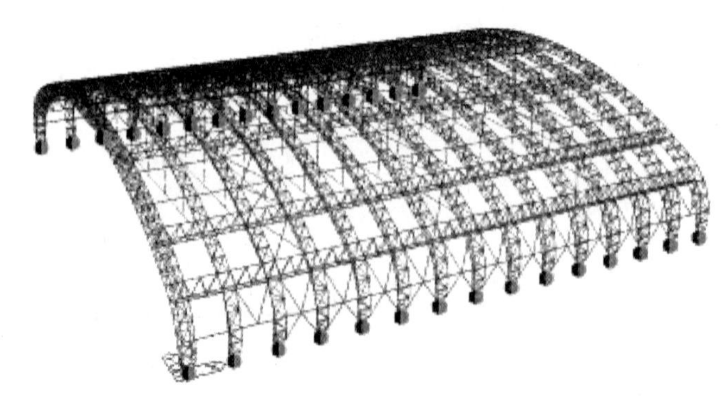

图 8.3-1　桁架三维模型

8.4 吊装最不利工况分析

本工程吊装最不利工况为：1. 主桁架第二、第三分段组合单元吊装（重量大，就位高）；2. 跨中联系桁架、天窗吊装檩条等（就位高度最高，吊装半径最大）。

8.4.1 主桁架第二、第三分段组合单元吊装

主桁架第二、第三分段组合单元吊装重量最大86t，吊装半径14m，就位最大高度51.8m，选用2台260t履带吊进行抬吊，主臂长72m，抬吊考虑0.8系数，查260t履带吊性能参数可知，此工况下2台260t抬吊起重重量为2×64×0.8=102.4t>86t，就位时主臂离主桁架最近距离2.5m，满足吊装要求，如图8.4-1、图8.4-2所示。

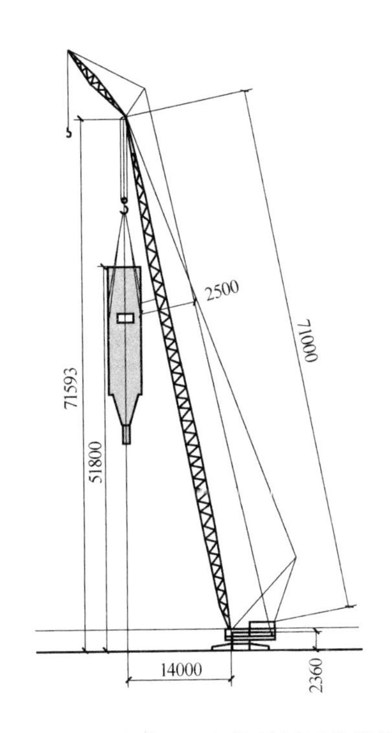

图8.4-1 组合单元双机抬吊平面投影示意图

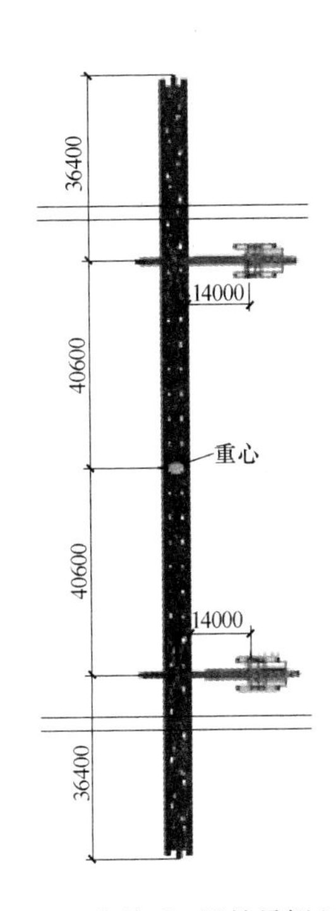

图8.4-2 组合单元双机抬吊侧立面示意图

8.4.2 跨中联系桁架、天窗吊装

跨中联系桁架、天窗、檩条吊装，单吊最大重量小于6t，选用260t履带吊，72m主臂，12m附臂，附臂与主臂夹角30°，就位最大高度56m，吊装半径22m，就位时主臂与天窗（檩条）最近距离1.2m。查260t履带吊性能参数可知，在此工况下起重量为27t，远大于吊装构件重量6t，完全满足吊装要求。如图8.4-3、图8.4-4所示。

8.5 吊装验算

吊装验算分3种类型进行验算：

（1）桁架Ⅰ吊装验算，即2轴、5轴、6轴、9轴、10轴、11轴、14轴、15轴轴桁架吊装验算桁架；

（2）桁架Ⅱ吊装验算，即3轴、4轴、7轴、8轴、12轴、13轴桁架吊装验算；

（3）桁架Ⅲ吊装验算，即1轴桁架吊装验算。

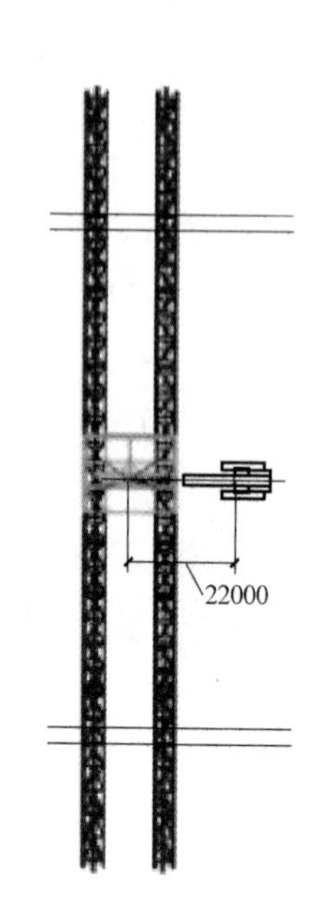

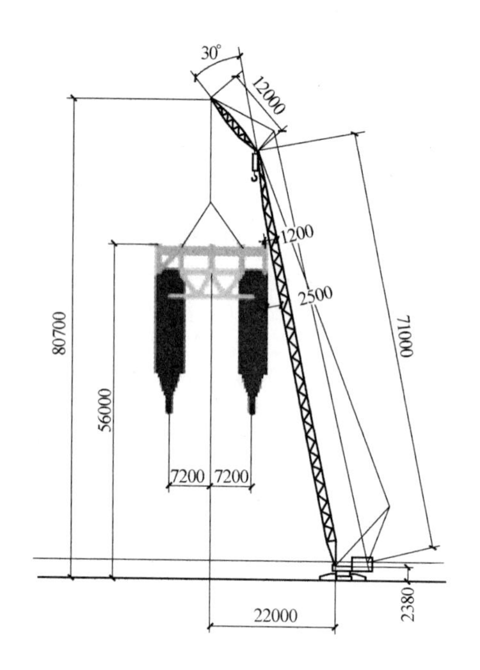

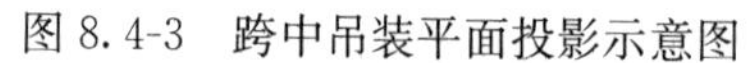
图8.4-3　跨中吊装平面投影示意图

图8.4-4　跨中吊装侧立面示意图

8.5.1　桁架Ⅰ吊装验算

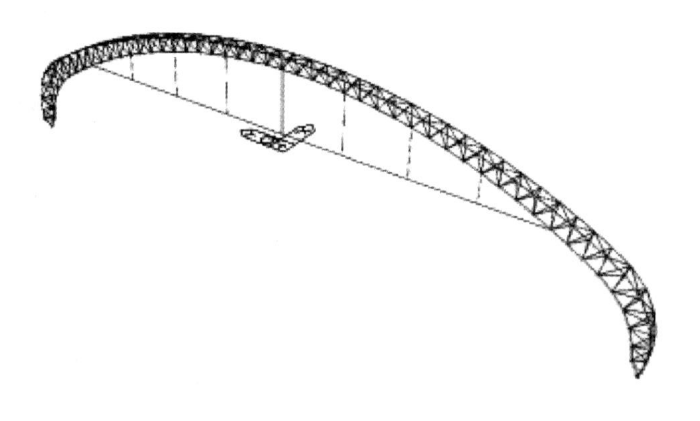

图8.5-1　桁架Ⅰ模型图

1）第1、4单元吊装

调整上吊点位置，使之位于吊装单元重心正上方。

应力比分布结果：最先吊装单元1时，构件时件构件最大应力比为0.24<1，此部分构件应力满足要求。计算过程在此省略。

变形分布结果：结构最大变形为50.259mm，此部分变形可以通过微调吊点位置从而减小端部位移。计算过程在此省略。

2）第2、3单元吊装

调整上吊点位置，使之位于吊装单元重心正上方。

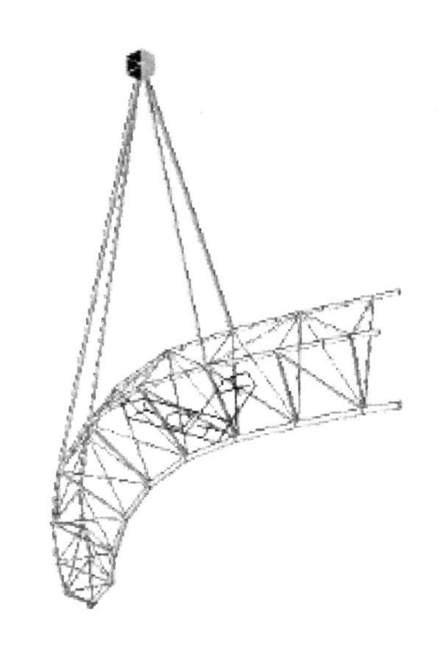

图 8.5-2　吊装 1、4 单元

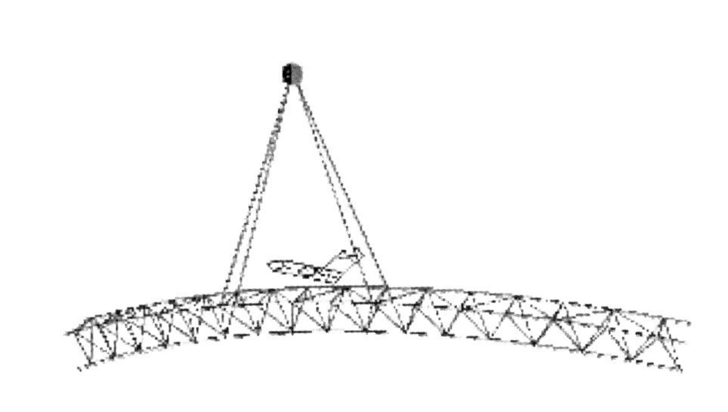

图 8.5-3　吊装 2、3 单元

应力比分布结果：吊装单元 2、4 时，构件时件构件最大应力比为 0.34<1，此部分构件应力满足要求。计算过程在此省略。

变形分布结果：结构最大变形为 54.775mm，端部变形可以通过微调吊点位置从而减小端部位移。计算过程在此省略。

3）第 2、3 单元组合吊装

拉索力为 0。

应力比分布结果：杆件结构的最大应力比为 0.34，应力比均小于 1，结构满足规范要求。计算过程在此省略。

变形分布结果：结构最大变形为 26.9mm。计算过程在此省略。

8.5.2　桁架Ⅱ吊装计算

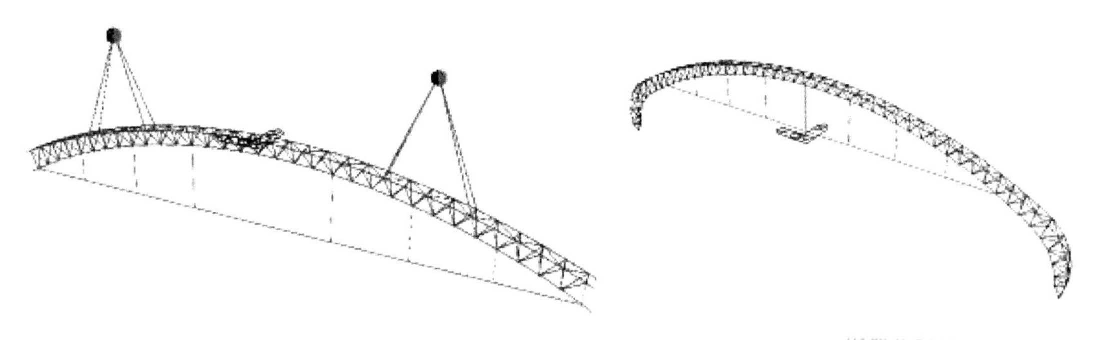

图 8.5-4　吊装 2、3 组合单元模型图　　　图 8.5-5　桁架Ⅱ模型图

验算方法同 8.5.1，经验算吊装工况满足施工要求。计算过程在此省略。

8.6　桁架吊装就位

8.6.1　桁架Ⅰ就位

1）第 1、4 单元就位

图 8.6-1　第 1、4 单元就位图

应力比分布结果：杆件结构的最大应力比为 0.11，应力比均小于 1，结构满足规范要求。计算过程在此省略。

变形分布结果：结构最大变形为 1.205mm。计算过程在此省略。

2）第 2、3 组合单元就位

调整拉索力至 150kN。

应力比分布结果：杆件结构的最大应力比为 0.44，应力比均小于 1，结构满足规范要求。计算过程在此省略。

变形分布结果：结构最大变形为 27.0mm。计算过程在此省略。

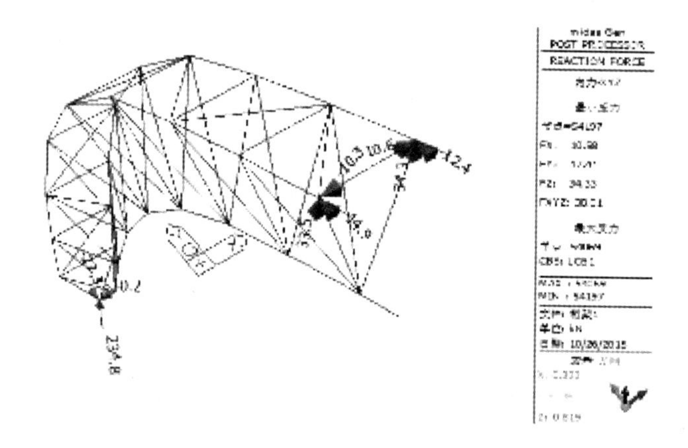

图 8.6-2　支座反力计算图

3）第 1～4 单元整体就位

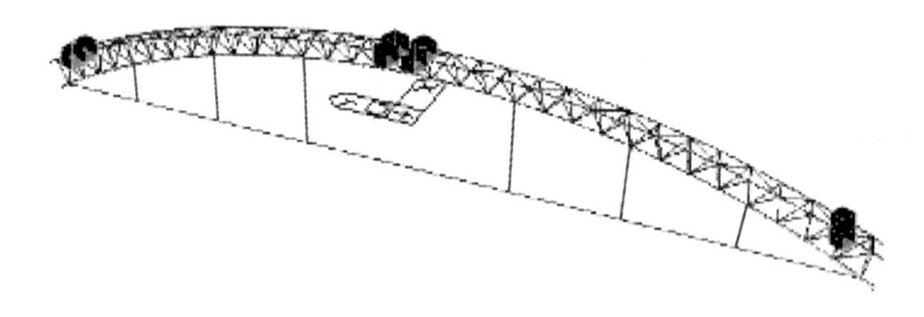

图 8.6-3　第 2、3 组合单元就位图

应力比分布结果：杆件结构的最大应力比为 0.24＜1，杆件应力比均小于 1，满足要求。计算过程在此省略。

变形分布结果：结构最大变形为 53.9mm，跨长约为 197000mm，变形为跨长的 1/3564，满足规范小于 1/400 的要求。计算过程在此省略。

8.6.2　桁架Ⅱ就位

验算方法同 8.6.1，经验算，吊装就位工况满足施工要求。计算过程在此省略。

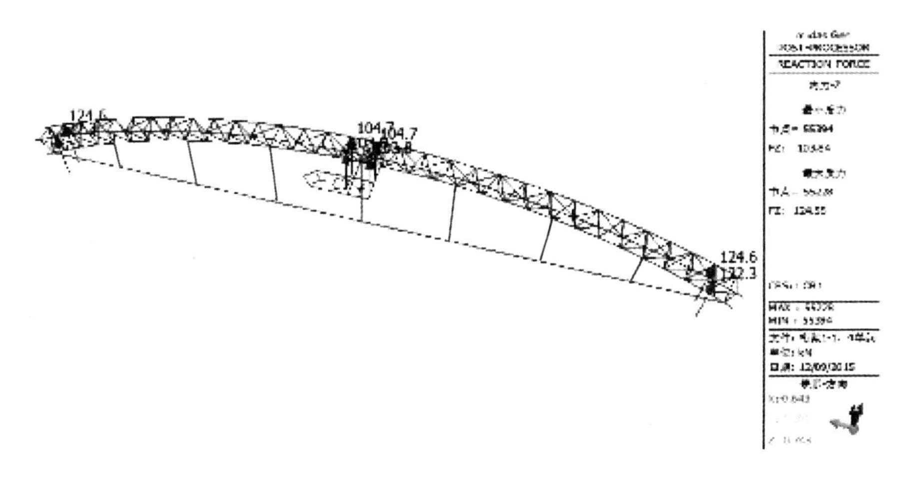

图 8.6-4　支座反力计算图

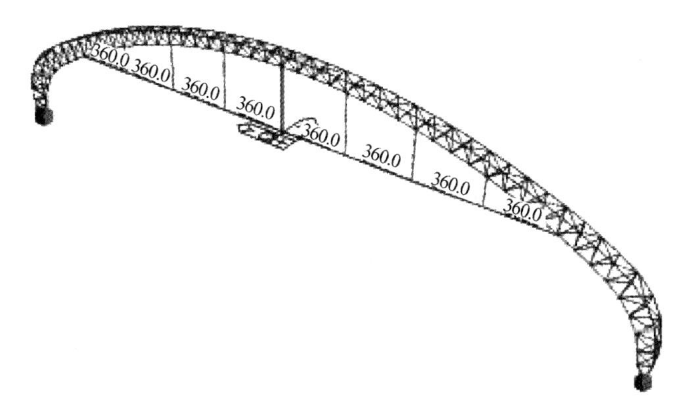

图 8.6-5　第 2 轴线桁架就位图

8.7　滑移过程计算

8.7.1　第 2～3 轴线桁架

2～3 轴线桁架拉索力调整至 360kN。在两榀桁架之间设置横拉杆，规格：H200×200×8×12，材质：Q345B。如图 8.7-1、图 8.7-2 所示。

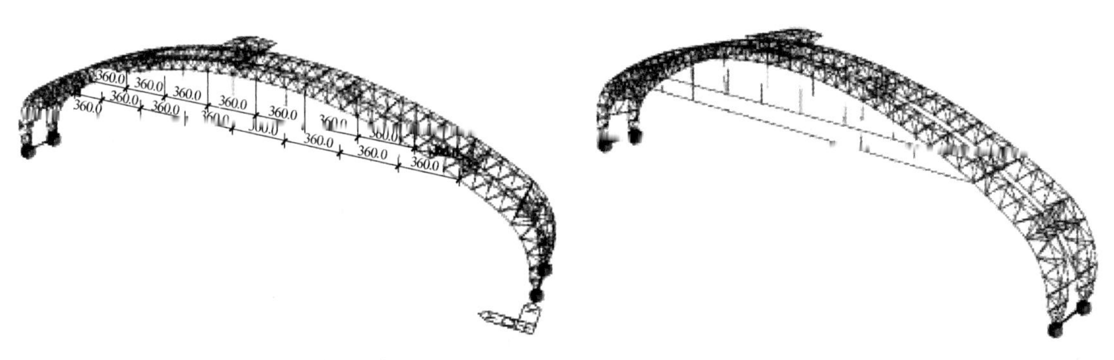

图 8.7-1　第 2～3 桁架模型图

图 8.7-2　桁架设置横拉杆

应力比分布结果：结构构件的最大应力比为 0.31<1，杆件应力比均小于 1，满足要求。计算过程在此省略。

变形分布结果：结构最大竖向变形为 81.2mm，跨长约为 197000mm，变形为跨长的 1/2420，满足规范小于 1/400 的要求。计算过程在此省略。

8.7.2　第 2～4 轴线桁架

验算方法同 8.7.1，经验算，应力比分布结果：杆件结构的最大应力比为 0.51<1，杆件应力比均小于 1，满足要求。计算过程在此省略。

经验算，变形分布结果：结构最大竖向变形为 109.2mm，跨长约为 197000mm，变形为跨长的 1/1804，满足规范小于 1/400 的要求。计算过程在此省略。

8.7.3　第 2～14 轴线桁架

验算方法同 8.7.1，经验算，应力比分布结果：结构杆件的最大应力比为 0.56<1，杆件应力比均小于 1，满足要求。计算过程在此省略。

经验算，变形分布结果：结构最大竖向变形为 150.7mm，跨长约为 197000mm，变形为跨长的 1/1307，满足规范小于 1/400 的要求。计算过程在此省略。

8.8　卸载及支座转换计算

设置 2 轴线 2 个滑移节点强制位移－35mm。

应力比分布结果：结构杆件的最大应力比为 0.96<1，杆件应力比均小于 1，满足要求。计算过程在此省略。

变形比分布结果：结构最大竖向变形为 158.8mm，跨长约为 197000mm，变形为跨长的 1/1225，满足规范小于 1/400 的要求。计算过程在此省略。

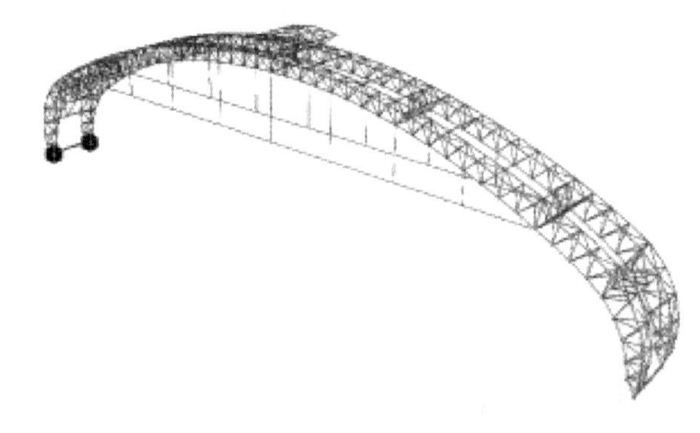

图 8.9-1　计算模型 1

8.9　滑移不同步计算

因滑移的特殊性，本次计算以桁架两端不同步为依据，一侧顶推点 X=－50mm 进行验算。

1）第 2～3 轴线桁架计算

应力比分布结果：结构杆件的最大应力比为 0.33<1，杆件应力比均小于 1，满足要求。计算过程在此省略。

变形分布结果：结构最大竖向变形为 85mm，跨长约为 197000mm，变形为跨长的 1/2317，满足规范小于 1/400 的要求。计算过程在此省略。

2）第 2～15 轴线桁架计算

本次计算以一侧顶推点 X=－50mm 进行验算。

应力比分布结果：结构杆件的最大应力比为 0.45<1，杆件应力比均小于 1，满足要求。计算过程在此省略。

变形分布结果：结构最大竖向变形为 111mm，跨长约为 197000mm，变形为跨长的 1/1774，满足规范小于 1/400 的要求。计算过程在此省略。

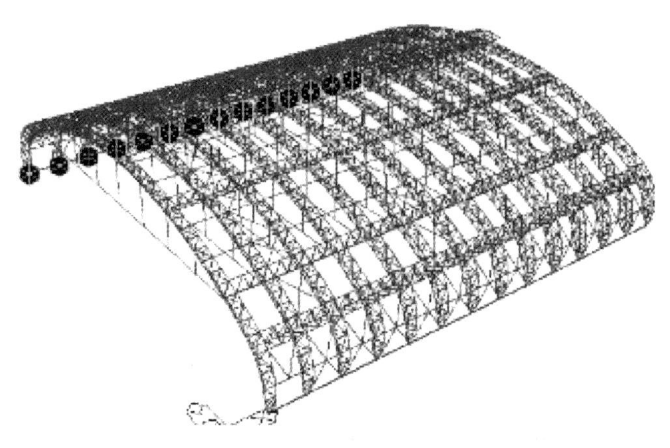

图 8.9-2　计算模型 2

8.10　滑移过程稳定性分析

1）第 2～3 轴线桁架分析

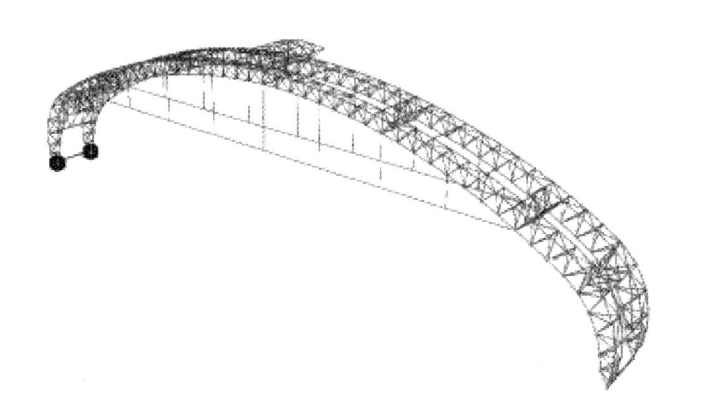

图 8.10-1　计算模型 3

经验算，最小屈曲因子为 19.8>1，故满足规范要求。计算过程在此省略。

2）第 2～15 轴线桁架分析

本次计算以一侧顶推点 X=－50mm 进行验算。

经验算，最小屈曲因子为 19.8>1，故满足规范要求。计算过程在此省略。

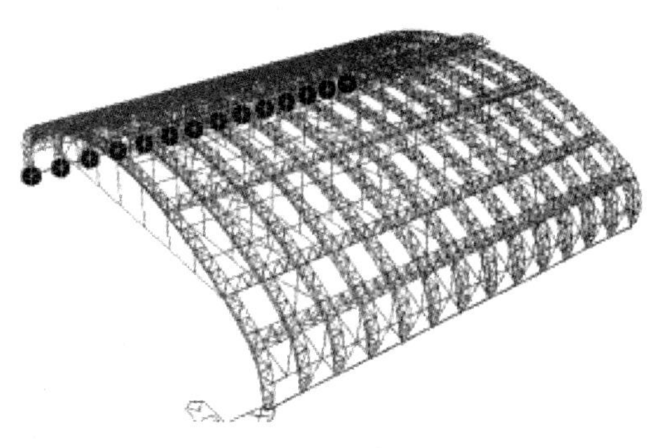

图 8.10-2　计算模型 4

8.11　支撑轨道混凝土梁验算

如下图所示，在 A、P 轴设计两条混凝土支撑梁，梁顶标高同轨道底标高，混凝土强度等级 C35。主体结构滑移过程中，荷载通过此混凝土梁传递至基础短柱，最后传至基础。

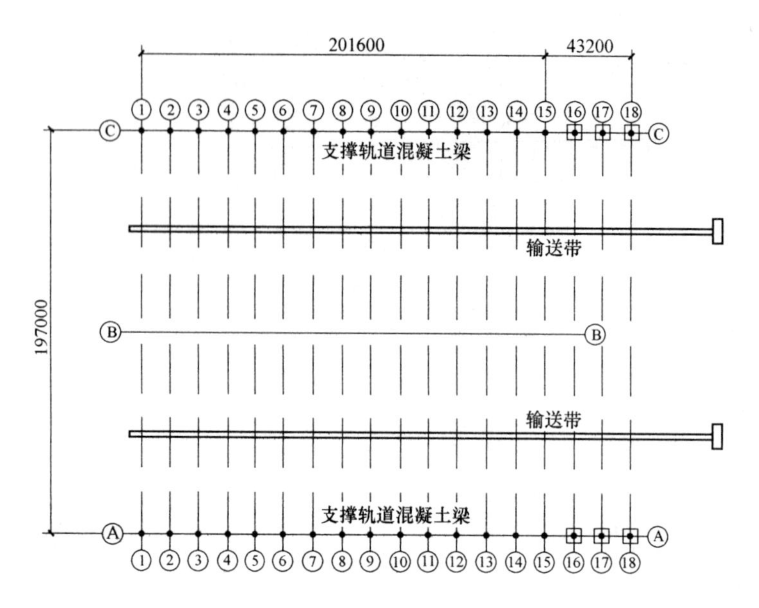

图 8.11-1　混凝土梁设计图 1

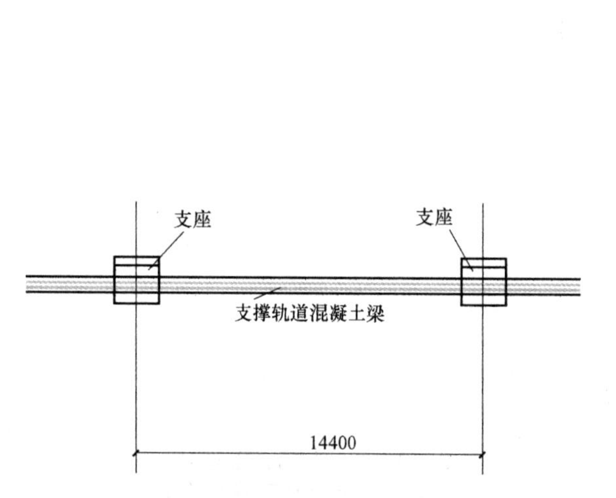

图 8.11-2　混凝土梁设计图 2

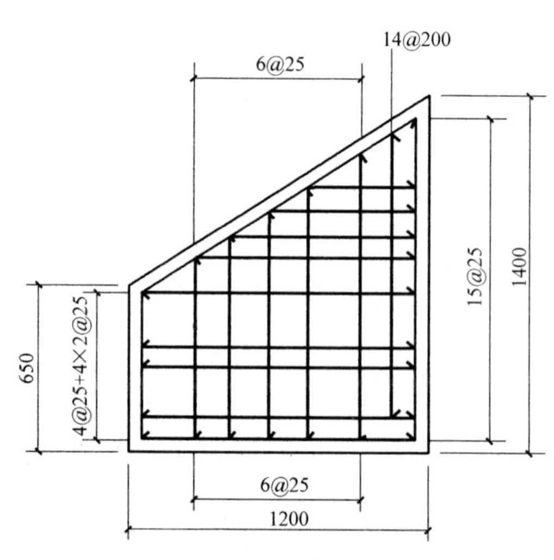

图 8.11-3　混凝土梁局部放大图

本混凝土梁计算结果如下：

8.11.1　抗弯计算

1）几何数据及计算参数

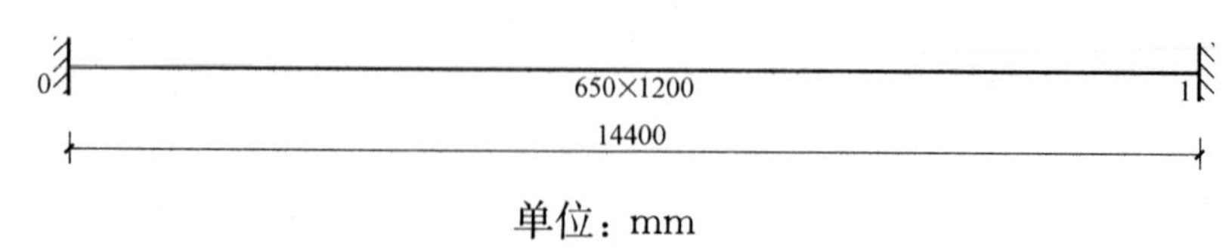

单位：mm

混凝土：　C35

主筋：　HRB400

箍筋：　HRB400

第一排纵筋合力中心至近边距离：　75 mm

跨中弯矩调整系数：　1.00

支座弯矩调整系数：　1.00

最大裂缝宽度：　0.30 mm

自动计算梁自重：　否

由永久荷载控制时永久荷载分项系数 γ_{G1}：　1.35

由可变荷载控制时永久荷载分项系数 γ_{G2}：　1.20

可变荷载分项系数 γ_Q：　1.40

可变荷载组合值系数 ψ_c：　0.70

可变荷载准永久值系数 ψ_q：　0.40

2）荷载数据

（1）恒载示意图

单位：集中荷载—kN　集中弯矩—kN·m　其他荷载—kN/m

（2）活载示意图

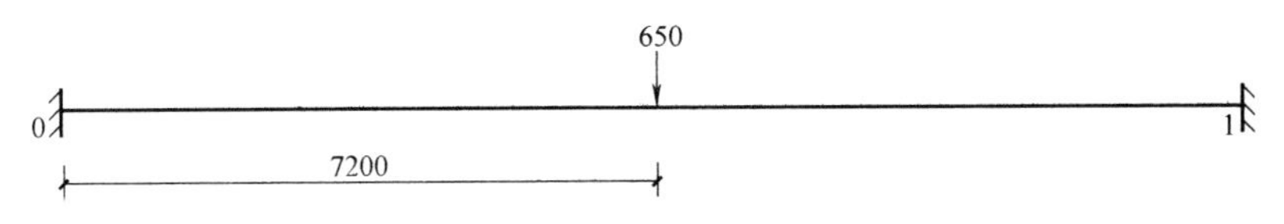

单位：集中荷载—kN　集中弯矩—kN·m　其他荷载—kN/m

3）内力及配筋

（1）剪力包络图

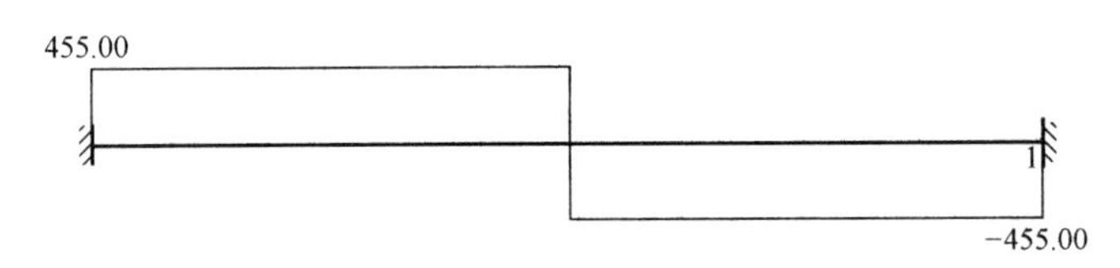

单位：kN

（2）弯矩包络图

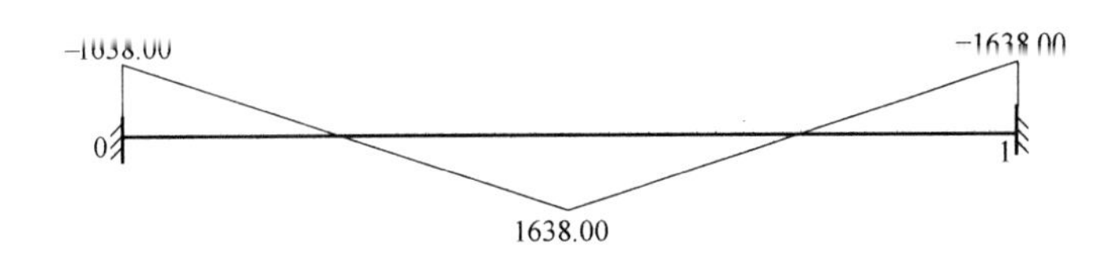

单位：kN·m

（3）截面内力及配筋

截面内力及配筋表　　表 8.11-1

	正弯矩	下钢筋	负弯矩	上钢筋	剪力	箍筋	挠度	裂缝
0 支座	0.00	计算 A_s:1560.00 9D25 实配 A_s:4417.86	−1638.00	计算 A'_s: 4319.45 8D25 + 4D25 实配 A'_s:5890.49	455.00	计算 A_{sv}/s:0.00 六肢 D14@200 实配 A_{sv}/s:1.18	—	0.04
1 跨中	1638.00 (7.20)	计算 A_s:4319.45 9D25 实配 A_s:4417.86	−550.37 (2.39)	计算 A'_s:1560.00 8D25 + 4D25 实配 A'_s:5890.49	455.00 (2.39)	计算 A_{sv}/s:0.00 六肢 D14@200 实配 A_{sv}/s:1.18	$\frac{L}{2514}$ (7.20)	0.061 (7.20)
1 支座	0.00	计算 A_s:1560.00 9D25 实配 A_s:4417.86	−1638.00	计算 A'_s:4319.45 8D25 + 4D25 实配 A'_s:5890.49	455.00	计算 A_{sv}/s:0.00 六肢 D14@200 实配 A_{sv}/s:1.18	—	0.04

注：1. 弯矩—kN·m　剪力—kN　钢筋面积—mm^2　挠度—mm　裂缝—mm；
2. 括号中的数字表示距左端支座的距离，单位为 m。

8.11.2　抗剪计算

1）几何数据及计算参数同 8.11.1。

2）荷载数据

（1）恒载示意图

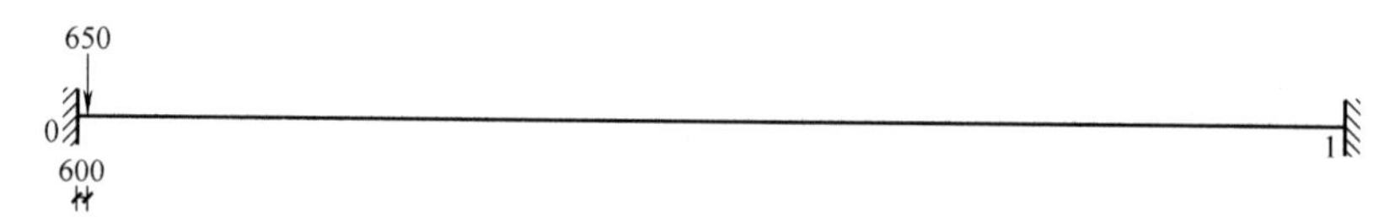

单位：集中荷载—kN　集中弯矩—kN·m　其他荷载—kN/m

（2）活载示意图

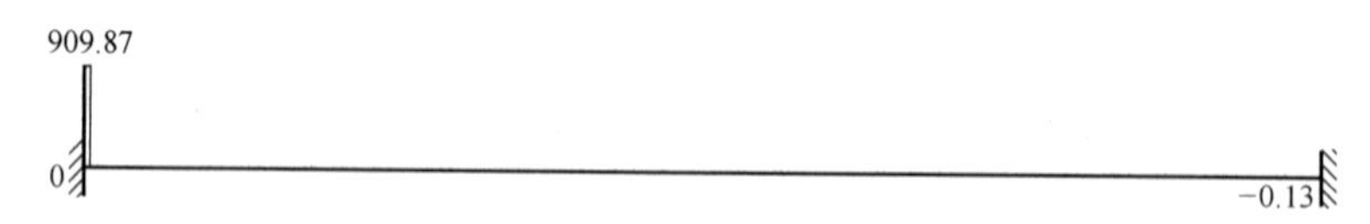

单位：集中荷载—kN　集中弯矩—kN·m　其他荷载—kN/m

3）内力及配筋

（1）剪力包络图

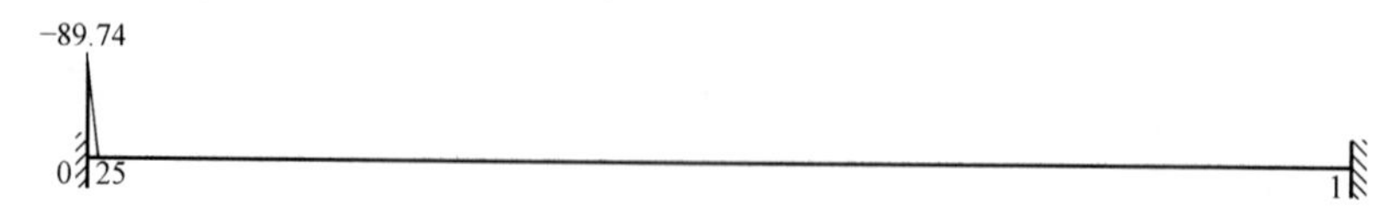

单位：kN

（2）弯矩包络图

−89.74

0 25　　1

单位：kN·m

（3）截面内力及配筋

截面内力及配筋表 表 8.11-2

	正弯矩	下钢筋	负弯矩	上钢筋	剪力	箍筋	挠度	裂缝
0支座	0.00	计算 A_s：1560.00 9D25 实配 A_s:4417.86	−89.74	计算 A'_s：1560.00 8D25 + 4D25 实配 A'_s:5890.49	909.87	计算 A_{sv}/s:0.93 六肢 D14@200 实配 A_{sv}/s:4.62	—	0.00
1跨中	0.95 (2.39)	计算 A_s：1560.00 9D25 实配 A_s:4417.86	−0.31 (11.98)	计算 A'_s：1560.00 8D25 + 4D25 实配 A'_s:5890.49	−0.13 (2.39)	计算 A_{sv}/s:0.00 六肢 D14@200 实配 A_{sv}/s:4.62	0.000 (2.39)	0.000 (2.39)
1支座	0.00	计算 A_s：1560.00 9D25 实配 A_s:4417.86	−0.63	计算 A'_s：1560.00 8D25 + 4D25 实配 A'_s:5890.49	909.87	计算 A_{sv}/s:0.00 六肢 D14@200 实配 A_{sv}/s:4.62	—	0.00

注：1. 弯矩—kN·m 剪力—kN 钢筋面积—mm^2 挠度—mm 裂缝—mm；

2. 括号中的数字表示距左端支座的距离，单位为 m。

8.12 滑移轨道与混凝土连接强度计算

滑移轨道与混凝土支撑梁连接节点如下如图所示，轨道与埋件通过焊缝连接。埋件间距 450mm。滑块长度 800mm，轨道与混凝土梁之间采用二次灌浆料灌浆，保证轨道与混凝土梁贴紧。

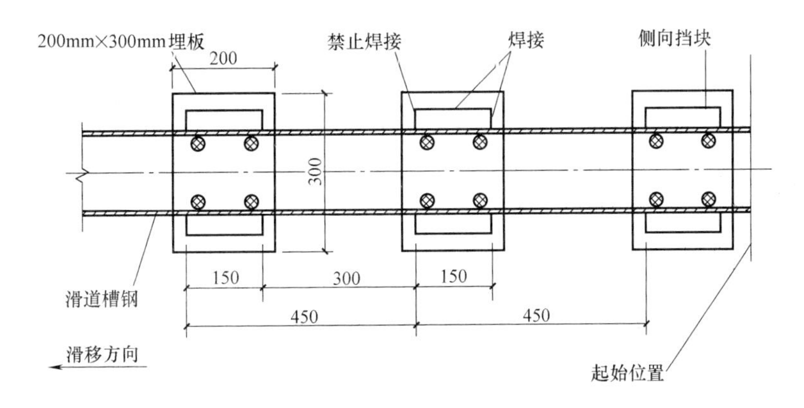

图 8.12-1 滑移轨道安装示意图

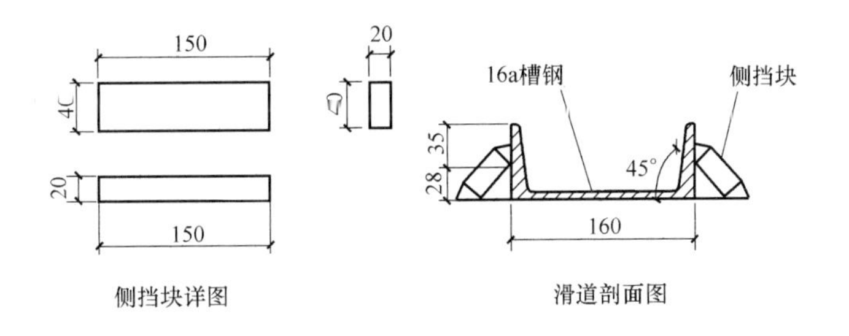

图 8.12-2 侧挡块安装示意图

下表为滑移过程中各支座位置反力如表 8.12-1 所示。

支座反力　　表 8.12-1

	Z(kN)	Y(kN)	Z′(kN)	Y′(kN)
轴线 2	935.5	564.5	1091.7	44.9
轴线 3	1089.7	626.8	1254.7	78.0
轴线 4	1120.5	621.3	1277.3	99.6
轴线 5	1044.5	587.3	1195.2	86.0
轴线 6	1028.2	583.2	1179.3	80.5
轴线 7	1057.6	610.2	1218.8	74.1
轴线 8	1054.2	607.3	1214.3	74.7
轴线 9	1007.2	573.4	1156.4	77.1
轴线 10	1008.3	574.2	1157.8	77.0
轴线 11	1056.5	603.1	1213.9	79.5
轴线 12	1057.7	600.6	1213.5	82.2
轴线 13	982.7	543.7	1119.6	88.3
轴线 14	851.7	488.3	979.8	62.3
轴线 A 合力	13294.3	7583.9	15272.4	1004.2
合力	26588.6	15167.8	30544.8	

注：Z′为支座斜面的法向，Y′为平行于支座斜面的方向。

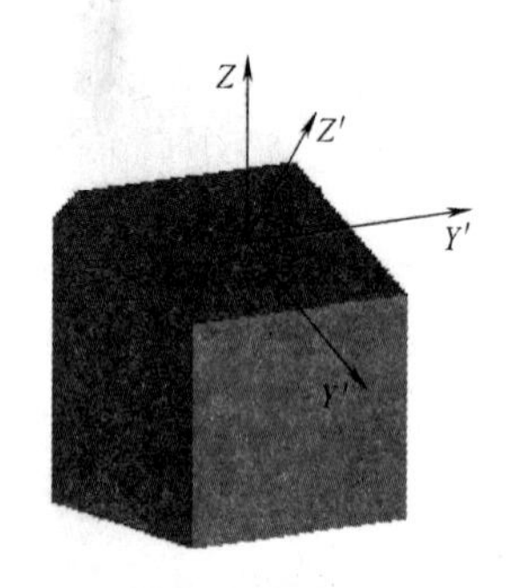

图 8.12-3　坐标 Z′与坐标 Z 相互关系图

（1）轨道与埋件之间焊缝计算

从上表能够看出，滑移过程中平行与接触面方向的剪力最大值为 100kN。此处 100kN 的剪力由轨道和埋件之间的 2 条角焊缝承担。

角焊缝焊脚高度 14mm，焊缝长度 $l_w = 150 - 2\times14 = 122$mm，母材材质 Q235B，焊缝强度 $F_y = 160\text{N/mm}^2$。

焊缝抗力=2×0.7×14×122×160=382kN>100kN。

焊缝抗力大于施工过程中的作用力，满足要求。

（2）埋件抗剪验算

从上表能够看出，滑移过程中平行与接触面方向的剪力最大值为 $V=100$kN，最大压力 $N_C=1255$kN。整个滑移过程中埋件无受拉工况。

预埋件在压力和剪力共同作用下的压剪承载力设计值 V_u

$$V_u = \eta 4 N_c$$

$\eta_4 = \psi V_{u0}/N_c + 0.3$　V_{u0} 为预埋件受剪承载力设计值（正值）

为方便计算，η_4 取 0.3

$$V_u = \eta_4 N_c = 0.3\times1255 = 376.5\text{kN} > V = 100\text{kN}$$

埋件抗剪满足要求。

（3）预埋件锚板面积验算

混凝土梁与轨道、埋件接触总面积为：

$A=2\times200\times300+160\times250=160000\text{mm}^2>N_c/0.5f_c=1255\times103/0.5\times16.7=150299\text{mm}^2$

满足要求。埋板厚度及锚筋直径、锚固深度按图集构造选取。

8.13 小结

经对施工安装滑移工程中模拟各种工况计算，结构和变形满足规范要求。

范例7　大跨度网架钢结构工程

阮新伟　郭中华　编写

阮新伟，北京首钢建设集团有限公司钢构分公司，教授级高工，总工，参加工作29年，主要从事设备钢结构、冶金设备、建筑钢结构等领域。

郭中华，北京首钢建设集团有限公司钢构分公司，工程师，技术质量部部长，参加工作11年，主要从事设备钢结构、冶金设备、建筑钢结构等领域。

某大跨度网架钢结构安装
安全专项施工方案

编制：______________

审核：______________

审批：______________

施工单位：＊＊＊＊＊＊

编制时间：＊＊＊＊＊＊

目　　录

1 编制依据

1.1 国家、行业和地方规范

序号	名称	版本	备注
1	《建筑结构荷载规范》	GB 50009—2012	
2	《钢结构设计规范》	GB 50017—2003	
3	《冷弯薄壁型钢结构技术规范》	GB 50018—2002	
4	《钢结构焊接规范》	GB 50661—2011	
5	《钢结构工程施工规范》	GB 50755—2012	
6	《钢结构工程施工质量验收规范》	GB 50205—2001	
7	《建筑施工起重吊装工程安全技术规范》	JGJ 276—2012	
8	《空间网格结构技术规程》	JGJ 7—2010	
9	《建筑机械使用安全技术规程》	JGJ 33—2012	
10	《建筑施工高处作业安全技术规范》	JGJ 80—2016	
11	《建筑钢结构防腐蚀技术规程》	JGJ/T 251—2011	
12	《钢网架焊接空心球节点》	JG/T 11—2009	

1.2 设计文件和施工组织设计

序号	名称	版本	备注
1	工程设计图纸		
2	施工组织设计		
3	其他工程技术文件		

1.3 安全管理法规法律及规范性文件

序号	名称	版本	备注
1	《建设工程安全生产管理条例》	国务院第393号	
2	《北京市实施〈危险性较大的分部分项工程安全管理办法〉规定》	京建施[2009]841号	
3	《危险性较大的分部分项工程安全管理办法》	建质[2009]87号	
4	《北京市危险性较大的分部分项工程安全动态管理办法》	京建法[2012]1号	

1.4 其他

序号	名称	版本	备注
1	《京市危险性较大的分部分项工程安全专项施工方案专家论证细则》	2015版	
2	合同、招标技术要求及工地现场的实际情况		
3	其他有关标准规范等		

2　工程概况

2.1　工程简介

某生物质能源电厂工程1号焚烧间屋面结构为螺栓球及焊接球网架，网架为正方四角锥连续跨网架，矢高4.835m—6.771m，焚烧间网架跨度为42.6m，烟气净化间网架跨度为51m，网架投影面积为：102.2m ×135.450m，网架整体重量为770t。网架截面呈折线形布置。主要材料为螺栓球、焊接球和无缝钢管等。网架支座位置标高分别为：2-1轴线(47.6m)、2-9轴线（39.88m)、2-13轴线（35.0m)，网架上弦最高点标高为55.47m。

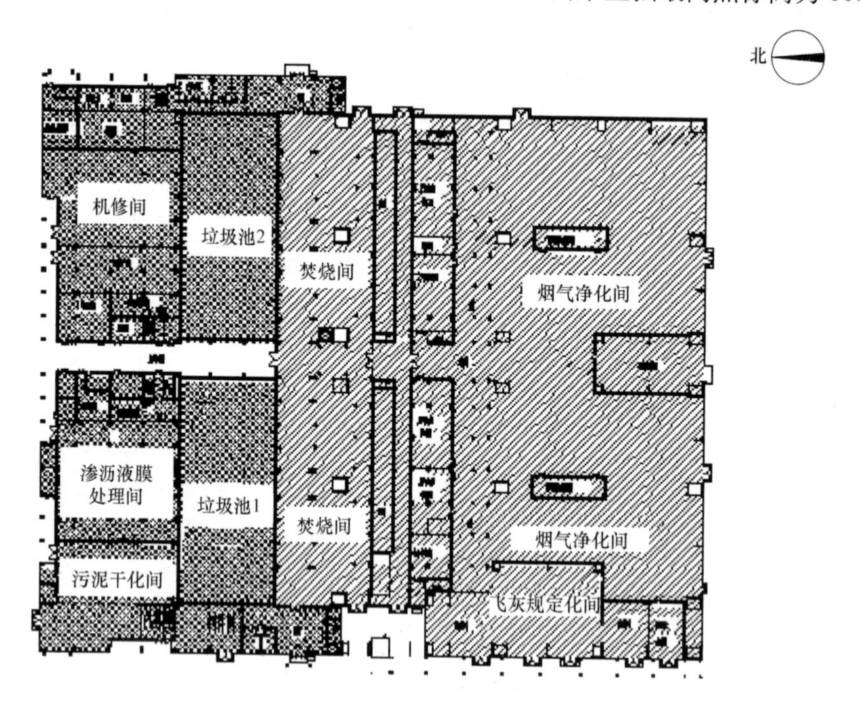

图2.1-1　平面布置图

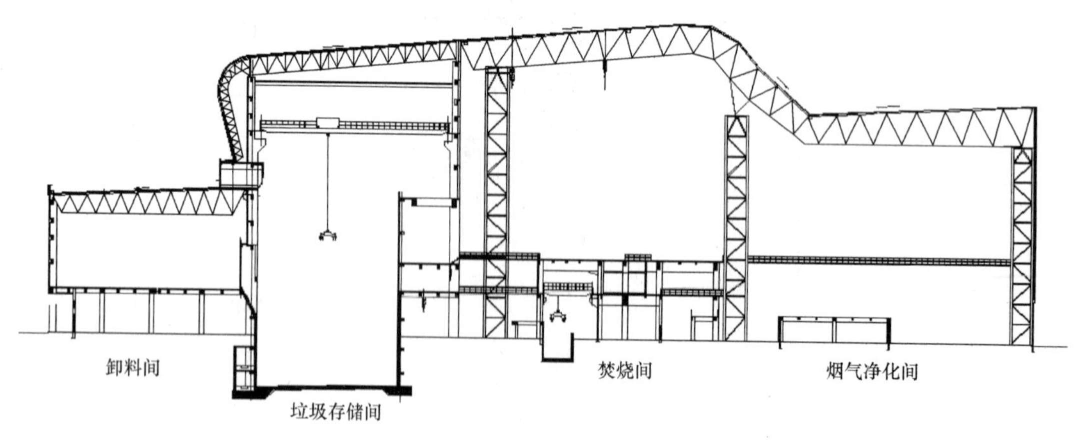

图2.1-2　立面布置图

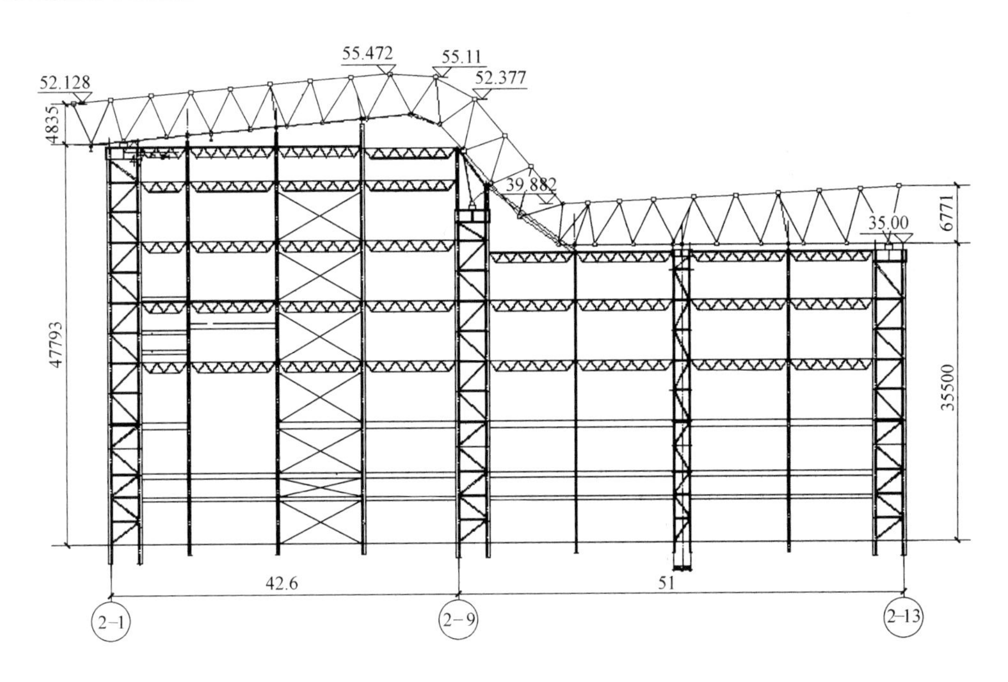

图 2.1-3　网架侧立面图

2.2　工程重点及难点

2.2.1　工程重点

1）网架零部件制作是本工程施工重点，零部件制作精度及质量直接关系到网架分段拼装质量及安装施工效率。螺栓球、焊接球及杆件相贯口加工精度是工程质量控制重点。

2）分段拼装质量是本工程施工重点，分段拼装精度直接影响网架整体安装精度。

3）焊接质量是本工程施工重点，本工程跨度大，焊接质量直接关系到工程安全和工程质量。

2.2.2　工程难点

1）施工环境复杂

本工程网架为高低连跨整体网架，不是单体高低跨网架。现场施工需要和土建及设备安装同时进行，交叉作业多。

2）网架矢高大

本工程网架矢高过大，据行业信息，全国没有同类矢高的单层网架。

3）拼装定位难度大

网架为螺栓球和焊接球结合，且受力点部位全部为焊接球网架，柱帽支撑，焊接空中定位难度大，必须有可靠的支撑点。

4）作业空间受限。本工程网架的施工首先要满足于室内的设备安装，在网架的安装过程中，所能利用的地面空间太少。

5）施工测量难度大。本工程为异形大矢高网架结构，且网架高度较大，施工测量需高空作业，作业难度较大。为保证施工质量，满足设计要求，安装时必须实时跟踪测量定位，确保安装质量。

3　施　工　部　署

3.1　施工组织管理

施工组织管理实行各专业部室全员协作管理，项目部统一组织管理的模式。项目部组织机构图及岗位职责如下：

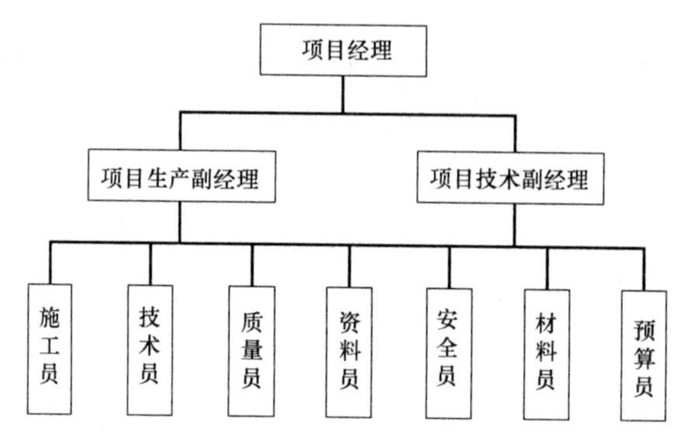

图 3.1　项目部组织机构图

项目部岗位职责表　　表 3.1

岗位	职　责
项目经理	全面负责本工程的施工管理、经营结算
生产副经理	负责项目开工策划、组织、劳动力调配及业主方工作协调，协助经理做好施工专业管理
技术副经理	负责项目技术方案编制、交底、检查落实，变更、洽商的签认，配合甲方质检部门的工作，协助经理做好技术、质量专业管理工作
施工员	负责项目的动态管理。工程计划、进度、运输管理，加工方和现场协调，专业台账、记录、报表及项目信息统计管理
技术员	配合技术经理及工程专业做好相关管理工作。侧重方案、措施的编制，施工流程、经验的积累
质量员	负责工程质量的检查、质量管理工作
资料员	负责专业、劳务合同管理。项目往来函件、信息收集、整理、保存。项目资料编制、签认、归档管理。协助技术经理做好相关工作
安全员	负责施工过程的安全、消防、治安、环保的全面管理
预算员	项目成本预测、控制管理。期间费指标及日常支出管理。费用摊销及单项工程审计管理。协助经理做好工程款结算等其他工作
材料员	负责物资供应、控制的动态管理。主材成本控制，材料验收、发放、回收等环节的过程管理。并建立健全专业台账，资料齐全、账面清晰并和实物相符。兼管机动专业相关工作

3.2　施工方法及施工顺序

本工程 1 号厂房屋面网架分为焚烧间和烟气净化间两个区域。由于需要考虑焚烧间设备安装周期，所以先进行烟气净化间网架安装，待烟气净化间网架安装完毕后再进行焚烧间网架的安装。烟气净化间采用滑移施工，因范例中有滑移施工专项范例，故此处滑移施工不做阐述，本文重点介绍焚烧间网架散装和分块吊装施工。

工程的特点以及难点决定了钢结构安装必须采用多种施工方法相结合，才能顺利完成安装施工。故焚烧间采用高空散装法和分块吊装的法施工。

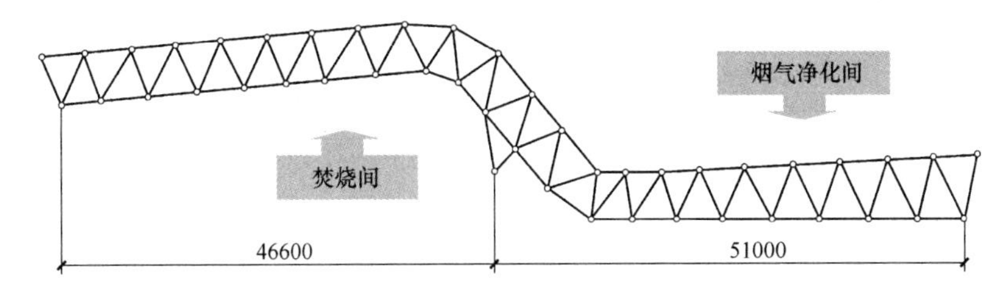

图 3.2　1 号厂房屋面网架示意图

3.3　工程进度计划

2012 年 3 月 15 日进场施工，2012 年 5 月 1 日开始正式吊装，2012 年 7 月 30 日全部结束。

施工总体计划：

施工总体计划表　　　　**表 3.3**

施工进度计划												
序号	项目名称	绝对工期										
		4 月		5 月			6 月			7 月		
		10	20	30	40	50	60	70	80	90	100	110
1	1 号厂房网架制作	—	—	—	—							
2	焚烧间脚手架搭设		—	—	—							
3	焚烧间网架散装部分安装				—	—	—	—				
4	焚烧间网架分块吊装部分安装							—	—	—	—	—
5	检查验收											—

3.4　施工现场平面布置

3.4.1　施工平面布置图

为保证工程施工的顺利进行，合理地进行施工总平面布置并切实做好施工总平面管理工作是很重要的。

本工程钢结构进场前已具备“三通一平”条件，现场周围道路畅通，场内没有障碍物，施工现场较开阔，具备开工条件。经过现场勘察，并根据建筑总平面图，首先将根据总包单位的场地使用和预留情况，充分体现节能环保与文明施工相结合，真正做到以人为本，服务于人，将整个工程现场分区管理。

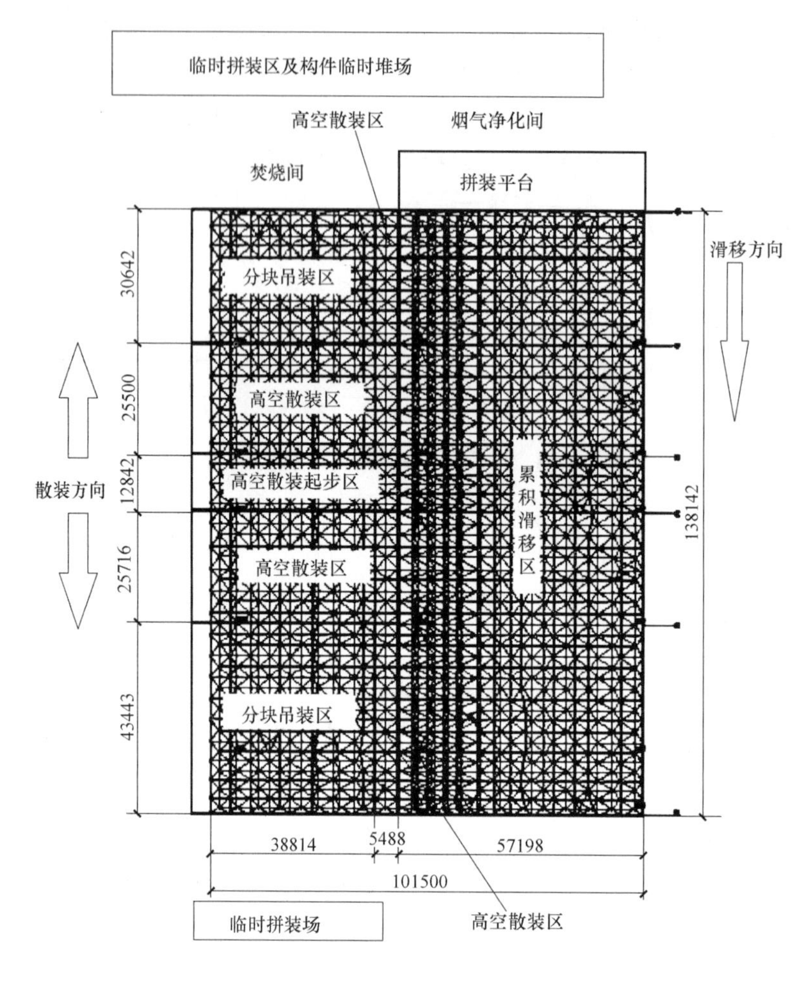

图 3.4　钢结构施工平面布置图

3.4.2　施工用地

施工用地计划表　　表 3.4

用途	面积(m²)	位 置	需用时间
1. 构件堆放场地	3000	施工现场	5 个月
2. 构件拼装场地	2000	施工现场	5 个月
3. 成品构件堆放场地	2000	施工现场	5 个月
4. 施工临建、仓库等	300	施工现场	5 个月

3.5　施工机械设备及劳动力配置

3.5.1　各阶段机械设备投入计划

由于本工程施工周期非常紧迫，为了较好地满足施工需要，必须制定一套详细的机械设备及检验设备使用计划，且尽量采用比较先进的机械设备，以便为本工程能在较短的施工周期内高质量的完成创造必要的条件。

现场施工拟投入的主要工具及机械设备表　　表 3.5-1

序号	机械或设备名称	型号规格	数量	单位	备注
1	汽车吊	70T	2	台	
2	塔吊	C7050B	2	台	
3	履带吊	280T	1	台	
4	履带吊	260T	1	台	
5	CO_2 焊机	CPX-500	10	台	
6	直流电焊机	ZXE1-500	5	台	
7	千斤顶	100T 及 60T	28	台	
8	管钳	600-1500	12	把	
9	活动扳手	32-46#	8	把	
10	开口扳手		20	把	
11	手钳		6	把	
12	经纬仪		2	台	
13	水准仪		1	台	
14	滑轮		4	个	
15	链条葫芦	10T	3	个	
16	链条葫芦	15T	3	个	
17	配电盘柜		2	个	
18	角磨机		1	台	
19	丝锥		全套	副	
20	钢卷尺		各 2	把	5m、50m
21	力矩扳手		1	个	检查螺栓

3.5.2 劳动力配置计划

现场安装阶段拟投入的劳动力计划表　　表 3.5-2

工种	按工程施工阶段投入劳动力情况 单位:人				
	3月	4月	5月	6月	7月
普工	10	10	10	10	10
安全	3	3	3	3	3
质检	3	3	3	3	3
装配	20	20	20	20	15
焊接	20	20	20	20	10
打磨	6	6	6	6	6
起重	8	8	8	8	8
安装	24	24	36	36	36
涂装	2	2	2	2	2
小计	96	96	108	108	93

3.6　施工现场用电

主要用电设备一览表　　表 3.6

序号	设备名称	规格	功率×台数	合计功率	暂载率
1	CO_2 焊机	CPX-500	30kW×10	300kW	
2	直流电焊机	ZXE1-500	15kW×5	25kW	
3	电焊条烘箱	YGCH-X-400	5kW×1	5kW	
4	照明设备	1000W	1kW×8	8kW	
5	角向砂轮机		0.55kW×10	5.5kW	
6	空气压缩机	W-0.9/7	7.5kW×2	15kW	
7	其他			10kW	

根据工程经验，该式可简化为：$P_{计}=1.24K_1\sum P_G$

$\sum P_G$——全部施工用电设备额定用量之和。

$P_G=300+25+5+5.5+15=350.5\text{kW}$

$P_{计}=1.24\times0.6\times350.5\approx261\text{kW}$

3.7　吊装机械选用

吊装选用 LR1280 型 280t 履带吊，吊装性能见表 3.7-1

280t 履带吊性能表　　表 3.7-1

臂长(m) 工作半径(m)	66.8 m	72.5m	78.5 m	84.2 m	90.2 m
8	80.50	64.80			
9	77.90	64.30	59.00	48.40	
10	74.40	61.20	57.90	47.90	40.50
11	71.20	57.50	56.60	46.60	39.60
12	67.30	55.80	55.60	45.60	38.80
13	64.00	53.10	53.70	44.30	38.20
14	61.10	50.74	51.70	43.10	37.40
16	53.60	46.90	48.50	41.20	35.50
18	47.30	42.00	43.60	39.70	33.90
20	40.50	38.50	38.90	36.90	32.70
22	37.80	35.50	34.90	33.50	30.10
24	34.10	32.90	31.50	30.20	26.30
26	31.00	28.60	28.50	27.30	24.90
28	28.30	27.20	25.90	24.80	23.70
30	25.90	24.80	23.70	22.60	21.50
32	23.80	22.80	21.70	20.70	19.60
34	21.80	20.90	19.90	18.90	17.90
36	19.90	19.30	18.30	17.40	16.40
38	18.20	17.70	16.80	15.90	14.90
40	16.60	16.20	15.50	14.70	13.80

吊装选用 260t 履带吊，吊装性能见表 3.7-2。

260t 履带吊性能表　　　　**表 3.7-2**

工作半径(m) \ 臂长(m)	60.0m	66.0m	72.0m	78.0m	84.0m	87.0m
10						
12	79.7	66.3	64.0	56		
14	72.1	66.3	64.0	54.2	44.6	38.5
16	61.2	59.7	58.2	52.7	42.5	36.5
18	52.8	51.5	50.3	49.0	41.0	35.5
20	46.3	45.1	44.0	42.8	39.3	34.2
22	41.0	39.9	38.9	37.8	36.8	32.9
24	36.3	35.6	34.6	33.7	32.7	31.5
26	32.4	31.7	31.1	30.2	29.2	28.8
28	19.1	28.4	27.8	27.1	26.3	25.8
30	26.2	25.6	24.9	24.8	23.6	23.3
32	23.8	23.1	22.5	21.8	21.2	20.9
34	21.7	21.0	10.4	19.7	19.1	18.7
36	19.8	19.2	18.5	17.9	17.2	16.9
38	18.2	17.5	16.9	16.2	15.6	15.2
40	16.7	16.1	15.4	14.7	14.1	13.7
倍率	6	5	5	4	4	3

吊装选用 C7050 塔吊吊，吊装性能见表 3.7-3。

塔吊性能表　　　　**表 3.7-3**

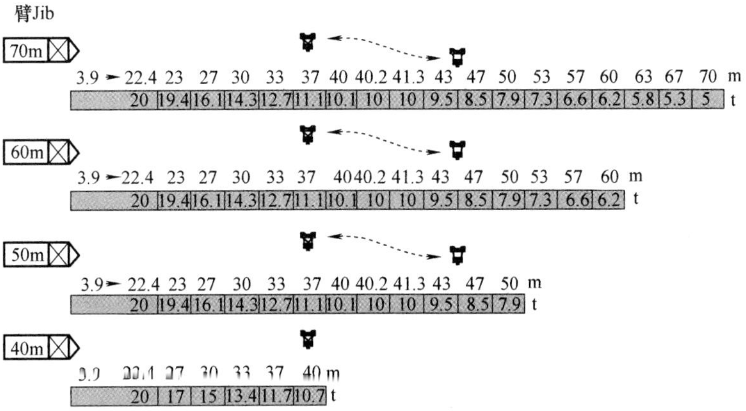

臂Jib

70m

3.9 ➤ 22.4 23 27 30 33 37 40 40.2 41.3 43 47 50 53 57 60 63 67 70 m

20 19.4 16.1 14.3 12.7 11.1 10.1 10 10 9.5 8.5 7.9 7.3 6.6 6.2 5.8 5.3 5 t

60m

3.9 ➤ 22.4 23 27 30 33 37 40 40.2 41.3 43 47 50 53 57 60 m

20 19.4 16.1 14.3 12.7 11.1 10.1 10 10 9.5 8.5 7.9 7.3 6.6 6.2 t

50m

3.9 ➤ 22.4 23 27 30 33 37 40 40.2 41.3 43 47 50 m

20 19.4 16.1 14.3 12.7 11.1 10.1 10 10 9.5 8.5 7.9 t

40m

3.9 22.4 27 30 33 37 40 m

20 17 15 13.4 11.7 10.7 t

吊装选用 70t 汽车吊，吊装性能见表 3.7-4。

70t 汽车吊性能表　　　　**表 3.7-4**

半径 \ 杆长	11m	14.9m	18.8m	22.6m	26.5m	34.3m	42m
3.0m	70.00	40.00	40.00	27.00			
3.5m	60.00	40.00	40.00	27.00	23.00		

续表

半径＼杆长	11m	14.9m	18.8m	22.6m	26.5m	34.3m	42m
4.0m	53.00	40.00	40.00	27.00	23.00		
4.5m	46.50	40.00	40.00	27.00	23.00		
5.0m	42.00	38.00	35.50	27.00	23.00	15.00	
5.5m	37.50	34.70	32.30	25.00	23.00	15.00	
6.0m	34.00	32.00	29.70	23.50	23.00	15.00	
6.5m	30.50	29.00	27.50	22.30	21.80	15.00	8.00
7.0m	27.50	26.00	25.20	20.80	20.40	15.00	8.00
7.5m	24.80	24.00	23.30	19.50	19.10	15.00	8.00
8.0m	22.50	22.00	21.40	18.40	18.00	15.00	8.00
9.0m	18.20	18.00	18.00	16.50	16.00	13.40	8.00
10.0m		14.80	14.90	19.50	14.50	12.20	8.00
11.0m		12.50	12.50	12.50	12.40	11.00	8.00
12.0m		10.60	10.60	10.60	10.50	10.00	8.00
14.0m			7.80	7.80	7.70	8.40	8.00
16.0m			5.80	5.80	5.70	6.60	6.00
18.0m				4.20	4.10	5.20	5.30
20.0m				3.10	3.00	4.00	4.50
22.0m					2.10	3.10	3.80
24.0m					1.40	2.30	3.00
26.0m						1.70	2.30
28.0m						1.20	1.80
30.0m						0.70	1.40
32.0m							1.00
34.0m							0.60

4　网架安装施工方法

4.1　总体施工方法

本工程1号厂房屋面网架分为焚烧间和烟气净化间两个区域。由于需要考虑焚烧间设备安装周期，所以先进行烟气净化间网架安装，待烟气净化间网架安装完毕后再进行焚烧间网架的安装。

烟气净化间采用整体滑移的方法施工，焚烧间采用高空散装法和分块吊装的法施工。

4.2　焚烧间网架安装施工方案

4.2.1　焚烧间网架安装总体部署

焚烧间网架安装由中间向两侧进行安装，由于焚烧间网架需要等待烟气净化间网架安装完毕后才可安装。焚烧间网架 5 月 20 日开始脚手架的搭设，6 月 1 日开始安装，7 月 10 安装完毕。此时 1 号、4 号锅炉已经开始施工，履带吊无法进行图示区域内网架的吊装。所以图示区域内网架只能在锅炉框架上搭设平台，利用高空散装法进行安装。散装部分全部使用垃圾间塔吊进行，塔吊工作范围及起重性能满足要求。分块吊装部分需要在厂房东西侧各预留 10m×30m 拼装区域，以供网架组装使用。

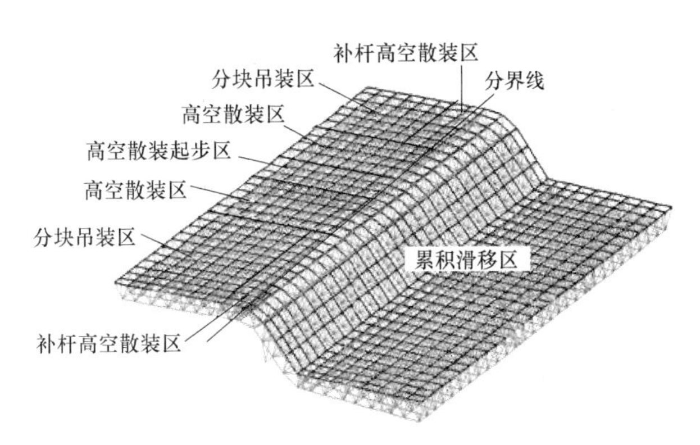

图 4.1　总体施工分区示意图

施工布置图见图 3.4-1，图中左侧中间位置为焚烧间网架高空散装起步区，起步区利用 14m 平台搭设满堂脚手架。高空散装区域完成后进行分块吊装区域网架的安装。分块吊装区域网架截面尺寸为 9.9m×33m，最大单重为 18t。分块吊装区域吊装完毕后，烟气净化间和焚烧间分块吊装区域的补杆散装施工。总体施工流程如图 4.2-1。

4.2.2　高空散装脚手架平台

高空散装部分利用 14m 平台搭设满堂脚手架进行施工。脚手架如图 4.2-2、图 4.2-3 所示。

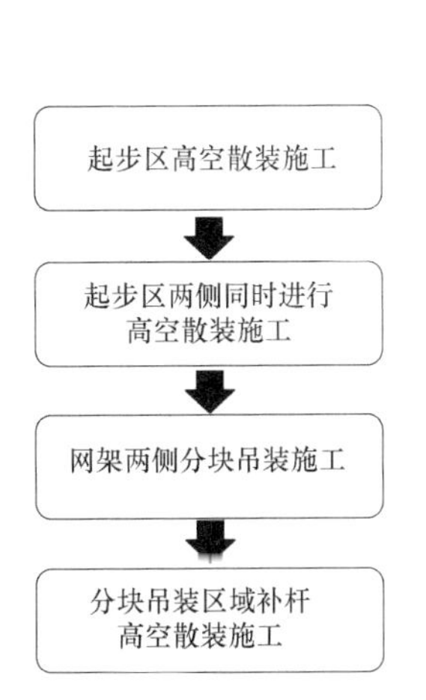

图 4.2-1　焚烧间网架安装流程图

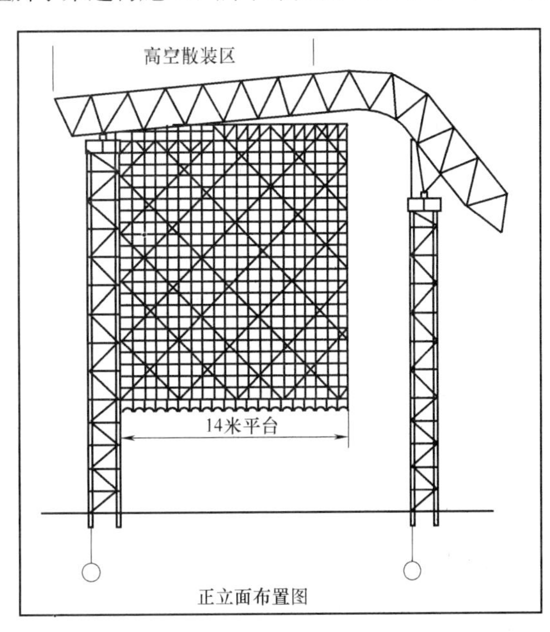

图 4.2-2　高空散装用满堂红脚手架立面示意图

4.2.3　焚烧间网架安装施工

1）高空散装施工

高空散装施工首先进行 2M 轴线至 2Q 轴线之间的起步区施工，高空散装区域的安装

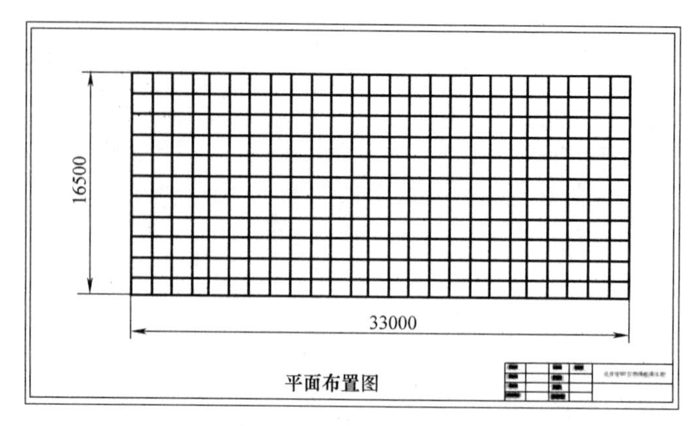

图 4.2-3　高空散装用满堂红脚手架平面示意图

由于全部需要垃圾间塔吊配合拼装。起步区施工完毕后，分别向两侧同时进行高空散装。焚烧间网架分块吊装完毕后，与烟气净化间结合部分杆件采用高空散装法进行杆件嵌补连接。

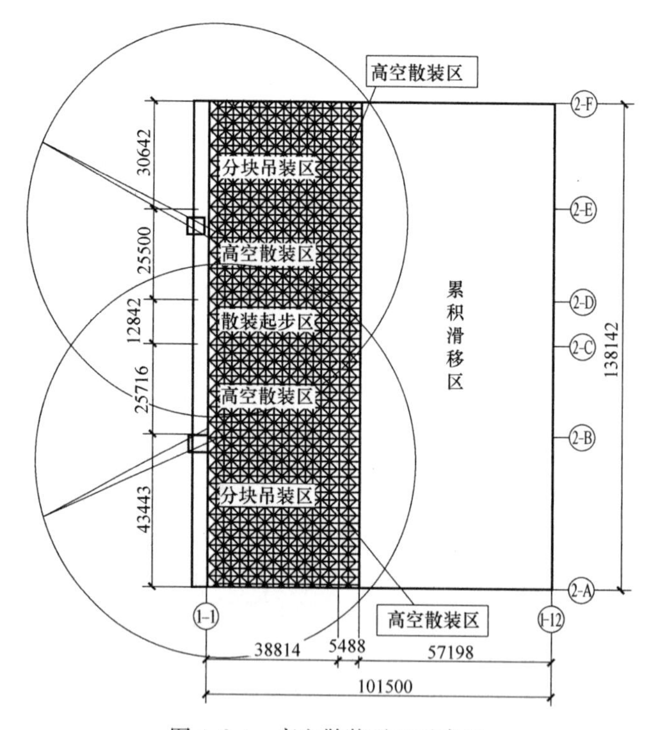

图 4.2-4　高空散装平面示意图

高空散装法是指把标准“小拼单元”（一球四杆或一球一杆等）直接吊装在设计位置进行安装的方法。高空散装过程中要求场地平整，并要将所有将要起吊的锥体拼好，整齐排放，以备随时装配。

安全措施：高空作业人员要始终系好安全带（双备带），安全带高挂低用，挂于网架上弦杆或腹杆上，始终拴挂不脱扣。高空作业人员 4 人一组，3 人安装，一人负责协助工作及安全观察。用爬梯绑在网架上下弦上，人在爬梯上缓慢短距离移动。

2）分块吊装施工

高空散装区域成后分别向两侧进行分块单元的吊装，分块吊装单元在2-A轴和2-Z轴外侧进行拼装，拼装完毕后利用站位在1号和4号锅炉外侧施工的280t和260t直接吊装就位，分块吊装区域与烟气净化间网架结合部进行杆件嵌补高空散装。

两侧280t和260t履带吊分别完成各自区域内吊装单元的安装工作，单个吊装单元最重为18t，280t履带吊工作半径32m时。额定起重量为23t，满足吊装要求。

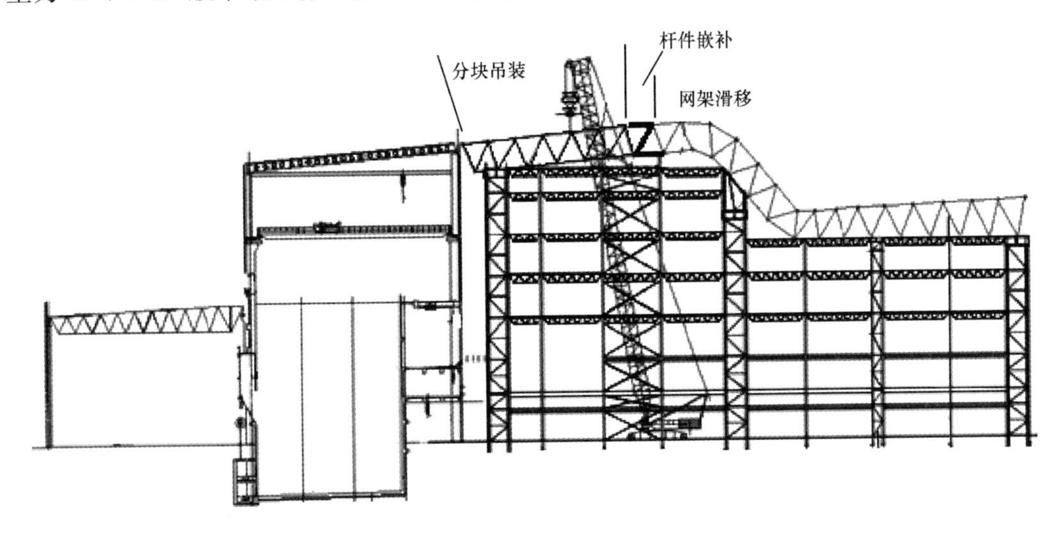

图4.2-5　履带吊吊装示意图

3）分块吊装的吊点验算

钢丝绳拉力计算：吊装采用4根钢丝绳，钢丝绳捆绑于网架下弦球节点。

吊点位置布置如下：

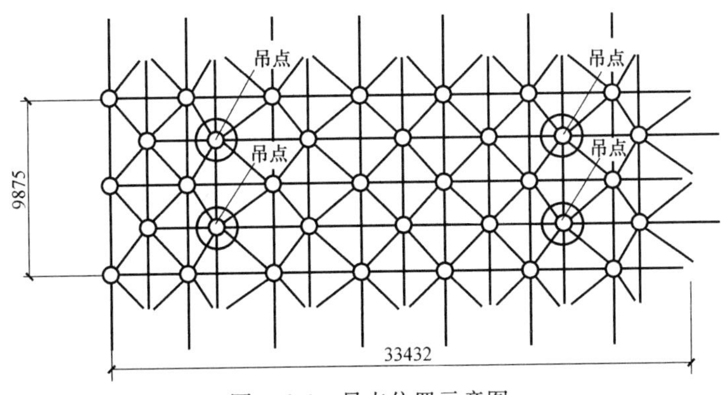

图4.2-6　吊点位置示意图

4）分块吊装临时支撑点布置

备注：分块吊装时2-1轴桁架位置上部增加临时支撑支座。

分块吊装法实例如图4.2-8。

5）支托安装

网架锥体在地面形成后，即进行油漆施工，以减少高空作业的工程量。对未施工多余球孔用纸片挡住。油漆施工在网架吊装前基本已涂刷完毕，只是在网架对接处涂补。对后

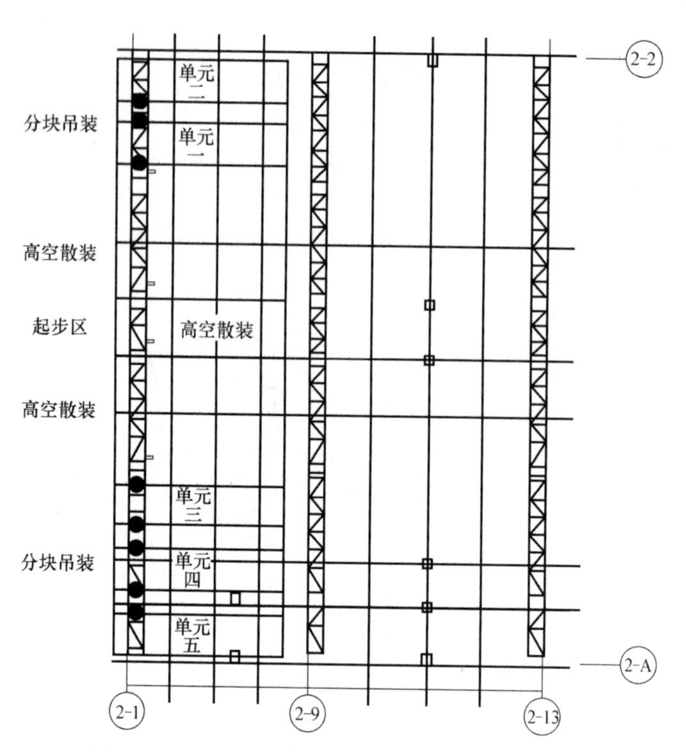

图 4.2-7 分块吊装临时支撑点布置（黑色圆点）

图 4.2-8 分块吊装法实例

继施工的破坏进行找补。油漆施工组织一支独立的施工队伍。同时配合施工，不影响总体工程进度。

支托的连接，在支托板的中间，用套筒安装活动螺栓，支托先栓接，再焊接，焊接只焊接与球的上下两边，各占满焊的四分之一，整个支托焊接总焊缝长度的一半。以防止支托螺栓连接松动。

4.2.4 施工检测

在网架总拼完成后及屋面工程完成后应分别测量其挠度值，保证施工安全和工程质量。采用钢尺和水准仪测量下弦球节点观测点沉降值，计算挠度值。观测点设置在网架中心点及各向四等分处，观测点布置如图 4.2-9 所示。

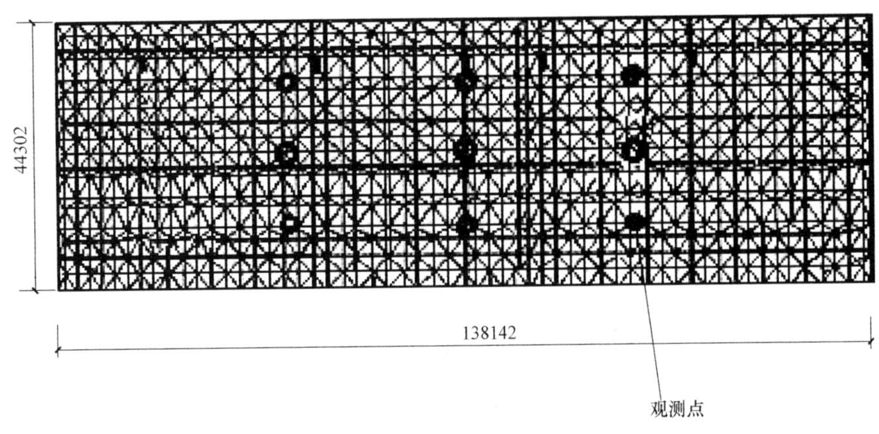

图 4.2-9　观测点布置示意图

5　施工安全保证措施

5.1　施工安全措施

（1）施工前，组织施工人员进行安全技术交底，告知施工安全危险源和安全防范措施，参加安全技术交底人员签字备案。

（2）施工前，对施工人员进行相关培训，考核合格方可上岗。特种作业人员必须持证上岗，必须取得相应职业资格证书并在有效期内，方可从事证书规定范围内施工作业。

（3）施工前，组织施工人员进行工程技术交底，使施工人员了解工程概况、熟悉施工工艺、掌握施工方法和采取必要的技术措施，保证施工安全。

（4）注意施工用电安全，严禁违规用电，防止触电事故发生。

（5）超过 2m 的高处作业必须使用安全带，安全带必须正确佩戴、高挂低用。

（6）动火作业必须按规定办理相关手续并且采取相应措施后，方可进行动火作业。

（7）脚手架搭设必须按设计和规范要求搭设，严禁偷工减料、以次充好。脚手架材料使用前必须严格经过检查，合格后方可使用。

5.2　吊装施工安全措施

（1）吊装施工前明确岗位和责任，统一指挥、协同作业。

（2）吊装作业相关人员必须持证上岗，施工前经培训合格方可作业。

（3）雷雨、大风（5 级以上）等恶劣天气严禁吊装作业。

（4）吊装机具使用前必须经过检验，合格方可使用。

（5）严禁在吊物下行走或停留，严禁违章作业。

6　雨季施工措施

结合我单位元对本工程的工期计划安排，施工安装现场钢结构安装处于雨季施工阶段。

成立雨季防汛施工领导小组，具体工作，明确负责，落实到人。从技术、质量、安全、材料、机械设备、文明施工等方面为雨期施工的顺利进行提供有力的保障。并制定防汛计划和紧急预案措施。

雨季施工前的准备工作：

（1）雨季施工前认真组织有关人员分析雨季施工生产计划，针对雨季施工的主要工序编制雨季施工方案，组织有关人员学习，做好对工人的技术交底。所需材料要在雨季施工前准备好。

（2）夜间设专职的值班人员，保证昼夜有人值班并做好值班记录，同时设置天气预报员，在雨季施工期间加强同气象部门的联系，做好天气预报工作。

（3）做好施工人员的雨季培训工作，组织相关人员进行随机全面检查，尤其在大雨过后，此项工作必须进行。包括对现场构件、临时设施、临电、机械设备防护等进行检查。

（4）雨季所需材料，设备和其他用品，由材料部门提前准备，及时组织进行，设备应提前检修。

（5）焊接材料注意防潮防水，正在施焊的焊缝部位，在下雨时应采取防护棚遮盖，直至焊缝完全冷却到常温。

7　应急预案

7.1　安全应急预案

根据《安全生产法》的规定，为了保护企业从业人员在生产经营活动中的健康和安全，保证企业在出现生产安全事故时，能够及时进行应急救援，最大限度地降低生产安全事故给企业和个人所造成的损失，并针对本工程实际特点，特制定本预案。

7.1.1　生产安全事故应急救援组织机构

组　长：1名　项目经理：＊＊＊　　　联系电话：＊＊＊＊＊＊

副组长：2名　项目副经理：＊＊＊　　联系电话：＊＊＊＊＊＊

组　员：5人

姓名：＊＊＊　　联系电话：＊＊＊＊＊＊

7.1.2　生产安全事故应急救援部门职责

组长职责：负责对突发吊装运输事故应急处置的指挥和部署工作，负责人员、机械的调配工作。

副组长职责：执行组长的指示精神并将指示精神传达到参加救援的所有人员，负责现场应急处置的指挥和组织工作。

组员职责：服从组长、副组长的指挥，积极配合有关部门开展救援工作，并做好自己职责范围内的救援工作。

7.1.3　现场运输事故应急预案的类型

1）交通事故的应急预案

车辆在道路上行驶发生交通事故时，驾驶员应在第一时间内向交管部门报警。报警电话：122。

驾驶员要积极抢救伤者并注意保护事故现场。将伤者送往事发地最近的医院×××进行救治，急救电话：999、120。

及时向应急救援组长通报事故情况。

项目部经理应及时将事故情况向公司安全应急领导小组组长汇报。并及时赶赴事故现场，负责处理事故。

公司安全应急领导小组组长组织指挥应急领导小组，调配人员、设备开展事故救援处置工作。安全员负责与交通管理部门的联系和事故的处置工作，技术员负责抢救伤者和事故现场的处置工作，项目部副经理责车辆的抢修和处置工作，公司的其他人员随时听从调遣参加应急处置工作。

公司安全应急领导小组组长应指派专人向总包负责人通报情况。

2）运输车辆在道路行驶中发生机械故障的应急预案

运输车辆在道路行驶中发生机械故障时应立即停车，遵照中华人民共和国交通法的有关规定：机动车在道路上发生故障，需要停车排除故障时，驾驶人应当立即开启危险报警闪光灯，将机动车移至不妨碍交通的地方停放；难以移动的，应当持续开启危险报警闪光灯，并在来车方向设置警告标志等措施扩大示警距离，必要时迅速报警。

驾驶员要及时向公司主管部门报告。

公司主管部门要及时赶赴现场进行处理，并立即组织调配有关人员及机械设备进行抢修。

7.1.4　工作程序

1）人员准备

成立领导小组，配备机务负责人、安全负责人、修理负责人和专业抢修人员，并明确各自的职责。

2）物资准备

配备一辆重型牵引车及相关绳索，加强对应急车辆装备的保养和维护，并保持应急设备经常处于良好状态，保障随时可以投入使用。

保证在夜间报警电话能够正常使用畅通。

3）建立通信联络表。

事故发生后报告程序：

驾驶员—安全员—组长—总包负责人。

处理事故工作程序：

组长—副组长—安全员—机务—抢修。

4）应急响应

当交通事故或机械故障发生时，当事人应立即报警、报告。发生交通事故时采取措施积极抢救伤者，保护事故现场。发生机械故障时采取措施将车辆移至路边，避免发生二次交通事故。

公司道路运输车辆事故应急领导小组接到报告后，及时调配相关人员及机械设备投入救援工作。

5）事后的处理

公司道路运输车辆事故应急领导小组要组织相关部门人员，对事故进行分析、调查，对事故责任人做出初步的处理报告，向公司领导汇报事故情况及对事故责任人处理意见。

7.1.5　安全生产预案实施要求

（1）各部门必须认真了解，明确有关人员职责。

（2）本预案内容根据施工现场的实际情况制定，贯穿整个施工过程。

（3）如发生火警、坍塌、高坠、触电、机械伤害等事故，应立即拨打 119、110、120、999 等报警电话，并及时将伤者送往施工所在地最近的×××医院进行救治。

（4）根据情况需要随时征调一切车辆进行救援，在最短的时间内将伤员送到临近医院进行救治。

（5）公示现场安全值班人员表，注明值班电话以及各部门负责人电话。

8　计　算　书

8.1　焚烧间网架安装脚手架承载力计算

8.1.1　脚手架承载了计算

支架 2 支撑网架荷载为 40t＝400kN

支架宽 16.5m，长 37.5m

即均布荷载为：400kN/(16.5m×37.5m)＝0.65kN/m²

1）荷载

单支承重荷载为 0.65kN/m²×1.5×1.5＝1.46kN

支撑架体自重取 0.1×1.5×1.5×33＝7.43kN

施工人员取 1×1.5×1.5＝2.25kN

2）荷载组合

恒荷载分项系数取 1.2，活荷载分项系数取 1.4。

则 $q_1=a+b+c=11.14$kN

$q_2=1.2\times(a+b)+1.4\times c=9.77+3.15=12.92$kN

3）稳定性验算

按照《钢结构设计规范》GB 50017—2003

立杆的截面特性：

$A=571$mm2，$i=20.10$mm，＝300N/mm²，$E=2.06\times105$N/mm² 取 $L=1500$mm。

根据《建筑施工承插型盘扣式钢管支架安全技术规程》JGJ 231—1010 中公式(5.3.2-1) 计算：

$$l_0=h'+2ka=1000+2\times0.7\times650=1910$$

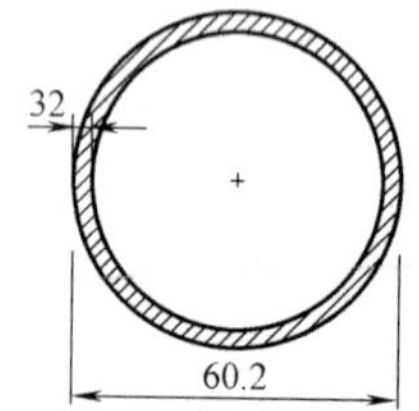

图 8.1-1　脚手架立杆截面示意图

式中　l_0——支架立杆计算长度；

η——支架立杆计算长度修正系数，水平杆步距为 0.5m 或 1m 时，可取 1.60；水平杆步距为 1.5m 时，可取 1.20；

h'——支架立杆顶层水平步距（m），宜比最大步距减少一个盘扣的距离；

k——悬臂计算长度折减系数，可取 0.7；

a——支架可调托座支撑点至顶层水平杆中心线的距离（m）。

立杆稳定性计算不组合风荷载：

$$N/\phi A \leqslant f$$

ϕ——轴心受压构件的稳定系数，根据立杆长细比 $\lambda = l_0/i = 1910/20.1 = 95$，按《建筑施工承插型盘扣式钢管支架安全技术规程》JGJ 231—1010 中，附录 D 取值，$\phi = 0.512$

$$N/\Phi A + M_w/W \leqslant f = 12920/0.512 \times 571 = 44.19 \leqslant f = 300$$

故稳定性满足要求。

8.1.2　地基承载力计算

地面承载力为：

$$P_{max} = N_{max}/A = 12.92/(1.5 \times 1.5) = 5.74 \text{kN/m}^2$$

地基承载力应大于 6kN/m^2 则满足要求。

8.2　焚烧间网架分块吊装的吊点验算

钢丝绳拉力计算：吊装采用 4 根钢丝绳，钢丝绳捆绑于网架下弦球节点。

吊点的确定及杆件受力分析：

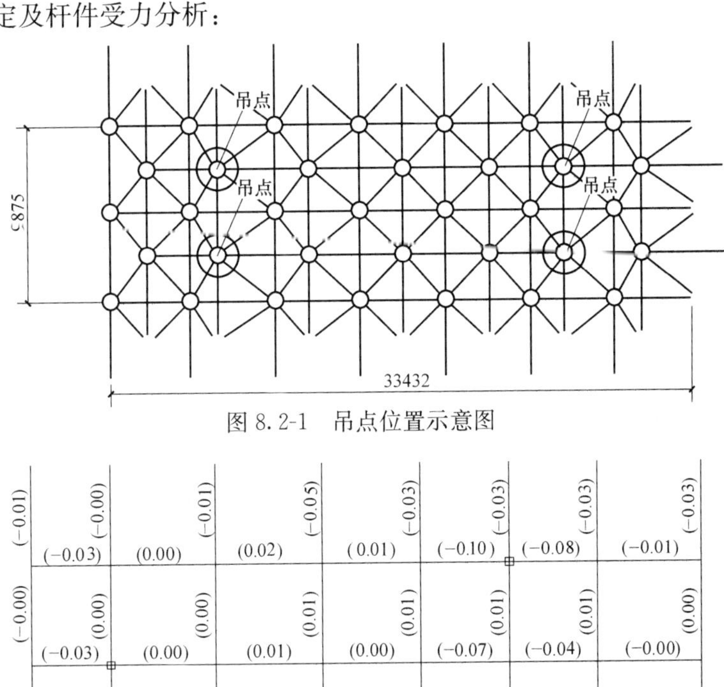

图 8.2-1　吊点位置示意图

图 8.2-2　下弦杆件受力分析图

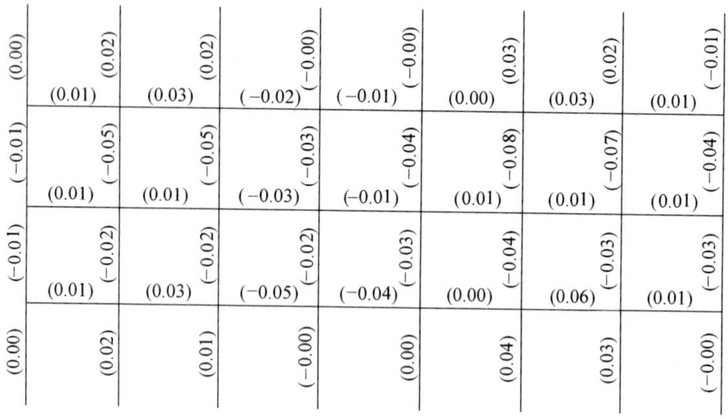

图 8.2-3　上弦杆件受力分析图

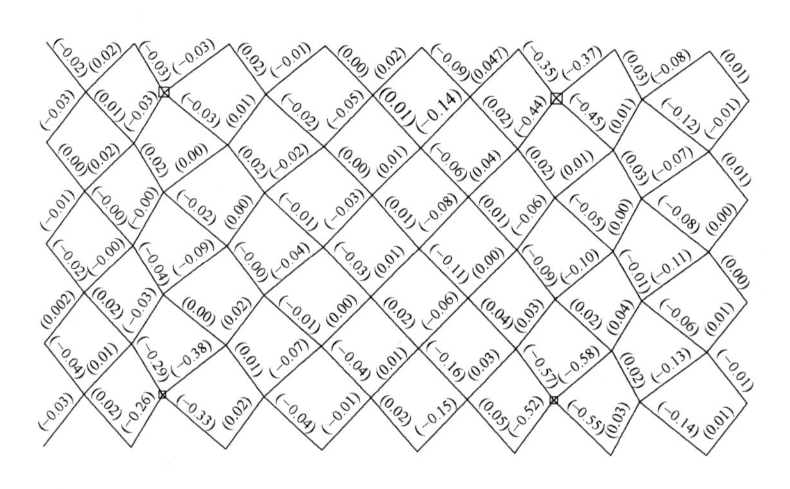

图 8.2-4　腹杆受力分析图

根据以上吊点示意图和分区网架杆件内力图显示，在吊点设置如图示位置时，吊装对结构构件产生的内力重分布，未使网架杆件的受力超过材料应力范围，因此在吊装过程中，所吊装区域的网架可以保证结构安全。

范例8　大跨度网架整体顶升工程

林胜辉　周文德　编写

林胜辉：北京住总集团有限责任公司　高级工程师。
周文德：徐州天达网架幕墙有限公司　高级工程师。

某体育馆钢结构网架工程
整体顶升安全专项施工方案

编制人：______________

审核人：______________

审批人：______________

施工单位：＊＊＊＊＊＊

编制时间：＊＊＊＊＊＊

目　　录

1　编制依据

1.1　国家、行业和地方规范

本方案根据现行的国家和行业规范进行编制，所采用的国家和行业规范规范进行编制如表1.1所示。

采用国家规范　　表1.1

序号	文件名称	标准号
1	建筑地基基础设计规范	GB 50007—2011
2	建筑结构载荷规范	GB 50009—2012
3	混凝土结构设计规范	GB 50010—2010
4	建筑抗震设计规范	GB 50011—2010
5	钢结构设计规范	GB 50017—2003
6	工程测量规范	GB 50026—2007
7	钢结构工程施工质量验收规范	GB 50205—2001
8	建筑工程施工质量验收统一标准	GB 50300—2013
9	钢结构焊接规范	GB 50661—2011
10	钢结构工程施工规范	GB 50755—2012
11	重要用途钢丝绳	GB 8918—2006
12	钢网架螺栓球节点用高强度螺栓	GB/T 16939—2016
13	碳素结构钢	GB/T 700—2006
14	低合金高强度结构钢	GB/T 1591—2008
15	钢的成品化学成分允许偏差	GB/T 222—2006
16	一般用途钢丝绳	GB/T 20118—2006
17	起重机钢丝绳保养、维护、检验和报废	GB/T 5972—2016
18	塔式起重机设计规范	GB/T 13752—1992
19	建筑机械使用安全技术规程	JGJ 33—2012
20	施工现场临时用电安全技术规范	JGJ 46—2005
21	建筑施工高处作业安全技术规范	JGJ 80—2016
22	建筑机械使用安全技术规程	JGJ 33—2012
23	建筑施工临时支撑结构技术规范	JGJ 300—2013
24	钢结构高强度螺栓连接技术规程	JGJ 82—2011
25	空间网格结构技术规程	JGJ 7—2010
26	钢网架螺栓球节点	JG/T 10—2009
27	钢网架焊接空心球节点	JG/T 11—2009
28	建筑施工起重吊装安全技术规范	JGJ 276—2012
29	建筑施工高处作业安全技术规范	JGJ 80—2016
30	建筑施工安全检查标准	JGJ 59—2011
31	高空作业机械安全规则	JG 5099—1998
32	工程建设标准强制性条文	（2013年版）

1.2　设计文件和施工组织设计

本工程采用的设计文件和施工组织设计，如表1.2所示。

设计文件和施工组织设计　　表 1.2

序号	文件名称	备注
1	×××设计院设计的×××工程施工图纸	
2	×××公司×××工程的施工组织设计	
3	钢结构施工图及钢结构深化图。	

1.3　安全管理法律、法规及规范性文件

安全管理法律、法规及规范性文件　　表 1.3

序号	法规名称
1	建设工程安全生产管理条例 国务院令第 393 号
2	《危险性较大的分部分项工程安全管理办法》建质[2009]87
3	《北京市危险性较大的分部分项工程安全动态管理办法》京建法[2012]1 号
4	《北京市实施(危险性较大的分部分项工程安全管理办法)规定》京建施[2009]841 号
5	北京市危险性较大分部分项工程安全专项施工方案论证细则 2015 版

2　工程概况

2.1　工程简介

工程由＊＊＊＊设计院设计，＊＊＊＊工程建设监理公司监理，由＊＊＊＊公司组织施工。

质量要求：□□□□。

安全文明施工要求：□□□□。

总包工期要求：计划工期：□□个月。工期节点：20□□年□月□日开工，20□□年□□月□□日整体工程验收合格并交付使用。

占地面积：9630m²，总建筑面积：14687m²，建筑高度：23.200m，建筑层数为地上3层。基础形式：桩承台基础，桩型为钻孔灌注桩；主体结构形式：钢筋混凝土框架结构，屋面采用正放四角锥网架钢结构；抗震等级：框架抗震等级二级，支承钢结构屋面的框架柱及环梁为一级。

本工程的钢网架为正放四角锥钢网架（采用焊接球），结构找坡，下弦支撑，网架投影面积近 8000m²，网架跨度大，外形不规则，用钢量较大，支座布置复杂，各支座安装标高为 17.900～22.2m。该异形钢网架网格尺寸 2.4m×2.4m，矢高为 2.0m。钢网架的钢管和钢球采用 Q345B 材料，钢网架结构的总重约为 448t（不含支座），网架跨度69.3m，长度 117.6m。

钢结构部分：

1）钢材

材质：网架结构的钢管、焊接球及加劲板所用钢材牌号均为 Q345B，支撑及连接板所用钢材牌号均为 Q235B。

圆钢管直径小于 400mm，选用无缝钢管；大于 400mm，选用直缝钢管。

2）螺栓

普通螺栓（性能等级为4.6）采用Q235-B制造。

高强度螺栓的性能等级为（10.9级）。

3）焊接材料

钢结构焊接采用工厂焊，并优先采用自动焊和半自动焊，手工焊用焊条：Q235B钢采用的焊条为E43型，Q345B钢采用的焊条型号为E50型。

2.2　危险性较大的分部分项工程概况

此网架项目单边长度大于60m，符合危险性较大标准。

2.3　结构平面、剖面图、节点图

屋面承重结构采用正放四角堆焊接球网架，结构找坡，下弦支撑。网架投影面积近八千平方米。

1）结构平面、剖面

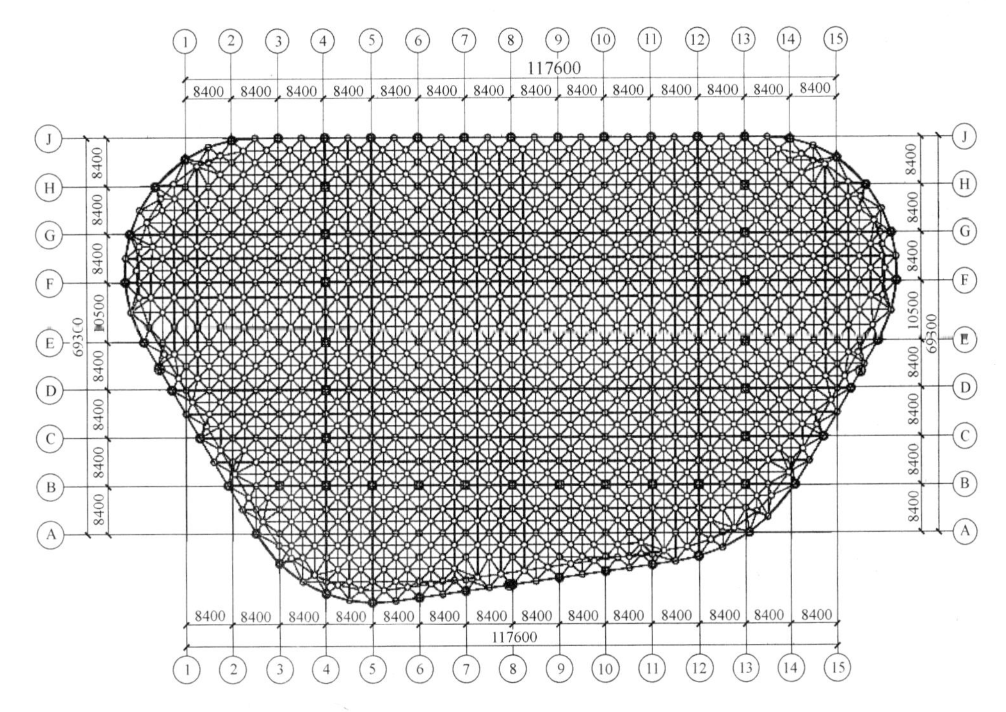

图 2.3-1　网架平面图

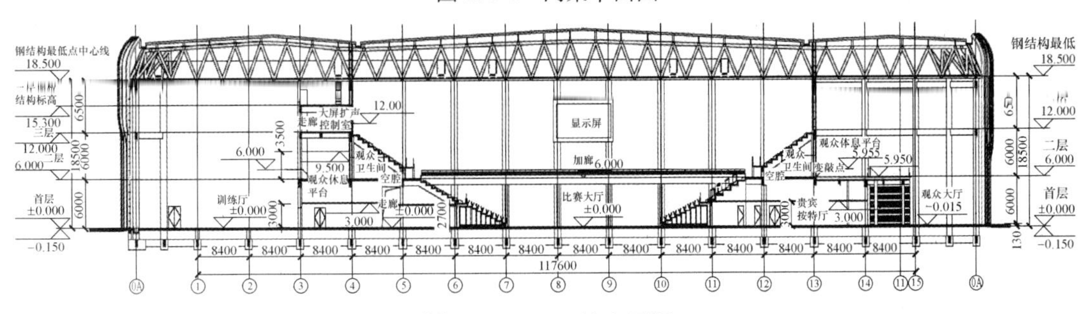

图 2.3-2　1-15轴立面图

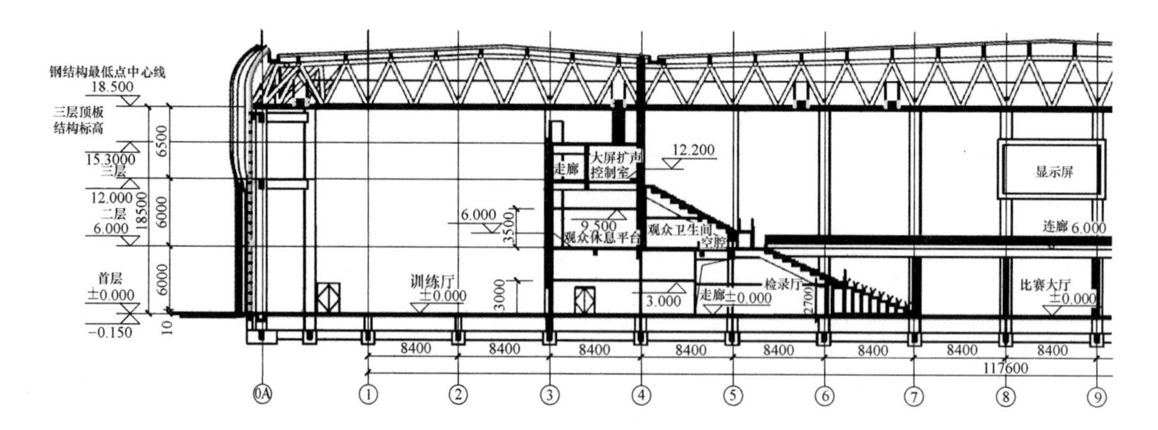

图 2.3-3　1-8 轴立面图

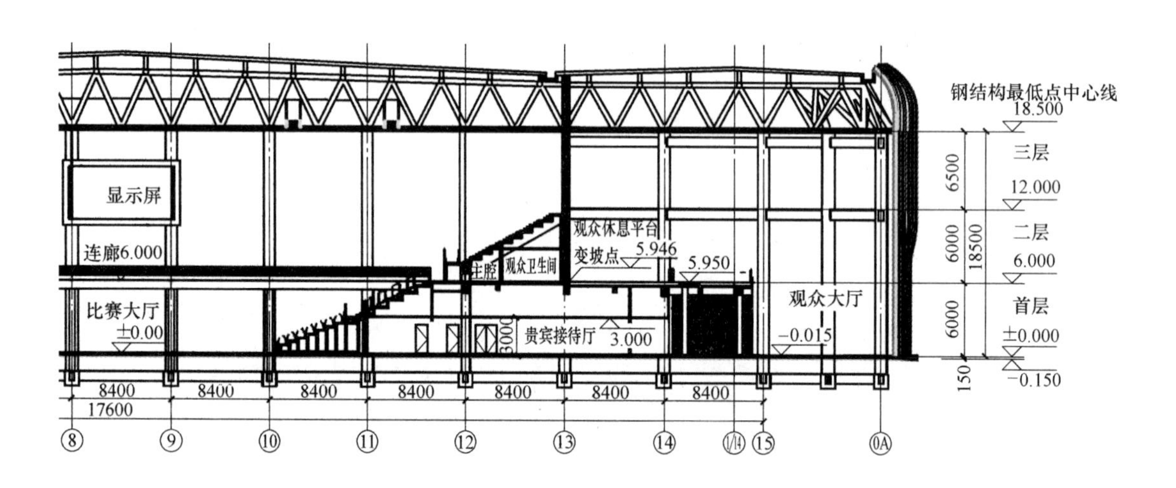

图 2.3-4　8-15 轴立面图

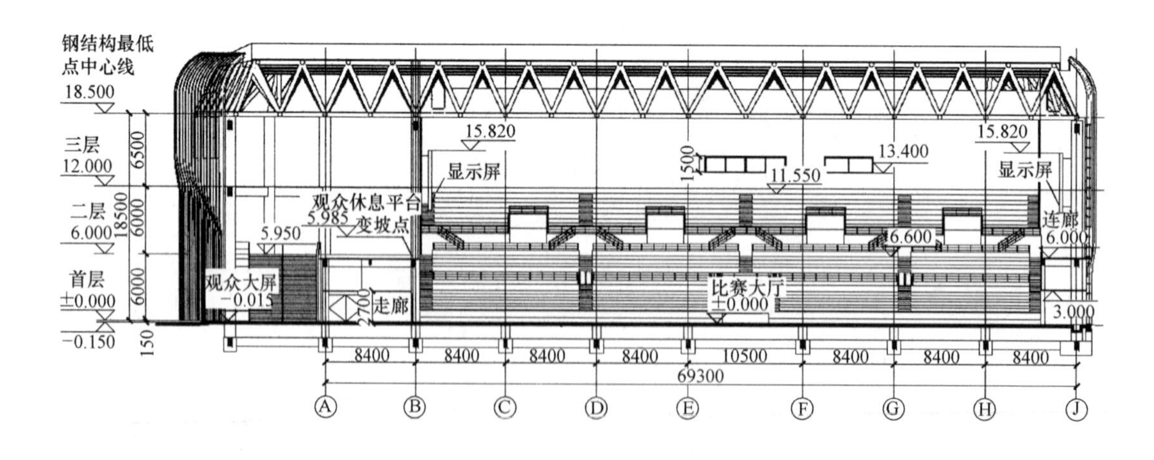

图 2.3-5　A-J 轴立面图

2）节点形式：本工程为焊接球网架，节点形式如下：

2.4　工程重点及难点

1）工程量大、工期紧，多工种交叉作业多是本工程的突出难点之一。

2）支座将网架分成四块，每块网架下方的结构高低错落，造成网架的拼装、起升的施工难度大大增加，为此需比常规施工增加大量的人力、物力。

3）结构形状复杂、独特。杆件、焊接球的种类多。现场场地受限制，现场材料分拣有较大难度。

4）对测量的要求高。

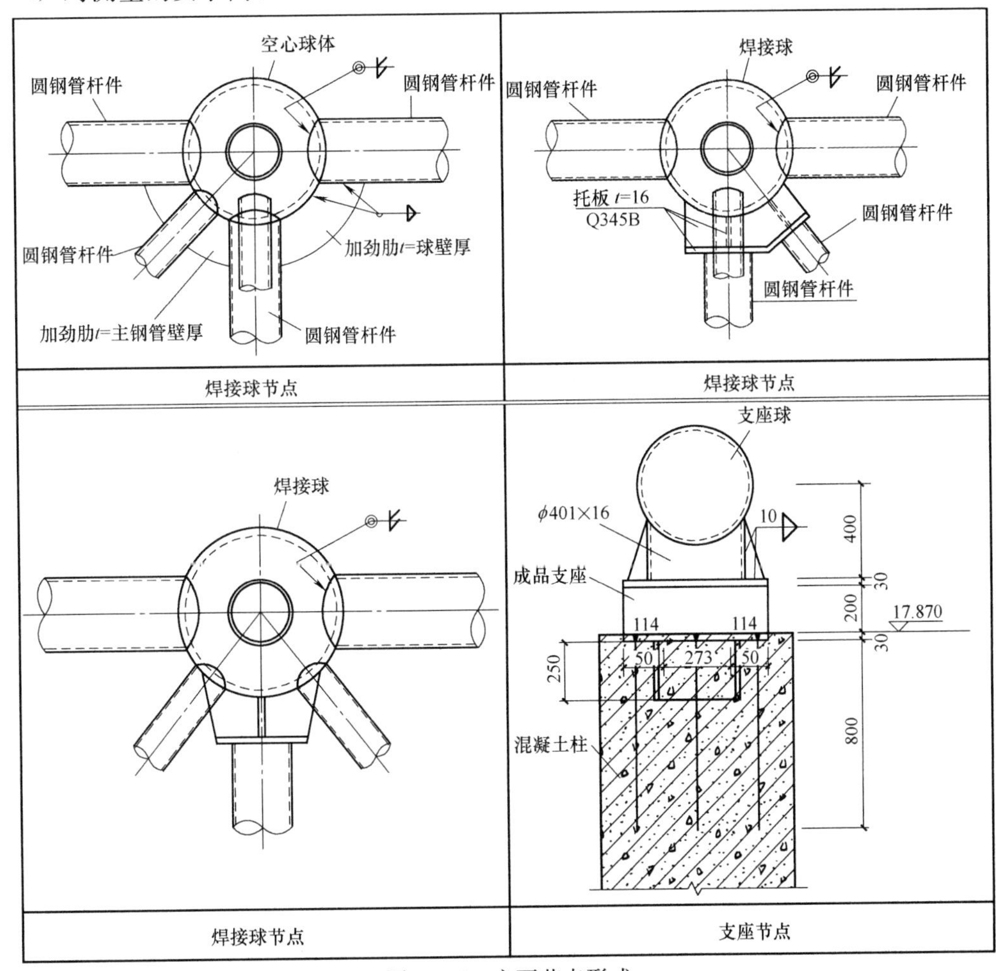

图 2.3-6　主要节点形式

3　施 工 部 署

3.1　管理目标

1）质量目标：为确保本工程总体质量目标的实现，钢结构施工要求严格质量控制，一次验收合格。

2）钢结构工期目标：开始时间为20××年×月×日，至20××年×月×日。在总工期进度计划的控制下开展钢结构的施工，钢结构工程现场施工控制工期为48个工作日，现场结构安装开始时间为20××年×月×日，结束时间为20××年×月×日。

3）安全施工目标：无伤亡事故。

4）文明施工：本地安全文明工地。

3.2　施工管理组织机构

对于本次网架顶升，我公司高度重视，为确保工程质量和工期要求，我单位抽调有丰富顶升施工经验的专业项目部全面负责项目施工过程中的管理工作。

项目部组织机构如图3.2所示。

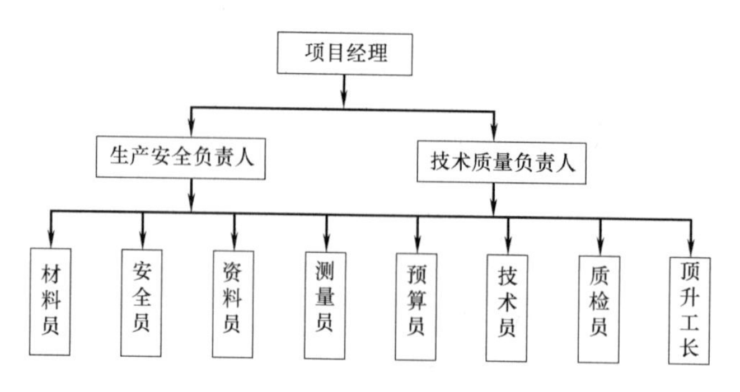

图3.2　组织结构图

3.3　施工方法及流水段划分

根据工程结构特点和现场施工条件，我单位工程技术人员深入研究，结合我公司顶升设备的具体情况，确立了地面分块拼装网架，利用液压顶升技术将各块网架分别顶升就位并连接的方案进行施工的方案。

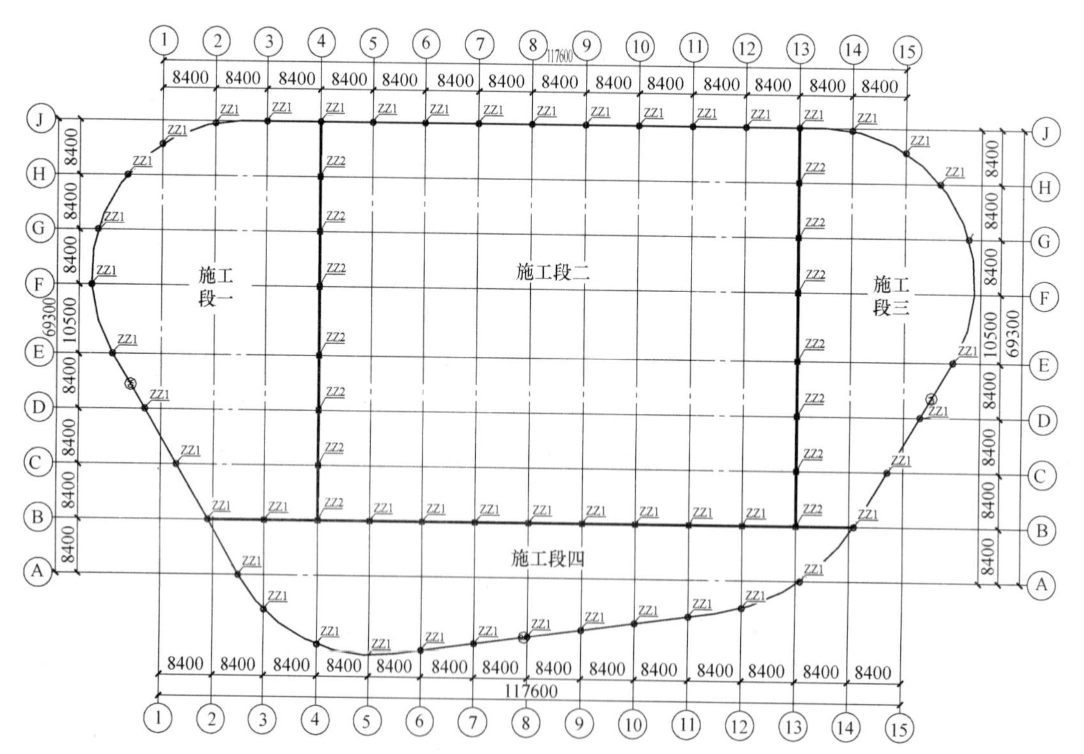

图3.3　施工段划分图

顶升法施工大面积焊接球网架缩短了网架施工周期、减少了作业面的占用时间、有的工序可和网架施工进行交叉作业，油漆、防火涂装、水电施工等均可在地面进行，施工安全性好。没有大量的脚手架材料进退场，不但减少了劳动用工，也节约了周转材料租赁成本，经济效益明显提高。

由于支座将网架分为四块，每个施工段内有的有看台，有的有楼梯，施工段四内不仅有楼梯和一些构筑物，还在 4 轴线还有一道混凝土梁，故此段采用散拼。

以支座连线为分界线将整个网架分成四个施工段，如图 3.3 所示。

3.4　施工平面布置

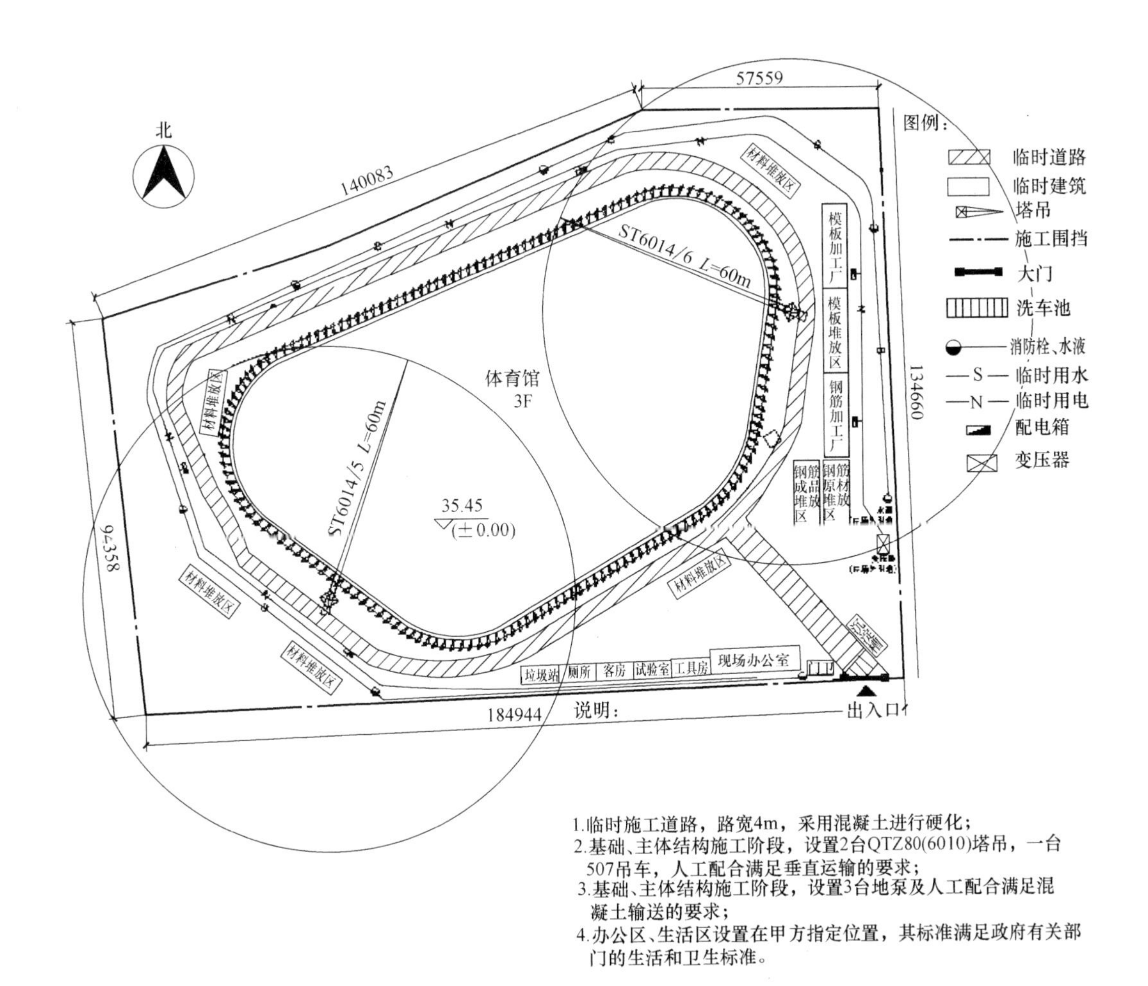

图 3.4　现场平面布置图

3.5　施工进度计划

整个工程分为四个施工段。

由于工期较紧，本工程计划安排二个施工队，二个同时开工。

施工进度计划表

表 3.5

工程标尺					10　20　30　40　50　60
年、月					2013年03月　2013年04月　2013年05月
编号	工作名称	日期	开始日期	结束日期	25 27 29 31 2 4 6 8 10 12 14 16 18 20 22 24 26 28 30 2 4 6 8 10 12 14 16 18 20 22 24
1	网架材料加工进货	7	2013-03-25	2013-03-31	网架材料加工进货
2	施工段二网架地面起步拼装	10	2013-04-01	2013-04-10	施工段二网架地面起步拼装
3	施工段二网架顶升及扩大拼接	15	2013-04-11	2013-04-25	施工段二网架顶升及扩大拼接
4	施工段二网架周圈封边及落位	5	2013-04-26	2013-04-30	施工段二网架周圈封边及落位
5	施工一网架地面起步拼装	10	2013-04-11	2013-04-20	施工一网架地面起步拼装
6	施工段一网架提升及扩大拼接	10	2013-04-21	2013-04-30	施工段一网架提升及扩大拼接
7	施工段一网架和施工段二网架对接及封边落位	7	2013-05-01	2013-05-07	施工段一网架和施工段二网架对接及封边落位
8	施工段三网架地面起步拼装	10	2013-04-21	2013-04-30	施工段三网架地面起步拼接
9	施工段三网架提升及扩大拼接	10	2013-05-01	2013-05-10	施工段三网架提升及扩大拼接
10	施工段三网架和施工段二网架对接及封边落位	7	2013-05-11	2013-05-17	施工段三网架和施工段二网架对接及封边落位
11	施工段四网架地面起步拼装	10	2013-04-23	2013-05-02	施工段四网架地面起步拼装
12	施工段四网架提升及扩大拼接	10	2013-05-03	2013-05-12	施工段四网架提升及扩大拼接
13	施工段四架和施工段二网架对接及封边落位	8	2013-05-13	2013-05-20	施工段四架和施工段二网架对接及封边落位
工程月					1　2　3
工程周					1　2　3　4　5　6　7　8　9

3.6　施工准备

3.6.1　技术准备

1）施工前组织总包、分包、设计等有关工程技术人员做好沟通，了解施工环境与设计意图，并组织图纸会审，及时解决图纸中的有关问题，做好图纸设计交底和技术交底等准备工作，备齐工程所需的资料和标准。

2）积极组织有关工程技术人员进行加工图纸深化设计工作，与设计人员进行沟通，确保加工图纸在满足设计规范要求的前提下便于构件加工制作和现场安装。

3）编制分部工程材料计划以及劳动力需求计划和工机具的需求计划。向施工人员进行施工组织设计和技术交底，把工程的设计内容、施工计划和施工技术要求等详尽的向施工人员讲解清楚，落实施工计划，制定技术责任制的必要措施。

3.6.2　现场准备

1）与总包单位协商，确定各材料和安装设备、运输、现场供电及生活等工作。

2）认真勘察施工现场，与总包单位协商，保证现场道路满足构配件等材料设备进厂后运输、堆放、组对、拼装等现场作业的要求。同时向总包单位提供需要总包单位协助钢结构安装的辅助设施清单。

3）与总包单位联系，进行测量控制网的交接并办理交接手续。

4）根据总包单位移交的基础测量控制网，复测混凝土柱的轴线、标高及垂直度，做好现场轴线和标高的复核，完成工程的定位放线工作。若偏差过大，要及时提交总包单位处理。

3.6.3　劳动力准备

劳动力计划　　**表 3.6-1**

序号	工种	人数	备注	序号	工种	人数	备注
1	施工队管理人员	2		5	测量工	2	
2	架子工	5		6	电焊工	12	
3	安装工	20		7	信号工	5	
4	电工	2		8	油漆工	4	

3.6.4　主要机械准备

机械设备计划　　**表 3.6-2**

序号	机械或设备名称	型号规格	数量	用于施工部位备注
1	塔吊	ST6014/5　L=60m	2	
2	顶升架标准节		350	
3	碳弧气刨	ZKO	1	钢板破口
4	电烘箱		1	烘焊条
5	射吸式割炬		1	现场切割
6	涂装喷枪	ST395	1	喷漆
7	漆膜测厚仪	MICROTEST	1	测油漆厚度
8	空压机	0.63M3	1	喷漆

续表

序号	机械或设备名称	型号规格	数量	用于施工部位备注
9	电焊机	ZXG-300	4	
10	气体保护弧焊机	CPXD-200	8	电焊
11	水准仪	DS3-D2MM	1	测水平
12	经纬仪	J1、T2	1	定位
13	拓普康全站测量仪	GTS-311S	1	定位、测水平
14	超声波探伤仪	PXUT-27	1套	探伤
15	手提焊条保温筒		12	
16	25吨汽车吊	NK250	1	
17	液压千斤顶		24	网架顶升
18	泵站		24	网架顶升
19	控制电脑	联想	1	同步顶升控制
20	位移传感器			同步顶升控制

3.6.5　主要顶升设备

顶升设备主部件简图如下所示。

序号	项目名称	图片
1	液压站	
2	液压站电供箱	

续表

序号	项目名称	图片
3	液压油缸	
4	顶升架标准节	
5	上托架	

续表

序号	项目名称	图片
6	下托架	
7	主控电脑	
8	电脑控制界面 1	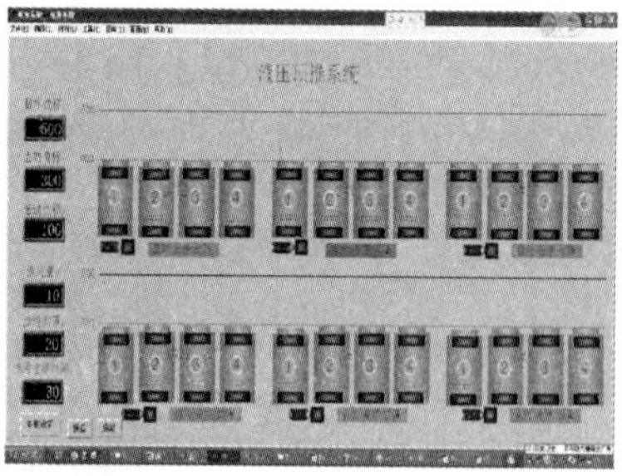
9	电脑控制界面 2	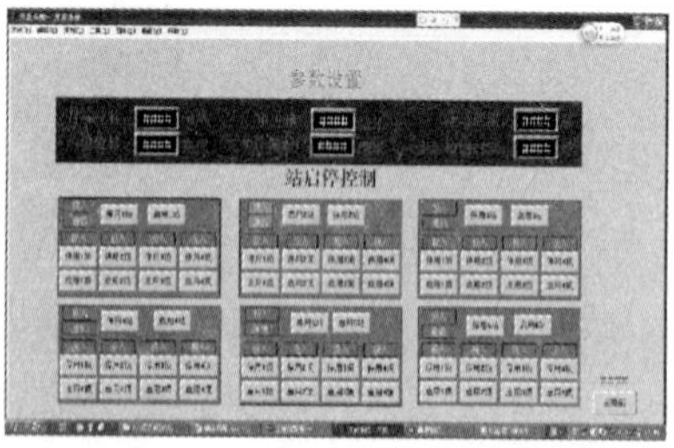

4　主要施工工艺

现场安装采用"地面分块拼装、累积顶升，高空合拢"的方法。

4.1　施工顺序

1）施工段间顺序：

施工段二→施工段一→施工段三；施工段四略

2）施工段内顺序：

先下弦杆后腹杆及上弦，

各施工段安装顺序见图 4.1。

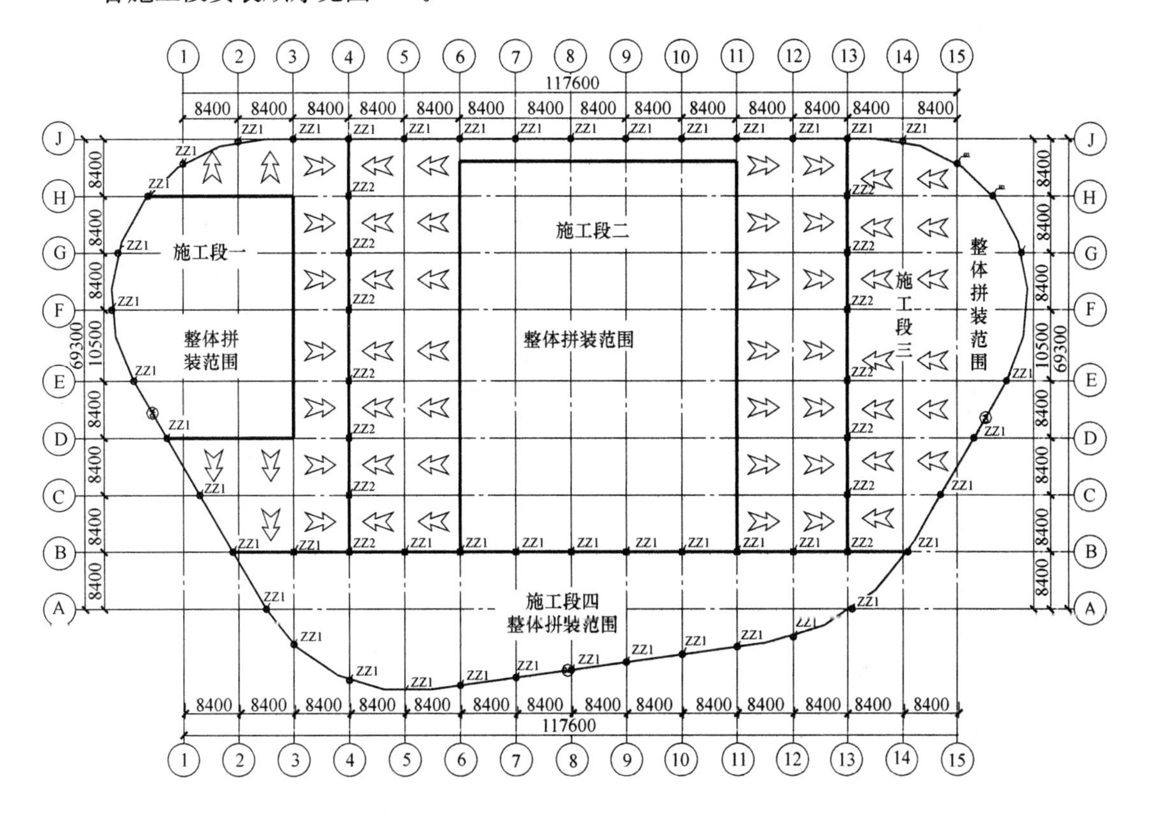

图 4.1　各施工段安装顺序图

3）地面拼装顺序：各施工段拼装顺序如图 4.1-2、图 4.1-3 所示。

网架地面拼装→安装顶升架、顶升网架→扩大延伸网架安装→再顶升→再扩大延伸网架安装→增设新顶升设备→顶升→封边→卸载。

4.2　施工方法

4.2.1　网架地面拼装

1）搭设拼装胎具

(1) 拼装平台材料：使用砌块和 $\phi110\times4$—$\phi219\times12$ 的钢管。

(2) 胎架搭设方法

第 1 步：按照图纸尺寸和轴线在地面测放下弦球平面控制网，交点为球心的投影点。

第 2 步：以投影点为中心搭设高度为 500mm 的砌体块，砌块顶部用砂浆找平。（砌体

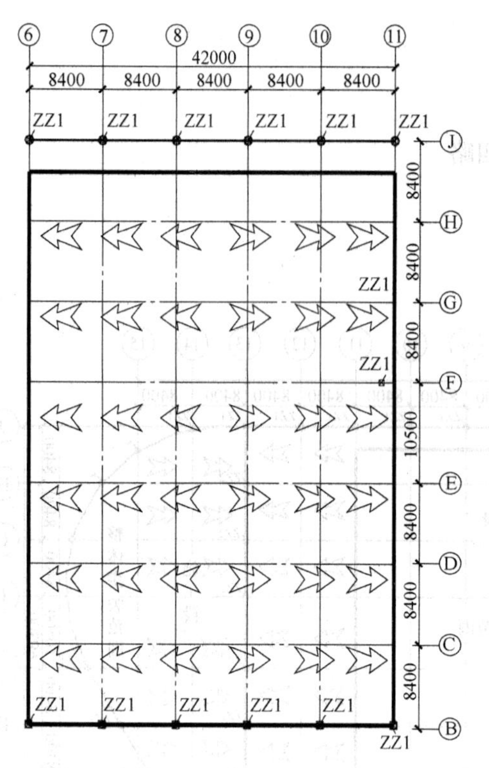

图 4.1-2 施工段二，现场拼装顺序图

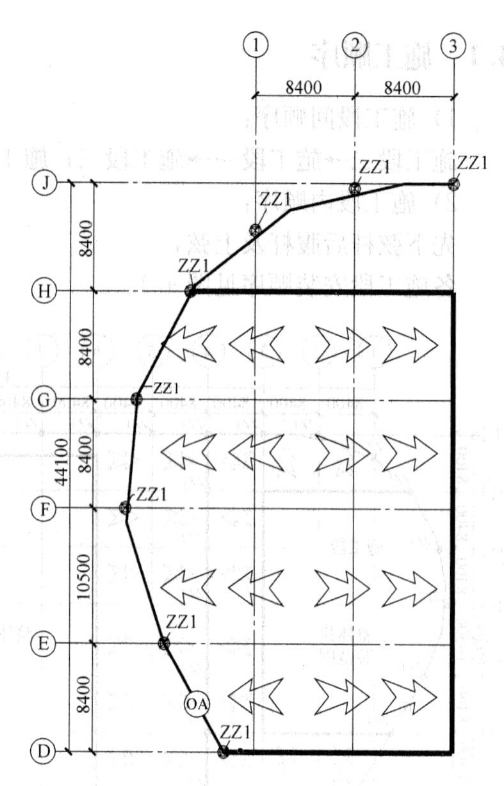

图 4.1-3 施工段一，现场拼装顺序图

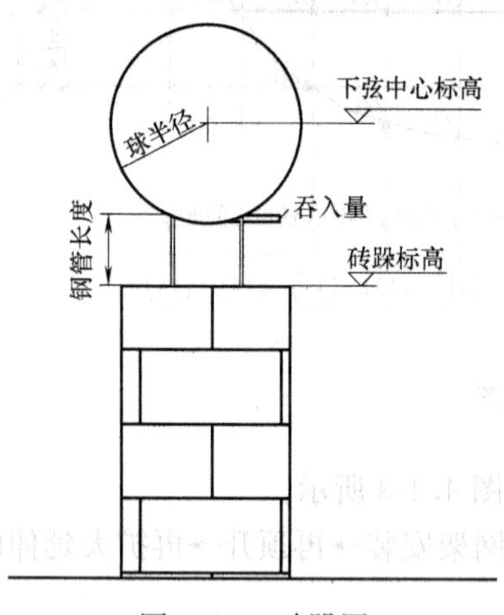

图 4.2-1 砖跺图

块下土应夯实，砌体可用黏土砖（240×240），保证稳定即可）

第 3 步：精确放线：在砌块顶部用经纬仪重新测放球心的投影点，同时测量砌快顶部标高。

第 4 步：根据高度制作短钢管，在砌块顶部放置钢管，钢管型心和投影点重合。钢管长度＝下弦中心标高－砖跺标高－球半径＋吞入量

第 5 步：拼装时球就放在钢管顶部，为保证下弦球球心标高的一致性，钢管的长度要根据球直径、含球量和砖堆顶部标高进行计算。

第 6 步：将短钢管中心与下弦球投影点重合。

2）网架拼装

（1）拼装顺序

利用塔吊将杆件及焊接球运至拼装位置附近，网架拼装从中间轴线向四周拼装。

（2）网架拼装方法

第 1 步：首先在地面平台上摆放中轴及其两侧 8m 范围内的下弦球、下弦杆（图 4.2-2）。

第 2 步：然后拼装腹杆、上弦球及上弦杆件（图 4.2-3）。

第 3 步：充分利用体育馆中心比赛场地，向四轴延伸拼装网架，直至拼装至看台边为止（图 4.2-4）。

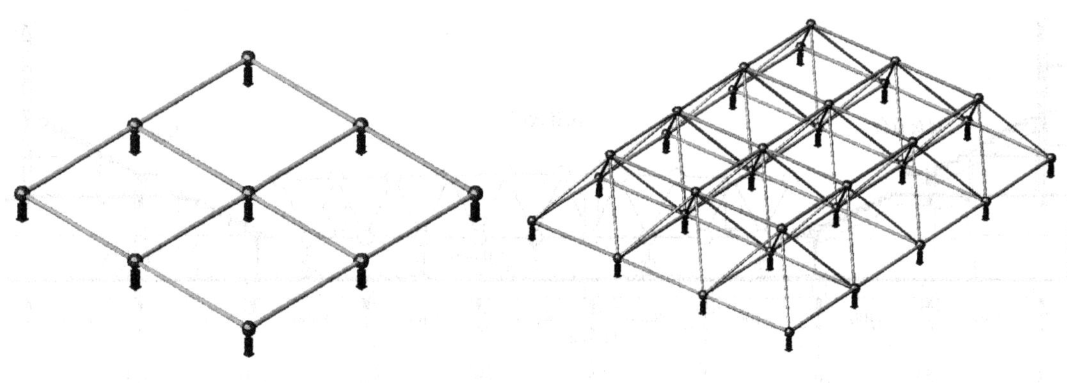

图 4.2-2　下弦杆拼装　　　　图 4.2-3　腹杆及上弦杆

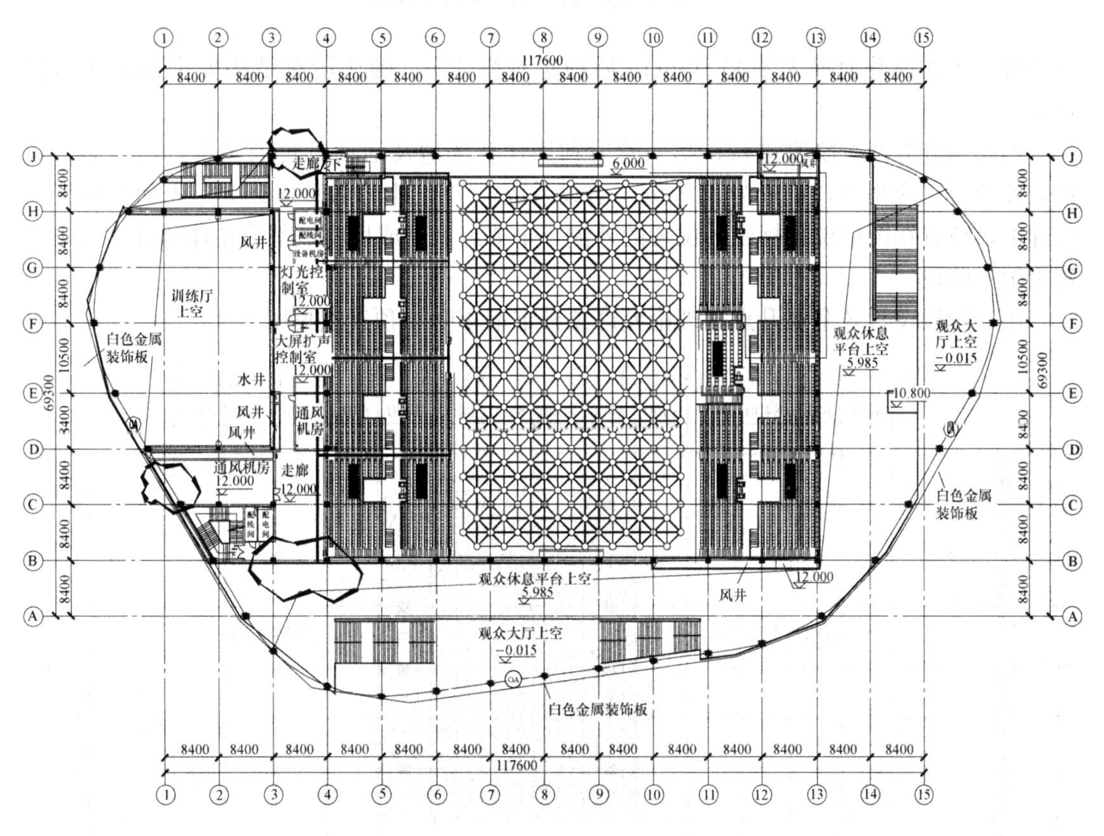

图 4.2-4　施工段二第一阶段平面图

4.2.2　施工段二安装及通用顶升方法

1）顶升设备安装及顶升阶段划分

顶升架为我公司设计、生产的专用顶升塔架，参照塔架标准节和特制的油压千斤顶组成，工作原理和自升式液压塔吊类似。

顶升架与液压系统安装完成后，项目经理、项目总工应联系相关单位共同进行顶升前的系统验收，确认所有环节均达到顶升的技术要求。

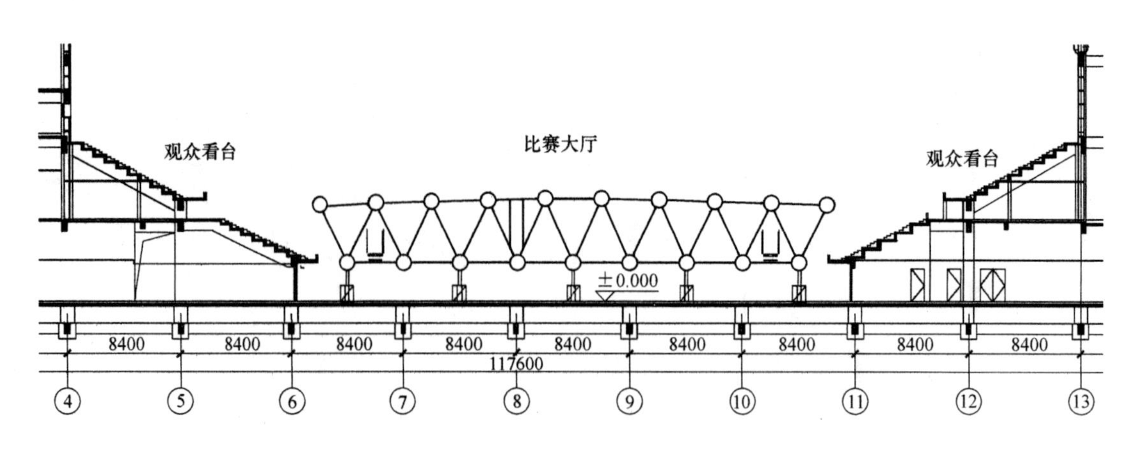

图 4.2-5　施工段二第一阶段立面图

试顶升：正式顶升前要先顶起 100mm 后稳定观察 12h，确认所有结构安全及系统运转正常。

网架顶升分两个阶段进行，第一阶段利用比赛场地及活动看台的场地进行拼装、焊接，此部分（含马道）重量为 119.6t（动载系数 1.1）。此时临时顶升支点先顶在网架上弦球上，位置在图中位置标注的位置的外侧一个节点，完成后将该部分整体顶升。该阶段称为第一阶段。

第一阶段设置 8 个顶升点，理论允许顶升重量 400t，顶升点见图 4.2-6。

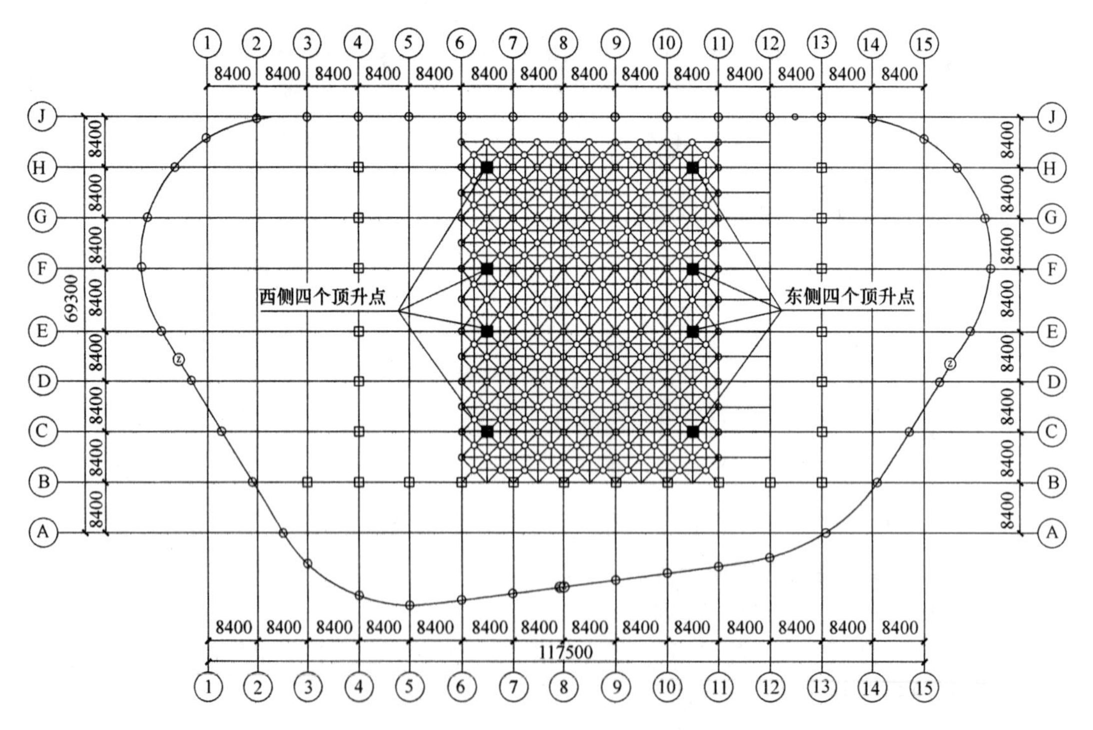

图 4.2-6　第一阶段顶升点布置图

当网架下弦高度达到 3m 时，网架下弦空间已经能够安装顶升支架时重新安装 8 个正式顶升架于图中位置。然后进行试顶升，先顶起100mm后稳定观察12h，确认所有结构安全及系统运转正常。

当顶升到6m高度时，为确保整体稳定，给顶升设备增加斜支撑。当顶升到10m高度时顶升架加设缆风绳，缆风绳斜拉角度不小于30°，布置位置为顶升桁架四角。顶升架标准节上有连接板来连接钢支撑或缆风绳。

由于顶升过程中难免会有侧向力，为此在网架顶升过程中在网架四角分别拉设两道Φ16mm钢丝绳，共8道（如图4.2-7），拉设水平角度不大于30°，使用5t手拉葫芦在网架悬停时拉近，限制网架水平移动。

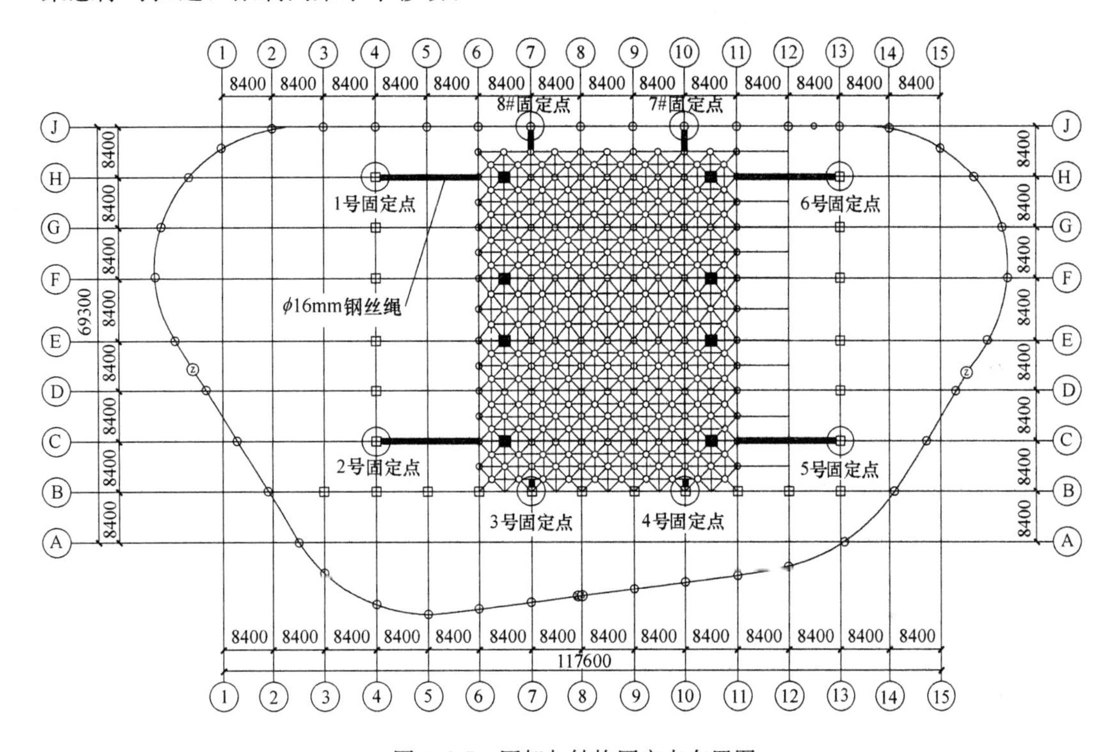

图4.2-7 网架与结构固定点布置图

顶升过程中逐步向两侧延伸网架，达到+10.000m时，在看台上的5轴及12轴线上增加顶升设备，此时顶升总重量最大为224.3t（动载系数1.1）。然后继续边顶升边向两侧延伸，直至将网架顶升至设计标高并完成“封边”，该过程称为第二阶段。

第二阶段设置16个顶升点，理论允许顶升重量800t，顶升点位置见图4.2-8。

2）网架顶升步骤

网架整体拼装、焊接完成后，须对网架进行的尺寸、焊接质量进行自检。无误后便可进行顶升工作，步骤如下：

第一步：启动泵站使千斤顶活塞同步上升一个行程

第二步：安装顶升架标准节

顶升时下托架受力，当活塞杆完全伸出时安装工人（人员经厂家专业培训）用悬挂于网架下弦的滑轮辅助吊装、增加一节标准节，在标准节组装完成相关螺栓拧紧后顶升油缸的活塞杆回缩，上托架落于顶升架标准节顶部受力。

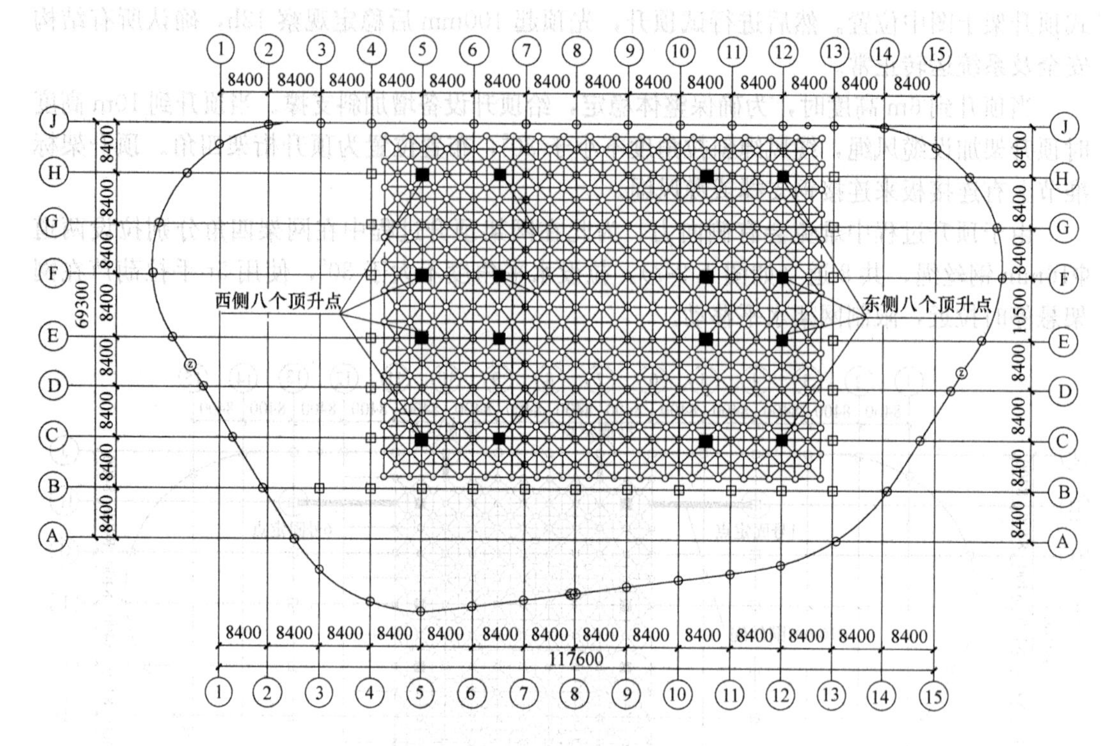

图 4.2-8　第二阶段顶升点位置图

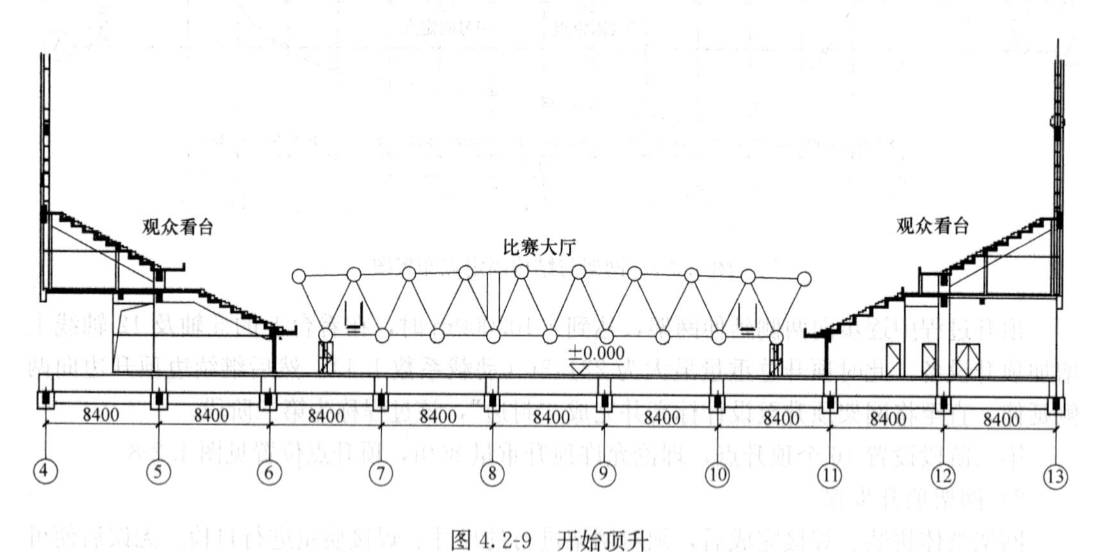

图 4.2-9　开始顶升

标准节由钢管、方钢管、角钢组成，两标准节之间通过法兰及角钢连接后使用。见标准节图纸：每片标准节的重量约 50kg，两标准节通过法兰盘进行连接。

① 顶升架标准节加节示意图

② 油缸支承托架

③ 顶升转换

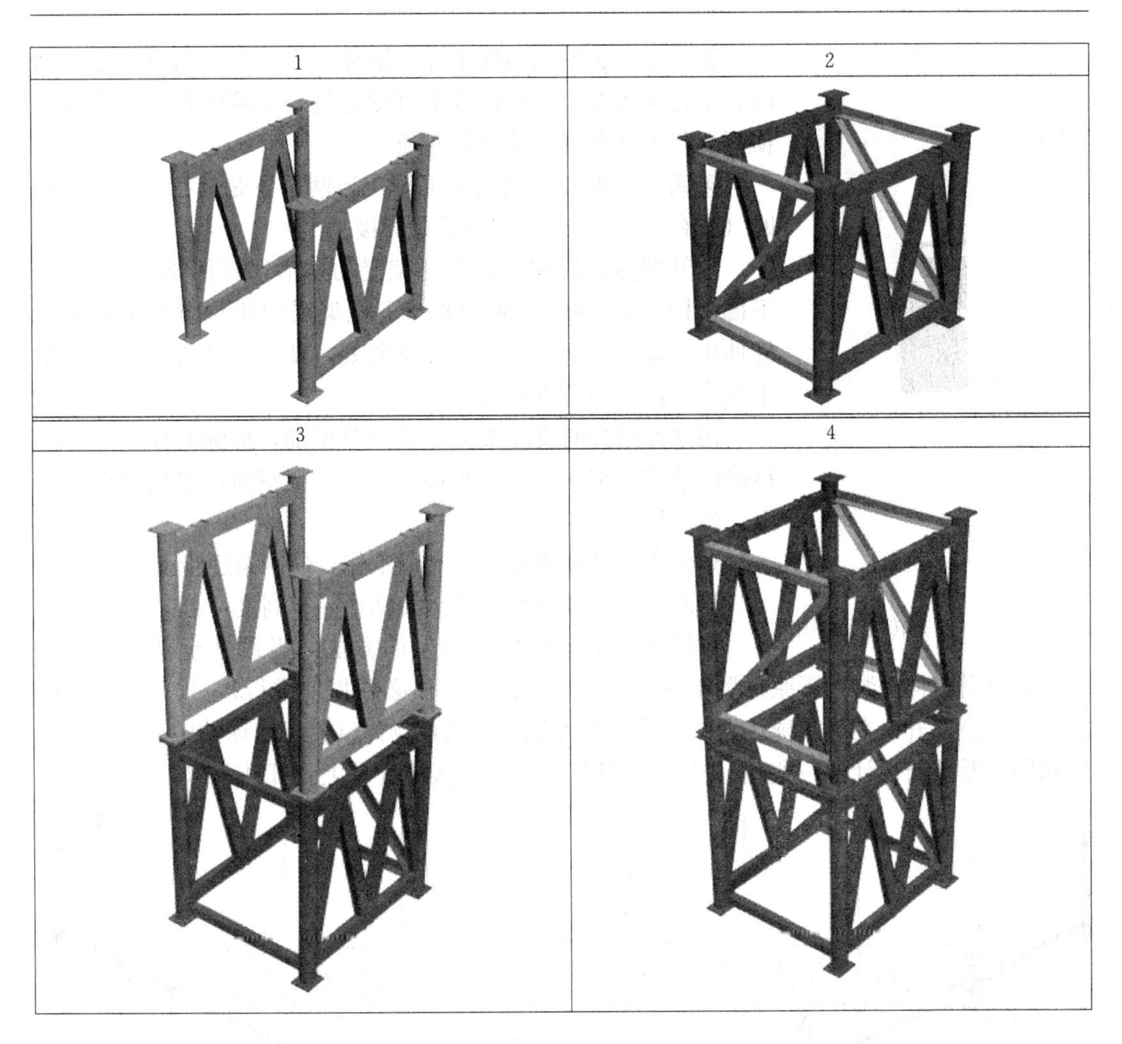

图 4.2-10　加节示意图

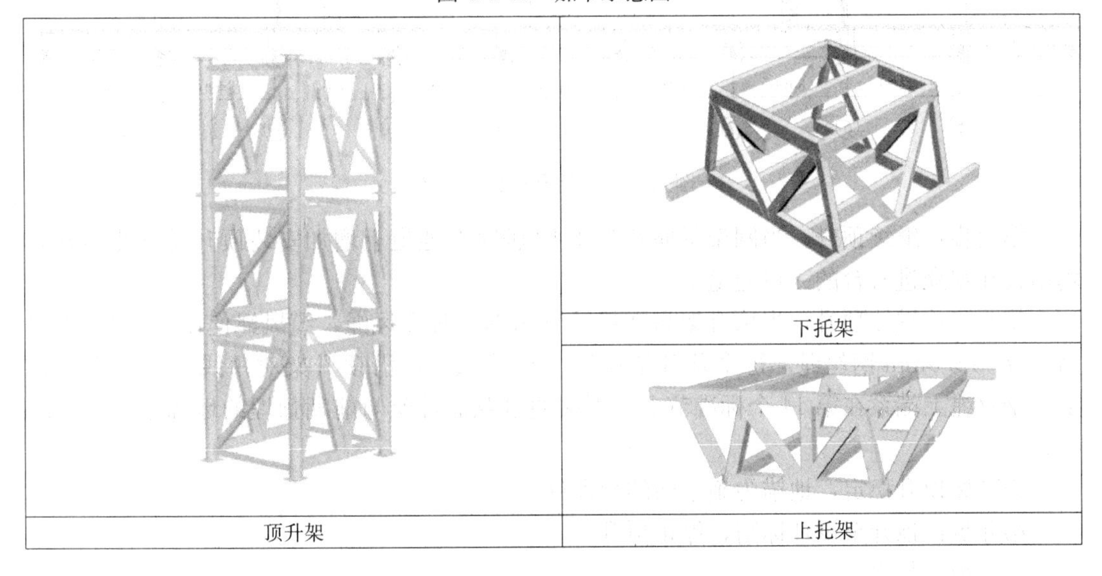

图 4.2-11　支承托架示意图

图 4.2-12 顶升转换示意图

第三步：泵站回油使千斤顶缸体上升，在活塞杆完全收回时，下托架收至上一个标准节可受力处，上挪横杆（受力杆），横杆要与下托架受力梁位置对应。

第四步：重复一至三步工作，当网架下弦高度为 4m 左右时（看台上），向外延伸拼装并焊接。

顶升架拆除时相反，上托架受力，活塞杆回缩至不受力，下挪横杆（受力杆），横杆要与下托架受力梁位置对应，活塞杆伸出，将下托架移到下一支撑架处，使下托架受力，上托架不受力，拆除一节支撑架。

需注意增高时支撑架为一节一节增加，拆除时按上述方法拆除两节支撑架后，用吊车将剩余支撑架整体吊平放到在地面上，然后拆除。

第五步：继续重复一至三步工作，使网架逐步上升。

第六步：继续顶升，当网架到达一定高度，再向外延伸。

焊接球网架延伸拼装网架的方法：当顶升至某一预定高度，先将需延伸拼装的下弦球置于某层看台上（该项工作必须提前进行），顶升网架到此标高处停止顶升，在下弦球位置放置适当长度钢管或其他物体（使下弦球的中心与相邻下弦球的高低差与设计值一致）。先连接下弦杆件，再连接腹杆及上弦杆件及球。

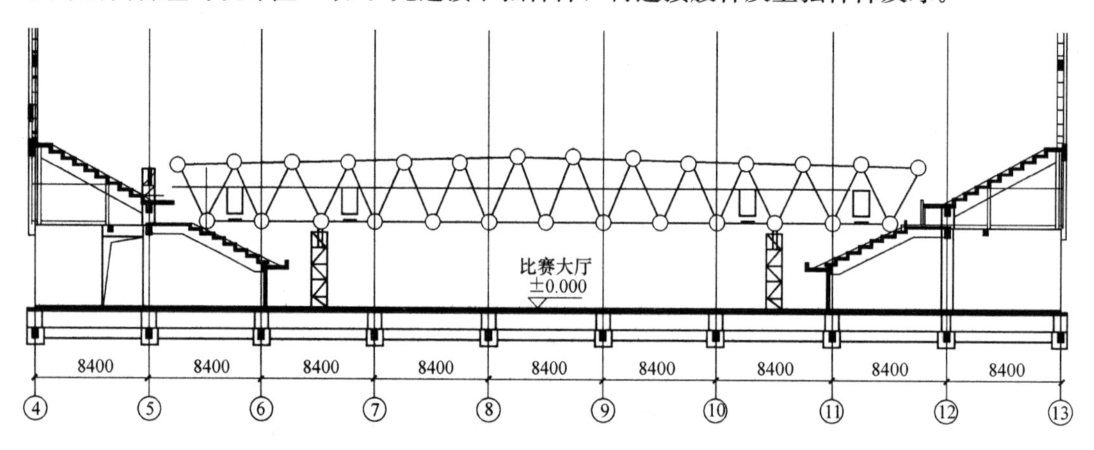

图 4.2-13 顶升过程示意图

第七步：继续顶升，当网架延伸到 5 及 12 轴时在通道上增加安装顶升设备此顶升架均增设在观众进看台的入口通道上。

第八步：继续顶升，当顶升架高度超过 10m 时，加缆风绳。缆风绳使用 6×19+1 规格，D=12.5mm 钢丝绳，每个顶升架设置 4 根揽风绳，沿顶升架对角线向四个方向辐射。钢丝绳上端系在第 14 个标准节上，下端通过花篮螺丝与前期预埋的地锚连接，见图 4.2-16。

为确保顶升稳定，地锚为施工前的预埋件

第九步：顶升至设计标高，停止顶升。

第十步：封边

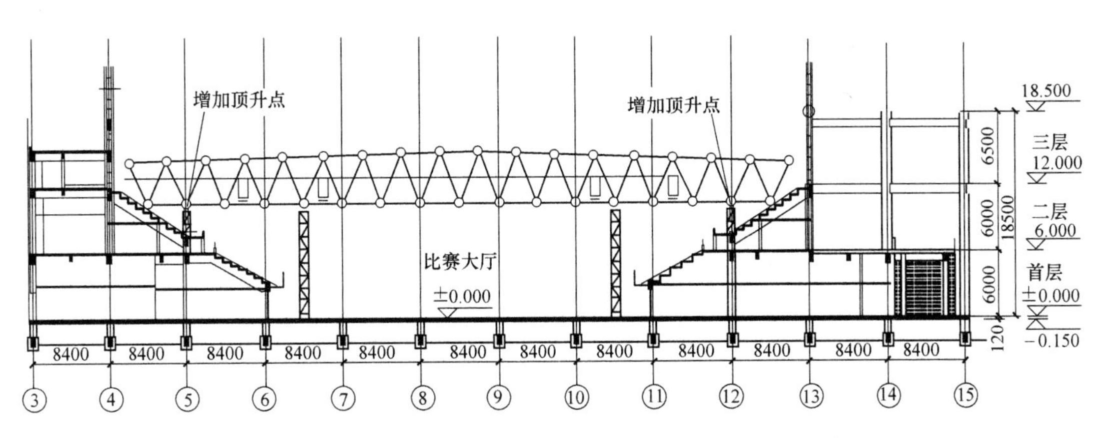

图 4.2-14　网架向外延伸示意图，加装第二阶段顶升支架

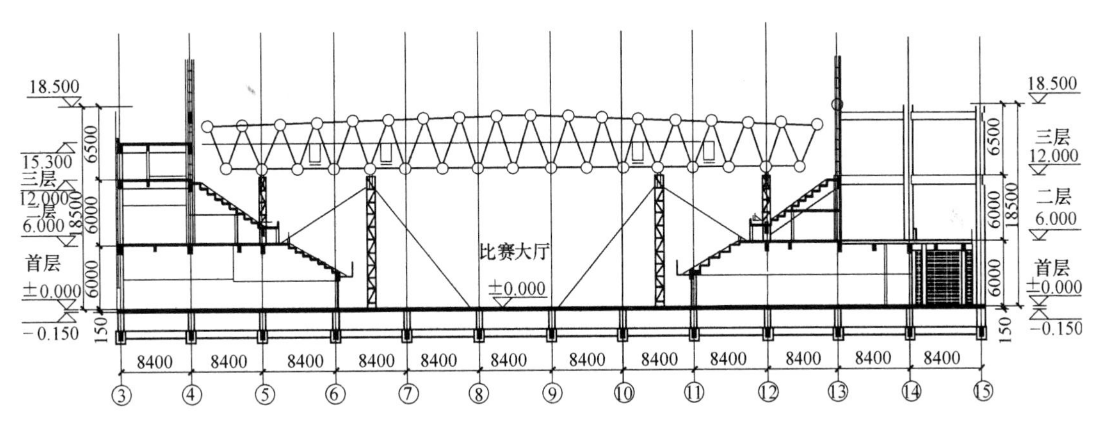

图 4.2-15　加装缆风绳

网架顶升至设计标高后，将支座及顶升过程中不能安装的杆件、焊接球与网架进行安装、焊接。

安装顺序为先下弦，后腹杆及上弦。

封边的施工人员可利用土建施工时的脚手架进行安装。

3）标准节图纸

4）顶升同步措施

本施工段采用的顶升设备最多时使用 16 台千斤顶。保证顶升同步是本工程顶升作业成败的关键。为此，我们采用电脑控制液压千斤顶使其同步上升或同步下降，每台千斤顶活塞与缸体之间安装一个位移传感器，活塞上升或下降时，传感器将位移数据时时传给电脑，电脑根据收到的信息分析比较，然后指挥各千斤顶的动作，使所有千斤顶的活塞上升或下降的数值差控制在设定的范围内。

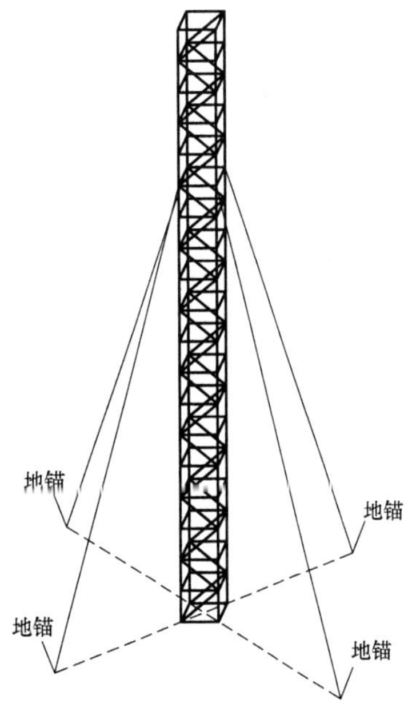

图 4.2-16　缆风绳设置示意图

此次采用的电脑控制同步的控制方式是设定一个

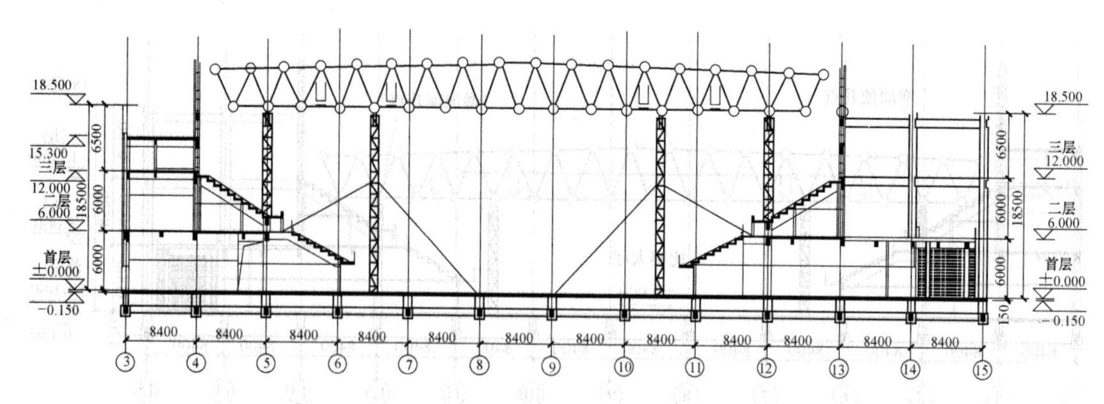

图 4.2-17　16 个顶升架同步顶升

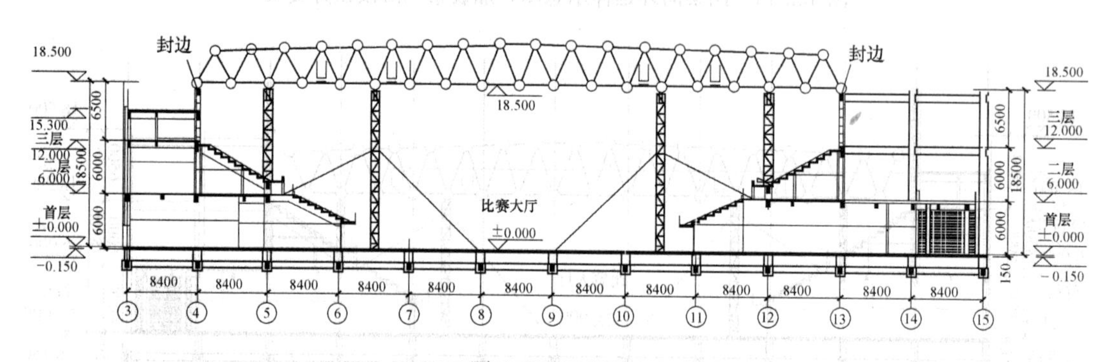

图 4.2-18　封边

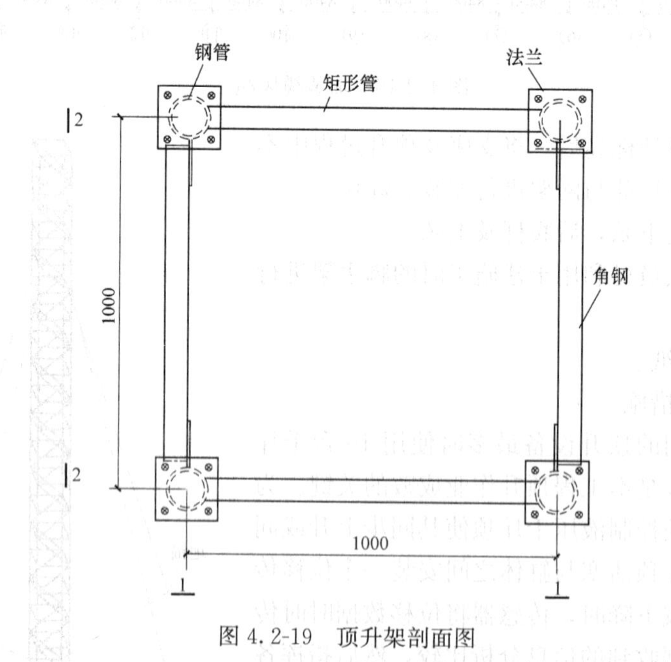

图 4.2-19　顶升架剖面图

最大高低差值 10mm。启动泵站后，各千斤顶上升的高度差只要在 10mm 以内，各千斤顶一直在工作，一旦误差值大于 10mm，高于 10mm 的千斤顶停止工作，待误差值小于 10mm 时，该千斤顶再次进行工作。

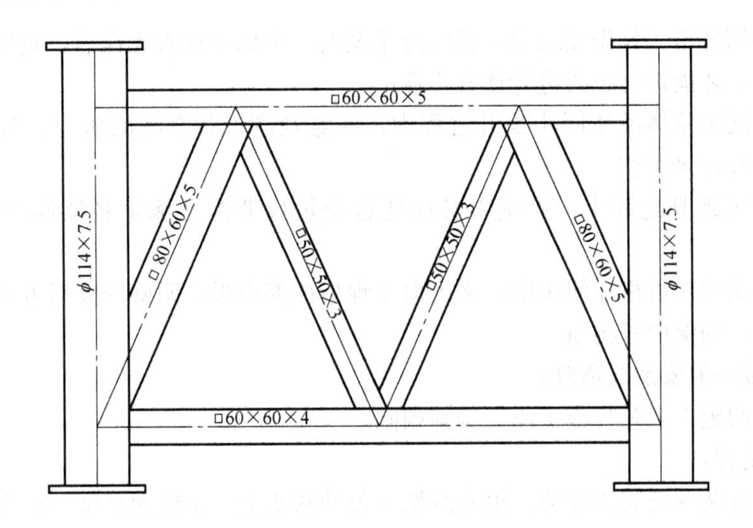

图 4.2-20　1-1 立面图（正立面图）

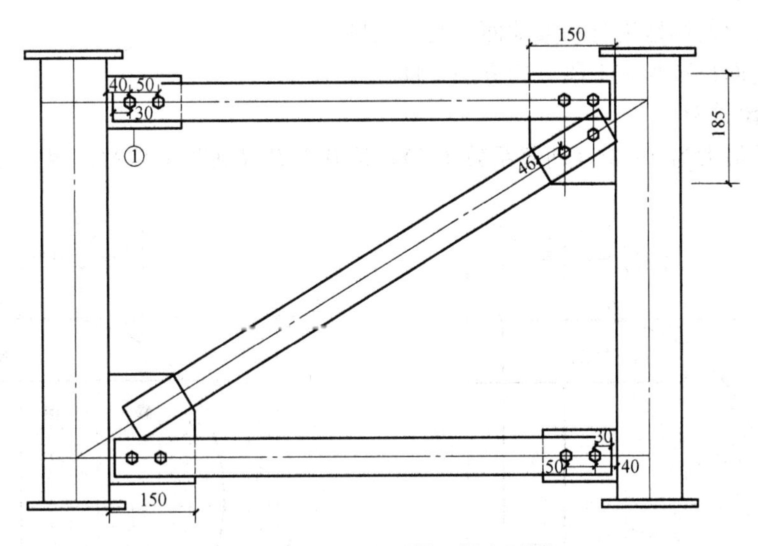

图 4.2-21　2-2 立面图（侧立面图）

在整个顶升过程中遇到突发事件，如停电、某个零配件出故障，电脑会立即停止所有千斤顶工作并报警。

5）顶升网架的注意事项

（1）校核网架下弦节点是否在其投影线上，如偏差大于 20mm，须调整后再顶升。

（2）调整顶升管的长度，使各顶升点的相对高差与设计值一致，正负偏差不得超过 10mm。

（3）做好试顶升工作：在电脑的控制下启动泵站为千斤顶供油，使网架同步上升，当网架脱离胎架 100mm，停止供油，锁定油缸，停留 12 小时作全面检查各设备运行及构件的情况：

一切正常情况下，继续顶升。如有异常变化必须相应处理，方可继续施工。

6）顶升施工安全措施

（1）在一切准备工作做完之后，且经过系统的、全面的检查无误后，现场吊装总指挥检查并发令后，才能进行正式进行顶升作业。

（2）在钢网架整体液压同步顶升过程中，注意观测设备系统的压力、载荷变化情况等，并认真做好记录工作。

（3）在液压顶升过程中，测量人员应通过测量仪器配合测量各监测点位移的准确数值。

（4）现场无线对讲机在使用前，必须向工程指挥部申报，明确回复后方可作用。通信工具专人保管，确保信号畅通。

4.2.3　施工段一的安装及顶升：

施工段一的施工工艺与施工段二步骤相同。

1）工艺流程：

网架地面拼装→安装顶升架、顶升网架→顶升网架至三层楼面高度→扩大延伸网架安装→增加安装顶升架、顶升网架→顶升至设计高度→封边→落位卸载。

2）网架地面拼装

利用训练馆的场地进行网架地面拼装，见图 4.2-22。

网架的地面拼装和施工段二的方法一样。

3）安装顶升架

顶升重量最大为 29.3t（动载系数 1.1），顶升点设置见图 4.2-23、图 4.2-24。

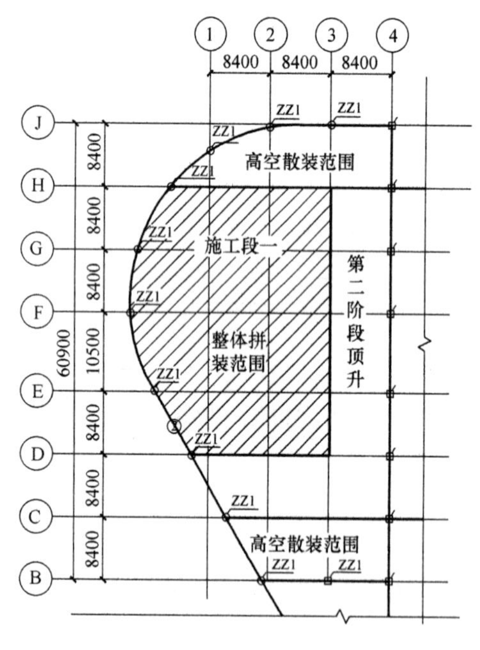

图 4.2-22　施工段一地面拼装位置

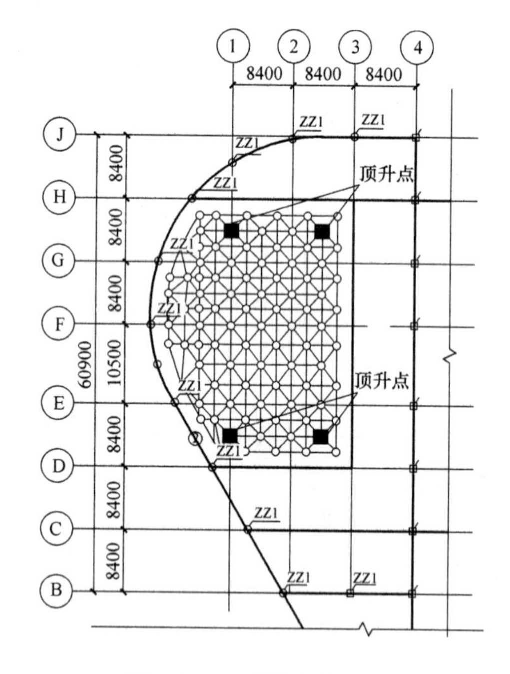

图 4.2-23　顶升点布置图
（图中黑色方框为顶升点）

4）网架顶升步骤（顶升方法同 6.1）

网架整体拼装、焊接完成后，须对网架进行的尺寸、焊接质量进行自检。无误后便可

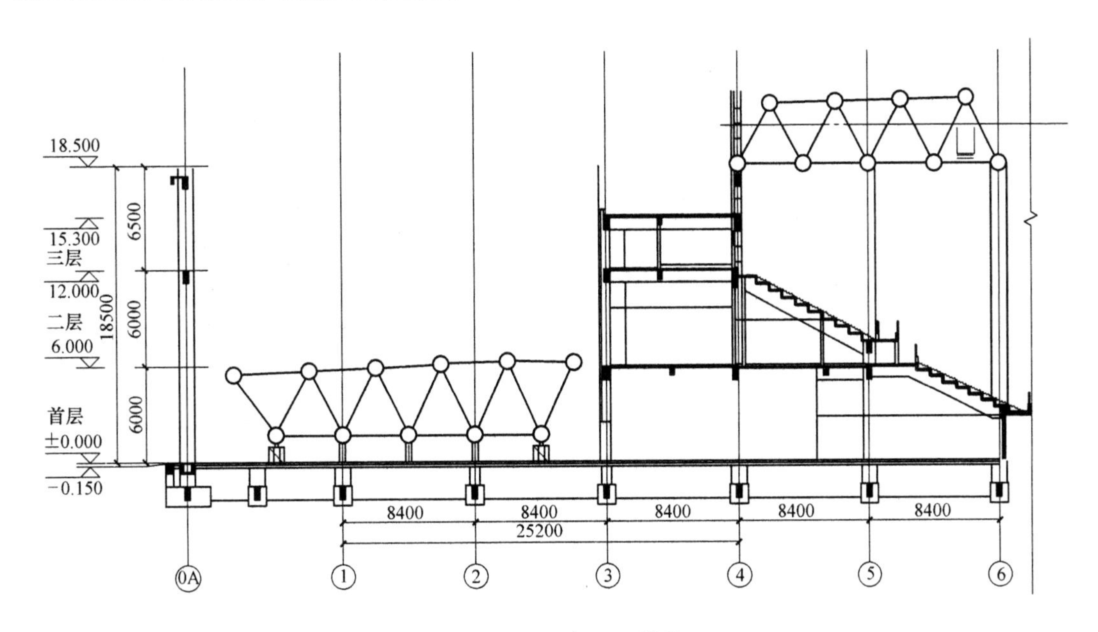

图 4.2-24　网架地面拼装

进行顶升工作，步骤如下：

第一步：地面整体拼装并安放顶升设备

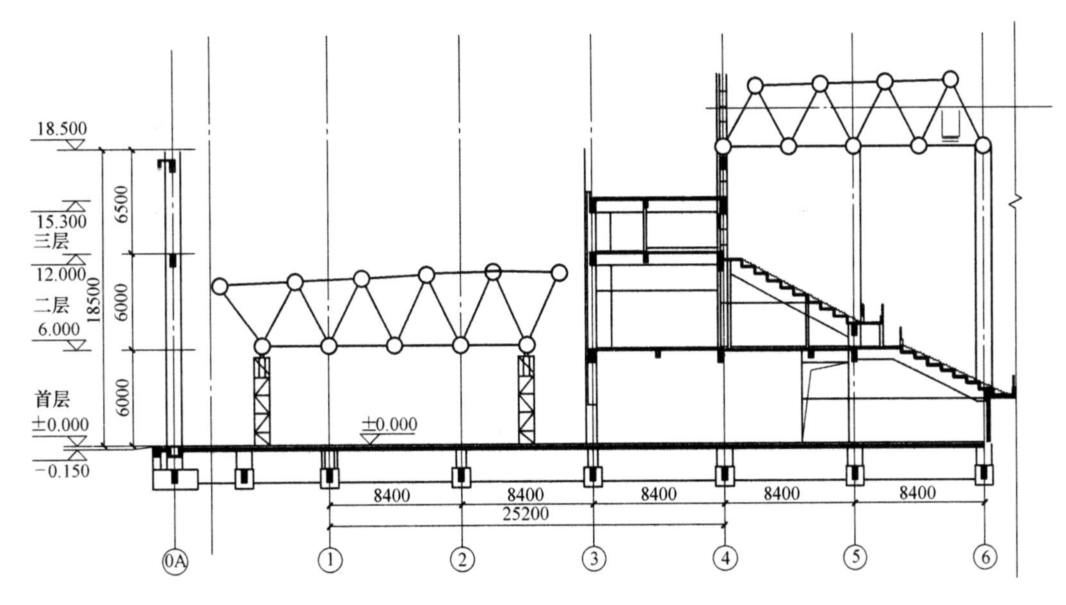

图 4.2-25　顶升过程示意 1

第二步：顶升网架（最大重量 48.5t）

第三步：顶升至三层楼面时停止顶升

第四步：在三层楼面上延伸网架

第五步：继续顶升

第六步：顶升至设计标高

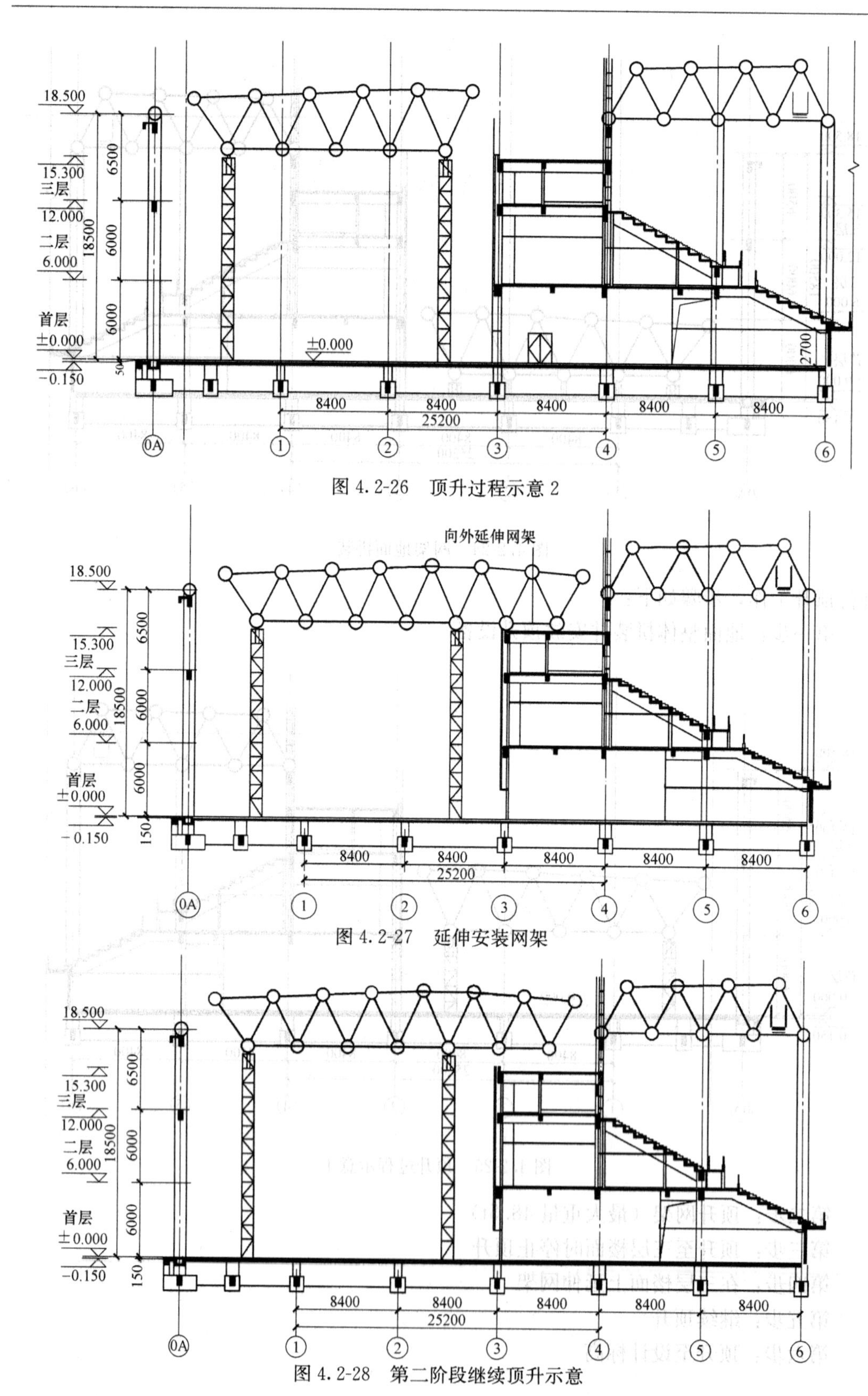

图 4.2-26 顶升过程示意 2

图 4.2-27 延伸安装网架

图 4.2-28 第二阶段继续顶升示意

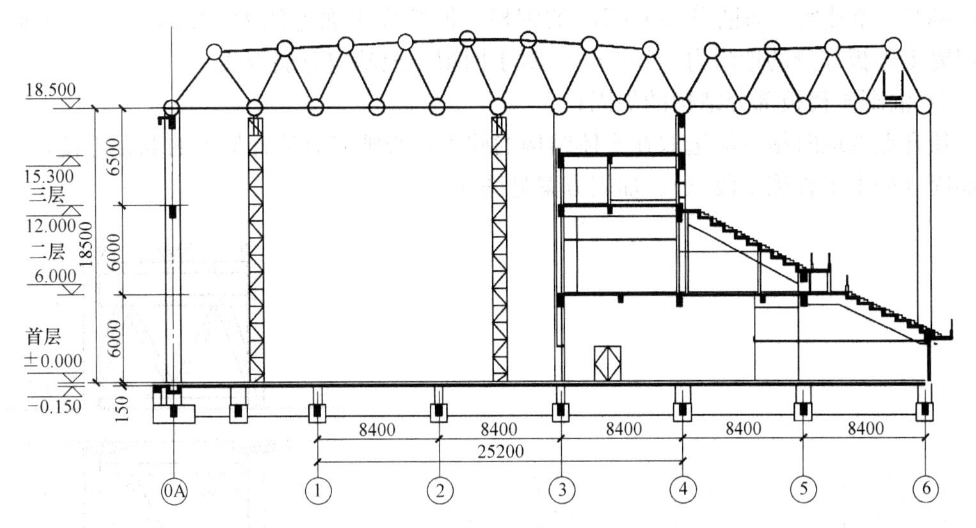

图 4.2-29　顶升到位

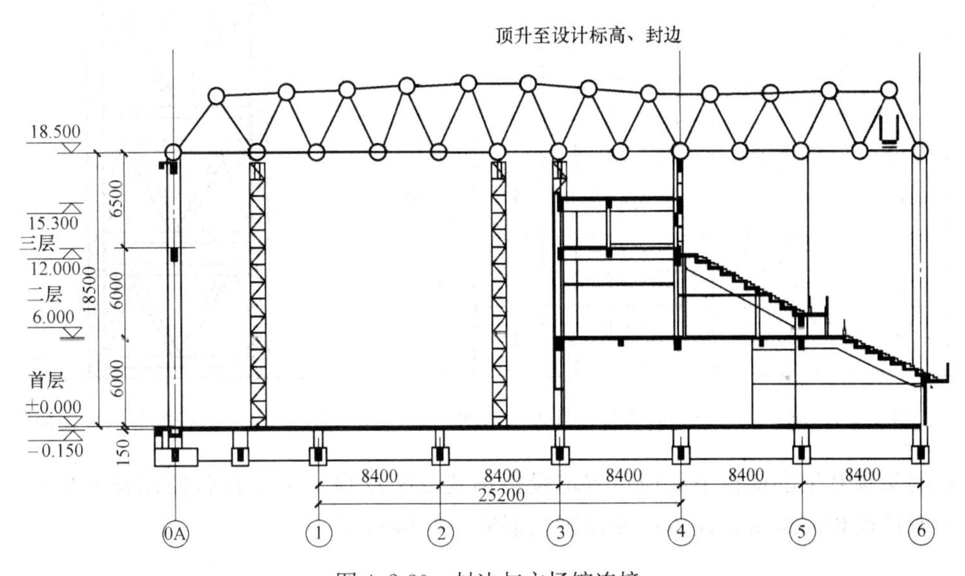

图 4.2-30　封边与主场馆连接

第七步：，利用脚手架对接、封边

4.3　作业注意事项

4.3.1　顶升架使用注意事项

顶升设备是本工程主要垂直运输工具，在整个顶升过程中网架的重量通过顶升架传递给地基或混凝土结构。用在本工程的顶升架设计承重载荷为 50t/组（高度 30m）。本工程以施工段二网架所需的顶升重量最大（27.7t），满足该工程需要。

1）对地基的要求；

顶升设备对地面的最大反力出现在施工段二第二阶段，其最大反力为 277kN，见下图的各顶升点反力图，顶升设备的自重为 19.8kN，此顶升架对地面压力合计总计

296.8kN。顶升架下面铺设 2m×2m 的钢板，换算成压强近似为 74.2kN/m²。因此要求非混凝土楼板部分的地耐力≥10t/m²。对于回填土地基应分层夯实

2）混凝土楼板部分结构的加固；

顶升点选取时尽可能选取在实体结构的柱顶，否则应对顶升架下的混凝土楼板结构进行加固（如本工程施工段三）。加固方案见图 4.3-2；

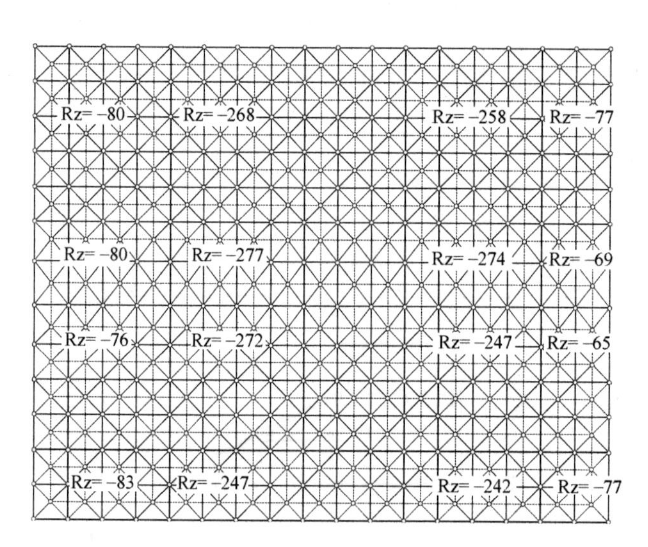

图 4.3-1　施工段二第二阶段各顶升点反力图

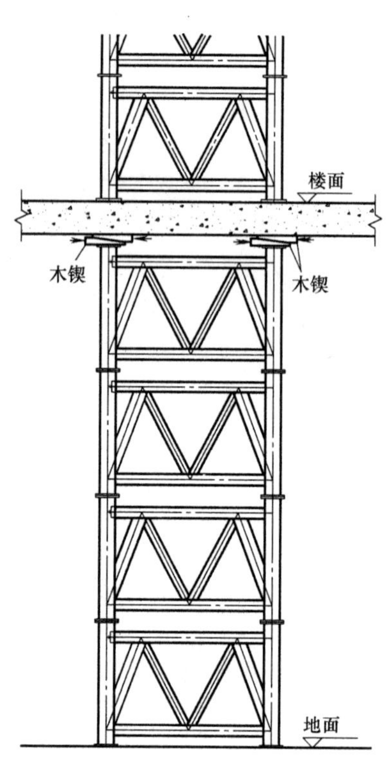

图 4.3-2　楼板部分的反顶加固

在网架顶升架的楼板下对应位置增设格构式支架反顶（本工程就使用顶升架）。上端用木楔或铁楔相向敲击，使木楔或铁楔与混凝土结构密实。

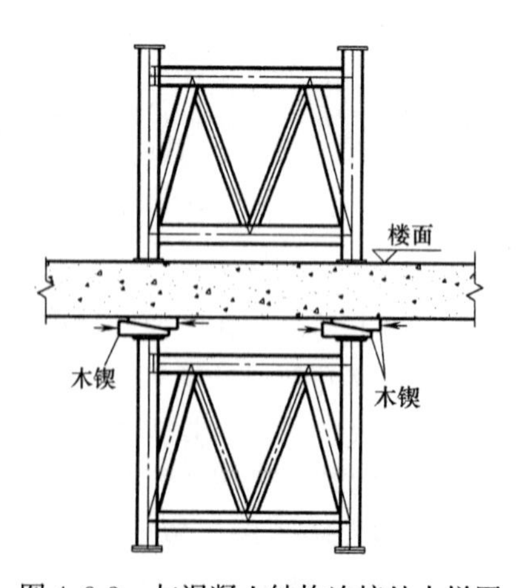

图 4.3-3　与混凝土结构连接处大样图

4.4　卸载

根据体育馆屋面结构体系的实际情况，网架安装时由顶升架支撑，安装完成后顶升架需要卸载和拆除。卸载过程中结构体系逐步转换，杆件的内力和和顶升架受力发生变化。

本工程采用同步卸载。通过电脑控制，顶升点同步下落，直至顶升设备与网架脱离。具体方法是：卸载前测量网架中部节点的标高，然后在电脑的控制下全部顶升设备每次同步下降10mm，观察顶升设备与网架是否脱离，同时测量网架中部节点标高变化情况，直至顶升设备与网架脱离。

5　施工测量控制方案

施工测量放线是施工过程中的重点和难点问题。本工程结构为大跨度大重量焊接球节点网架结构，网架采用在地面散装、网架整体顶升的方法进行安装，焊接球安装每个球节点均需要进行定位，测量控制点多，施工精度要求高。为保证工程的顺利实施，特制定本施工定位测量方法。

5.1　钢结构安装测量准备

5.1.1　熟悉测量资料：测量人员和设备进场后，在工程技术负责人的领导下，根据施工组织设计，测量工程师首先组织测量人员详细熟读施工图纸，详细了解工程各部位的结构分布情况，准备测量放样数据，以采取相应的测量控制手段和方法。

5.1.2　测量器具的检验：测量仪器、工具必须准备齐全。其中全站仪、经纬仪、水准仪及钢卷尺等仪器、工具必须送甲方指定的专业检测单位检测，检测过的仪器、工具必须保证在符合使用的有效期内，测量仪器的精度必须符合精度要求，并保留相应的检验合格证备查。

5.1.3　主要测量仪器的选用

仪器计划表　　表5.1-1

序号	仪器名称	规格型号	数量	主要用途
1	全站仪	GTS-332	1台	放样、坐标测量
2	激光经纬仪	J2-JDE	1台	放线、测控
3	水准仪	DS1	1台	沉降观测、标高测量
4	塔尺(配尺垫)	3m・m	各1把	标高测量
5	钢卷尺	50m	2把	短距离量距
6	水平尺	3/5m	4/4把	长度测量

5.1.4　测量人员的配备

测量人员配备　　表5.1-2

测量工程师	1人	测量员	2人	放线工	4人

5.2　控制点的布设与施测

5.2.1　临时观测台的确定

根据工程现场情况，在各施工段网架四周中心各设置一个测量控制点，网架安装时，便于用仪器观测。

5.2.2 预埋件及支撑柱的复核

网架结构的定位是否符合设计要求与预埋件及柱顶施工精度密切相关，因此必须按规范要求逐一进行复核，并定出支座的定位点。测量技术要求如表5.2。

测量技术要求　　表5.2

项　目		允许偏差(mm)
支承面	标高	0,−3.0
	水平度	L/1000
	定位轴线	3.0
	中心偏移	15.0
柱定位轴线		3.0
柱垂直度		L/1000且不大于10.0
地脚螺栓		±5.0
螺栓露出长度		0.0,30.0

5.3 全站仪坐标法设站十极坐标法进行网架安装定位

5.3.1 在临时观测台上架设全站仪并对中整平，初始化后检查仪器设置：气温、气压、棱镜常数；输入（调入）测站点的三维坐标，量取并输入仪器高，输入（调入）后视点坐标，照准后视点进行后视。

5.3.2 根据测站点和拟放样点坐标反算出测站点至放样节点的距离和方位角。

5.3.3 观测员转动仪器至第一个放样点的方位角，指挥司镜员移动棱镜至仪器视线方向上，测量平距D。

5.3.4 计算实测距离D与放样距离D°的差值：$\Delta D=D-D^{\circ}$。安装人员根据指挥司镜员的指示调整球节点的位置，直到球节点定位准确。

5.3.5 检查仪器的方位角值，棱镜气泡严格居中（必要时架设三脚架），再测量一次，若ΔD小于限差要求，则可精确标定点位。

5.3.6 测量并记录现场放样点的坐标和高程，与理论坐标比较检核。确认无误后在标志旁加注记。

5.4 网架挠度值测量控制点的设置

在每一个小区的近似中心处的下弦球位置的最下端表面焊接长30mm直径6mm的圆钢，安装完成一个区域，卸载后测量其挠度值，并做好记录，作为施工档案，在网架安装完成并形成整体以后，根据规范和设计院要求确定测点位置和数量，测量网架自重的挠度值，与设计挠度值比较两者之差异，并和规范进行对照同时上报给监理、设计。

5.5 测量时机的选择

本工程施工正值夏季，季节性温差变化可不考虑。对一些大型结构温度影响的测试表明，在气候条件最不利的夏季，凌晨日出和日落之前的气温较均匀，且最接近季节平均气温，我们选择每天早晨进行测量。

5.6　安装结束后的测量

钢网架结构总拼及屋面完工后，分别测量其挠度值或竖向位移值，所测得的挠度值或竖向位移值不得超过设计要求和规范要求。

5.7　顶升过程网架变形及顶升架沉降观测

1）人员安排；根据本工程的具体情况，安排测量人员2名。

2）网架变形观测；

首先设置高程基准点，将该高程基准点投放到各混凝土柱上。

在顶升点的焊接球上设置观测点，同时在被顶升网架的中部（挠度较大）的下弦球设置观测点，见图5.7。

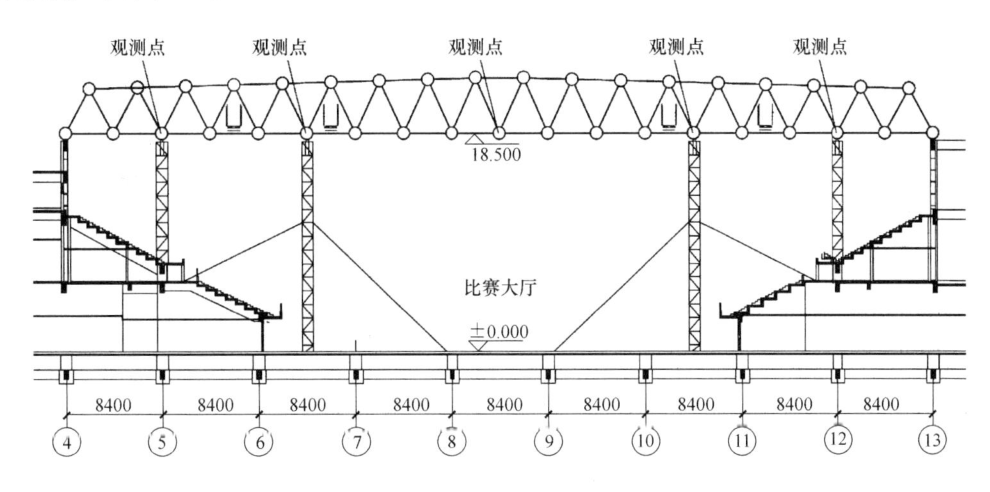

图5.7　施工段二观测点设置图

网架顶升前测量各观测点的标高，并作好记录。当网架被顶升后再次测量各观测点标高。在一个阶段的开始后结束时均对各观测点的标高进行测量。通过相对高差来观察网架变形情况。

3）顶升架沉降观测；

在顶升架底部设置沉降观测点，网架顶升前处理顶升架底部观测点与高程基准点的高差。在各阶段的始末均再次测量该高差值。

6　施工安全保证措施

6.1　作业人员和安全管理要求

6.1.1　人员组织与劳动力投入计划

根据工程的具体情况，挑选有丰富经验和经培训取得上岗证的施工人员组成钢结构吊装队。下表为网架拼装人员的配置，将视现场具体情况及时增加拼装班组。

网架施工劳动力计划安排　　表 6.1-1

序　　号	工　　种	人　　数
1	测量员	2
2	安装工	20
3	防腐施工人员	4
4	辅助工	8
5	电工	2
6	电焊工(持证)	12
7	架子工	5
8	信号工	5
合计		58

网架顶升施工各工序劳动力计划安排如表 6.1-2 所示

网架顶升劳动力计划安排　　表 6.1-2

工种	设备安装	设备调试	顶升	拆卸设备
起重工	4	4	4	4
电焊工	1	1	1	1
电工	2	1	1	1
钳工	1	1	1	1
监测人员			10	
合计	7	7	17	7

人员进场后，首先组织集中培训，学习相关管理规定、施工工艺和施工方法，让所有施工人员掌握施工管理制度、施工技术等内容，施工人员须经考核通过后才能正式上岗。项目部管理人员再对其管辖范围内的作业层进行书面交底，特别是吊装、焊接专业工种，让班组人员都能熟悉掌握图纸、操作工艺等。

6.1.2　安全管理原则

贯彻以人为本，预防为主，遵守法纪，持续改进的职业健康安全方针，建立健全的安全管理网络，落实安全责任制，认真贯彻执行“企业负责、企业管理、国家监察、群众监督”的安全生产体制。严格按照国家和行业标准组织生产，使本工程安全生产达到标准化、规范化。

6.1.3　安全管理目标

确保达到“*****安全示范工地”，施工过程中无重大人身伤亡事故，无重大火灾爆炸事故，无重大交通行车事故。

6.1.4　安全教育及培训

安全教育和培训是施工企业安全生产管理的一个重要组成部分，它包括对新进场的工人实行上岗前的三级安全教育、变换工种时进行的安全教育、特种作业人员上岗培训、继续教育等，通过教育培训，使所有参建人员掌握“不伤害自己、不伤害别人、不被别人伤害”的安全防范能力。

安全教育培训的形式采取专家集中授课、播放幻灯片、张挂宣传图片等形式。安全教育培训的内容包括《建筑施工安全检查标准》、《专业工种安全要求》。建筑施工安全小常识、用电安全知识、应急救援、特种作业人员的上岗培训等。

6.1.5 安全技术交底

根据施工组织设计中规定的工艺流程和施工方法，编写有针对性、可操作性的分部（分项）安全技术交底，形成书面材料，由交底人与被交底人双方履行签字手续，要求被交底人班组全员签字。

6.1.6 安全标志及标牌

在施工现场易发伤亡事故（或危险）处设置明显的、符合国家标准要求的安全警示标志牌或示警红灯，如总包没有设置的由钢结构施工单位设置。另外场内设立足够的安全宣传画、标语、指示牌、火警、匪警和急救电话提示牌等，提醒广大职工时刻注意预防安全事故，并由总包方在现场入口的显著位置悬挂“六牌一图”。

6.1.7 班前安全活动

施工班组每天由班组长主持开展班前安全活动并作详细记录，活动内容是：学习作业安全交底的内容、措施；了解将进行作业的环节和危险度；熟悉操作规程；检查劳保用品是否完好并正确使用。

6.1.8 安全检查

安全环境部负责施工现场安全巡查并做日检记录，对检查出的隐患定人、定时间、定措施落实整改；企业安全环境部门定期或不定期到现场进行安全检查，指导督促项目安全管理工作并提供相关支持保障。

6.2 各阶段各施工节点的质量、技术的安全措施

6.2.1 网架顶升安全措施

计算机控制液压同步顶升系统由顶升油缸集群（承重部件）、液压泵站（驱动部件）、传感检测及计算机控制（控制部件）和远程监视系统等几个部分组成。

液压同步顶升技术的核心设备采用计算机控制，全自动完成同步升降、负载平衡、姿态校正、应力控制、操作闭锁、过程显示和故障报警等多种功能，是集机、电、液、传感器、计算机和控制论于一体的现代化设备。

顶升器锚具具有逆向运动自锁性，使顶升过程十分安全，并且构件可在顶升过程中的任意位置长期可靠锁定。在顶升作业前应检查以确保其能够可靠锁定。

6.2.2 嵌补带施工安全措施

嵌补区域施工时，使用钢跳板搭设高空行走通道，吊篮挂设在已安装好的两侧网架上，工人位于吊篮内作业。吊篮采用钢管制成（内空尺寸 0.8m×0.6m×1.2m），篮底点焊铺设 3mm 钢板网，钢板网上覆盖一层石棉布，四周设 18cm 高踢脚板并用密目网封闭，

6.2.3 嵌补安全措施

网架嵌补施工时，在支座四周已拼装完成网架杆件上使用钢跳板搭设走道平台，钢跳板上设置扶手绳，

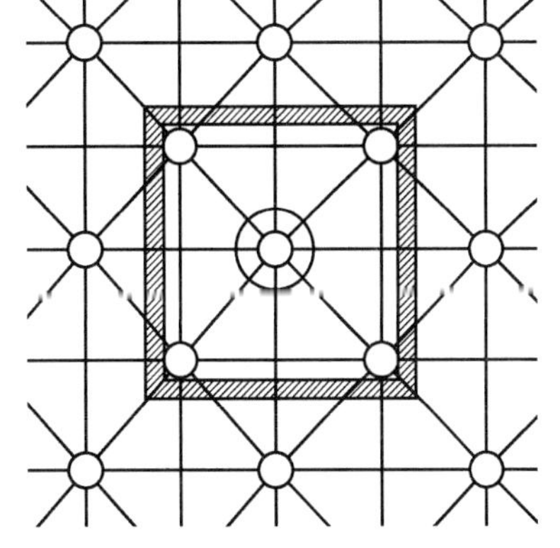

图 6.2-1 钢跳板走道平台示意图

形成安全通道，便于网架嵌补施工。

6.2.4　柱顶顶升技措安装安全措施

柱顶顶升技措安装时在钢柱上设置附着式爬梯，柱顶设置操作平台。

现场直爬梯宽度为600mm，每件直爬梯立杆采用∟40×4mm角钢，踏步采用ϕ12mm圆钢制作，防护圈采用30×3mm扁钢制作。操作平台尺寸3.0×3.0m，八边形布置，平台用槽钢⊏10制作，平台栏杆高度1.2m采用ϕ48×3.5普通焊管。

在现场安装时应对挂爬梯和操作平台的横杆焊点以及其每一步的焊点进行检查，防止焊口裂纹、脱焊导致使用过程中发生意外。爬梯及操作平台制作完成后需要验收合格方能使用。

6.3　季节性施工安全技术措施

6.3.1　雨季施工安全措施

为了保证本工程能顺利施工，按照已定工期计划竣工，根据气象台历年的统计资料，结合对本工程的工期网络计划安排，制定雨季施工措施如下。

1. 雨季施工预防管理措施

雨季施工预防管理措施　　表6.3-1

序号	雨季施工预防管理措施
1	成立雨季防汛施工领导小组，落实具体责任人，明确责任分工，制定防汛计划和紧急预案措施。从技术、质量、安全、材料、机械设备、文明施工等方面为雨期施工提供有力的保障
2	掌握气象资料，与气象部门定时联系，定时记录天气预报，随时通报，以便工地做好工作安排和采取有效措施
3	预防措施，尤其防止恶劣气候突然袭击对我方施工造成的影响

2. 雨季被动防护措施

防雨被动防护措施　　表6.3-2

序号	防雨被动防护措施
1	已经安装就位的构件及时固定，不得有构件处于松动状态。临时安装好还没有来得及校正的构件，应拉设好缆风，防止钢构件倾倒
2	对于运输到现场后还没有来得及吊装的构件，用枕木或木方垫在构件下方，并且堆放位置应注意排水，不得有积水，防止构件浸泡在水中锈蚀
3	夜间设专职的值班人员并做好值班记录，同时设置天气预报员，在雨季施工期间加强同气象部门的联系，做好天气预报工作
4	针对雨季特殊的季节特性和各工种的施工特点，编制各工种雨季施工方案，组织施工人员熟悉施工方案，并做好对工人的技术交底
5	做好施工人员的雨季施工培训工作，组织相关人员随机全面检查，特别在大雨过后，必须对现场构件、临时设施、临电、机械设备防护等进行例行检查
6	现场临时道路、临建、料堆、库房边要做好排水沟和围墙防水以防积水。禁湿禁腐材料、机具设备入库做到上盖下垫

3. 雨季施工设备保护措施

雨季施工设备防护措施　　表6.3-3

序号	雨季施工设备防护措施
1	现场的电焊机、空压机等设备按安全操作规程设置有效的防雨、防潮、防淹等措施
2	变压器等要采取防雷措施，用电设备和机械设备要按照相应的规范规定做好接地或接零保护，并经常检查和测试其可靠性。接地电阻一般应不大于4欧姆，防雷接地电阻一般应不大于10Ω
3	电动机械设备和手持电动工具都必须安装漏电保护器，动作电流要达到电气设备安全管理规定要求的标准，与用电机械的容量相符，并专机专用
4	雨期施工前，对现场所有的动力及照明线路、供配电电器设施进行一次全面检查，对线路老化、安装不良、瓷瓶裂纹以及跑漏电现象必须及时修理或更换，严禁迁就使用
5	雨期要经常检查现场电气设备的接地、接零保护装置是否灵敏，雨期使用电气设备和平时使用的电动工具应采取双重保护措施（漏电保护和绝缘劳保工具），注意检查电线绝缘是否良好，接头是否包好，严禁将线浸泡在水中
6	各种电器动力设备，雨施前必须进行绝缘、接地、接零保护的遥测（用接地摇表），若发现问题应及时解决。动力设备的接地线（16mm^{2}麻皮铜线）不得与避雷地线混在一起使用
7	雨后电动设备启用前，要由专业电工认真检查电机是否受潮，设备壳体、操作手柄、开关按钮等是否带电，确保无误后方可开机使用

4. 雨季施工安全措施

雨季施工安全措施　　表6.3-4

序号	雨季施工安全措施
1	检查大型设备基础是否牢固，所有马道、斜梯均采取防滑措施
2	在雨季到来前，做好脚手架的防雷避雷工作，并进行全面检查，确保防雷安全
3	雨季所需材料、设备和其他用品，由材料部门提前组织落实
4	做好防雷击工作，在已安装最高的钢构件最高点处设避雷针，通过引下线引至接地极，接地电阻不得大于4欧姆。打雷时要停止工作，人员撤离现场
5	向施工人员提供防滑、防雨用品（雨衣、防滑鞋等）。除特殊情况外，降中、大雨时应停止高空作业，将高空人员撤到安全地带，拉断电闸

5. 雨季施工措施

雨季施工措施　　表6.3-5

序号	雨季施工措施
1	焊接前应搭设临时防护棚，用氧炔焰烤干加热，不得让雨水飘落在炽热的焊缝，直至焊缝完全冷却到常温，防止出现冷脆裂纹
2	天空气潮湿，焊条储存应并烘烤防潮，同一焊条重复烘烤次数不宜超过两次，并由施工人员做好烘烤记录
3	当雨季气候恶劣，不能满足工艺要求及不能保证安全施工时，应停止吊装施工。此时，应注意保证作业面的安全，设置必要的临时紧固措施（如缆风绳、紧固卡）
4	雨风天气吊装时，应加强防雨防雷及人员操作平台、行走通道等安全设施的检查力度，以确保施工正常进行
5	场地排水：现场施工，各种建筑材料堆放场，料棚，办公室、工人宿舍等临设，周边须设置排水沟，以利雨水及时排泄
6	个人防护：雨季施工，雨鞋、雨衣、橡胶手套等劳保用品，由工程项目部计划，公司统一购买发放，个人保管使用。公司医疗室配合工地，做好职工保健工作

6.4　高温天气施工安全保障

在高温气候阶段，尽量避免午间施工，合理组织夜间施工。在高温天气还须做到以下几点：

炎热的夏季要按相关规定做好防暑降温工作：根据当地夏季气温高，持续时间长的特点，在现场开展防暑保健，中暑急救等卫生知识的宣传工作。

临建工程每间房间安装吊扇，增加房间高度，保持良好通风，增加屋面隔热厚度，使工人能够有个较好的休息环境，保证充足的睡眠和旺盛的精力，提高工作效率。

项目制定夏季炎热天气施工的制度，并配备防暑降温用品及救护物品，保证夏季炎热天气施工的正常进行。现场医务室加强对高温时期工人身体状况的监测工作，搞好医疗保健，并配备防暑急救器材和药品。

当天气预报气温达 35℃以上时，通过“抓两头、歇中间”等措施，尽量避免高温时段进行露天室外作业，严格控制加班加点，减轻工人劳动强度，避免疲劳作业。

在施工现场设茶水供应站，供应凉茶、开水、汽水、冰水，保证施工人员的水分补充；做好施工现场环境及卫生防疫工作，加强食品的卫生管理，加强对夏季易发疾病的监控，避免食物中毒和传染病的发生。

6.5　夜间施工安全保障措施

夜间施工安全保障措施　　表 6.5

序号	夜间施工安全保障措施
1	制定夜间施工作业制度及安全制度，规范夜间作业，保证安全生产
2	制定夜间施工应急预案，并根据应急预案建立相应体系，保证安全生产
3	做好夜间施工安排，在施工前针对夜间施工的特殊性进行安全，生产交底，保证夜间施工正常有序的进行
4	夜间施工安排身体健康的工人进行，严禁不适合夜间施工的工人进行夜间作业
5	施工前，有专职机电人员布置和检查现场照明情况，保证照明达到施工要求，对不符合施工要求的照明设施立即进行整改，直到达到施工要求为止
6	夜间施工时，应保证通信系统的畅通，通信设备完好
7	夜间巡查小组成员必须坚守岗位，认真做好夜间施工巡查工作，并对现场夜间施工提出建议和整改方案
8	夜间施工应尽量采取减低噪声的措施，并与当地居委会协调，出安民告示，求得群众谅解。有专人负责，定期听取周遍居民的意见，并对合理意见积极进行处理

6.6　消防检查制度

项目部每星期进行一次消防安全检查，对施工现场进行全面检查，在检查过程中，发现隐患立即下发整改通知书，并做到定人、定措施限期整改。

专职安全员必须每天对具有防火要求的部位，进行全面仔细的检查，在动火作业前检查作业人员是否办理了动火审批手续，对正在动火作业的部位，检查是否有消防器材，同时应安排专人监护，认真做好动火后的安全检查工作，做好每天的消防安全巡视记录。

6.7　施工现场消防措施

施工现场消防措施　　表6.7

序号	措施内容
1	现场施工道路兼作消防道路，道路应保证畅通。现场按要求设置 ϕ100mm 消火栓，消火栓周围3m内禁止堆物  消防栓示意
2	施工现场禁止明火，仓库、易燃品堆场及变配电室应悬挂明显的标志，并相应配备灭火器材  禁火标志  灭火器材
3	现场割、焊作业等动火作业必须执行动火审批手续，明确动火监护人，实行现场监护。作业时应远离易燃、易爆危险物品。作业点与氧气瓶、乙炔瓶的距离不得少于10m；距材料仓库、易燃品堆放区距离不得少于30m。如不符合上述要求，应设置专门隔离设施，并经验收批准后方可作业
4	动火人员和现场监护人员在动火后，应彻底清理现场火种，才能离开现场
5	动火作业前后要告知防火检查人员或值班人员
6	使用高温灯具时，如碘钨灯应远离易燃物品，最低不小于100cm，离易爆物品应在3m以上
7	消防器材设备应有专人负责管理，定期检查维修，保持完整好用
8	电焊机电源线长度应在规定范围内，并须架高。手把线的正常电压，在用交流电工作时为60～70V，要求手把线安全良好，必须及时用胶布严密包扎。电焊机外壳应接地

续表

序号	措施内容
8	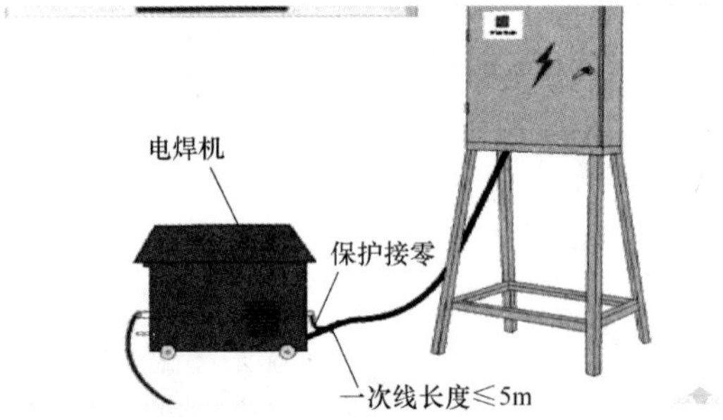 电焊机 保护接零 一次线长度≤5m 电焊机示意
9	搬运氧气瓶时，必须采取防震措施，绝不可向地上猛摔
10	氧气瓶不应放在阳光下曝晒，更不可接近火源
11	乙炔氧气瓶放置地点距火源应在10m以上
12	各种电气设备或线路，不应超过安全负荷，并要牢靠、绝缘良好和安装合格的保险设备，严禁用铜丝、铁丝等代替保险丝
13	临时宿舍内照明不准使用60W以上的照明灯具，所的线路必须穿管保护
14	施工现场和临时宿舍，严禁私自接线和使用电炉、电热器具
15	所有的电气设备和线路必须定期检查，发现有可能引起火花、短路、发热和绝缘损坏等情况时，必须立即修理
16	气体切割和高空焊接作业时，应清除作业区内所有危险易燃物，并仔细检查是否含有隐藏危险源，以免由于焊渣、金属火星引起灾害事故
17	高空焊接作业时，必须于作业面下方设置接火斗，禁止乱扔焊条头等，对焊接切割作业下方应进行隔离，配置专人进行看护，保证施工现场配有灭火器等消防工具，作业时作业完毕应做到认真细致的检查，确认无火灾隐患后方可离开现场

6.8　消防器材配置与管理

消防器材配置与管理措施　　**表6.8-1**

序号	措施内容
1	按照规定配置消防器材，重点部位器材配置分布要合理，有针对性，各种器材性能要良好、安全，通信联络工具要有效、齐全
2	施工现场灭火器材的配置，应根据工程进度和施工实际及时配置
3	重点部位要布置合理的消防器材，同时安装有效的联络通信
4	施工现场各种消防器材，应有标志和使用说明，应指定专人负责，定期检查消防器材的有效使用期限，及时更换不能使用的消防器材，做好使用后的记录；消防设备、器材、任何人不得挪为他用和损坏

7　应急预案

7.1　应急管理目标

确保钢结构网架工程的施工安全顺利完成，不出现任何事故。

7.2　安全应急领导小组

组　长：＊＊＊　手机电话：＊＊＊＊＊＊＊＊＊＊＊
副组长：＊＊＊　手机电话：＊＊＊＊＊＊＊＊＊＊＊
组　员：＊＊＊　手机电话：＊＊＊＊＊＊＊＊＊＊＊

应急领导小组岗位职责　　表7.2

姓　名	职　务	工作内容
＊＊＊	组长	负责全面指挥领导工作
＊＊＊	副组长	负责相关技术方案指导、审核
＊＊＊	副组长	负责全面协调指挥工作
＊＊＊	副组长	负责相关技术方案的制定工作
＊＊＊	副组长	负责现场施工安全及架体验收等相关工作
＊＊＊	组员	负责现场质量相关工作
＊＊＊	组员	负责现场指挥等相关工作
＊＊＊	组员	负责现场劳动力组织安排等相关工作
＊＊＊	组员	负责现场劳动力组织安排等相关工作
＊＊＊	组员	负责现场劳动力组织安排等相关工作
＊＊＊	组员	负责现场质量相关工作

所有成员重点关注施工安全等方面问题，保持24小时通信畅通，做好24小时处置应急情况的准备。

7.3　紧急事故处理流程图

项目部一个月检查一次应急准备情况，发现不符合要求的情况立即下发整改通知限期整改，并做好记录。一旦发生紧急事故，项目部应按照如下“紧急事故处理流程”图，采取有效措施，防止事故的扩大。紧急事故处理结束后，项目技术负责人应立即填写“应急准备和响应报告”，经项目经理审核签字后上报公司主管部门。召集有关人员分析事故的原因，按《纠正和预防措施程序》制定实施纠正措施。

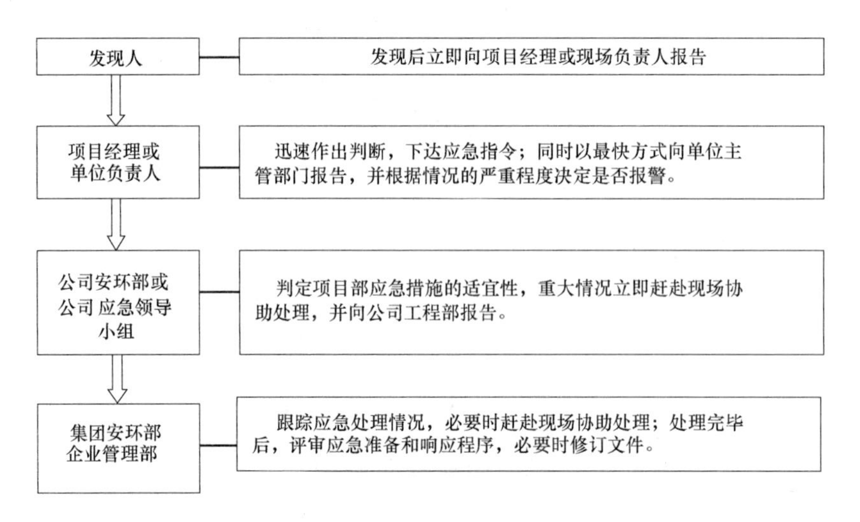

图 7.3　事故处理流程图

7.4　主要危险源的应急预案

主要危险源有顶升支撑体系坍塌、高空坠落、物体打击、机械伤害、火灾、触电等。

7.4.1　顶升架支撑体系坍塌

如果发生顶升架支撑体系坍塌事故，按预先分工首先把人员撤离到安全地带，然后进行抢救，在确认安全有保障的前提下组织所有工人进行加固工作，防止其他顶升支架体系再次倒塌。现场清理由劳务队伍管理者组织有关工人协助清理材料，如有人员受伤，则集中人力先抢救伤员。公司不能及时抢救的伤员，应急指挥部应立即拨打指定的医院救护中心取得联系，应详细说明事故地点、严重程度，并派人到路口接应，最大限度的减小事故损失。

1）抢救休克的伤员

休克伤员的症状是：皮肤苍白或发青，咬舌、口齿不清，发冷，皮肤潮湿或出汗，瞳孔放大，眼睛凹陷：恶心、颤抖、口渴；心脏跳动加快；

抢救方法：(1) 可把休克的伤员（头部、胸部、腹部或大腿处骨折者除外）双腿抬高离地面0.2～0.3m，让其背部朝下躺着，再使用合适的物体把双腿垫起。这样，能使血液顺畅地流动，达到各器官维持生命所必须的程度。(2) 如果休克的伤员呼吸困难，应让其斜倚或侧卧，使其呼吸顺畅。(3) 如果伤员有一只腿受伤，可将另一只腿垫高直至使其他器官获得维持生命必需的血液。(4) 如果伤员出现呕吐，应让其侧卧，并给些饮料。

2）抢救骨折者

骨折包扎应包括包扎骨折处的肌肉、健、血管和韧带。

有的骨折容易发现，有的骨折在皮肤的肌肉里面不容易发现，应通过观察伤员的肢体组织有无变形和伤员自我感觉来判断。

处理骨折的主要方法是把骨折断面加以固定，并在较长时间内保持良好的固定状态。

简易固定方法有：

（1）就地取材，如使用薄木板，笔直的棍棒等。

（2）护垫用布或毛巾，放于薄木板和伤口之间。

（3）两片薄木板之间领带或布条系紧；

（4）不能用绷带正对伤口包扎。

3）止血

对一般流血伤口的控制：

（1）把伤口的衣服移开。

（2）用无菌或消过毒的纱布、清洁干净的吸收性能好的材料放于受伤肢体部位，并系紧。

（3）如伤口在手上，应使用清洁干净的吸收性能好的材料止血。

控制严重的出血，如果伤员伤口流血严重，应在“挤压处”进行直接挤压。这样能阻止动脉直接向伤口供血，如果血从下胳膊处的伤口流出，可直接挤压上胳膊处，即抓住伤员的胳膊上部，挤压内侧。如血从腿部的伤口流出，挤压点在大腿根部。

7.4.2　高空坠落、物体打击及机械伤害

现场发生高空坠落、物体打击事故，应就地进行抢救及呼救，并立即报告应急救援指挥部。指挥部知晓发生事故后，应立即通知急救员组织进行抢救。

1）立即拨打指定的医院急救中心取得联系，并详细说明事故地点、严重程度、本部门的联系电话，并派人到路口接应。

2）人员从高处坠落，现场解救不可盲目，不然会导致伤情恶化，甚至危及生命。应首先观察其神志是否清醒，并察看伤员着地及伤势，做到心中有数。

3）伤员如昏迷，但心跳和呼吸存在，应立即将伤员的头偏向一侧，防止舌根后倒，影响呼吸。

4）将伤员口中可能脱落的牙齿和积血清除，以免误入气管，引起窒息。

5）对于无心跳和呼吸的伤员应立即进行人工呼吸和胸外心脏按压，待伤员心跳、呼吸好转后，将伤员平卧在平板上，及时送往医院抢救。

6）如发现伤员耳朵、鼻子出血，可能有脑颅损伤，千万不可用手帕、棉布或纱布去堵塞，以免造成颅内压力增设和细菌感染。

7）如外伤出血，应立即用清洁布块压迫伤口止血，压迫无效时，可用布鞋带或橡皮带等在出血的肢体近躯处捆扎，上肢出血结扎在臂上 1/2 处，下肢出血结扎在大腿上 2/3 处，到不出血即可。注意每隔 25～40min 放松一次，每次放松 0.5～1min。

8）伤员如腰背部或下肢先着地，下肢有可能骨折，应将两下肢固定在一起，并应超过骨折的上下关节；上肢如骨折，应将上肢挪到胸前，并固定在躯干上，如果怀疑脊柱骨折，搬运时千万注意要保持躯体平伸位，不能让躯体扭曲，然后由 3 人同时将伤员平托起来，即由一人托及脊背，一人托臀部，一人托下肢，平稳运送，以防骨折部位不稳定，加重伤情。

9）腹部如有开放型伤口，应用清洁布或毛巾等覆盖伤口，不可将脱出物还原，以免感染。

10）抢救伤员时，无论哪种情况，都应减少途中的颠簸，也不得翻动伤员。

7.4.3　火灾应急处理

1）急救措施

抢救伤员：首先组织人员采取有效措施，且保护好自己，将被围困的人员救出来，对受伤者由急救员进行现场治疗，并且立即拨打制定医院急救中心联系抢救伤员，严重者在已晕厥者，放在通风良好的地方，进行人工肺复苏等急救措施，直至医生到来，并迅速脱离现场；如有易燃易爆物品，不要轻举妄动等消防队员到来救火，以免扩大事故发展。

（1）发现火灾后首先要根据火情及时报警，同时了解现场情况：场内是否有易燃易爆物品；场内是否有人被火围困等。

（2）切断火源：如果是火灾因电引起或者火灾现场有用布置用电线路首先切断电源，清理易燃易爆物质。

（3）根据火情蔓延和风向，切断火灾蔓延途径。

（4）根据不同的火灾情况用不同的灭火器，如：油燃火灾，要用干粉灭火器，资料室着火要用喷雾式灭火器。

（5）当消防员赶到现场立即向消防队人员介绍火灾的具体情况及火灾现场是否有易燃易爆物质。

（6）加强对职工针对性的安全教育。

2）火灾事故报告

火灾平息后要向主管部门汇报伤亡人数和经济损失，分析火灾事故发生的原因，采取更好的预防措施，认真学习和演练，避免再次事故发生。

7.4.4　触电事故处理

触电急救的要点是动作迅速，救护得法。尽快脱离电源、减少损伤程度。

1）关闭电闸：电闸在附近时应立即关闭电闸。2）斩断电路：附近没有电闸、碰到断路的电线发生触电又不能将电线挑开时，可用干燥带来柄切或锹等，斩断电线或用绝缘的钳子钳断电线，使电流中断。3）挑开电线：如触及折垂下的电线、电闸又不在附近，可用绝缘物（干燥的木棒、竹竿、塑料、橡胶制品、皮带、瓷器等）将接触患病的电线挑开，并放置妥当，防止他人再触电。4）拉开触电者：如触电者趴在漏电的机器上，电闸又不附近，可用塑料绳、干绳子、衣服拧成的带子，套在患者身上将其拉出。如果：抢救者在求助触电者时，未断离电源前，不能用手直接牵拉触电者，脚下必须垫干燥的厚木板或绝缘品，以防患者坠下造成骨折或死亡。5）呼吸、心跳停止者立即进行心肺复苏，直至120救护车、医生到来。6）包扎电烧伤伤口、局部电烧伤，创面按烧伤进行消毒包扎、并给予抗生素预防感染。7）迅速送医院或呼救120。8）加强对职工针对性的安全教育。

7.5　急救路线

坚持安全第一，以人为本的原则，以救人为原则，救援过程采取可靠措施避免二次伤害。治伤员采取就近就医的原则，医院首选＊＊＊医院，医院距离项目部＊＊＊公里，正常行驶＊＊＊分钟。具体路线如下图（略）

（附应急救援路线图）（略）

8 计 算 书

8.1 计算顶升架结构（设计最大顶升负荷为 50t）

顶升设备的设计顶升力为 50t，千斤顶的起重量为 50t，顶升架按顶升高度 30m，顶升力 50t 设计的。计算使用同济大学的 3D3S 软件

8.1.1 设计依据

《钢结构设计规范》GB 50017—2003

《建筑结构载荷规范》GB 50009—2012

《建筑抗震设计规范》GB 50011—2010

《建筑地基基础设计规范》GB 50007—2011

《建筑钢结构焊接规程》JGJ 181—2002

《钢结构高强度螺栓连接的设计，施工及验收规程》JGJ 82—91

8.1.2 计算简图

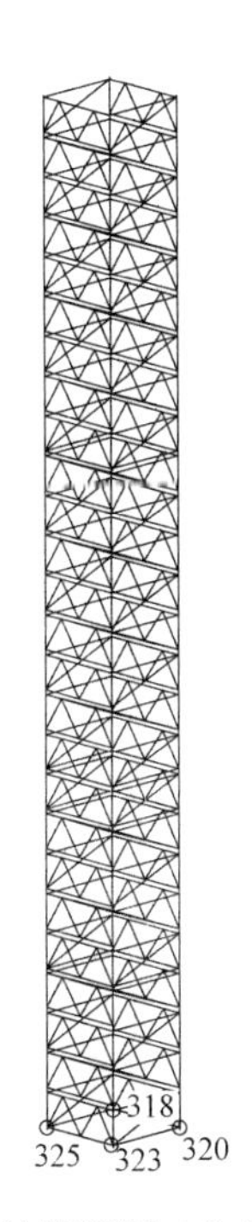

图 8.1-1 计算简图（节点编号图略）

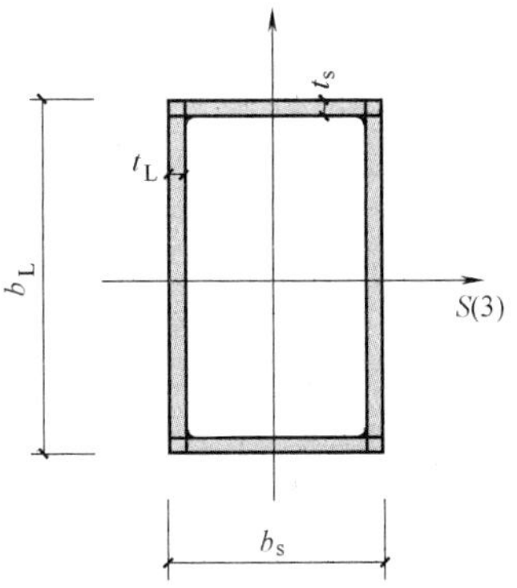

图 8.1-2 焊接矩形截面截面示意图

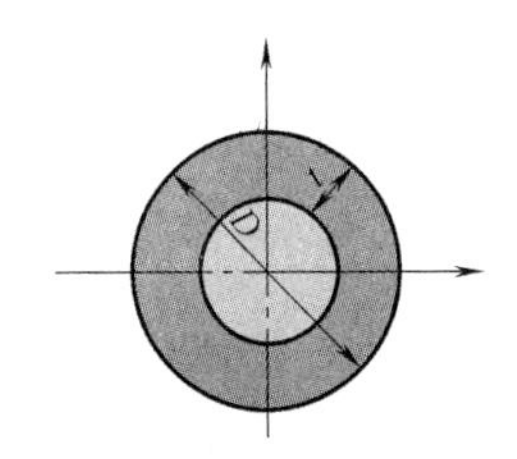

图 8.1-3 热轧无缝钢管与电焊钢管截面示意图

8.1.3 载荷信息

结构重要性系数：1.00

1）（恒、活、风）节点、单元载荷信息

顶升设计活载荷 50t，动载系数及安全系数等综合取 1.4，70t。

30m 顶升架每节高 750mm，自重 110kg，合计按照 4.4t 考虑。

总载荷按照合计 74.4t 计算。

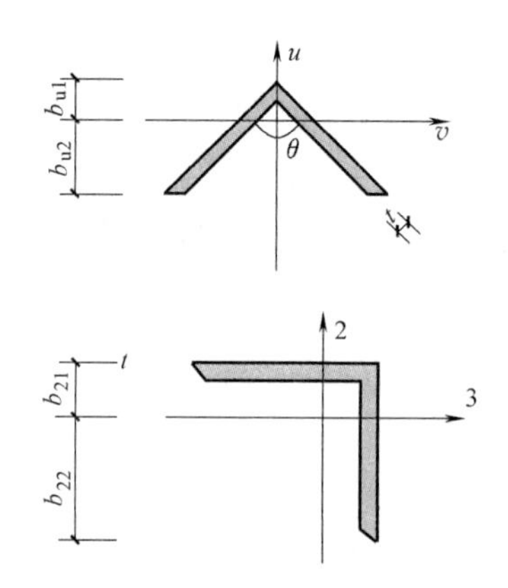

图 8.1-4　普通角钢（等肢）截面示意图

2）其他载荷信息

（1）地震作用：无

（2）温度作用：无

8.1.4　设计验算结果

本工程有 1 种材料：Q235 钢（A3 钢）

最严控制表（强度和整体稳定为（应力/设计强度））　　表 8.1-1

	强度	绕 2 轴整体稳定	绕 3 轴整体稳定	沿 2 轴抗剪应力比	沿 3 轴抗剪应力比	绕 2 轴长细比	绕 3 轴长细比	沿 2 轴 w/l	沿 3 轴 w/l
所在单元	595	595	770	609	594	683	683	267	215
数值	0.966	0.808	0.783	0.232	0.066	68	133	1/3850	1/759

"强度应力比"最大的前 10 个单元的验算结果（所在组合号/情况号）　　表 8.1-2

序号	单元号	强度	绕 2 轴整体稳定	绕 3 轴整体稳定	绕 2 轴抗剪应力比	绕 3 轴抗剪应力比	绕 2 轴长细比	绕 3 轴长细比	沿 2 轴 w/l	沿 3 轴 w/l	结果
1	595	0.97 (1/1)	0.81	0.78	0.01	0.06	2	2	0	0	满足
2	593	0.97 (1/1)	0.81	0.78	0.01	0.06	2	2	0	1/9373	满足
3	590	0.96 (1/1)	0.78	0.75	0.01	0.06	2	2	0	1/9381	满足
4	592	0.96 (1/1)	0.78	0.75	0.01	0.06	2	2	0	0	满足
5	807	0.95 (1/1)	0.80	0.78	0.01	0.06	2	2	0	1/9685	满足
6	809	0.95 (1/1)	0.80	0.77	0.01	0.06	2	2	0	0	满足
7	810	0.95 (1/1)	0.77	0.74	0.01	0.06	2	2	0	1/9655	满足
8	812	0.95 (1/1)	0.77	0.74	0.01	0.06	2	2	0	0	满足
9	793	0.95 (1/1)	0.80	0.77	0.01	0.06	2	2	0	0	满足
10	795	0.95 (1/1)	0.80	0.77	0.01	0.06	2	2	0	1/9718	满足

按“强度应力比”统计结果表　　**表 8.1-3**

范围	0.97～0.77	0.77～0.58	0.58～0.39	0.39～0.19	0.19～0.00
单元数	196	106	110	158	324

“绕2轴整体稳定应力比”最大的前10个单元的验算结果（所在组合号/情况号）

表 8.1-4

序号	单元号	强度	绕2轴整体稳定	绕3轴整体稳定	绕2轴抗剪应力比	绕3轴抗剪应力比	绕2轴长细比	绕3轴长细比	沿2轴 w/l	沿3轴 w/l	结果
1	595	0.97	0.81 (1/1)	0.78	0.01	0.06	2	2	0	0	满足
2	593	0.97	0.81 (1/1)	0.78	0.01	0.06	2	2	0	1/9373	满足
3	770	0.95	0.80 (1/1)	0.78	0.00	0.06	2	2	0	1/9759	满足
4	772	0.94	0.80 (1/1)	0.78	0.00	0.06	2	2	0	0	满足
5	807	0.95	0.80 (1/1)	0.78	0.01	0.06	2	2	0	1/9685	满足
6	773	0.94	0.80 (1/1)	0.78	0.00	0.06	2	2	0	1/9722	满足
7	775	0.94	0.80 (1/1)	0.78	0.00	0.06	2	2	0	0	满足
8	809	0.95	0.80 (1/1)	0.77	0.01	0.06	2	2	0	0	满足
9	793	0.95	0.80 (1/1)	0.77	0.01	0.06	2	2	0	0	满足
10	795	0.95	0.80 (1/1)	0.77	0.01	0.06	2	2	0	1/9718	满足

按“绕2轴整体稳定应力比”统计结果表　　**表 8.1-5**

范围	0.81～0.65	0.65～0.48	0.48～0.32	0.32～0.16	0.16～0.00
单元数	192	110	96	116	374

“绕3轴整体稳定应力比”最大的前10个单元的验算结果（所在组合号/情况号）

表 8.1-6

序号	单元号	强度	绕2轴整体稳定	绕3轴整体稳定	绕2轴抗剪应力比	绕3轴抗剪应力比	绕2轴长细比	绕3轴长细比	沿2轴 w/l	沿3轴 w/l	结果
1	770	0.95	0.80	0.78 (1/1)	0.00	0.06	2	2	0	1/9759	满足
2	595	0.97	0.81	0.78 (1/1)	0.01	0.06	2	2	0	0	满足
3	772	0.94	0.80	0.78 (1/1)	0.00	0.06	2	2	0	0	满足
4	593	0.97	0.81	0.78 (1/1)	0.01	0.06	2	2	0	1/9373	满足
5	773	0.94	0.80	0.78 (1/1)	0.00	0.06	2	2	0	1/9722	满足
6	807	0.95	0.80	0.78 (1/1)	0.01	0.06	2	2	0	1/9685	满足
7	775	0.94	0.80	0.78 (1/1)	0.00	0.06	2	2	0	0	满足
8	809	0.95	0.80	0.77 (1/1)	0.01	0.06	2	2	0	0	满足
9	793	0.95	0.80	0.77 (1/1)	0.01	0.06	2	2	0	0	满足
10	882	0.94	0.80	0.77 (1/1)	0.01	0.06	2	2	0	0	满足

按"绕3轴整体稳定应力比"统计结果表　　表8.1-7

范围	0.78～0.63	0.63～0.47	0.47～0.31	0.31～0.16	0.16～0.00
单元数	196	193	23	159	323

"绕2轴长细比"最大的前10个单元的验算结果　　表8.1-8

序号	单元号	强度	绕2轴整体稳定	绕3轴整体稳定	绕2轴抗剪应力比	绕3轴抗剪应力比	绕2轴长细比	绕3轴长细比	沿2轴 w/l	沿3轴 w/l	结果
1	683	0.08	0.07	0.12	0.00	0.00	68	133	0	0	满足
2	686	0.11	0.08	0.12	0.00	0.00	68	133	0	0	满足
3	26	0.07	0.07	0.11	0.00	0.00	68	133	0	0	满足
4	129	0.07	0.06	0.11	0.00	0.00	68	133	0	0	满足
5	180	0.07	0.06	0.11	0.00	0.00	68	133	0	0	满足
6	231	0.11	0.06	0.07	0.00	0.00	68	133	0	0	满足
7	236	0.08	0.07	0.11	0.00	0.00	68	133	0	0	满足
8	237	0.08	0.07	0.11	0.00	0.00	68	133	0	0	满足
9	238	0.07	0.06	0.11	0.00	0.00	68	133	0	0	满足
10	239	0.06	0.05	0.08	0.00	0.00	68	133	0	0	满足

按"绕2轴长细比"统计结果表　　表8.1-9

范围	68～55	55～42	42～29	29～15	15～2
单元数	52	270	104	156	312

"绕3轴长细比"最大的前10个单元的验算结果　　表8.1-10

序号	单元号	强度	绕2轴整体稳定	绕3轴整体稳定	绕2轴抗剪应力比	绕3轴抗剪应力比	绕2轴长细比	绕3轴长细比	沿2轴 w/l	沿3轴 w/l	结果
1	683	0.08	0.07	0.12	0.00	0.00	68	133	0	0	满足
2	686	0.11	0.08	0.12	0.00	0.00	68	133	0	0	满足
3	26	0.07	0.07	0.11	0.00	0.00	68	133	0	0	满足
4	129	0.07	0.06	0.11	0.00	0.00	68	133	0	0	满足
5	180	0.07	0.06	0.11	0.00	0.00	68	133	0	0	满足
6	231	0.11	0.06	0.07	0.00	0.00	68	133	0	0	满足
7	236	0.08	0.07	0.11	0.00	0.00	68	133	0	0	满足
8	237	0.08	0.07	0.11	0.00	0.00	68	133	0	0	满足
9	238	0.07	0.06	0.11	0.00	0.00	68	133	0	0	满足
10	239	0.06	0.05	0.08	0.00	0.00	68	133	0	0	满足

按"绕3轴长细比"统计结果表　　表8.1-11

范围	133～107	107～81	81～55	55～28	28～2
单元数	52	62	0	312	468

结论：应力比最大0.81，结构安全。

8.2　顶升过程网架的验算

1）起步顶升时（顶升支点在上弦）的网架计算

施工段二顶升起步时顶升在网架上弦，共有8个支点：

网架结构参数

节　点　数 ＝　　237

杆　件　数 ＝　　862

支　座　数 ＝　　8

荷载工况数 ＝　　3

荷载组合数 ＝　　2

设计参数和依据

设计规范：　　空间网格结构技术规程（JGJ 7—2010）

节点类型：　　焊接球

钢材屈服强度（N/mm^2）：　　345

钢材设计强度（N/mm^2）：　　295

拉杆控制最大长细比：　　180

压杆控制最大长细比：　　180

网架分析结果

杆件按中心长度计重量 ＝　　89.00（t）

杆件按中心长度计重量 ＝　　45.06（kg/m^2）

输入的结构投影面积　＝　　1975　（m^2）

节点 ＝　198　　最大 X 向位移 ＝　　2.3（mm）

节点 ＝　201　　最大 Y 向位移 ＝　　−0.5（mm）

节点 ＝　123　　最大 Z 向位移 ＝　　−6.6（mm）

杆件 ＝　136 [96，121]　　最大拉力　＝　　82.1（kN）

杆件 ＝　793 [108，133]　　最大压力　＝　　−85.2（kN）

支座反力最大设计值（包络值）

支座号	X方向（kN）				Y方向（kN）				Z方向（kN）			
	负值	组合	正值	组合	负值	组合	正值	组合	负值	组合	正值	组合
27	0	0	0	2	0	0	0	1	−155	2	0	0
30	0	0	0	2	0	0	0	2	−188	2	0	0
33	−0	2	0	0	−0	2	0	0	−206	2	0	0

36	0	0	0	2	—0	2	0	0	—169	2	0	0
202	—0	2	0	1	0	0	0	2	—151	2	0	0
205	0	0	0	1	—0	2	0	0	—180	2	0	0
208	—0	1	0	0	—0	1	0	0	—199	2	0	0
211	—0	2	0	0	0	0	0	1	—165	2	0	0

SUM　—0　0　—0　0　—1413　0

所有节点静载　1 荷载总和：　0　0.00kN/m²

＋　网架自重＝1.30×杆件中心长度重量　—0.59kN/m²

所有节点活载　2 荷载总和：　0　0.00kN/m²

所有节点工况　3 荷载总和：　—130　—0.07kN/m²

自定义的荷载组合 ＝ 2

荷载组合 1：1.2×静载×1.0

荷载组合 2：1.2×静载×1.0＋1.4×工况 3×0.6

截面材料统计

序号	截面规格	截面积 (cm²)	回转半径 (cm)	数量	长度 (m)	重量 (t)
1	D114×4	13.823	3.892	179	865.244	9.389
2	D133×5	20.106	4.529	221	1070.019	16.888
3	D140×6	25.258	4.742	127	648.797	12.864
4	D159×6	28.840	5.414	132	669.674	15.161
5	D180×8	43.228	6.088	160	719.523	24.416
6	D219×10	65.659	7.398	43	199.500	10.283

小计 ＝　89.002

杆件结果列表

＊＊＊ 超应力杆件 ＝ 0 根　最大应力比 ＝　0.16　—0.17 ＊＊＊

2）正式顶升时的网架计算，此时顶升支点转换到网架下弦

各施工段网架顶升分几个阶段进行，我们分别进行了验算，验算采用 SFCAD2000 程序，因网架安装过程中屋面静载荷及部分活载荷（如雪载）不存在。计算时仅考虑网架自重及风载，顶升点仅承受 Z 向力。

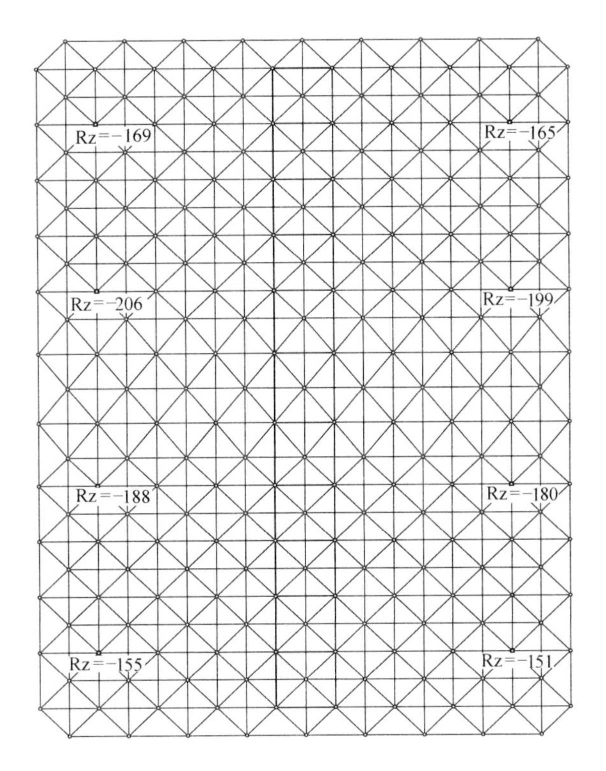

图 8.2-1　顶网架上弦时的支撑反力

固定截面进行分析。均未出现超应力杆件，见表 8.2-1。

网架各阶段验算应力比、最大位移表　　**表 8.2-1**

验算阶段	应力比	最大位移(mm)	备注
施工段二、第一阶段初期	0.22～－0.30	－11	
施工段二、第一阶段后期	0.07～－0.11	－4.2	
施工段二、第二阶段后期	0.12～－0.32	－6.4	
施工段一、第一阶段	0.11～－0.39	－9.2	
施工段一、第二阶段	0.13～－0.63	－6.3	
施工段三、第一阶段	0.05～－0.08	－1.8	
施工段三、第二阶段	0.06～－0.24	－6.9	
施工段三、第三阶段	0.06～－0.25	－3.3	
施工段四、顶升一区	0.08～－0.18	－3.6	
施工段四、顶升二区	0.02～－0.09	－2.4	

结果：最大应力比为 0.63，所以网架强度上没有问题，整个过程安全。

8.3　顶升架安全性校核

网架顶升时支点的最大反力出现在施工段二的第二阶段中，其最大反力为 277kN (27.7t)，位置如下图：

由上述网架顶升过程中计算结果得知，整个顶升过程中最大顶升力在第二阶段，值为27.7t<50t。顶升设备满足本工程需要。顶升点反力见下图：

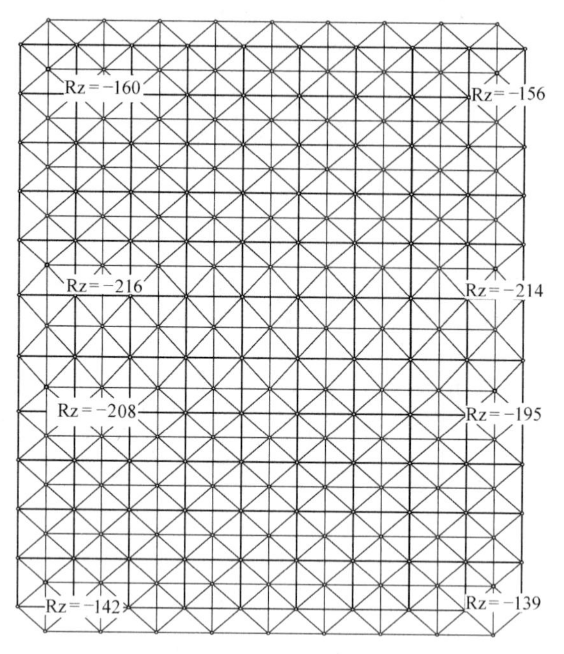

图 8.3-1 顶网架下弦第一阶段初期顶升点反力图

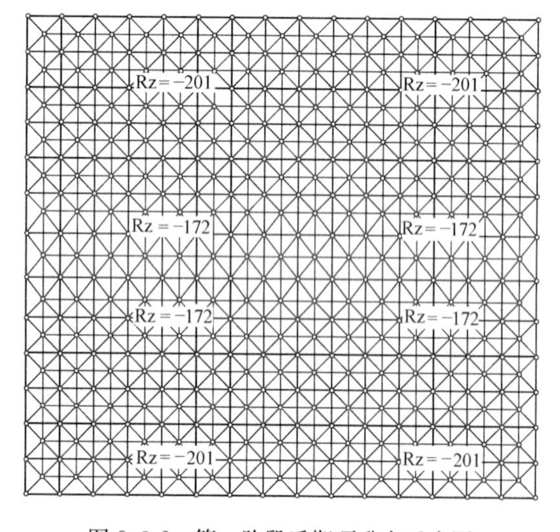

图 8.3-2 第一阶段后期顶升点反力图

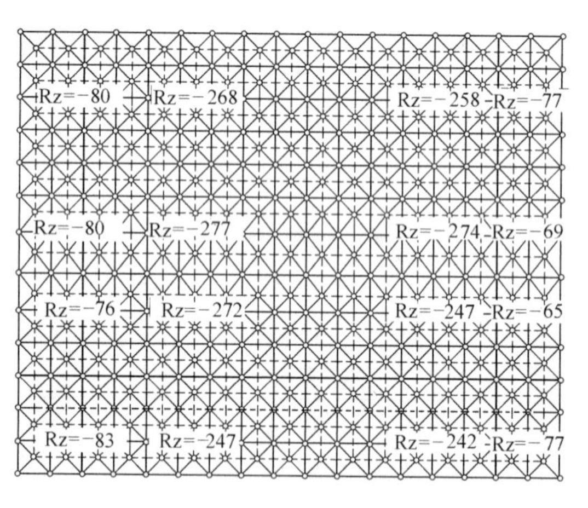

图 8.3-3 第二阶段顶升点反力图

由于最大反力 27.7t 小于顶升架设计极限的 50t，整个结构安全。

8.4 顶升过程可能的水平载荷

水平载荷有两个，即风载与顶升架倾斜时的附加水平分力

1. 风载计算参考《塔式起重机设计规范》GB/T 13752—1992

顶升的网架迎风面积为：最大长度为 75.6 米，高度 2 米；顶升架截面 1m×1m，高

度为23m。

作用在网架上的风载：$F_{w1}=C_{w1}\times P_w\times A_1=1.2\times25\times75.6m\times2m\times0.3/(1-0.0.57)=3164kg$

其中A_1为迎风面积，

C_{w1}为风力系数，查表$C_{w1}=1.2$

迎风面积$A_1=A\omega/(1-\eta)$

ω为结构充实率：$\omega=0.3$

查表$\eta=0.57$

作用在顶升架上的风载为：$F_{w2}=C_{w2}\times P_w\times A_2=25kg/m^2\times1.6\times1m\times23m\times0.3\times$ 4个$=1104kg$

合计水平风力造成的载荷为4268kg

2. 顶升架倾斜导致的分力：控制顶升架垂直度不大于1/250，所以273t×(1/250)=1.092t

3. 水平力合计5.36t

由于网架四周有墙体遮挡，实际风载影响远远小于此值。此载荷将由网架四角的8根缆风绳承担，缆风绳水平和垂直夹角均不大于45°，则缆风绳受力为5.36/2/sin45/sin45=5.36t

8.5　顶升部分油缸下部支撑横梁的计算

横梁截面如图8.5-1，为矩形管，横梁截面为□140×80×8。

1）计算简图

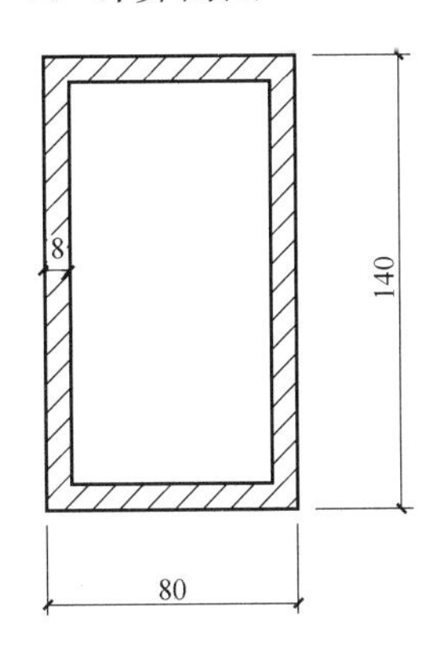

图8.5-1　横梁截面：方形空心型钢截面示意图

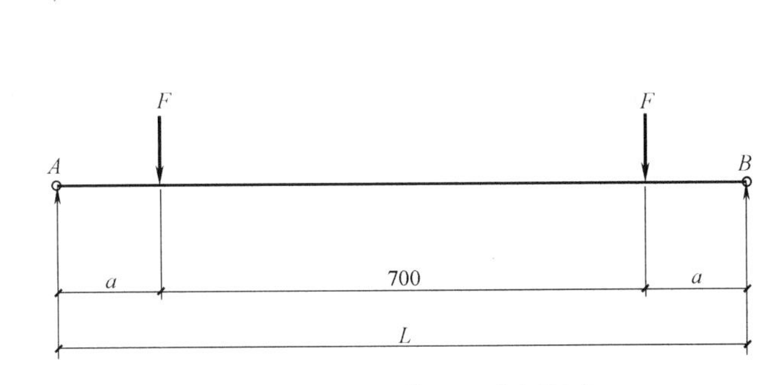

图8.5-2　支撑横梁的受力简图

图8.5-2中：(总顶升载荷50t—500kN)

F：顶升力，$F_{max}=500/4=125kN$

$L=$：横梁长度，$l=1000mm$

a：力作用点至支撑点的距离$a=100mm$

2）计算

① $M_{max}=Fa=125\times100=12500kN\cdot mm$

② $V=F=125\text{kN}$

③ 横梁强度计算

$$M_x/(\gamma_x \cdot W_{nx})+M_y/(\gamma_y W_{ny})\leqslant f$$

式中：$M_x \cdot M_y$——同一截面处绕 X 轴和绕 Y 轴弯矩，该处 M_y 值为零。

$W_{nx} \cdot W_{ny}$——对 X 轴、Y 轴的净截面模量。

$\gamma_x \cdot \gamma_y$——截面塑性发展系数对箱形截面 $\gamma_x=1.05$

横梁截面为□10×80×8

$$W_{nx}=116070\text{mm}^3$$

代入公式计算

$$M_x/(\gamma_x \cdot W_{nx})=12500000/1.05\times116070=102.565<F=215$$

④ 抗剪强度计算

$$\tau=VS/It_w\leqslant f_\gamma$$

式中　V——作用截面的剪力

S_x——计算剪力处毛截面对中和轴的面积矩、$S_x=72990\text{mm}^3$

I——毛截面惯矩

$I_x=8124700\text{mm}^4$

f_γ——钢材抗剪强度计算值

$f_\gamma=125$

t_w——腹板厚度，$8\times2=16\text{mm}$

代入公式：

$$\tau=VS/It_w=(125000\times72990)/(8124700\times16)=70.18<f_\gamma=125$$

3）结论

横梁满足要求。